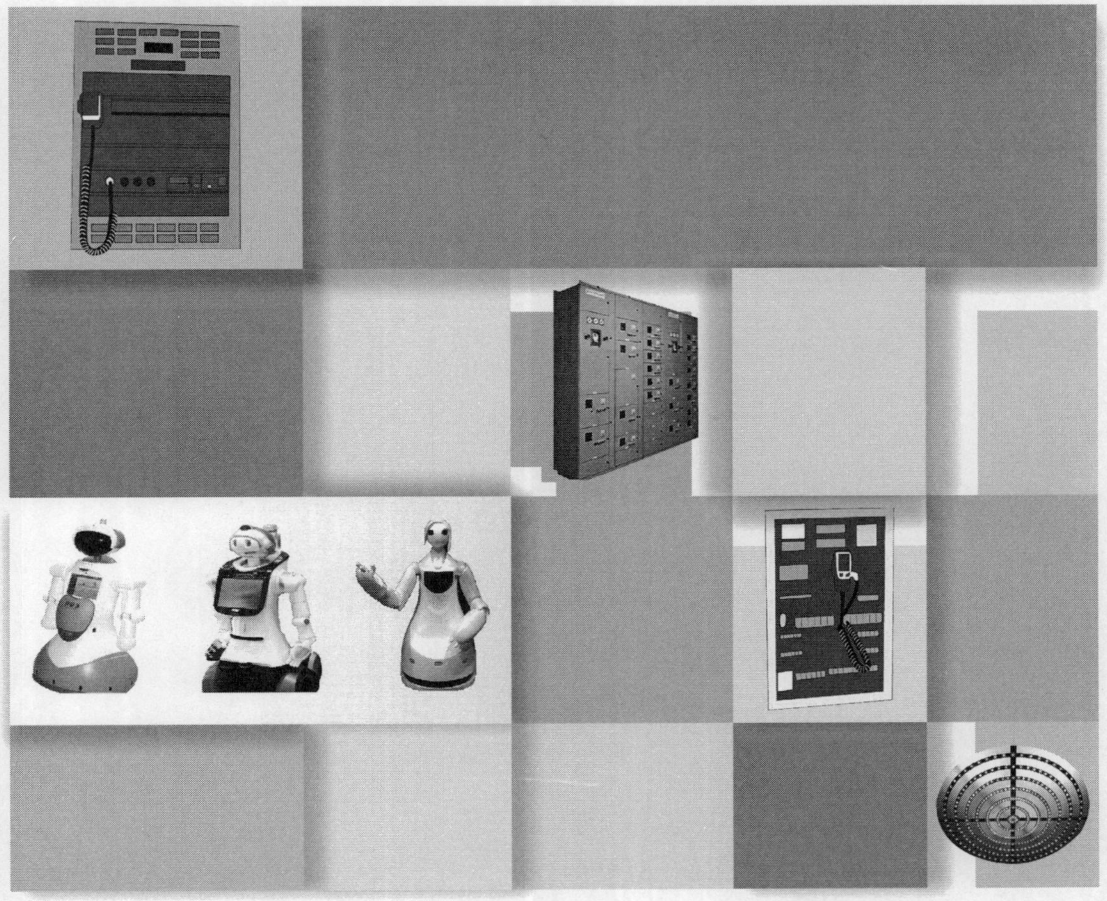

전기·소방·정보통신설비

공학박사 나 승 권 저

도서출판 상 학 당

欲爲大者 當爲人役

크고자 하거든 남을 섬기라

머리말

인간이 원시시대부터 도구를 사용한 이후로 문명이 발달하면서 과학이라는 학문이 생겨났다. 특히 물리학적 분야에서 순수 학문의 발달로 전기 분야는 우리 생활에서 필수 불가결한 요소가 되었고, 《전기 · 소방 · 정보통신설비》에서 컴퓨터란 문명 앞에 각종 소프트웨어의 발달과 하드웨어적 발전을 가져오기 위해 기초적인 학문인 물리학에 역점을 두고 전기, 전자, OP-AMP, 디지털, 메카트로닉스 발전으로 정보통신 분야가 새롭게 발전하며 고부가적 영역이 되었다.

전기 · 전자장비의 설계 시나 전기설비 관리 시, 아날로그에서 디지털화 시대로 변화하고 있는 것을 고려할 수 있도록 해야 한다.

《전기 · 소방 · 정보통신설비》는 전기적 요소들과 기계적 요소들로 구성되어 공학적이고 실습적, 이론적으로 뒷받침이 되어야 한다. 그러므로 《전기 · 소방 · 정보통신설비》를 공부하는 이들은 이 두 가지에 대해 숙지하고 있어야 한다. 이 중 전기적인 것에 대해 실습을 할 수 있어야 하는데 전기 부분에 관련된 지식은 우리에게 무척 중요하다. 그 이유는 대부분의 과학의 발전은 장비의 사용에서 오는데, 센서 신호를 증폭시키는 과정에서 아주 적은 오류가 수만 배로 증폭이 되어 공학도들에게 잘못된 정보를 제공하여, 정밀도가 떨어지고 각종 기기의 오동작이나 불량품이 증가하는 경우가 있다. 그러므로 전기공식이나 이론적 법칙들을 잘 이해하고 적용하여야 할 것이다. 공학자들은 전기적 성질들을 이해하고 《전기 · 소방 · 정보통신설비》에 적용시켜 관리, 설계 그리고 제조 · 사용할 때 얼마나 중요한지 알아야 한다.

이 책에서는 《전기 · 소방 · 정보통신설비》의 기초적인 지식들을 초보자도 이해할 수 있도록 꾸며 놓았다. 제1장은 전원회로에서 배전방식과 배전설비, 예비전원방식의 설비에 대해 다루고, 제2장에서는 조명설비 전반적인 조명기구, 설계, LED 실내조명을 간단하게 거론하였으며, 제3장은 전기측정법과 실습장비, 전기설비 기능과 각종 전동기 기초를 회로의 이해를 돕도록 동력설비 이론을 설명하였다. 제4장에서는 소방(방범)방재 설비에 사용되는 자동화재 탐지설비, 속보설비 및 비상경보설비, 유도등 및 비상용 콘센트등 설비이론과 직접 실습할 수 있도록 방법방재설비 소방실습도면을 넣었다. 제5장에서는 정보통신설비에 대해서 정보통신이론에 접목한 정보신호, 정보신호 처리기술, 정보통신망 통합배선 시스템을 다루었으며, 제6장에서는 자동화설비로서 자동화소자, 지능형로봇, 산업용로봇제어에 대하여 다루었다.

끝으로 집필 중 많은 고심에도 손길이 미치지 못한 곳은 계속 보완할 것이며, 출판 과정에 도움을 주신 도서출판 상학당 남승우 사장님과 이 책에 관심과 애정을 주신 모든 분들께 감사의 말씀을 전한다.

공학박사 나 승 권

차 례

제1장
전기 전원설비

고압 배전선로와 저압 배전선로의 전기방식에 대한 개념과 차이점을 습득하여 전원방식의 종류와 특성 및 장 · 단점을 파악한다. 더 나아가 전원설비의 포괄적인 운용을 하기 위한 기초이론을 통하여 전기용량을 산출할 수 있어야 하며, 동작원리와 각종 전기설비들의 특성을 습득하고 전기설비에 들어오는 전원에 대해 충분히 이해할 수 있도록 구성하여 전기방식과 전원방식에 대한 기초를 다질 수 있도록 하였다.

01 배전방식

학습목표

- 배전방식의 종류에 대해 알 수 있다.
- 고압 배전선로의 배전방식 장·단점을 알 수 있다.
- 저압 배전선로의 배전방식 장·단점을 알 수 있다.

1. 배전의 개요

배전선로(distribution line)는 발전소, 변전소 또는 송전선로로부터 다른 발전소 또는 변전소를 거치지 않고 전기 수용가에 이르는 전선로이며, 154[kV](66[kV])에서 22.9[kV]로 변환하는 배전용 변전소로부터 수용가에 이르는 전력계통을 배전계통이라 한다.

우리나라 초기의 배전전압 및 방식은 3.3[kV] 3상 3선식이었으며 그 후 5.7[kV-y], 6.6[kV], 11.4[kV-y], 22.9[kV-y]로 단계적으로 승압되었다. 1989년 통신선 유도장해, 절연변압기 설치지역 확보 등의 문제점이 있는 서울 일부 도심과 지질 특성상 다중 접지계통에 필요한 낮은 접지저항 확보가 곤란한 제주지역을 제외한 모든 지역의 22.9[kV-y] 승압이 완료되었다.

그 후 꾸준한 연구개발로 2003년 제주지역을 먼저 승압 완료하였으며, 2008년에 고압 배전계통은 22.9[kV-y]로 단일화되었다. 또한 저압 배전계통은 동력용 200[V], 380[V], 전등용 100[V], 220[V] 등을 혼용하며 쓰다 1999년 전등용 220[V], 2005년 동력용 380[V] 단일승압 완료하였다.

우리나라 배전계통은 배전용 변전소 주변압기에서 인출되는 고압 배전선로(22.9[kV])에서 수용가측에 위치한 주상변압기까지의 고압 배전계통과 주상변압기 2차측에서 수용가까지의 저압 배전계통으로 구분된다(한전 책임분기점은 고압의 경우 인입주 개폐기(COS) 2차 접속점, 저압의 경우 수용가 적산 전력량계에서 올라오는 SV전선과 인입주에서 오는 DV 또는 CV 인입전선과의 접속점이다).

앞으로 배전계통의 발전은 과거 수용가의 부하설비에 전력을 공급하는 단방향 전력조류 형태에서 가스 터빈, 디젤 엔진, 풍력, 태양광, 신재생 에너지 등을 이용한 발전으로 전력을 주고받는 양방향성 조류의 형태로 변하고 있다.

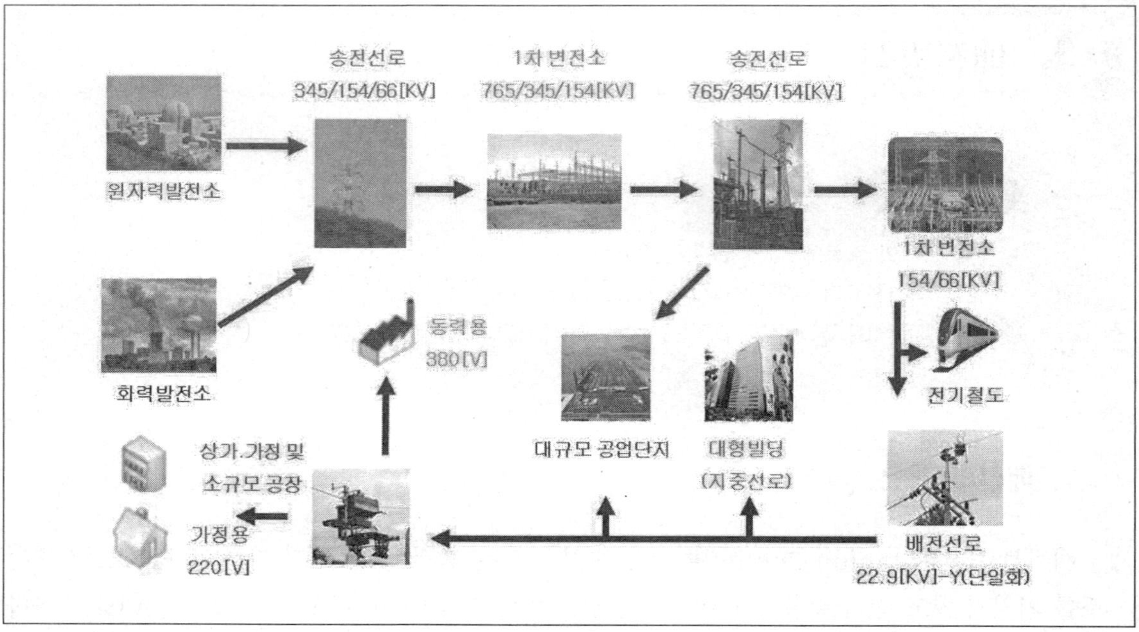

[그림 1-1] 우리나라 송 · 배전계통

또한 전력 IT 산업의 발전으로 전력선을 이용한 통신 PLC(Power Line Communication) 및 변전소 자동화, 배전자동화, 원격 감시 제어 설비(SCADA 시스템) 등으로 꾸준히 발전해 나갈 것이다. [그림 1-1]은 우리나라 송 · 배전계통이다.

2. 배전선로의 배전방식

일반적으로 사용하는 전압의 종류는 직류(DC)와 교류(AC)가 있다. 직류 750[V] 이하 또는 교류 600[V] 이하의 전압을 저압이라 하며, 직류 750[V] 초과 7,000[V] 이하 또는 교류 600[V] 초과 7,000[V] 이하가 되는 전압을 고압이라 한다. 7000[V] 초과하는 모든 전압을 특고압이라 하며 배전방식에는 고압 배전방식과 저압 배전방식이 있다.

(1) 고압 배전방식

고압 배전선로는 선로형태에 따라 방사상식 또는 수지식, 환상식(loop system ring system) 및 망상식(network system) 배전선로로 분류된다.

1) 방사상식(수지식, 나뭇가지식)

전원 변전소에서 1회선을 인출하여 수용가에게 공급이 가능하여 신규 부하증설이 용이하고, 시설비가 저렴하나, 전압강하와 손실이 크고, 정전범위가 크며 전력 공급신뢰도가 낮다.

2) 환상식(루프 배선)

전선로의 도중에 고장 발생 시 고장개소의 분리조작이 용이하여 고장 전선로 부분을 즉시 분리시킬 수 있으며, 전류의 통로에 융통성이 있으므로 전압강하와 전력손실 강하가 적고, 공급신뢰도가 좋으나 고가의 설비비, 큰 단락용량, 복잡한 보호방식 등이 문제이다.

① 순수 환상 방식 : 동일 변전소 동일 뱅크에서 2회선으로 전력을 공급하며 선로고장 시 고장구간 양측의 계전기를 통해 차단기가 동작하고 전선로에 의한 수용가 무정전 공급이 가능하나 설비비가 많이 든다.

② 개방 환상 방식 : 동일 변전소 동일 뱅크 또는 변전소나 뱅크를 달리하여 양 계통 을 연계하고 선로 부하 중심을 상시 개방하여 운전하며, 선로고장 시 고장점 탐색 및 개폐기 조작방식에 따라 정전시간이 좌우된다.

3) 망상식(네트워크 방식)

한쪽 회선에 사고가 일어나도 다른 회선에서 무정전 공급이 가능하여 공급신뢰도가 높고, 플리커, 전압변동률이 적어 기기의 이용률이 향상되고, 전력손실이 감소하며 부하변화에 대한 적응력이 좋고 변전소의 수를 줄일 수 있다. 그러나 건설비가 비싸고 네트워크 프로텍터(저압용 차단기, 방향성 계전기, 퓨즈)의 특별한 보호장치가 필요하다.

4) 저압 뱅크 방식

동일 고압 배전선로에 접속되어 있는 2대 이상의 배전용 변압기를 경유해서 저압측 간선을 병렬접속하는 방식이며, 수지식과 비교하면 변압기의 공급전력을 서로 공유시킴으로써 변압기 용량은 저감하고, 전압변동 및 전력손실이 경감되어 부하의 증가에 대응할 수 있는 탄력성이 있으며, 고장 보호방식이 적당할 때 공급신뢰도가 향상되므로 정전이 감소한다. 그러나 변압기 2차측에 발생한 사고가 단락 보호장치로 제거되지 않아 사고범위가 확대되어 나가는 캐스케이딩(cascading) 현상을 일으킬 수 있다.

5) 3상 3선식(중성점 비접지 방식)

배전선에서 가장 많이 일어나는 지락사고에 대해서 지락전류가 작으므로 중성점 비접지 방식을 쓰는 경우가 많다. 동력의 옛날 방식으로는 220[V] 3상 전원이다. 변압기의 결선방법은 △결선으로 되어 있고, 각상간은 120[°]의 위상각을 갖고 제2종접지는 R, S, T상 중 한상을 접지시키는 방식이다.

> **[보충] △결선**
>
> 변압기의 3상 결선법이며, 1차측은 Y 결선으로, 2차측은 △ 결선으로 한 것을 이른다. 고압측을 Y 결선으로 하여 접지할 수 있는 이점이 있으나, 1차와 2차의 전압에 위상차가 생기는 단점이 있고 주로 송 · 배전에 쓰인다.

6) 3상 4선식

변전소의 주변압기 2차측을 Y결선으로 해서 중성점을 접지하는 방식이며, 접지방식에 따라 중성선 대지 이용방식, 중성선 단일 접지방식, 공통 중성선 다중 접지방식 등이 있다.

① 중성선 접지방식 : 1선의 지락사고는 1상의 단락과 같으므로 지락전류가 커서 고 · 저압선 혼합 접촉 시에 저압선의 전위상승이 높아지고 또한 통신선에 유도장해를 줄 우려가 있다.

② 공통 중성선 접지방식 : 중성선을 가설하고 그 접지를 변전소뿐만 아니라 주상 변압기의 제2종 접지공사와 공용으로 해서 전선로에 걸쳐 여러 곳에서 다중 접지하고 있다. 모든 사고는 단락 사고이므로 퓨즈 또는 과전류 계전기로 보호할 수 있다. 유럽에서는 공통 중성선 접지방식이 사용되고 있으며 보안상의 문제도 해결되고 있다. 우리나라는 배전계통의 승압화에 따라 22.9[kV] 3상 4선식이 확대되고 있다.

> **[보충] V결선**
>
> 2대의 단상 변압기로 3상 전력을 변성하는 방식의 하나. 단상 변압기 2대를 직렬 접속해서 1조의 변압기 양단 및 2대의 접속점의 3점을 3상 회로에 접속한다. 이 방식으로 변성할 수 있는 전력은 각각의 변압기 용량을 p라 하면 0.866×2p이다. 3각 접속된 3대의 단상 변압기 중 1대를 빼낸 경우와 같다.

(2) 저압 배전방식

일반 건축물에 사용되는 저압 간선의 배전방식을 어느 방식으로 채용하느냐 하는 것은 대상 건물의 규모, 설비, 경제성 등을 충분히 고려하여 결정한다. 저압 배전선로의 전기방식에는 단상 2선식, 단상 3선식, 3상 3선식, 3상 4선식이 있으며, 저압 배전선로의 형태로는 저압 방사방식, 저압 뱅킹 방식, 저압 네트워크 방식이 있다.

① 종래의 저압 배전선은 전등 수용가는 단상 2선식 100[V], 동력 수용가는 단상 3선식 100/200[V]였지만, 현재는 사용목적에 따라 가정용 옥내 전등과 가전 기기들은 220[V]로 전원을 공급하고 있으며, 저압으로 수전하는 업무용 빌딩이나 소규모 공장에서는 전력 손실, 전압강하, 설비비, 증축, 보수비 등을 고려하여 단상은 220[V], 3상은 380[V], 440[V]를 사용한다. 고압으로 수전하는 대형 빌딩이나 공장에서는 규모에 알맞은 전기방식과 전압으로 낮추어 전등이나 콘센트 등에 전원을 공급하게 된다.

② 3상 3선식의 경우는 3개의 선이 하나로 결선하는 결선법이며, 3선의 전선에 전기의 파동이 서로 위상각인 120[°]만큼 각도 차가 있기 때문에 3선이 서로 만나는 지점에서는 그 위상이 서로 상쇄되어 0[V]가 된다. 또 3상 4선식은 전기의 입력선이 마찬가지로 3선이고 나머지 한 선은 중성선이다.

1) 단상 2선식

단상 교류 전력을 전선 2선으로 배전하는 것으로서 전등용 저압 배전에 가장 많이 쓰이고 있다.

① 국내에서는 110[V]를 사용하는 모든 가전제품은 법적으로 제작을 금지하고 있다. 그러나 사용자가 운용상 필요한 곳에서는 별도의 강압 변압기를 사용하고 있고 특히, 사무자동화 기기의 일부, 병원, 의료장비, 호텔, 공장 등에 일부 사용되고 있다.

② 단상 2선식 방식은 전선수가 적고 가선 공사가 간단하며, 공사비가 저렴하다. 변압기 저압측의 1단자는 고 · 저압선의 혼합 접촉에 의한 저압선의 전위상승의 위험을 방지하기 위하여 접지하고 있다.

2) 단상 3선식

변압기의 저압측의 2개의 권선을 직렬로 하고 그 접속의 중간점으로부터 중성선(neutral line)을 끌어내어서 전선 3선으로 배전하는 방식이다.

① 단상 3선식 방식은 중성선과 양쪽 선로 사이의 부하를 가급적 평형시키도록 하여야 한다. 일반 전등, 40[W] 이하의 형광등, 0.75[kW] 이하의 단상 전동기 등과 같은 용량이 비교적 작은 부하의 배선과 30~50[kW] 정도의 배전선에 적합하다.

② 단상 3선식 방식은 중성선과 외선 간에 110[V](220[V]) 부하(전등 수요)를, 바깥쪽의 양외선 간에 220[V](440[V]) 부하(동력 부하)를 공급한다. 현재 우리나라에서는 220/380[V] 승압 공사를 가장 많이 사용하고 있으며, 110/220[V] 양용 전압공급을 위해 단상 3선식을 사용하고 있다.

[보충] 단상 3선식 방식에서 중성선에 퓨즈를 넣으면 안 되는 이유

단상 3선식은 3개의 전선을 이용하여 2가지 전압(110[V]/220[V])을 얻을 수 있다.
R상-N선-T상에 걸리는 전압은 R-N=110[V] 병렬결선과 N-T=110[V] 병렬결선, 이렇게 N선과 접속되는 경우 110[V]가 되지만 R상-T상 간은 병렬결선 220[V]가 흐르게 된다.

예 두 개의 전등 저항값이 같은 경우에는 전압분배의 법칙에 의해 두 개의 전구에 각각 110[V]가 걸리겠지만 저항값이 다르면 큰 쪽 전구에 높은 전압이 걸리게 되어 전구는 소손된다. 반대로 저항값이 작은 쪽 전구는 낮은 전압이 걸리게 되어 N선에는 퓨즈를 사용하면 안 된다.

[보충] 단상 3선식에 대한 단상 2선식의 특징

① 전압강하, 전력손실이 평형부하의 경우 1/4로 감소하며, 소요 전선량이 적다.
② 110[V]와 220[V] 부하의 사용이 가능하다.
③ 상시의 부하에 불평형이 있으면 부하전압은 불평형이 된다.
④ 중성선이 단선되면 불평형 부하일 경우 부하전압에 심한 불평형이 발생한다.
[V](전압)가 거의 2배(≒2[V])로 상승한다.
⑤ 중성점과 전압선(외선)이 단락하면 단락하지 않은 쪽의 부하전압이 상승한다.

단상 3선식은 양측 부하의 불평형에 의한 부하, 전압의 불평형이 큰 문제가 되며 전압 불평형을 줄이기 위한 대책은 저압선의 말단에 밸런서*를 설치하고 있다.

*** 밸런서**(balancer) : 각 상의 전압이 변환하는 결점을 없애기 위한 설비로 권회수가 1인 특수 변압기, 밸런서의 유도적 결합으로 양측의 회로가 언제나 같은 전압이 된다. 그러므로 부하에 불평형이 되거나 또 중성선이 절단되어 양쪽의 전압은 평형이 되도록 보상전류가 흐른다.

3) 3상 3선식

동력에 사용하고 있는 배전방식으로 3상 교류를 3선의 전선을 사용해서 배전하는 것이다.

① 3상 3선식 경우 단상 부하는 평형이 되도록 조합하고 접속방법에 주의한다. 주로 동력설비에 사용하고, 조명설비에는 사용하지 않지만 공장 같은 공작기계의 전원과 동일 회로로 사용하는 것이 경제적일 경우에 사용한다.

② 배전 변압기의 2차측 결선에는 3종류가 있는데, 비교적 용량이 클 때에는 단상 변압기 3대를 결선해서 사용하는 경우가 많다. 그러나 변압기 2대만 가지고 V결선으로 쓰다가 부하가 늘어날 때 한 대 더 결선하여 사용한다. 물론 단상 변압기 대신에 3상 변압기를 그대로 사용하는 경우도 있다.

③ 3상 3선식의 220[V]는 대지전압도 220[V]이므로, 다음과 같이 시설하여야 한다.

㉠ 백열전등 또는 방전등과 그에 부속하는 전선은 사람이 접촉하지 않도록 시설한다.
㉡ 백열전등 또는 방전등용 안정기는 옥내 배선과 직접 접속하여 시설한다.
㉢ 백열전등의 수구는 키, 기타의 점멸기구가 없어야 한다.
㉣ 배전선에서 가장 많이 일어나는 지락사고에 대비하여 지락전류가 적은 3상 3선식 방식을 쓰는 것이 효율적이다.

4) 3상 4선식

3상 4선식에는 120/208[V], 220/380[V], 254/440[V] 등의 3종류가 있으며, 3상 동력과 전등부하에 전력을 공급할 수 있고, 변전소의 주변압기의 2차측을 Y결선으로 해서 중성점을 접지하는 방식이며, 접지방식에 따라 중성선 대지 이용방식, 중성선 단일 접지방식, 공통 중성선 다중 접지방식 등이 있다.

① 중성선 접지방식 : 1선의 지락사고는 1상의 단락과 같으므로 지락전류가 커서 고·저압선 혼촉 시에 저압선의 전위상승이 높아지고 또한 통신선에 유도장해를 줄 우려가 있다.
   ㉠ 120/208[V]는 무정전 전원 공급장치를 이용한 컴퓨터 전원으로 많이 채용되고 있고, 220/380[V]는 전등 전압이 220[V], 동력용 전압은 380[V]로서 우리나라의 승압계획에 따라 3상 4선식 방식이 사용되고 있다.
   ㉡ 조명설비는 중성선과 각 상간의 220[V]를 사용한다.
② 공통 중성선 접지방식 : 중성선을 가설하고 그 접지를 변전소뿐만 아니라 주상 변압기의 제2종 접지공사를 공용으로 해서 전선로에 걸쳐 여러 곳에서 다중 접지하고 있다.
   ㉠ 모든 사고는 단락사고로 일어나기 때문에 퓨즈 또는 과전류 계전기로 보호할 수 있다.
   ㉡ 스위치는 정격전압 300[V]의 것을 사용하고, 사람이 접촉할 우려가 있는 부분은 절연을 완벽하게 하면 법적으로는 사용 가능하나 안전성을 고려하여 원격 제어 스위치(remote control switch)에 의한 점멸을 한다.
③ 3상 4선식은 변압기의 2차측을 Y접속하고 그 중성점으로부터 중성선을 인출해서 3선식의 전선 3선과 조합시킴으로써 2가지 전압을 공급할 수 있다. 즉 중성점과 각 상간의 전압을 E라고 하면 선간전압은 $\sqrt{3}E$가 된다.
   ㉮ 주상 변압기의 2차측 220[V] 단자를 Y접속하면 $\sqrt{3}E=381$[V]로 되어 두 가지 전압을 1회선으로 동시에 배전할 수 있다.
④ 우리나라는 220/380[V] 승압공사는 3상 4선식을 채택하고 있다. 3상 4선식은 특수한 결선 방법으로 저압 배전선의 일원화, 즉 동력 공용 방식으로서 중성점이 접지되어 있는 변압기에 단상 부하를 접속하고 3상의 선간에 동력 부하를 접속하는 방식이다.

⑤ 현재 외국에서 많이 사용하는 전등·동력 공용 방식은 일반적으로 110[V] 부하에서 단상 3선식, 3상 부하는 단상 변압기 2대를 V결선해서 공급하고 있다.
공용 변압기는 부하전류와 동력 부하전류가 흐르고 동력 전용 변압기는 동력 부하전류만 흐르게 되어 공용 변압기 쪽의 용량은 동력 전용 변압기의 용량보다 크게 한다. 〈표 1-1〉은 전등 수용가에 대한 저압 배전방식을 비교하였다.

〈표 1-1〉 전등 수용가에 대한 저압 배전방식의 비교

구 분	단상 2선식 220[V]	단상 3선 220/440[V]	단상 2선식+단상 3선식	3상 4선 220/ 380[V]
공급방향	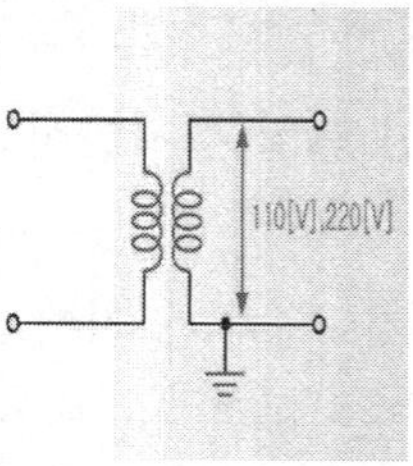	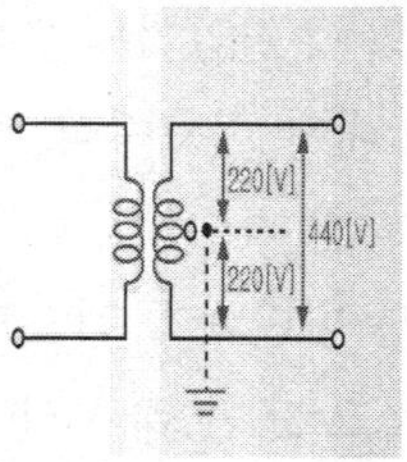	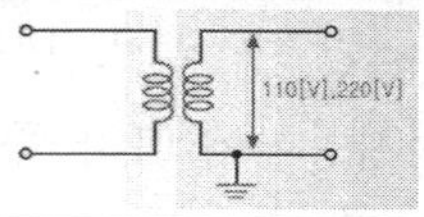 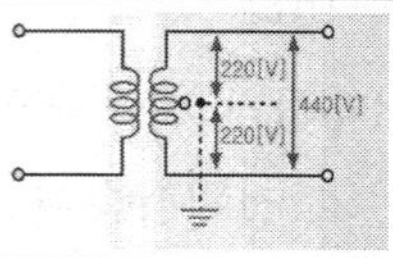	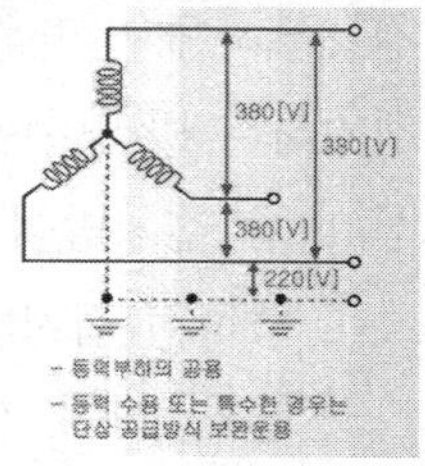
장 점	• 부하의 불평형이 없다. • 저압선로가 단순하다.	• 경제적인 배전방식이며 전선의 소요량 및 전력손실이 감소한다. • 장·경간의 전력공급이 가능하다.	단상 2선식 +단상 3선식 병행운동	• 전력 공급능력이 최대이다. • 경제적인 배전방식이다. • 배전설비가 단순하다.
단 점	• 전선의 소요량이 증가하고, 전력손실이 증가한다. • 장기간 전력공급이 곤란하다. • 대용량 전력공급이 불가능하다.	• 부하의 불평형 문제가 발생한다. • 중성선 단선시 이상전압 유입으로 기기가 파손될 우려가 있다. • 저압 밸런서가 필요하다.	단상 2선식 +단상 3선식	• 부하에 불평형이 발생한다. • 동력 부하 가동시(플리커 발생 우려) 순간 과전류가 흐른다. • 중성선 단선시 이상 전압이 유입된다.
비 고	• 소용량의 단·경간 부하에 적합하다.	• 아파트 등 부하 밀집지역에 유리하다. • 220[V] 승압과도 조치용이다. • 460/230[V] 지상변압기 개발을 전제로 한다.	• 단상 2선식 : 소용량 부하 및 단·경간 부하에 공급한다. • 단상 3선식 : 대용량 부하 및 장 ·경간 부하에 공급한다.	• 동력과 전등부하의 공동 범위 검토가 필요하며, 부하 불평형의 방지 대책을 검토한다. • 중성선의 단선 방지책을 마련한다. • 우리나라 배전방식 중 가장 많이 사용한다.

[보충] 3상 3선식 배전 선로방식과 3상 4선식 다중 접지 배선 선로방식의 장 · 단점

1) 장 점
   ① 고전압 혼촉 시 이상전압이 작으며, 이중 고장이 일어날 가능성이 적다.
   ② 지락고장 시 건전상에 이상전압이 발생하지 않는다.
   ③ 변압기의 단절연이 가능하므로 가격이 저렴하다.

2) 단 점
   ① 지락전류가 커져서 통신선에 유도장해를 준다.
   ② 지락전류가 커서 안정도가 감소된다.
   ③ 지락전류가 단락전류보다 커지는 경우가 있으므로 차단기 용량이 증대된다.

(3) 1선당 공급전력비의 비교

1선당 공급전력비를 비교하면 〈표 1-2〉와 같다.

〈표 1-2〉 1선당 공급전력비의 비교표

종 별	배전방식	전 력	손 실	전선의 체적	1선당 공급전력	1선당 공급 전력비교
단상 2선식	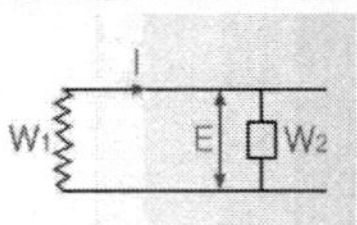	$P = EI\cos\theta$	$2I^2R$	2선	$\frac{EI}{2}$	100[%]
단상 3선식	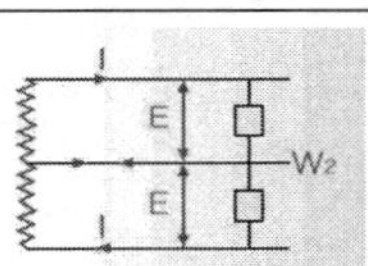	$P = 2EI\cos\theta$	$2I^2R$	3선	$\frac{2EI}{3}$	133[%]
3상 3선식	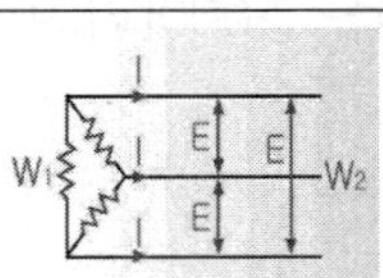	$P = \sqrt{3}EI\cos\theta$	$3I^2R$	3선	$\frac{\sqrt{3}EI}{3}$	115[%]
3상 4선식	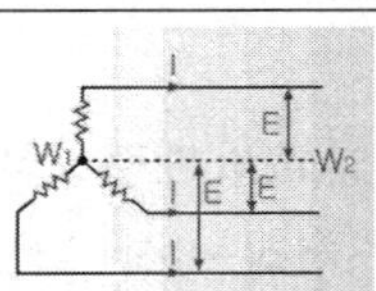	$P = 3EI\cos\theta$	$3I^2R$	4선	$\frac{\sqrt{3}EI}{4}$	150[%]

$W1$: 송전단 전력　　$W2$: 부하전력, 수전단 전력　　R : 전선 1가닥의 저항
I : 부하전류　　L : 배전 거리　　ρ : 저항률　　E : 부하전압

02 배선설비

학습목표

- 전기방식의 선정방식과 저압선로의 배전방식을 알 수 있다.
- 전등배선시의 기본원칙과 색깔 결정 방법을 알 수 있다.
- 3로 및 4로 스위치의 결선 방법을 알 수 있다.

1. 전기방식의 선정

전기방식을 결정하는 데 가장 중요한 것은 그 수용장소 내에서 가장 광범위하게 사용되는 부하의 정격전압이 몇 [V]인가, 간선 1회선의 용량을 얼마로 할 것인가, 비상용 발전기의 정격전압을 몇 [V]로 할 것인가 하는 3가지이다.

전압의 종별과 배전방식 등 일반적으로 우리나라에서 사용하고 있는 배선설비의 특징은 다음과 같다.

(1) 전압의 종별

전압은 저압, 고압, 특별고압으로 구분한다.

① 저압 : 직류 750[V] 이하, 교류 600[V] 이하로 한다.

② 고압 : 직류 750[V] 초과~7,000[V] 이하, 교류 600[V] 초과~7,000[V] 이하로 한다.

③ 특별고압 : 7,000[V] 초과로 한다.

(2) 배전방식

변전소에서 수용가로 전기를 공급하는 것을 배전이라 하며, 특별고압 배전방식과 저압배전방식으로 구분할 수 있으며, 저압배전방식에는 단상 2선식, 단상 3선식, 3상 3선식, 3상 4선식 등이 있다.

1) 특별고압 배전방식

우리나라의 배전방식은 Y결선(중성점 다중 접지)방식으로 사용한다.

① 단상 부하만 있는 경우 단상 2선식으로 회로를 구성하는 것이 간편할 수도 있으나 단상 선로의 구성률이 높아지면 부하의 불평형이 발생할 수 있다.

② 중성선 접지는 인가 밀집지역의 경우 매 전주마다 접지하고, 인가가 없는 야외지역은 300[m] 이하마다 접지한다.

2) 저압배전방식

① 단상 2선식(110[V], 220[V]) : 소규모의 일반 주택뿐이다. 그러나 220[V] 부하는 사무실, 병원, 호텔, 공장 등 각처에서 널리 사용하고 모든 수용장소에서 단상 2선식 전압의 전원은 필요하다(그림 1-2).

㉠ 장점 : 구성이 간단하고, 부하의 불평형이 없다.

㉡ 단점 : 소요동량이 크고, 전력손실이 크다. 대용량 부하에 부적합하다.

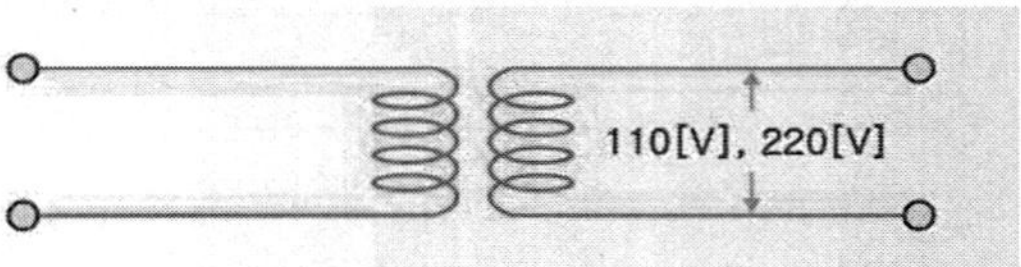

[그림 1-2] 단상 2선식 저압배전방식

② 단상 3선식(110/220[V]) : 단상 2선식 110[V]의 간선은 대용량인 경우에는 간선의 굵기가 커지고 손실도 많아서 비경제적이다.
전류를 반감하기 위하여 회로전압을 220[V]로 하고 110[V]도 얻을 수 있도록 한 것이다. 중성선이 접지되어 있으므로 대지전압은 110[V]이다(그림 1-3).

㉠ 장점 : 일반 가정의 전등 부하 또는 소규모 공장에서 사용한다. 한 장소에 두 종류의 전압이 필요한 경우에 채택한다. 부하를 110/220[V]에 동시 사용한다.

㉡ 단점 : 부하의 불평형이 있으며, 중성선 단선 시 이상전압 발생으로 기기의 손상이 우려된다. 중성선이 단선되면 부하가 적게 걸린 단자(저항이 큰 쪽의 단자)의 전압이 많이 걸리게 되어 과전압에 의한 사고발생 위험이 있다.

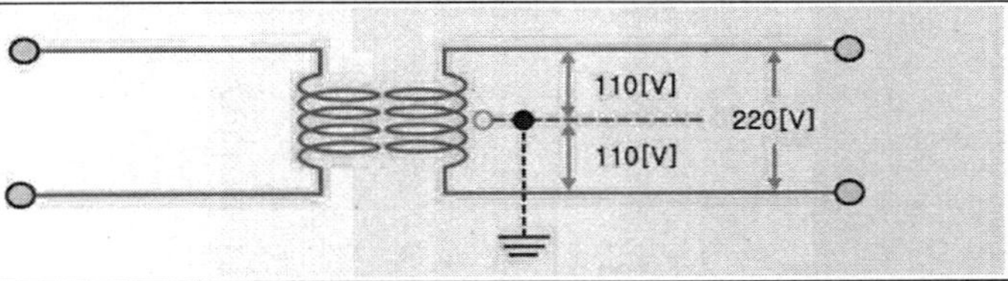

[그림 1-3] 단상 3선식 저압배전방식

③ 3상 3선식(220[V]) : 일반 빌딩이나 공장에 설치하는 기계를 구동하는 전동기는 대부분 3상 220[V]가 정격전압이다. 따라서 동력전원으로 가장 많이 사용되고 있다.

㉠ 각 상 전압이 220[V]이고 1상을 접지하여 사용하기 때문에 대지전압은 220[V]이다.

㉡ 2선식에 비해 동량이 적고, 전압강하 등이 개선된다.

㉢ 고압 수용가의 구내 배전설비에 많이 사용한다(1대 고장 시 V결선 가능).

㉣ 선전류가 상전류의 배가 되는 결선법으로 전류가 선로에 많이 흐르게 되므로 배전선로의 결선방식으로는 거의 사용하지 않는다(그림 1-4).

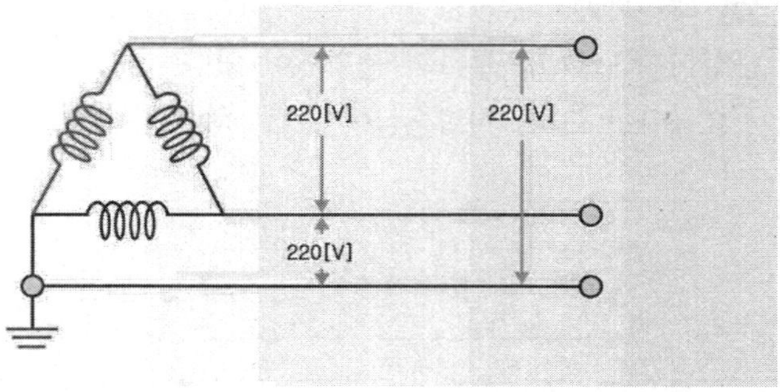

[그림 1-4] 3상 3선식 저압배전방식

④ 3상 4선식(220/380[V]) : 중성선과 각 상의 전압은 220[V]이고 각 상간 전압은 380[V]이다. 비교적 용량이 큰 부하가 많은 빌딩이나 공장의 간선전압으로 적합하다(그림 1-5).

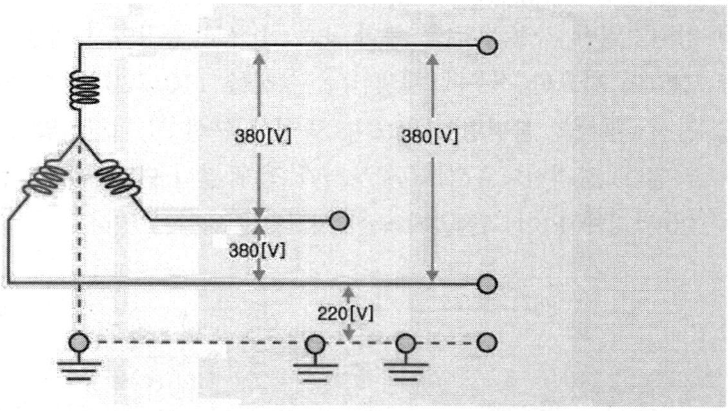

[그림 1-5] 3상 4선식 저압배전방식

㉠ 장점 : 동력과 전등 부하를 동시에 사용하는 수용가에서 사용한다. 변압기 용량은 3대 모두 동일 용량을 사용하는 방식과 1대의 용량은 크게, 나머지 두 대의 용량은 작게 구성하는 방식이 있다. 이 경우 1대는 동력 전용으로 두 대는 전등·동력 공용으로 나누어 사용한다.

㉡ 단점 : 중성선이 단선되면 단상 부하에 과전압이 인가될 수 있다.

(3) 간선의 설계

전등, 콘센트, 전동기 등의 부하설비에 전기를 공급할 때 일정한 구역으로 묶어서 용량이 큰 전선으로 공급하고, 이것을 다시 분배하여 개개의 부하설비에 공급하는 것이 기술적으로나 경제적으로 유리하다. 이와 같이 변압기에서 분기하여 개개의 부하설비로 분기하기 전까지의 용량이 큰 배전선을 '간선'이라고 한다.

1) 간선의 굵기 결정

간선에 걸리는 최대 사용전류를 먼저 구하고, 이 전류와 긍장에 따라 전선 최대 긍장표를 이용하여 전선의 굵기를 구한다.

① 간선을 건물에 분산시키는 분전반 등에 배전하는 방식으로 여러 가지가 있지만 변전실 또는 배전반으로부터 거리를 가깝게 하고 각 간선용량의 균등을 고려하여 배선비가 적게 들도록 해야 한다.

② 계통을 선정할 때에는 사용 전기방식의 특징을 잘 살릴 수 있는 계통을 선정함이 중요하다.

2) 간선의 계통 형태에 따른 분류

나뭇가지식, 평행식, 루프(loop)식 등이 있다(그림 1-6).

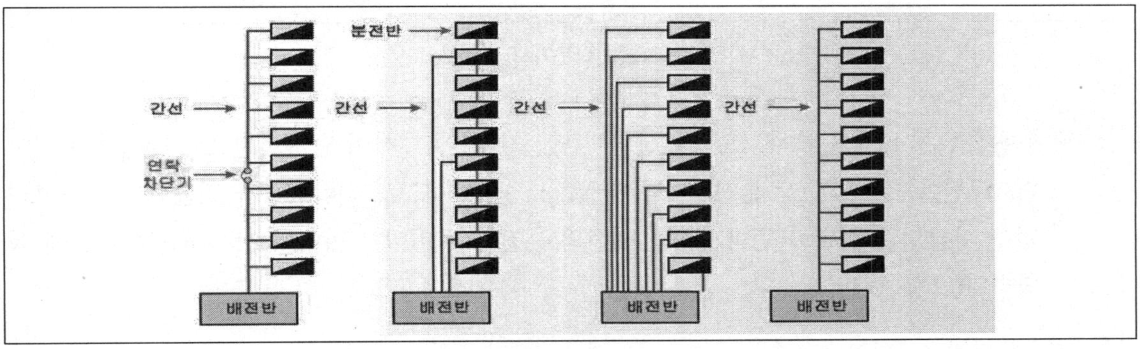

[그림 1-6] 간선의 분류

① 나뭇가지식 : 1개의 간선이 각각의 분전반을 거치며, 부하가 감소됨에 따라 간선의 굵기도 감소되므로, 굵기가 변경되는 접속점에는 보안장치가 필요하며 이 방식은 소규모 건물에 적당하다(그림 1-7).

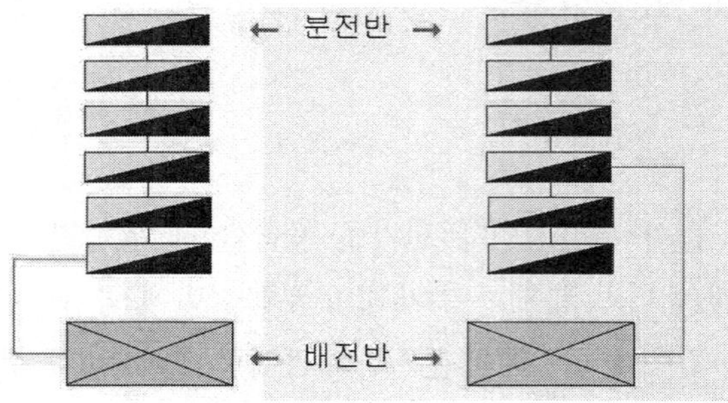

[그림 1-7] 나뭇가지 식

② 나뭇가지 병행식 : 집중부하 중심부근에 분전반을 설치하고 분전반에서 각각의 부하에 배선한다. 일반적으로 많이 사용되는 방식이다(그림 1-8).

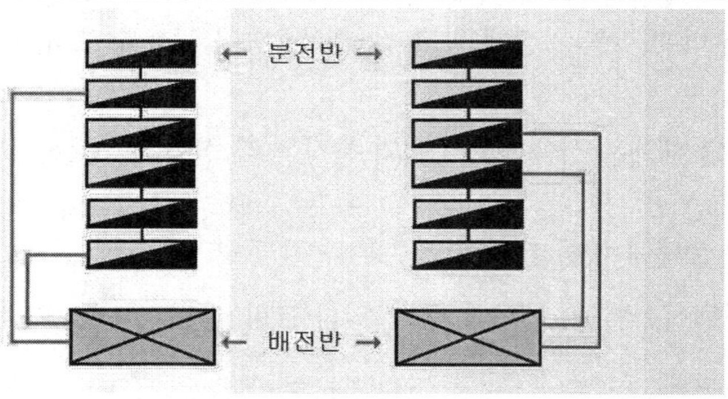

[그림 1-8] 나뭇가지 병행식

③ 평행식 : 큰 용량의 부하, 또는 분산되어 있는 부하에 대하여 단독회선으로 배선하는 것이다. 배전반으로부터 각 분전반마다 단독으로 배선되므로, 전압강하가 평균화되고 사고의 경우 파급되는 범위가 좁아지지만 배선의 혼잡과 설비비가 많아지므로 대규모 건물에 적당하다(그림 1-9).

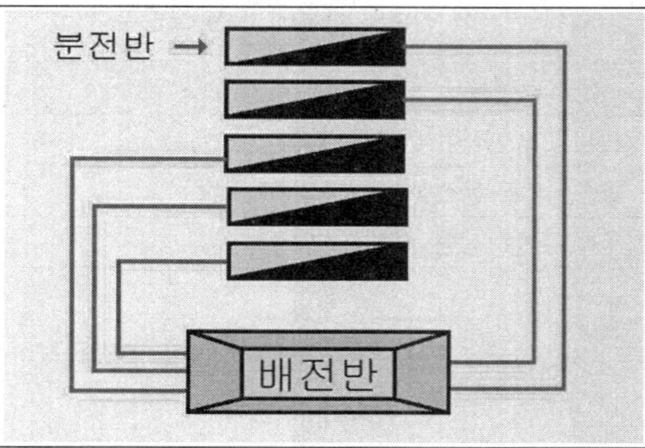

[그림 1-9] 평행식

④ 루프식 : 공급신뢰도가 가장 높으며 중요한 부하에 사용한다. 선로사고 시 즉시 대처할 수 있지만 설치비가 가장 비싸다(그림 1-10).

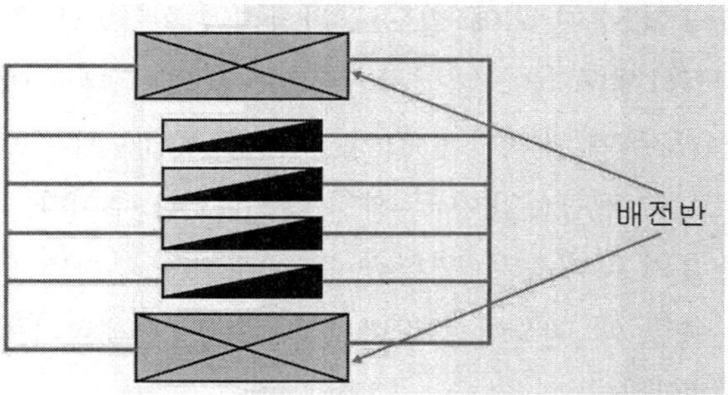

[그림 1-10] Loop식

3) 간선의 부하용량 산정

간선을 설계함에 있어서 우선적으로 부하용량의 산정이 선행되어야 한다. 전등 및 소형 전기기계 기구의 부하용량의 산정은 다음 2가지 방법에 따른다.

① 실부하 집계법 : 실제의 부하를 집계해서 여기에 수용률을 곱하여 부하를 산정하는 방법이다.

② 표준부하밀도법([VA/m^2]법) : 건물의 종류 및 별도 계산할 부분에 해당하는 표준부하밀도 [VA/m^2]를 구하고, 여기에 건물 각 부의 면적을 곱해서 부하를 산정하는 방법이다.

㉠ 건물의 종류에 의한 표준부하 : 건물의 종류, 규모, 건물의 질 등을 토대로 표준부하는 〈표 1-3〉과 같다.

〈표 1-3〉 건물의 종류에 따른 표준부하

건물의 종류	표준부하[VA/m²]
공장, 공회당, 사원, 교회, 극장, 영화관, 연회장	10
기숙사, 여관, 호텔, 병원, 학교, 음식점, 다방, 대중목욕탕	20
주택, 아파트, 사무실, 은행, 상점, 이발소, 미장원	30

㉡ 건물(주택, 아파트 제외) 중 별도 계산할 부분의 표준부하 : 복도 등 공용 부분은 〈표 1-4〉와 같다.

〈표 1-4〉 건물 중 별도 계산의 표준부하

건물의 부분	표준부하[VA/m²]
복도, 계단, 화장실, 창고, 다락	5
강당, 관람석	10

㉢ 표준부하로 산출한 수치 외에 별도로 가산해야 할 [VA] 수이다.

ⓐ 주택, 아파트(1세대당)에 대해서는 500~1000[VA] 수이다.

ⓑ 상점의 쇼윈도우에 대해서는 길이 1[m]당 300[VA] 수이다.

ⓒ 옥외의 광고등, 전광사인, 네온사인 등의 [VA] 수이다.

ⓓ 극장, 댄스홀의 무대조명, 영화관 등 특수전등 부하의 [VA] 수이다.

㉣ 표준부하로 산출할 때 예상이 곤란한 전등 수구, 콘센트 등이 있는 경우 〈표 1-5〉와 같이 부하를 가산한다.

〈표 1-5〉 수구의 종류에 따른 부하관계

수구의 종류	예상부하[VA/개]	비 고
소형 전등수구, 콘센트	150	소형 전등수구 : 공칭지름이 26[mm]의 베이스인 것
대형 전등수구	300	대형 전등수구 : 공칭지름이 39[mm]의 베이스인 것

㉤ 옥내배선에 대한 간선설계를 할 때에 전등 및 소형 전기기계기구의 용량합계가 10[kVA]를 넘으면 10[kVA]를 넘는 부분에 대해서는 〈표 1-6〉과 같이 수용률을 적용한다.

〈표 1-6〉 건물의 종류에 따른 수용률

건물의 종류	수용률[%]
주택, 기숙사, 여관, 호텔, 병원, 창고	50
학교, 사무실, 은행	70

㉥ 소형 전기기계기구 : 소비전류 6[A] 이하, 전동기 정격출력 200[W] 이하의 가정용 기계기구이다.

예제

전등 및 소형 전기기구의 설비용량이 30[kVA]이고, 대형 전기기구의 설비용량이 5[kVA]인 주택의 최대 사용 부하용량 [kVA]은?

[풀이] 최대 사용 부하용량 = (30 - 10) × 0.5 + 10 + 5 = 25[kVA]

(4) 간선 굵기의 결정

옥내 · 외의 배선용 전선을 선정할 때 전기설비기술기준, 시설장소의 특성 등에 따라 절연전선의 종류를 규정하고 전선도체의 굵기, 단면의 크기를 결정하려면 부하용량, 전선의 길이, 강도 등의 조건을 고려해야 한다.

1) 전선의 허용전류

전선 및 케이블의 허용전류는 그 종류, 도체의 굵기 및 시설조건 등에 의하여 결정되는데, 이것은 전선의 온도가 어느 정도 이상 상승하면 절연체의 절연력을 약화시켜 전선으로서의 기능을 다하지 못하게 되기 때문이다(표 1-7).

① 허용전류는 각종 절연물에 허용온도와 사용장소에 따른 주위조건, 주위온도 등을 고려한 계산식에 의하여 구할 수 있지만, 실제로는 허용전류표 등을 사용하여 사용조건에 따른 전류감소계수로 보정하여 사용하는 경우가 많다.

〈표 1-7〉 전선의 허용전류

구 분	도 체		허용전류[A]	
	공칭단면적[mm^2]	소선수/지름 (가닥수/[mm])	동 선	알루미늄선
단 선	2.5 4 6 10		27 35 48 62	21 27 37 48
연 선	6 10 16원형 압축 25원형 압축 35원형 압축	7/1.04 7/1.35	49 61 88 115 139	38 48 69 90 108

② 절연전선의 허용전류[전기설비기술기준 제130절]에서 절연물의 최고허용온도가 60[℃]의 IV전선, RB전선 등의 허용전류는 〈표 1-8〉과 같다.

㉠ 애자사용배선에 의하여 절연물의 최고허용온도 60[℃]의 IV전선 등을 시설하는 경우의 허용전류 : 지름 1.2[mm] 이하 및 단면적 1.25[mm^2] 이하의 전선은 일반적으로는 배선에 사용하는 전선으로 인정하지 않는다.

㉡ 전선관 등에 절연물의 최고허용온도가 60[℃]의 IV 전선 등을 넣는 경우의 허용전류 VV 케이블 배선, 금속관배선, 합성수지관 배선, 금속제 가요전선관 배선, 금속몰드 배선, 합성수지몰드 배선, 금속덕트 배선, 플로어덕트 배선 및 셀룰러덕트 배선 등에 적용한다. 금속덕트 배선, 플로어덕트 배선 및 셀룰러덕트 배선은 전선 수 '3 이하'를 적용한다.

〈표 1-8〉 전선관입 허용전류(전선굵기확인)

도 체			IV 전선을 동일관 또는 덕트 속에 넣을 경우의 전선 수						
구 분	공칭단면적 [mm^2]	소선수/지름 (가닥수/[mm])	3 이하	4	5~6	7~15	16~40	41~60	61 이상
			허 용 전 류						
단 선	2.5		19	17	15	13	12	11	9
	4		24	22	19	17	15	14	12
	6		33	30	27	23	21	19	17
	10		43	38	34	30	27	24	21
연 선	6	7/1.04	34	31	27	24	21	19	16
	10	7/1.35	42	38	34	30	26	24	21
	16원형 압축		61	55	49	43	38	34	30
	25원형 압축		80	72	64	56	49	45	39
	35원형 압축		97	87	78	68	60	54	47

㉢ 전류감소계수 : 전선 및 케이블을 금속관 또는 경질비닐관속에 배선하였을 때 전류의 감소계수는 〈표 1-9〉와 같다.

〈표 1-9〉 전류감소계수

동일관 내의 전선수(가닥)	전류감소계수			
	금속관	경질비닐관	동일관 내의 전선수(가닥)	전류감소계수
3	0.70	0.06	16 또는 40 이하	0.43
4	0.63	0.53	41 이상 60 이하	0.39
5 또는 6 이하	0.56	0.46	61 이상	0.34
7 또는 15 이하	0.49	0.39		
16 또는 40 이하	0.43	-		
41 이상 60 이하	0.39	-		
61 이상	0.34	-		

2) 전선의 선정

전선에는 절연전선, 코드, 캡타이어 케이블, 케이블(저압 · 고압 · 특별고압 · 제어용) 등 대단히 많은 종류가 있으며, 각각의 특징을 가지고 있으므로 사용할 때에는 목적에 가장 적합한 것을 선정해야 한다. 주로 많이 사용하는 절연전선, 케이블 등의 종류와 용도는 〈표 1-10〉, 〈표 1-11〉과 같다.

① 절연전선의 종류 : 옥외용 비닐절연전선(OW전선), 인입용 비닐절연전선(DV전선), 600[V] 비닐절연전선(IV전선), 600[V] 고무절연전선(RV전선), 600[V] 내열용 비닐절연전선(HIV전선)이 있다.

〈표 1-10〉 절연전선의 종류와 주요 용도

명 칭	주요 용도	약 칭	비 고
옥외용 비닐전선	• 저압가공배전선로에 사용한다. • 피복이 얇아 손상되기 쉬우므로 취급주의, 흑색을 표준으로 한다.	OW 전선	KS C 3313
인입용 비닐절연전선	• 저압가공 인입선에 사용한다. • 일괄배선가능, 색상이 다양하다.	DV 전선	KS C 3315
600[V] 비닐절연전선	• 600[V] 이하의 옥내배선에 사용한다. • 내연성 · 내수성 · 내약품성 · 내노화성이 양호하며, 색상 다양, 취급이 용이하다.	IV 전선	KS C 3302
600[V] 고무절연전선	• 600[V] 이하의 옥내배선용이지만 일반적으로 사용되지 않는다. • 가요성 · 내습성 양호하다. • 내노화성 불량하다.	RB 전선	KS C 3301
600[V] 내열 비닐절연전선	옥내배선 중 내열성을 요구하는 경우에 사용한다.	HIV 전선	KS C 3328

〈표 1-11〉 절연전선의 종류와 주요 용도

명 칭	주요 용도	약 칭	비 고
폴리에틸렌 절연비닐 시드케이블	전기특성이 우수하므로 저압에서 특별고압에 이르기까지 널리 사용된다.	EV 케이블	KS C 3611
비닐절연 시드케이블	600[V] 이하인 저압옥내배선에서 가장 많이 사용한다. 원형(VVR)과 평형(VVF)이 있다.	VV 케이블	KS C 3323
부틸 고무절연 클로로프렌 시드케이블	절연체는 내열성이 우수하고 안정된 성능을 구비하고 있어 광범위한 용도를 가진다.	BN 케이블	KS C 3331
고무절연 클로로프렌 시드케이블	• 3[kV] 이하의 회로에 사용한다. • 클로로프렌은 내후성, 기계적 특성이 우수한 관계로 사용조건이 가혹한 곳에서 견딜 수 있다.	RN 케이블	KS C 3332
가교 폴리에틸렌 케이블	플라스틱 전력 케이블이 대표적이고, 저압에서 고압에 이르기까지 널리 사용된다.	CV 케이블	KS C 3131
동심 중성선 가교 폴리에틸렌 케이블	CV 케이블의 사용이 곤란한 중성점 다중접지 방식에 널리 사용된다.	CN/CV 케이블	ESB 122-640-647

② 전력 케이블의 종류 : 폴리에틸렌 절연비닐 시드케이블(EV케이블), 비닐절연 시드케이블(VV케이블), 부틸 고무절연 클로로프렌 시드케이블(BN케이블), 고무절연 클로로프렌 시드케이블(RN케이블), 가교 폴리에틸렌 케이블(CV케이블), 동심 중성선 가교폴리에틸렌 케이블(CN-CV케이블)이 있다.

3) 전압강하

도체에 저항이 있기 때문에 전류가 흐르면 송전단 전압과 수전단 전압의 사이에 전압차가 생기는데 이를 간선의 전압강하라 한다. 저압배전선 중의 전압강하는 간선과 분기회로에서 각각 표준전압의 2[%] 이하로 하는 것을 원칙으로 한다. 그러나 전기 사용장소 내에 있는 변압기로부터 공급받는 간선의 전압강하는 3[%] 이하로 할 수 있다.

① 전압강하 및 전선 단면적 산출 : 전압강하를 계산하는데 각 상의 부하가 평형되어 있으면 식 (1-1)과 같이 근사값이 성립한다.

$$V = K_w(R\cos\theta + X\sin\theta)I \times L \tag{1-1}$$

K_w : 전기방식에 따른 전압강하계수로, 교류 단상 2선식 및 직류 2선식에서는 2, 교류 단상 3선, 3상 4선 및 직류 3선식에서는 1, 3상 3선식에서는 $\sqrt{3}$ 의 값을 가진다.

R : 전선 1가닥의 저항, X : 전선 1가닥의 리액턴스, I : 선 전류

L : 전선 1가닥의 길이를 나타낸다.

㉠ 전로의 저항과 리액턴스, 역률 그리고 길이를 알면 근사식을 이용하여 전압강하를 계산할 수 있다.

㉡ 300[A] 이하의 간선은 교류회로이긴 하지만 리액턴스와 역률을 무시해도 실제사용에는 지장이 없다. 〈표 1-12〉와 같은 공식을 이용하면 편리하다.

〈표 1-12〉 전압강하 및 전선단면적 산출공식

전기 방식	전압강하[V]	전선의 단면적[mm^2]
단상 2선식 및 직류 2선식	$e = \frac{35.6 \times L \times I}{1000 \times A}$	$A = \frac{35.6 \times L \times I}{1000 \times e}$
3상 3선식	$e = \frac{30.8 \times L \times I}{1000 \times A}$	$A = \frac{30.8 \times L \times I}{1000 \times e}$
단상 3선식, 직류 3선식, 3상 4선식	$e = \frac{17.8 \times L \times I}{1000 \times A}$	$A = \frac{17.8 \times L \times I}{1000 \times e}$

② 길이가 60[m]를 초과하는 경우의 전압강하 : 공급변압기의 2차측 단자 또는 인입선에서부터 말단 부하에 이르는 전선의 길이가 60[m]를 초과하는 경우의 전압강하는 〈표 1-12〉에 관계없이 부하전류로 계산하여 〈표 1-13〉과 같이 구할 수 있다.

〈표 1-13〉 길이가 60[m]를 초과하는 경우의 전압강하

구 분	변압기 2차측 단자에서 말단 부하까지의 전선길이[m]	간선전압 강하[%]	분기회로 전압강하[%]	전압강하 합계[%]
전기사업자로부터 저압으로 공급받는 경우	120 이하 121～200 201～	2 3 3	2 2 3	4 5 6
사용장소 내에 시설한 변압기에서 공급하는 경우	120 이하 121～200 201～	3 3 4	2 3 3	5 6 7

(5) 간선의 보호장치

간선은 대용량의 전류가 흐르는 관계로 전등 · 전열기 및 전동기 등에 전력을 공급할 때 사람이나 가축에 감전, 기계기구의 손상 등을 방지하기 위하여 간선을 보호하는 장치를 시설해야 한다. 일반적으로 간선사고의 원인은 과부하전류, 단락전류, 지락전류 등으로 보호장치는 어느 것이나 고장을 검출해서 차단기를 개방하여 정전에 돌입하게 된다. 그러므로 전로의 말단에서 일어난 사고 때문에 주간선 전체가 정전되는 사태가 발생하면 전기적으로는 안전할지라도 정전으로 말미암아 별도의 위험이나 손해를 초래할 염려가 있다. 따라서 고장의 정도, 발생빈도, 다른 설비에 미치는 영향 등 종합적인 검토를 하여 가급적 정전범위가 작게 되도록 대책을 세워야 한다.

1) 과전류 보호장치

과부하 또는 단락에 의해 생기는 과전류에 대해 전선 및 기계기구를 보호하기 위해 적당한 과전류 보호장치를 배선의 요소에 시설해야 한다. 과전류의 종류에는 정격용량으로 부하를 접속한 경우에 발생하는 과부하 전류와 사고에 의해 회로가 단락된 경우에 발생하는 단락전류가 있다.

2) 과전류 차단기

각 간선의 전원측에는 그 간선을 과전류로부터 보호하기 위하여 과전류 차단기를 설치한다.

① 과전류 차단기의 정격전류 : 간선에 사용하는 전선, 케이블 또는 버스덕트의 허용전류보다 적은 것으로 해야 한다. 저압 옥내 간선용 전선의 굵기와 이를 보호하기 위한 과전류 차단기의 용량은 접속되는 부하에 따라 〈표 1-14〉에 의해서 구할 수 있다.

〈표 1-14〉 과전류 차단기의 용량

<table>
<tr><th colspan="2">구 분</th><th>전선굵기
(허용전류 I_a)</th><th>과전류 차단기 용량
(정격전류 I_f)</th><th>비 고</th></tr>
<tr><td colspan="2">전동기가 없는 경우</td><td>$I_a \geq I_H$</td><td>$I_f \leq I_a$</td><td rowspan="4">I_M : 전동기의 정격전류

I_H : 전동기를 제외한 전기기구의 정격전류</td></tr>
<tr><td rowspan="3">전동기가 있는 경우</td><td>$I_M < I_H$</td><td>$I_a \geq I_M + I_H$</td><td>$I_f \leq 3I_M + I_H \leq 2.5I_a$</td></tr>
<tr><td>$I_M \geq I_H$ 이고
$I_M \leq 50[A]$</td><td>$I_a \geq 1.25I_M + I_H$</td><td>-</td></tr>
<tr><td>$I_M \geq I_H$ 이고
$I_M > 50[A]$</td><td>$I_a \geq 1.1I_M + I_H$</td><td>-</td></tr>
</table>

② 간선의 굵기를 산정할 때 장차 부하의 증설에 대비하여 어느 정도 여유를 둘 필요가 있다.

㉠ 여러 개의 부하가 접속되어 있는 경우에는 각 부하가 동시에 가동하는 일은 거의 없을 것이므로 〈표 1-14〉의 방법으로 계산한 허용전류에 수용률을 적용하는 것이 바람직하다.

㉡ 역률을 개선할 필요가 있는 경우에도 계산한 간선의 허용전류를 수정해 준다.

3) 지락보호장치

간선에 접지사고가 생겼을 때 자동적으로 전로를 차단하게 하려면 지락차단기의 시설을 할 필요가 있다. 지락차단기는 지락계전기를 이용해서 수전용 차단기 또는 각 변압기용 차단기를 동작하게 한다.

4) 누전차단기

전선로에 지락사고가 일어났을 때 위험을 방지할 목적으로 누전차단장치를 시설하도록 규정하고 있다. 지락이 생겼을 때 부하기기, 금속제 외함 등에 발생하는 고장전압 또는 지락전류를 검출하는 부분과 차단기 부분을 일체로 조합하여 자동적으로 전로를 차단하는 것을 누전차단기라 한다. 누전차단기의 종류 및 정격감도전류는 〈표 1-15〉와 같다.

〈표 1-15〉 누전차단기의 종류 및 정격감도전류

<table>
<tr><th colspan="2">구 분</th><th>정격감도전류[mA]</th><th>동작시간</th></tr>
<tr><td rowspan="3">고감도형</td><td>고속형</td><td rowspan="3">5, 10, 15, 30</td><td>정격감도전류에서 0.1초 이내
인체감전보호형은 0.03초 이내</td></tr>
<tr><td>시연형</td><td>정격감도전류에서 0.1초를 초과하고 2초 이내</td></tr>
<tr><td>반한시형</td><td>정격감도전류에서 0.2초를 초과하고 1초 이내
정격감도전류×1.4에서 0.1초 초과하고 0.5초 이내
정격감도전류×4.4에서 0.05초 이내</td></tr>
<tr><td rowspan="2">중감도형</td><td>고속형</td><td rowspan="2">50, 100, 200
500, 1000</td><td>정격감도전류에서 0.1초 이내</td></tr>
<tr><td>시연형</td><td>정격감도전류에서 0.1초를 초과하고 2초 이내</td></tr>
<tr><td rowspan="2">저감도형</td><td>고속형</td><td rowspan="2">3000, 5000
10000, 20000</td><td>정격감도전류에서 0.1초 이내</td></tr>
<tr><td>시연형</td><td>정격감도전류에서 0.1초를 초과하고 2초 이내</td></tr>
</table>

5) 단락보호장치

간선에 사용한 전선, 케이블 또는 버스 덕트에 단락사고가 일어났을 때 흐르는 단락전류를 차단하려면 변압기의 1차측이나 2차측에 단락차단기를 설치한다.

① 건물규모가 커지면 변압기 용량도 이에 부응해서 커지기 마련이다.

② 간선은 400[V]급 낮은 임피던스(low impedance)값의 버스 덕트를 사용하는 예가 많은데 단락사고가 일어났을 때의 단락전류 값은 대단히 커진다.

③ 1개소의 고장일지라도 정전의 파급범위가 넓기 때문에 단락보호에 관한 문제는 신중히 다루어야 한다.

(6) 수용률, 부하율 및 부등률

수용률(demand factor)은 최대수용전력과 부하설비의 정격용량의 합계와의 비이다. 부하율은 어느 기간의 평균전력과 그 기간 중의 최대전력과의 비이다. 부등률은 각 부하의 최대수용전력의 합계와 각각의 부하가 모인 군의 종합 최대수용전력과의 비이다.

1) 수용률

한 계통의 전력간선에 접속되어 있는 부하가 전체부하를 동시에 정격출력으로 운전하는 예는 거의 없다.

① 실제로 간선에 흐르는 전류를 설계 시에 예측할 때 가장 신뢰 할 수 있는 것은 수용률이다.

② 어떤 전력계통의 최대수용전력과 그 계통에 접속된 전체 부하(설치 부하용량)의 백분율,

즉 식 (1-2)와 같다. 〈표 1-16〉에 수용률의 예이다.

$$\text{수용률} = \frac{\text{최대수용전력}}{\text{부하설비의 정격용량의 합계}} \times 100[\%] \qquad (1\text{-}2)$$

〈표 1-16〉 각종 부하의 수용률

부하 종별	백화점, 임대점포	사무실
전등 부하	100~74.1	78.4~43.2
동력 부하	63.3~38.0	53.8~41.0
냉방 부하	57.7~44.7	89.2~56.3
종합 부하	47.9~62.7	41.4~56.1

2) 부하율

부하율(load factor)은 부하의 특성을 알기 위하여 어느 기간 중의 평균수용전력과 그 기간 중의 최대전력과의 비를 [%]로 표시한 것이다. 식 (1-3)은 기간으로는 일 · 월 · 연 등을 잡고, 그들에 대응해서 일부하율, 월부하율, 연부하율이라 한다. 배전계통에서 전력수요의 비율을 나타내는 양이다.

$$\text{부하율} = \frac{\text{어느 기간 중의 평균수용전력}}{\text{같은 기간 중의 최대수용전력}} \times 100[\%] \qquad (1\text{-}3)$$

3) 부등률

부등률(diversity factor)은 계통 내의 각 개의 부하의 최대수용전력의 합계와 그 계통의 합성 최대수용전력과의 비이다. 식 (1-4)는 보통 단위법으로 표시되며, 1보다 큰 값인데 값이 클수록 설비의 이용도가 높다.

$$\text{부등률} = \frac{\text{각 최대전력의 합계}}{\text{합성 최대전력}} \times 100[\%] \qquad (1\text{-}4)$$

합성 최대전력에 의하여 식 (1-5)와 같이 변압기 적정용량을 산출할 수 있다.

$$\text{변압기 용량} = \frac{\text{최대수용전력}}{\text{부등률} \times \text{역률}} = \frac{\text{부하설비의 정격용량의 합} \times \text{수용률}}{\text{부등률} \times \text{역률}} \times 100[\text{kVA}] \tag{1-5}$$

예제

부하설비 용량이 20[kW], 30[kW], 20[kW]이고 이 부하설비의 수용률이 각각 50[%], 70[%], 65[%]인 경우에 이 부하에 공급할 변압기의 용량[kVA]은? (단 부등률은 1.1, 종합 부하역률은 80[%]로 한다)

[풀이] 최대수용전력의 합 = (20/0.8)×0.5 + (30/0.8)×0.7 + (20/0.8)×0.65 = 55[kVA]
변압기 용량 = 최대수용전력의 합/부등률 = 55/1.1 = 50[kVA]

(7) 분기회로의 설계

저압 옥내 간선에서 분기하여 과전류 보호기를 거쳐 전등, 콘센트와 같은 부하에 이르는 배선을 분기회로라고 한다.

1) 분기회로의 종류

회로를 보호하는 분기 과전류 차단기의 정격전류에 따라 〈표 1-17〉과 같이 분류한다.

〈표 1-17〉 분기회로의 종류와 분류

분기회로의 종류	과전류 차단기의 정격전류
15[A] 분기회로	15[A]
20[A] 배선용 차단기 분기회로	20[A](배선용 차단기에 한함)
20[A] 분기회로	20[A](퓨즈에 한함)
30[A] 분기회로	30[A]
50[A] 분기회로	50[A]
50[A]를 초과하는 분기회로	배선의 허용전류 이하

2) 분기회로의 부하용량 산정

배선을 설계하기 위한 전등 및 소형 전기기계 기구의 부하용량 산정은 식 (1-6)과 같이 〈표 1-18〉에서 표시하는 건물의 종류 및 그 부분에 해당하는 표준부하에 바닥 면적을 곱한 값을 구하고 여기에 가산해야 할 가산부하밀도의 수를 더한 값으로 한다.

$$P_s = PA + QB + C[\mathrm{VA}] \tag{1-6}$$

P : 건축물의 바닥면적　　　Q : 건축물의 부분 바닥면적
A : 표준부하밀도　　　B : 부분부하밀도
C : 가산부하밀도

① 부하설비용량은 부하밀도에 대한 〈표 1-18〉의 가산부하 등을 고려하여 결정한다.

〈표 1-18〉 가산부하

건물의 종류	가산부하
주택, 아파트	세대당 500～1000[VA]
상점 진열장	길이 1[m]마다 300[VA]
옥외 광고등, 전광사인, 무대조명, 특수전등 등	실([VA])수

3) 분기회로의 수 결정

분기회로의 수는 부하용량의 산정에 따른 부하설비용량(전등 및 소형 전기기계기구에 한함)을 사용전압이 110[V]인 경우 1650[W]로 나누고, 사용전압이 220[V]인 경우 3.3[kW]로 나눈 값을 원칙으로 한다(소수점 이하 값은 절상).

분기회로의 최대 수구 수는 〈표 1-19〉와 같으며 전등회로의 경우 접속개수에는 제한이 없으나, 부하전류 합계가 15[A]의 경우 80[%] 정도로 한다.

① 일반 콘센트 전용회로에서는 사무실, 빌딩인 경우는 7~8개에 1회로를 산정한다.
② 대형 전기기계 기구에 대해서는 별도의 전용 분기회로를 시설한다.
③ 표준부하에 따라 계산하지 아니하고 개개의 부하용량의 합계로 부하를 산정하였을 경우에는 1회로의 부하를 1200[VA] 이하로 하여 회로수를 결정한다.

〈표 1-19〉 분기회로의 최대 수구 수

<table>
<tr><th>분기회로의 종류</th><th>수구의 종류</th><th colspan="2">최대 수구 수</th></tr>
<tr><td rowspan="4">• 15[A] 분기회로
• 20[A] 배선용 차단기분기회로</td><td>전등수구 전용</td><td colspan="2">제한하지 않음</td></tr>
<tr><td rowspan="2">콘센트 전용</td><td>주택 및 아파트</td><td>제한하지 않고 다만, 정격소비전력 2[kW](110[V]는 1[kW])를 넘는 대형 전기기계기구를 사용하는 콘센트는 1개로 한다.</td></tr>
<tr><td>기 타</td><td>10개 이하. 미장원, 세탁소 등에서 사무용 기계기구를 사용하는 콘센트는 1개를 원칙으로 하고 동일 실내에 시설하는 경우에 한하여 2개까지로 한다.</td></tr>
<tr><td>전등수구와 콘센트 전용</td><td colspan="2">전등수구는 제한하지 않음. 콘센트는 콘센트 전용에 따른다.</td></tr>
<tr><td>20[A] 분기회로</td><td>대형 전등수구 전용</td><td colspan="2">제한하지 않음</td></tr>
<tr><td>15[A] 분기회로</td><td>콘센트 전용</td><td colspan="2">2개 이하</td></tr>
</table>

예제

연면적 300[m^2]의 주택이 있는데 이곳의 전등, 전열용 부하는 30[VA/m^2]이며, 5[kW]용량의 에어컨이 2대 설치되어 있다. 사용전압은 220[V] 단상이고, 예비부하로 1.5[kW]가 필요하다면 분전반의 분기회로수는 몇 회로가 필요한가? 단, 에어컨은 30[A] 전용회선으로 하고, 기타는 15[A] 분기회로로 한다.)

[풀이] (300×30+1500)/(220×15)=3.18≒4회로
따라서, 15[A] 분기회로 : 4회로, 30[A] 분기회로 : 2회로

4) 분기회로의 전선의 굵기

전선의 길이가 110[V]의 경우 44[m], 220[V]의 경우 88[m] 이하이므로 이를 초과할 경우 전압강하가 25[%] 이내로 해야 하므로 전압강하 측면을 고려할 경우와 회로의 길이가 길 경우 이점을 고려하여 굵기를 결정해야 한다.

① 분기회로의 전선의 굵기는 〈표 1-20〉과 같다.

〈표 1-20〉 분기회로의 전선의 굵기

분기회로의 종류	전선의 굵기	
	동 선	알루미늄선
15[A] 분기회로	지름 1.6[mm] 이상	지름 2.0[mm]
20[A] 분기회로	지름 2.0[mm] 이상	지름 2.6[mm] 이상
30[A] 분기회로	지름 2.6[mm] 이상	지름 3.2[mm] 이상
40[A] 분기회로	단면적 8[mm^2] 이상	단면적 14[mm^2] 이상
50[A] 분기회로	단면적 14[mm^2] 이상 지름 3.5[mm] 이상	단면적 22[mm^2] 이상

② 50[A]가 넘는 전선의 굵기는 전기기계기구의 정격전류 또는 과전류 차단기 정격전류 이상의 허용전류를 갖는 전선을 선정하면 된다.

5) 분기회로의 개폐기 및 과전류 차단기의 시설

저압 옥내 간선에서 분기하여 전기 사용 기계와 기구에 이르는 분기회로의 분기 개폐기는 [그림 1-11]과 같이 시설해야 한다.

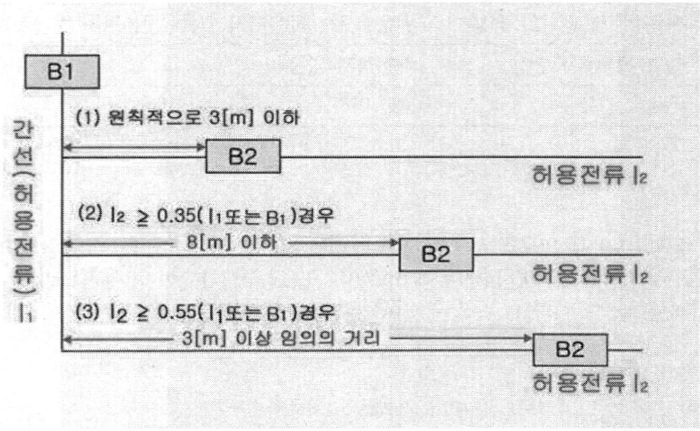

[그림 1-11] 분기회로의 개폐기 및 과전류차단기 시설

① 분기점에서 전선의 길이가 3[m] 이하인 곳이다.
② 분기점에서 전선의 허용전류가 과전류 차단기 정격전류의 35[%] 이상인 경우에는 전선의 길이가 8[m] 이하인 곳이다.
③ 분기점에서 전선의 허용전류가 과전류 차단기 정격전류의 55[%] 이상인 경우에는 전선의 길이가 3[m] 이상 임의의 거리이다.

2. 저압선로의 배전방식

전기는 원자력, 수력, 화력, 열병합, 조력, 풍력 등 각종 발전소에서 생산되어 전기를 수용가로 공급되는데, 이때 여러 가지 이유로 높은 전압으로 송전하는 것이 유리하므로 가능한 높은 전압으로 승압되어 선로를 통해 전국의 변전소로 송전된다.

한국전력공사에서는 수용가에 전기를 공급할 때 소용량일 경우에는 22,900[V]의 특고압을 주상 또는 지중변압기 1차측에 공급하여 저압(2차측)으로 변성한 뒤 저압수용가로 공급하거나,

대용량일 경우에는 22,900[V] 그대로 특고압수용가에 공급한다. 매우 큰 대용량일 경우에는 22,900[V]보다 더 높은 전압으로 특고압수용가에 공급 특고압수용가는 자체적 변전설비로 필요한 저압으로 변성하여 전기를 사용한다.

(1) 배전방식

저압선로의 배전방식에는 단상 2선식 저압선로, 단상 3선식 저압선로, 3상 4선식 저압선로가 있다.

1) 단상 2선식 저압선로

저압 코일(A1, A2)이 하나만 존재하고 코일 정격전압은 220[V]이다(그림 1-12).

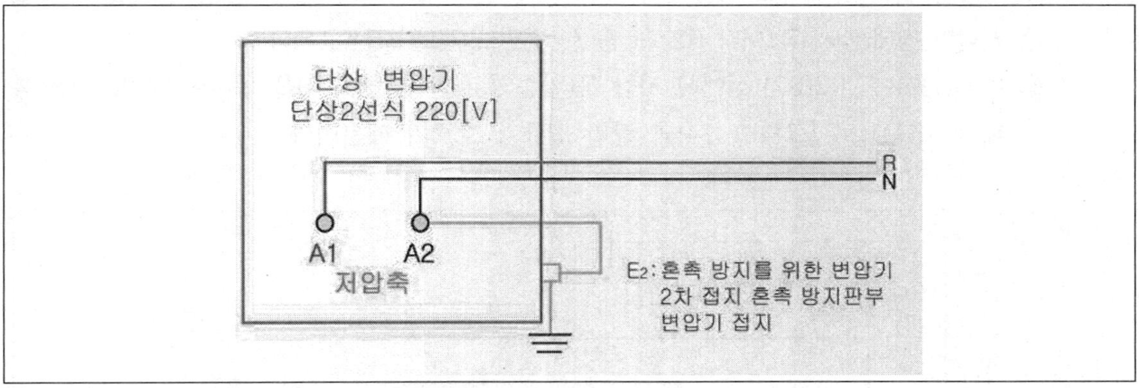

[그림 1-12] 단상2선식 저압선로

2) 단상 3선식 저압선로

저압 코일이 A1, A2(정격전압110[V]), B1, B2(정격전압 110[V]) 두 선로가 있으며 두 코일을 직렬로 결선하여 220[V]/110[V] 단상 3선식 배전선로를 구성한다.

① 110[V]를 사용하려면 R1-N 또는 R2-N에 연결하고, 220[V]를 사용하려면 R1-R2에 연결한다.

㉠ 예전에 사용하던 배전방식으로 현재는 모든 수용가가 220[V]로 승압되어 사용하지 않는 방식이다. 하지만 변압기는 재고가 있으므로 가끔 사용하는 경우가 있고, 배전선로만 구성하여 단상 2선식 220[V]를 공급한다.

㉡ [그림 1-13]과 같이 두 선 모두 각 선에 대지전압(110[V])이 흐르니 저압 활선작업 시 감전에 유의해야 한다.

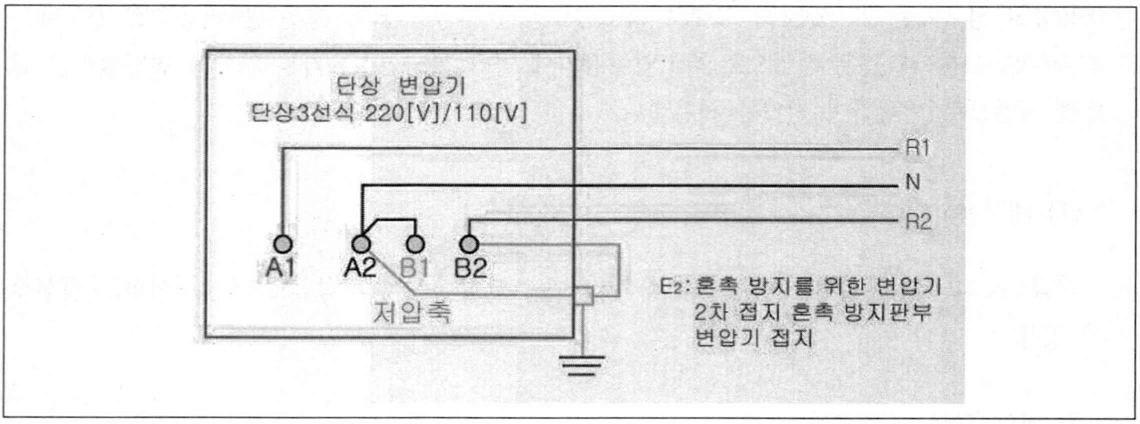

[그림 1-13] 단상3선식 저압선로

② A2, B1을 서로 연결하고 이를 변압기 외함에 연결하고 대지 측에 제2종 접지를 하였다.

㉠ 사람이 땅에 서서 R1이나 R2 선 중 한 선만 만져도 감전이 된다.

㉡ R1(A1)이나 R2(B2) 선에서 사람 몸(일종의 저항체, 전도체)을 통하여 대지(E2)를 통해 A2(B1)으로 [그림 1-14]와 같이 전류가 흐르기 때문이다.

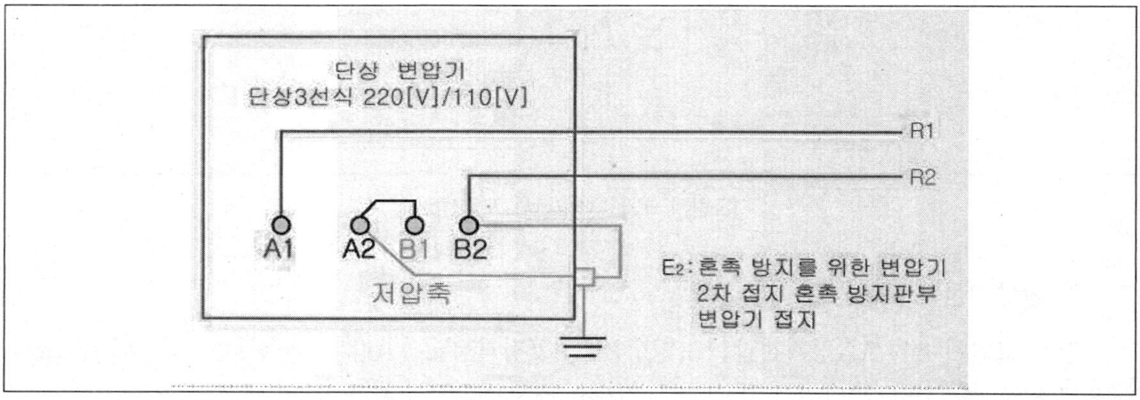

[그림 1-14] 단상3선식 저압선로

참고 대지전압

대지(땅)에서 본 전압을 의미하며 땅 위에서 한 선을 만졌을 때 감전이 될 때 해당 선에 대지전압이 존재한다.

3) 3상 4선식(Y) 저압선로

선간전압(R-S, S-T, T-R)이 380[V]이고 R, S, T 3선으로 3상 3선식 380[V]를 사용하며 3선 모두 대지전압은 220[V]이다.

① 상전압(R-N, S-N, T-N)은 220[V]이고 단상 2선식 220[V]를 사용한다.

② 미국의 경우, 우리나라와 같은 3상 4선식(Y) 배전방식이나 전압에 있어서 208[V]/120[V]이다(그림 1-15).

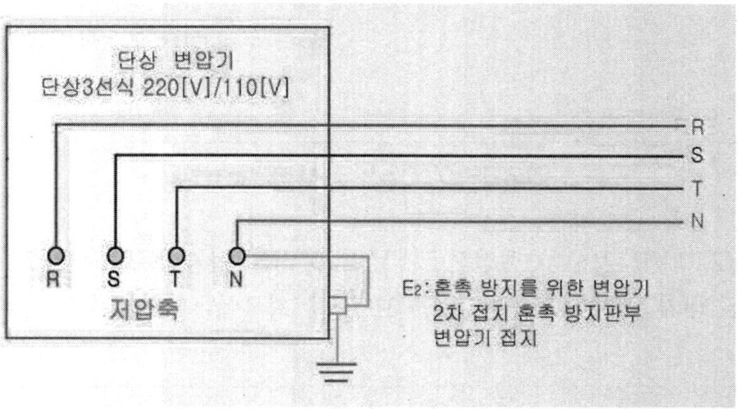

[그림 1-15] 3상4선식(Y) 저압선로

참고 **자가용 수용기**

3상 3선식 220[V] ⊿ 배전이나 3상 4선식 220/110[V](앞의 3상 3선식 220[V] ⊿ 배전)에서 단상 3선식 110[V]를 사용하기 위해 R, S, T 중 한 상에서 중간탭을 내어 사용한다.

3. 전등배선 시 기본원칙

전등배선 시에는 감전이 되지 않도록 전압선에 스위치를 설치하고, 온도와 습도에 알맞게 배선해야 한다. 통상적인 배선의 원칙에 입각하여 작업을 진행하고, 연결의 원칙에 따라 가급적 중간 중간 끊지 않고 직접 갈 수 있게 배선한다.

(1) 전압선 스위치

전압선(대지전압이 걸리는 선)에 스위치를 설치하여 스위치를 껐을 때는 [그림 1-16]과 같이 전등에 연결된 두 가닥 선에서 어떤 선에도 대지전압이 걸리지 않아야 감전되지 않는다.

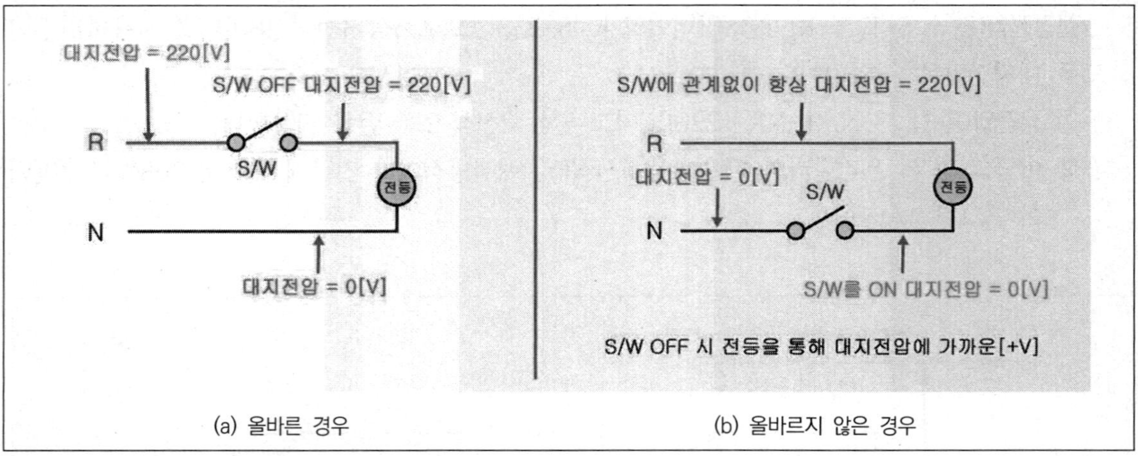

[그림 1-16] 전압선 스위치의 대지전압

단상 3선식(220[V]/110[V]) 배전선로에서 220[V]를 전등선로로 사용할 때 [그림 1-17]과 같이 2선 모두 대지전압선(이하 전압선)이므로 이 경우에는 해당되지 않는다.

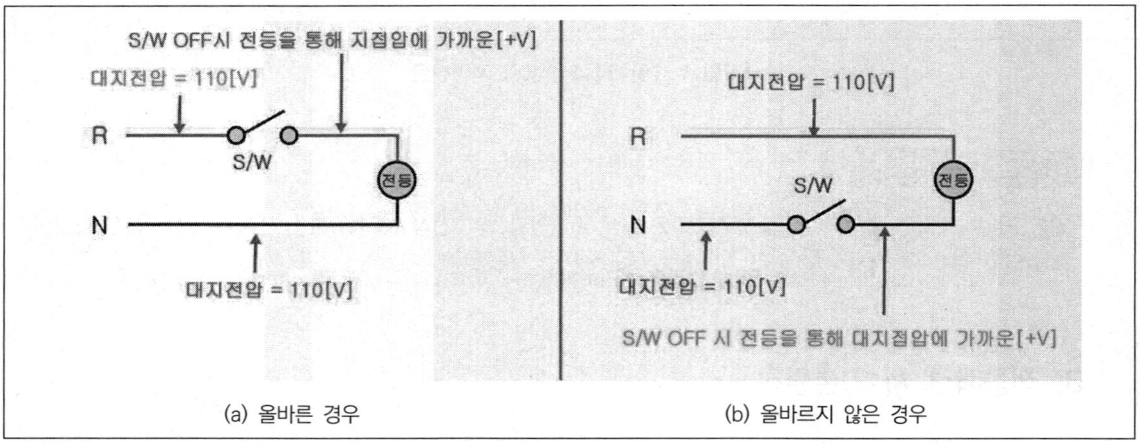

[그림 1-17] 단상3선식(220[V]/110[V])

(2) 배선의 구역

가급적, 건조한 구역과 습기 또는 수분과 접촉하기 쉬운 구역(주방, 화장실, 외등 등)의 전등을 구분하여 별도의 회로로 배선한다. 건조한 구역도 누전 시를 대비하여 최소한 두 개 이상의 회로로 배선한다. 전선은 배선에 따라 특성에 맞게 색깔을 정하여 사용한다.

(3) 배선의 원칙

본인 외에 다음 작업자도 알 수 있게 통상적인 배선의 원칙에 입각하여 작업을 진행한다. 아무리 좋은 방식이라 하여도 본인만 알 수 있는 배선은 다음 작업자의 작업진행에 지장을 주게 되므로 타작업자를 배려한 배선을 해야 한다.

(4) 연결의 원칙

여러 박스를 거쳐 배선이 되는 경우 가급적 중간 중간 끊지 않고 직접 갈 수 있게 배선한다. 끊어서 연결하는 부분은 후에 고장의 원인이 되고 끊지 않고 배선하면 최소한의 전원(스위치) 공통과 등 공통만 접속개소로 남는다.

4. 전등배선 시 색깔 결정방법

일반적으로 배선의 색은 전기공사의 편의성을 위해서 실시한다.

(1) 스위치 공통선의 색깔

스위치가 여러 개 설치될 때 전압선(R)에서 스위치 공통으로 연결되는 선을 스위치 공통, 스위치에서 등으로 연결되는 선을 등선, 중성(대지)선인 N상에서 등으로 연결되는 선을 등 공통이라고 한다.

단상지역에서는 흑색이 우선 사용되고, 흑색이 없을 때는 적색, 청색 순으로 사용된다. 이는 표준 일반시방서에서 R, S, T, N상의 색깔이 흑, 적, 청, 백이고, 한전선로에서 단상 수용가가 대부분 R상에서 공급되기 때문이다(그림 1-18).

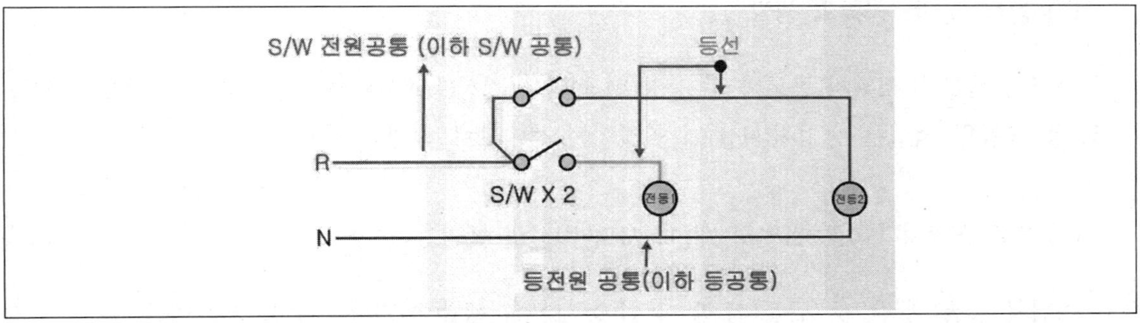

[그림 1-18] 스위치를 여러 개 설치할 때 선의 종류

(2) 3상 지역에서의 색깔

3상 지역에서는 [그림 1-19]와 같이 시공도면의 분전반결선도에서 할당된 회로의 상의 색깔과 동일한 색으로 사용한다.

① R상은 흑색, S상은 적색, T상은 청색으로 하되, 각 회로마다 스위치 공통선의 색깔이 달라서 스위치 공통선의 색깔이 3가지나 존재하므로 스위치를 ON/OFF할 때 어떤 색깔의 선이 스위치 공통인지 모를 수도 있다.

② 배선연결은 작업자가 각 회로마다 정해진 스위치 공통선에 배선 피복을 펜치로 물어 놓거나 피복을 까놓거나 선 길이를 다른 선보다 조금 길게 하는 방법 등으로 특별한 표시를 해 주어야 한다.

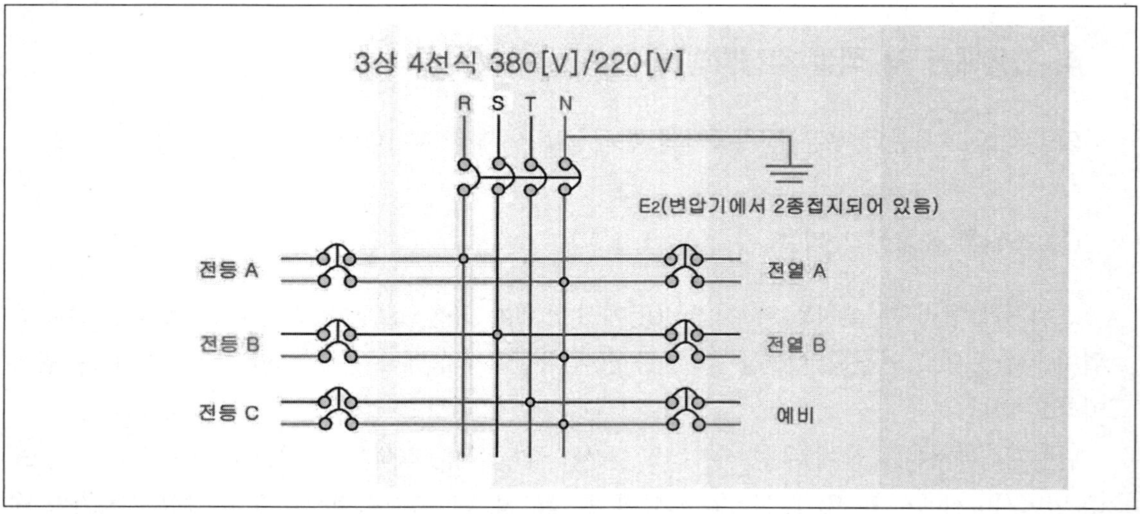

[그림 1-19] 분전반결선도

(3) 등선 및 등 공통의 색깔

등선의 색깔은 스위치 공통과 등 공통(백색)과 접지선(녹색)을 제외한 나머지 색깔을 사용하고 등 공통의 색깔은 중성선(N상)에 연결되는 선이므로 백색을 사용한다.

(4) 3로 스위치나 4로 스위치 배선에서 연락선의 색깔

스위치 공통(백색), 등 공통(백색), 등선에 사용된 색깔 이외의 색깔을 사용한다.

5. 3로 및 4로 스위치 결선방법

3로 스위치는 2개소에서 스위치를 조작할 뿐, 배선상으로는 한 개의 단로 스위치 배선과 같다. 즉, 연락선 두 가닥은 S3-1과 S3-2끼리 연결되어 교차스위칭 동작경로가 되므로 스위치 공통과 등선만 생각하면 한 개의 단로 스위치 배선과 같은 개념인 것이다. 그러므로 S3-1이 스위치공통이 되면 S3-2는 등선이 되고, S3-2가 스위치 공통이 되면 S3-1은 등선이 되는 점이 단로 스위치와 같은 것이다(그림 1-20).

(1) 표준 3로 배선방식

2개소에서 스위치를 조작하여 전등을 점/소등할 수 있는 표준 3로 배선방식이다.

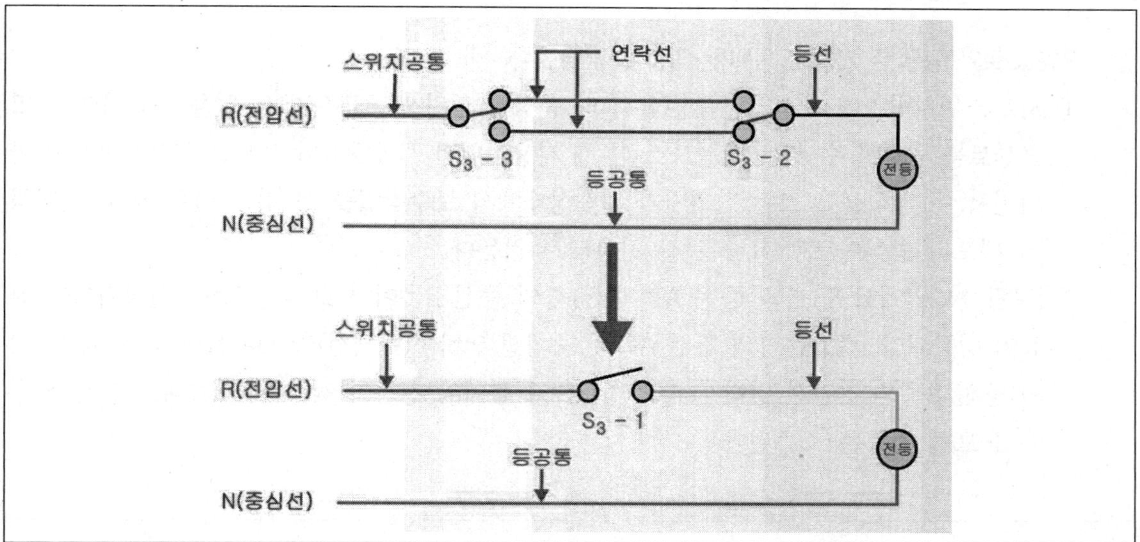

[그림 1-20] 표준 3로 배선방식

(2) 3로 스위치 결선(표준 3로)

2개소에서 스위치를 조작하여 전등을 점등/소등할 수 있는 표준 3로 배선방식이다(그림 1-21).

① 표준 3로와 동일한 기능에 동일한 역할을 담당한다.
② 3로 스위치박스에서 전압연락선(흑색)과 중성선 연락선(백색선)에서 선을 인출하여 전열 콘센트를 연결할 수 있는 방식으로 한 때 사용하였던 시공방식이다.
③ 일반적인 방식이 아니면서 다소 위험성이 내포된 방식이므로 요즘은 잘 사용되지 않는다.

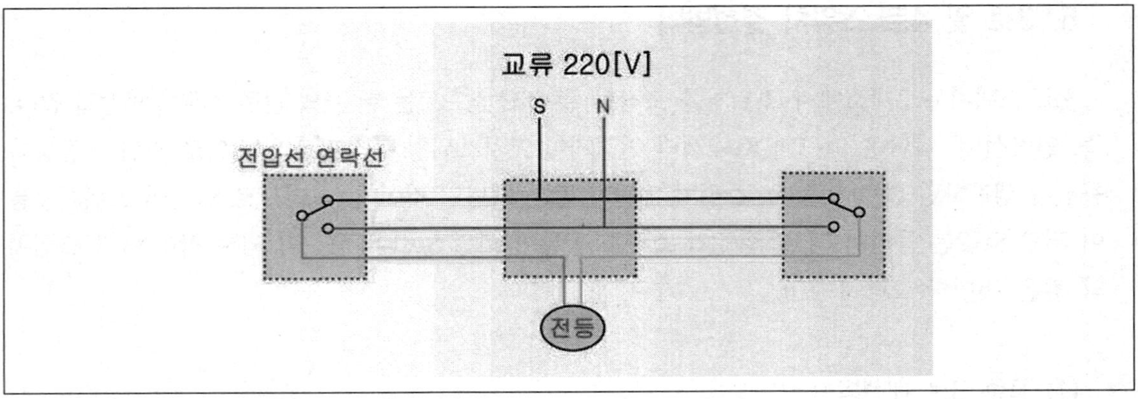

[그림 2-21] 3로 스위치 결선(표준3로)

(3) 3로 스위치 결선(전원 3로)

표준 3로와 동일한 기능에 동일한 역할을 담당한다.

① 3로 스위치박스에서 전압연락선(흑색)과 중성선 연락선(백색선)에서 선을 인출하여 전열 콘센트를 연결할 수 있는 방식으로 한 때 사용하였던 시공방식이지만 일반적인 방식이 아니면서 이 방식을 모르는 작업자가 활선상태에서 보수작업을 할 경우 단락(합선) 위험성이 내포된 방식이므로 요즘은 잘 사용되지 않는다.

② [그림 1-22]에서 S3-1의 등선 A측과 S3-2의 등선 B측이 서로 다른 선에 연결되어야 전등이 점등된다. 즉, S3-1의 등선 A측이 중성선 연락선(백색선)측으로 붙어 있을 때 S3-2의 등선 B측은 전압선 연락선(흑색선)측으로 붙어야 전등이 점등된다. 반대로 같은 선측에 붙으면 전등은 소등된다.

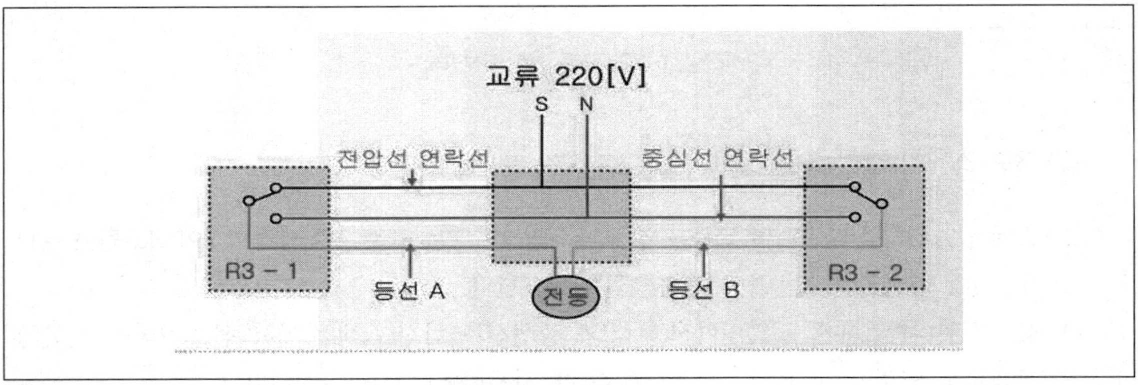

[그림 1-22] 3로스위치 결선 (3연락선 3로)

(4) 3로 스위치 결선(3연락선 3로)

표준 3로나 전원 3로와는 또 다른 3로 결선방식이다.

① 2개 지점에서의 ON/OFF가 가능하고 복도의 양쪽 끝 또는 계단의 위 · 아래에 설치하여 사용한다.

② [그림 1-23]과 같이 S3-1과 S3-2의 공통 연락선이 서로 다른 선, S3-1의 공통연락선이 전압선 연락선에, S3-2의 공통 연락선이 등선 연락선에 연결되어야 전등이 된다.

③ S3-1과 S3-2의 공통 연락선이 같은 선, 즉 전압연락선이나 공통 연락선에 연결되면 전등은 소등된다.

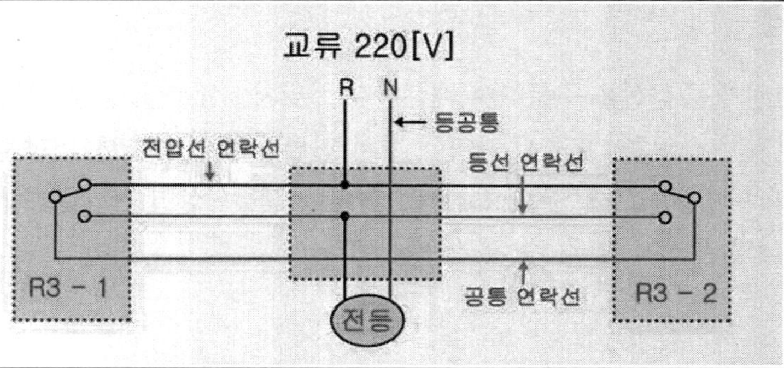

[그림 1-23] 3로스위치 결선 (3연락선 3로)

(5) 4로 스위치 결선

4로 스위치는 3지점 이상에서의 ON/OFF시 사용하며 3로 스위치와 조합하여 사용한다.

① [그림 1-24]는 4로 스위치의 기본배선도로서 4개소 동작이다.

② 2개소 점/소등 동작은 3로 스위치 2개를 이용하고, 3개소 이상 점/소등 동작은 3로 스위치 2개와 필요한 만큼의 4로 스위치를 이용하는데 스위치의 시작(전압선측)과 끝(등선측)은 3로 스위치이고, 3로 스위치의 중간(연락선)에 필요한 만큼의 4로 스위치를 연결하면 된다.

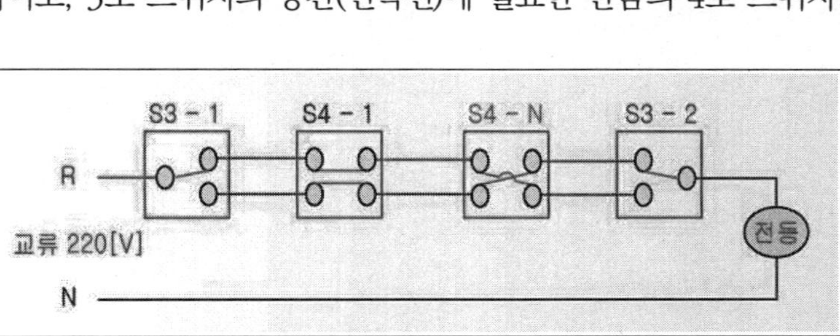

[그림 1-24] 4로스위치 결선(기본배선도)

(6) 스위치의 종류

① SPST(Single Pole, Single Throw) : 단극 단투 스위치이며 가장 기본적인 스위치이다.
② SPDT(Single Pole, Double Throw) : 단극 쌍투 스위치이며 3로 스위치라고도 한다.
③ DPST(Double Pole, Single Throw) : 쌍극 단투 스위치이며 누전차단기나 배선용 차단기가 이런 종류의 스위치에 속한다.
④ DPDT(Double Pole, Double Throw) : 쌍극 쌍투 스위치이며 모터의 회전방향을 바꾸거나 2개의 모선 중에 1개의 모선을 골라서 전등을 켤 때도 사용된다.

(7) 주의사항

반드시 상전원과 중성선을 구분하여 배선한다(스위치 : 상전원, 전등 : N상). 만일, 전등에 상전원선이 배선되면 스위치 OFF 시 기기에 항시 전류가 흘러 수명에 영향을 미치며, 노후 등으로 인해 절연이 나빠질 경우 스위치 OFF 시 희미한 잔광현상이 나타날 수 있다. 또한, 등 교체 작업 시 안전상의 우려가 있을 수 있기 때문이다.

03 전원방식의 종류와 특성

학습목표

- 전원방식의 종류를 알 수 있다.
- 집중 전원방식의 장·단점을 알 수 있다.
- 분산 전원방식의 장·단점을 알 수 있다.

전원(power supply)은 회로를 동작시키기 위해 에너지를 공급하는 계통이며, 220[V]의 전등선, 전지는 물론 교류 220[V]를 적당한 전압의 직류로 하는 부분(전원부), 트랜지스터나 IC 회로에 에너지를 공급하는 프린트 기판의 라인까지 모두를 가리킨다. 특히 전압이 들어오는 선뿐만 아니라 접지도 전원의 중요한 일부이다.

전원설비는 전력회사로부터 전력을 수전하는 수전설비, 정전 시 또는 비상용 발전 설비인 예비 발전설비, 비상용 조명을 위한 발·변전설비, 감시제어용, 직류전원으로서 축전지 설비와 컴퓨터용 전원 등에 정전압, 정주파수 공급을 위한 장치 및 무정전 전원 공급장치, 특수 부하 전원설비 등이 있다.

전력계통의 전원 설비방식은 대규모 집중 전원방식과 소규모 분산 전원방식으로 크게 분류하며, 우리나라의 전원방식은 대규모 집중방식 위주로 전원계획을 수립하여 왔다.

최근에는 신에너지 전원설비인 태양광, 연료 전지 및 풍력발전 등의 환경친화적인 전원방식이 급증하고 있는 추세이며, 국가적으로도 이러한 전원설비를 장려하고 있다. 그러나 신에너지 전원방식은 독자적으로 모든 부하를 충당할 수 없으며 고장 시 전원 공급에 차질이 발생할 우려가 있어 전력 계통과의 연계가 필수적이다.

1. 집중 전원방식

수전설비, 예비 전원설비, 전력 변환설비 등 하나의 시스템에 집중 설치하고 각 장소에 설치되어 있는 전력을 공급하는 방식이다. 발전에 사용되는 연료나 기술형태에 상관없이 비교적 대규모의 발전을 통하여 전력을 생산하고, 전력을 필요로 하는 원거리 수요자로 송·배전망을 통하여 전력을 송·배전한다.

(1) 장 점

① 계통의 운용과 관리가 용이하며, 전력 생산비용이 적다.
② 발전설비의 설치비용과 생산비용이 적으며, 전력 생산이 안정적이다.
③ 분산 전원방식 15~10,000[kW] 용량인 소출력의 발전기보다 약 15배 정도인 150,000[kW] 이상의 발전설비를 가질 수 있다.

(2) 단 점

① 설비의 고장이나 천재지변, 전쟁 등으로 인해 전력공급이 중단될 수 있다.
② 전력을 사용하는 장소와 연결하는 전력선의 길이가 길어 전력선 손실이 크다.
③ 잠재적 환경파괴력과 세대 간의 불평등이 내재되어 있다.
④ 산업시설에서 사용하는 전력의 일정부분을 공급할 수 있는 용량이어야 하므로 초기 시설 투자비가 많이 든다.

2. 분산 전원방식

직접 전력을 공급하는 전력 변환장치나 축전지의 일부 또는 전체를 수전(受電)설비, 예비 전원설비와 분리하고 근처에 분산하여 설치하는 방식으로 주로 대용량을 사용하는 곳에서 방전선의 전압강하를 줄이기 위해 사용한다.

전력회사의 대규모 전원(화력, 원자력 등)과는 달리 소규모로써 소비자에게 분산 배치가 가능한 전원이다. 즉 에너지 생산지와 소비자가 일치하는 경우이다.

분산 전원방식은 특정 소비자가 특정 전력계통을 설치하는데 있어서 바이오매스 발전기, 연소터빈, 집광식 태양력, 태양광 전지, 연료 전지, 풍력 터빈, 마이크로터빈, 엔진/발전기 세트, 전력 저장, 제어장치가 포함되며, 전력망과 연결하거나 독립적으로 사용할 수가 있다.

대형 집중 전원식 발전소와는 대조적으로 [kW] 미만의 용량에서 수십[MW]의 출력 범위이다. 전기가 상용화될 때에는 대부분의 전원방식이 분산형이다. 즉 3~4[MW]급 규모로 한 지역의 에너지 공급을 목표로 하고, 전력요금 구조개편과 전력계통 신뢰도에 대한 우려 증대, 풍부하고 저렴한 천연가스, 새로운 대기오염 규제, 무정전전원의 가치 증대로 인하여 분산 전원방식의 수요가 증가하고 있다.

분산 전원으로 사용되는 재생 에너지원으로 태양광 발전이 가장 빠르게 사업화 또는 대용량화되고 있으며, 지형에 따라 제한적으로 풍력발전, 해상 풍력과 같은 새로운 에너지원으로 확대되고 있다. 연료 전지와 같은 신에너지원 역시 분산 전원으로 개발되고 있으며, 가정용 열병합 시스템의 경우에는 이미 실증 운전에 들어가고 있다.

(1) 장 점

① 송전계통과 배전계통의 운영비가 감소한다.
② 부하 중심지 건설로 송전손실이 경감한다.
③ 첨두 부하변동에 대한 대응력이 강화된다.
④ 전력 부하변동에 대한 대응력이 강화된다.
⑤ 친환경적인 에너지원을 이용(온실 가스 및 공해 저감)한다.
⑥ 배열 이용에 의한 에너지 효율이 향상된다.

(2) 단 점

① 송전계통의 대규모 발전에 비해 설치비용, 전력 생산비용이 높다.
② 분산 전원에 따라 출력이 불안정할 수 있다(태양광, 풍력).
③ 계통 운용상의 문제(보호 협조, 안전, 보안)가 있을 수 있다.
④ 충분한 기술력이 확보되지 않았다.
⑤ 독자적으로 모든 부하를 충당할 수 없다.

[보충] 분산 전원계통 연결의 필요성

태양광 발전, 풍력발전, 마이크로터빈, 연료 전지, 왕복운동기관 등을 이용하여 소규모로 생산된 전력은 대부분 예비전력으로 이용되고, 전체 전력망에 유기적으로 연결되어 있지 않다. 이들을 기존 전력망에 통합하기 위해서는 보다 정교하고 자동화된 제어 시스템이 필요하다. 이를 통해 신뢰도를 높일 수 있으며, 근거리 발전으로 인한 전력손실을 줄이고 전력발전으로 인해 생기는 열손실을 줄일 수 있다.

3. 예비전원설비(자가발전설비)

예비전원설비와 축전지설비, 무정전 전원공급장치(UPS)의 기본개념을 이해하고 더 나아가 전원설비의 포괄적인 운용을 하기 위한 기초이론을 통하여 전기용량을 산출할 수 있어야 하며, 동작원리와 각종 전기설비들의 특성을 습득하여 설비의 분류 및 설치가 가능하도록 구성하였다.

(1) 예비전원의 정의

상용전원의 정전 또는 차단되었을 때를 대비하여 자가용 발전설비, 축전지설비, 무정전 전원장치설비 등이 있다. 최근에는 건축, 소방법에서 요구하는 예비전원설비 외에 상용전원의 일부 부하를 발전설비로 공급하여 여름철 냉방부하를 디맨드 컨트롤[1]하는 방식으로도 사용되고 있으며, 자위상(自衛上) 또는 임대건축물의 신뢰성 측면에서도 예비전원설비의 필요성이 크게 부각되고 있는 현실이다(그림 1-25).

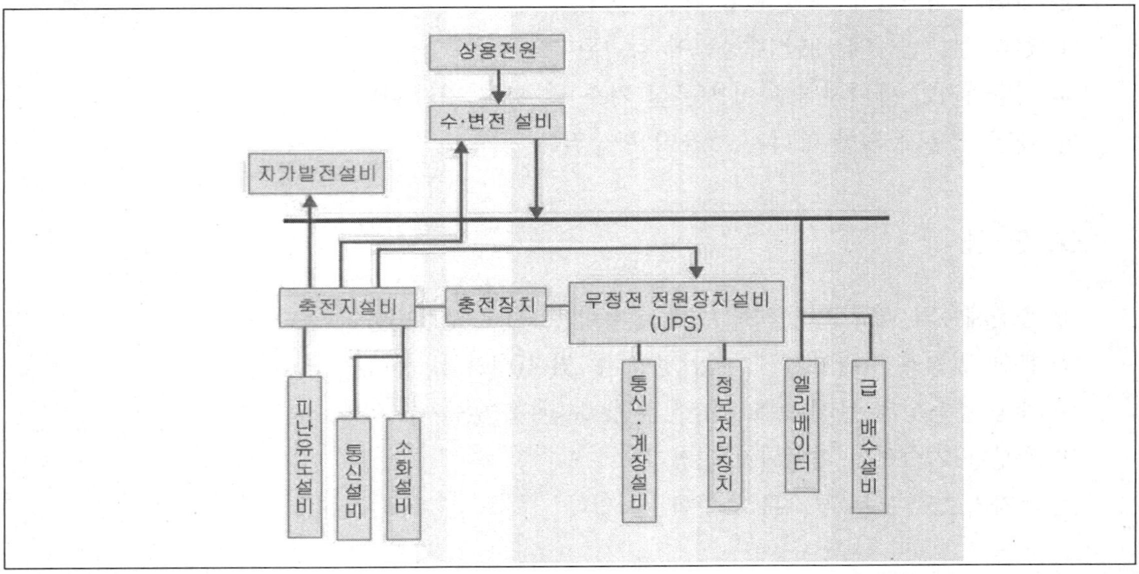

[그림 1-25] 비상용 예비전원설비의 개념도

(2) 예비전원의 분류

예비전원설비는 사용목적과 법령의 규제에 따라 상용예비전원과 비상용 예비전원으로 분류한다.

1) 사용목적에 따른 분류

① 상용 예비전원 : 상용전원이 차단된 경우에만 사용하는 것으로서 내연기관 또는 가스터빈(이하 원동기라 한다)에 의하여 발전기를 구동하여 부하에 전력을 공급하는 장치로 원동기, 발전기, 제어장치 및 부속장치로 구성된다.

---

1) 디맨드 컨트롤(demand control) : 전기사용자는 전력회사와의 계약에 따라 전기요금을 지불하고 있다. 계약의 종류로는 업무용전력, 고압전력, 특별고압전력 등에 대하여 30분간의 평균전력을 계측하여 한 달간의 최대값(최대수요전력)이 계약전력을 초월한 경우에는 전기요금 내의 기본요금에 계약 초과분의 1.5배에 상당하는 계약 초과금을 가산하게 된다.

② 비상용 예비전원 : 비상용 예비전원을 필요로 하는 설비는 보안상 필요한 것과 영업상 필요한 것으로 나눌 수 있다. 그리고 보안상 필요한 설비에는 자기보호 때문에 필요한 것과 법규(소방법 · 건축법 · 내무부고시)에서 규제되어 있는 관계로 예비전원 설비를 필요로 하는 것은 〈표 1-21〉과 같다. 고도 정보화 사회에 따라 비상용 예비전원설비는 보안과 최소한의 영업활동을 위하여 확대되고 있다.

〈표 1-21〉 예비전원을 필요로 하는 부하

목 적		보안상 필요한 부하 대상	영업용 부하 대상
자위상	조명용	상시등 정전의 경우 운전조작에 필요한 장소의 전원	필요한 영업장소
	공조 · 환기용	자가용 발전장치실, 중앙감시실, 중앙관리실(방재센터), 환기용 전원	위와 같음
	승강기용	정전일 때 긴급대피, 구조용 전원	필요한 영업장소
	위생용	급수펌프, 배수펌프 전원	위와 같음
	제어용	중앙 감시반, 기타 감시 제어장치 전원	
	보안 · 방재용	항공 장해등, 방화셔터, 자가 발전장치용 보조기기 전원	영업상 필요한 설비기기용
	기타	소화설비 중 화재 보험료의 할인 적용을 받는 부하(외국의 경우)	
법령상의 규제 때문에		건축법에 따르는 설비용, 소방법에 의한 설비전원	

2) 법령 규제에 의한 분류

건축 기준법과 소방법에 규제되어 있는 예비전원 또는 비상전원은 자가발전설비, 축전지설비, 축전지설비와 자가발전설비의 병용, 비상전원전용 수전설비 등으로 〈표 1-22〉와 같다.

〈표 1-22〉 비상용 예비전원의 분류와 일반적인 성능

비상용 예비전원	일반적인 성능
자가발전설비	(소방법) 30분 이상 연속하여 운전할 수 있을 것
	(건축법) 비상사태가 발생한 후에 10초 이내에 전압을 확보하고, 30분 이상 안정된 전원을 공급할 수 있는 용량일 것(비상용 엘리베이터의 경우에는 120분 이상, 병원설비는 10시간으로 된 예외 규정이 있음)
축전지설비	(소방법) 정전 후 충전하지 않고서 1시간 이상 감시상태를 지속한 직후에도 30분 이상 방전할 수 있을 것
	(건축법) 자동충전장치 및 시한충전장치를 가지는 축전지(충전하지 않고 30분 이상 계속해서 방전할 수 있는 것)
축전지설비와 자가발전설비 공용	(소방법) 자가용 발전기는 사용전원이 정전된 후 소요전압을 확보할 때까지의 시간은 40초 이내이고, 정격부하로 30분 이상 계속하여 운전할 수 있을 것
	(건축법) 정전 후 순간적으로 전원을 공급할 수 있는 10분간 용량의 축전지와 자가발전설비는 40초 이내에 전압을 확인시키고 운전시간은 일반적으로 30분 이상(병원의 순간특별비상전원은 자가발전설비를 연속해서 최소 10시간 운전)
비상전원전용 수전설비	(소방법) 특정소방대상물로서 연면적 1000[m^2] 이상의 것은 사용할 수 없다.
	(건축법) 법에서 인정되지 않고 있다.

소방법 규제에 설치되는 예비전원설비는 스프링클러 설비, 포소화설비 등으로 〈표 1-23〉과 같다.

〈표 1-23〉 소방법 규제에 설치되는 예비전원 설비

비상전원이 필요한 소방용 설비	자가용 발전설비	축전지 설비	용 량
옥내(외) 소화전 설비	○	○	20분
스프링클러 설비	○	○	20분
포 소화설비	○	○	20분
물 분무 소화설비	○	○	20분
CO_2 소화설비	○	○	20분
할로겐 화합물 소화설비	○	○	20분
분말 소화설비	○	○	20분
자동 화재 탐지 설비	-	○	60분 상태감시 10분 경보
유도등	-	○	20분
비상경보 및 방송설비	-	○	20분
비상 콘센트 설비	○	○	20분
배연설비	○	○	20분
무선통신 보조설비	-	○	30분

3) 주요 예비전원 설비

주요 예비전원설비에는 자가발전설비, 직류전원설비, 무정전 전원설비 등이 있다.

① 자가발전설비 : 상용 자가발전설비는 상용 전원과 병렬운전하며, 비상용 자가발전 설비는 상용전원이 차단된 경우에만 사용하는 것으로 내연기관 또는 가스 터빈에 의해 발전기를 구동시켜 부하에 전력을 공급하는 장치로 원동기, 발전기 및 부속장치로 구성된다.

② 직류 전원설비 : 수·변전 설비의 조작용 전원, 비상조명 전원으로 사용되며, 정류기 및 축전지 등으로 구성된다.

③ 무정전 전원설비 : 보통 무정전 전원장치인 UPS(Uninterruptible Power Supply)이며, 정류기, 인버터, 축전지, 전환 스위치 등으로 구성된다.

4) 예비전원 설비 필요성

예비전원 설비는 갑작스런 정전에 대비하여 부하에 안정된 전원을 공급한다. 은행이나 대형 빌딩 등의 전산실을 비롯하여 첨단산업 설비, 정밀 계측제어 설비 등 예비전원이 필요한 곳은 매우 많다.

5) 예비전원이 갖추어야 할 조건

예비전원 중 비상전용 수전설비를 제외하면 충전기를 갖춘 축전지, 자가용 발전설비, 충전기를 갖춘 축전지와 자가용 발전설비와의 병용하는 경우 등과 같은 것이 있다. 이러한 예비전원이 비상시에 그 기능을 완전히 발휘하기 위해서는 다음과 같은 특성을 구비해야 한다.

① 축전지 : 충전을 하지 않는 상태에서 30분 이상 방전할 수 있어야 한다.

② 자가용 발전설비 : 비상시에 10초 이내에 기동하여 전압을 규정값으로 유지하고 30분 이상 안정하게 전력을 공급할 수 있어야 한다.

③ 충전기를 갖춘 축전지와 자가용 발전설비와 병용하는 경우 : 자가용 발전설비가 비상시에 45초 이내에 기동하여 30분 이상 안정된 전력을 공급할 수 있어야 하며, 축전지는 정전 후 20분 이상 방전에 견딜 수 있는 용량의 것을 필요로 한다. 또한 엘리베이터, 배연설비가 있을 때는 1시간 이상의 전원공급이 필요하다

4. 무정전 전원 공급장치

최근에 급격하게 보급 발전하고 있는 마이크로프로세서가 내장된 사무자동화(OA) 및 공장자동화(FA) 등은 전원전압의 변동과 고조파, 서지의 내습, 순시정전 등 전원의 질에 대하여 민감하게 반응하는 관계로 고품질의 전원을 요구하게 된다. 이러한 고품질의 전원공급을 위한 전원장치가 무정전 전원장치라고 하며, 입력전원에서 이상상태가 발생하여도 정상적인 전원을 부하 측에 공급하는 설비로서 정류기, 인버터, 축전지, 절환 스위치로 구성되며 컴퓨터, 전자 교환기, 전력공급의 집중감시제어반, 각종 플랜트 계기 등에 사용되고 있다.

(1) 무정전 전원 공급장치 설치의 필요성

순간정전으로 인한 시스템의 다운과 중요한 컴퓨터 데이터 등을 보호하고 서지, 노이즈, 충격전류 등의 유입으로 인한 첨단 기기의 오동작을 예방한다. 정전으로 인한 시설, 설비, 장비 등을 보호한다.

(2) 무정전 전원 공급장치설치 후 기대효과

유해 전원(서지, 노이즈, 저전압, 과전압 등) 차단, 양질의 전원을 공급한다. 정전 및 순간정전으로부터 해방, 정전 시 확실한 백업 효과가 있다. 자동 셧 다운(shut down) 기능으로 배터리 보호 및 시스템 감시가 불필요하다. 원격 제어 및 모니터링, 전원 사건 기록, 호출 기능으로 신속한 대응 및 사후 처리가 가능하다.

(3) 무정전 전원 공급장치의 동작원리

UPS는 사용전원의 순간정전, 전압변동, 주파수변동, 파형왜곡 등에 의한 컴퓨터 응용기기의 오동작을, 예측 불허한 정지를 방지하는 역할을 한다.

(4) 무정전 전원장치의 구성

무정전 전원장치는 정류부와 필터부, 인버터부, 바이패스 회로 등으로 [그림 1-26]과 같이 구성되고 각 부의 기능은 [그림 1-27]과 같다.

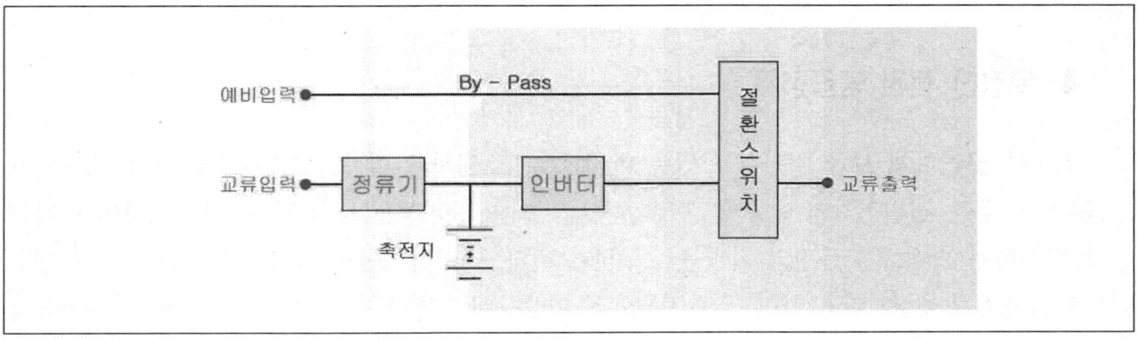

[그림 1-26] UPS 기본 구성도

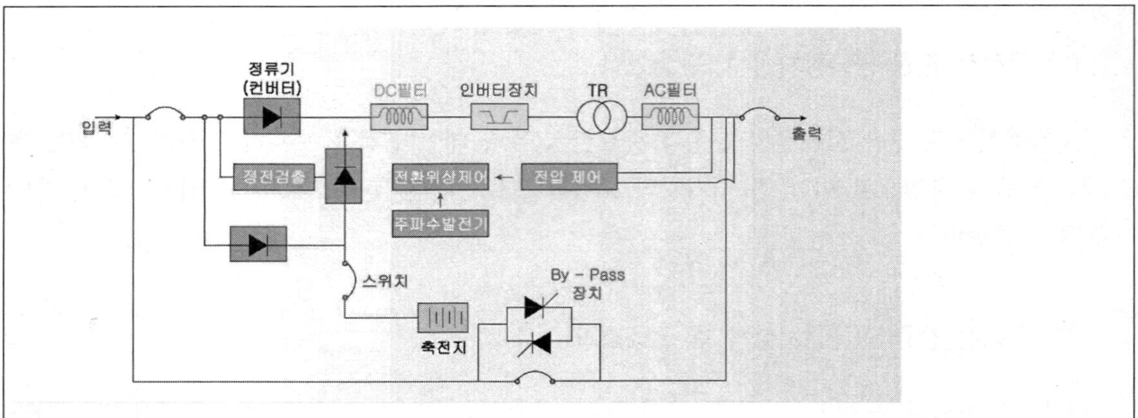

[그림 1-27] UPS 구성도

① 정류부(converter) : 전력회사의 교류 전원을 직류전원으로 바꾸어 주는 동시에 직류 축전지에 충전을 하게 된다.

② 축전지(battery) : 상용전원의 정전 시 인버터에 직류전원을 공급하여 일정시간까지 부하

에 전력을 공급한다.

③ DC/AC 필터 : 직류 및 교류 필터가 있으며 직류 필터는 정류기에서 직류로 변환된 직류전압의 리플(ripple)을 평활하게 하여 주며 교류 필터의 경우 직류에서 교류로 변환된 출력 교류전압에 포함된 고조파 전압을 제거하여 양질의 정현파의 AC 전원을 만드는 역할을 한다.

④ 인버터(inverter) : 정류부와 직류 필터를 통과한 직류전원을 부하가 사용하는 교류 전원으로 변환시키는 핵심부분을 담당한다.

⑤ 바이패스(by-pass) : 무정전 전원장치의 고장으로 차단이 되었을 경우 상용전원을 그대로 부하에 공급하는 회로이다.

(5) 무정전 전원 공급장치(UPS) 방식의 분류

무정전 전원 공급 장치는 중요한 시스템에 사용되기 때문에 신뢰성이 중시되고 높은 신뢰성을 확보하기 위하여 상용전원을 유효하게 활용하여 각각 시스템을 구성하고 있으며, 크기는 상시 인버터 급전방식(온라인)과 상시 상용 급전방식(오프라인)의 2개로 구분할 수 있다. 부하용도에 대응한 요구신뢰도에 따라서 각종 방식의 조합이 가능하다. 미니(mini) UPS에 사용되는 대표적인 방식의 분류는 〈표 1-24〉와 같다.

〈표 1-24〉 UPS 방식의 분류

분류	방식
급전에 의한 분류	• 상시 인버터 급전방식(on line 방식) • 상시 상용 급전방식(off line 방식)
용장(redandant) 유무에 의한 분류	• 단일 운전방식 • 복수대 병렬 운전방식
동기 유무에 의한 분류	• 비동기 운전방식 • 상용 동기 운전방식

(6) 전원장치의 종류와 특성

전원장치의 종류에는 자동전압조절장치, 정전압 정주파수 전원장치, 가변전압 가변주파수 전원장치, 무정전 전원장치가 있으며 각각의 특성은 〈표 1-25〉와 같다.

〈표 1-25〉 각종 전원장치의 비교

기 능	방 식	장 점	단 점
자동전압 조절장치 (AVR)	유도전압 정전기(IVR)	• 경제적이다. • 대용량기(선로용량수, 1000[kVA]까지 제작할 수 있다.)	• 기계적 가구가 많다. • 다 빈도로 사용하면 수명이 짧다. • 보수가 필요(30~60초/전 범위)
	정지형 자동 전압 조정기	• 적응속도가 빠르다(0.1~0.5초). • 마모부품 없이 장수명 • 방수가 불필요	• IVF에 비해 고가이다.
정전압정 주파수장치 (CVCF)	회전형 CVCF	• 서지 내량(과부하 내량)이 크다. • 입력전원의 순시 정전에 강하다.	• 효율이 낮다. 응답속도가 늦다. • 주파수 정밀도 저하 • 진동, 소음이 크다. • 보수, 분해수리가 필요하다.
	정지형 CVCF	• 효율이 높다, 보수가 간단하다. • 주파수 정도가 높다. • 응답속도가 빠르다. • 진동, 소음이 낮다.	• 서지 내량(과부하 내량)이 저하
무정전 전원장치 (UPS)	회전형 CVCF+축전지	회전형 CVCF와 같다.	좌 동
	정지형 CVCF+축전지	정지형 CVCF와 같다.	좌 동

① 자동 전압 조절장치(AVR : Automatic Voltage Regulator) : 교류 전압을 일정하게 유지하는 장치이다. 출력전압과 설정값 차이를 검출하여 출력전압을 설정값으로 일정하게 유지하도록 계자전류를 자동으로 조정하는 장치이다.

② 정전압 정주파수 전원장치(CVCF : Constant Voltage Constant Frequency) : 정전압 정주파수 교류를 출력하는 전원장치로서 양질의 전력을 부하에 공급한다. 백업기능은 없지만, 상용 전원의 전압이나 주파수가 변동하여도 부하에는 항상 정전압 정주파수의 안정된 교류 전력을 공급할 수 있다. 구성요소는 무정전 전원 공급장치(Uniterruptible Power Supply : UPS)의 기본구성에서 축전지 설비와 전환 개폐기를 제외한 것으로 되어 있다. [그림 1-28]은 CVCF의 운전 모드를 나타낸 것이다.

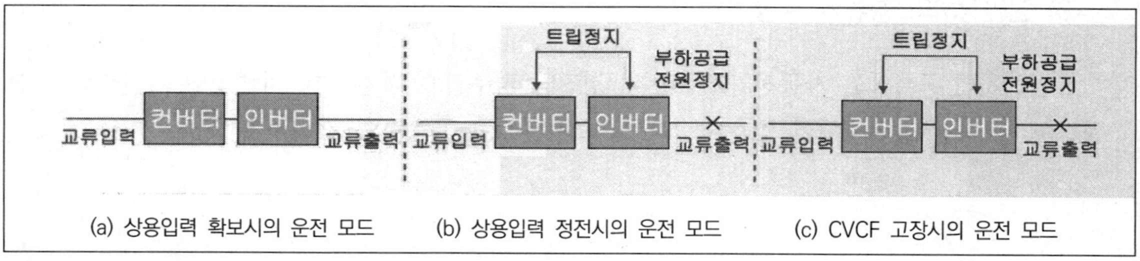

[그림 1-28] CVCF의 운전 모드

③ 가변 전압 가변 주파수 전원장치(VVVF : Variable Voltage Variable Frequency) : 가변 전압, 가변 주파수의 교류 전력을 발생하는 장치이다. 컨버터와 인버터로 구성된다. 주로 유도 전동기의 광범위 속도제어에 많이 사용되고 있다.

④ 무정전 전원장치(UPS : Uninterruptible Power Supply) : CVCF에 축전지를 결합하여 CVCF의 기능 이외에 상용 전원의 정전 시에도 항상 부하에 안정된 전력을 공급할 수 있는 무정전 교류 전원장치이다.

(7) 순시 전압강하의 영향

순시 전압강하와 정전에 대한 적극적인 대처가 UPS이며 이들의 영향 정도를 보면 〈표 1-26〉과 같다.

〈표 1-26〉 순시전압강하의 영향

사용기기	적용개소의 예	영향의 생성영역	영향강도
컴퓨터 프로세서	• 공장 등의 프로세서 제어 로봇 • 사무실 등의 오피스컴퓨터, 팩시밀리 • 의료기기	• 전압강하량 5~10[%] 정도 • 계속 시간 10[ms] 정도 (오피스컴퓨터 10~20[ms] 정도)	• 메모리의 소실 • 프로그램 폭주 • 제어오류
전자개폐기를 사용하고 있는 전동기	공장 전동기의 대부분	• 전압강하량 40~60[%] 정도 • 계속 시간 10~50[ms] 정도	환풍기, 펌프, 압축기 등 구동전원에 많이 사용되고 있기 때문에 생산품질의 저하, 생산량의 저하 등에 치명적인 결함을 준다.
사이리스터 등을 사용하고 있는 가변속 전동기	• 일반 산업용 전동기 • 엘리베이터 • 정수장, 하수처리장의 펌프용 전동기	• 전압강하량 15[%] 정도 • 계속 시간 10~50[ms] 정도	
고압 방전램프	• 홀, 스포츠 시설의 조명 • 도로, 터널의 조명	• 전압강하량 20[%] 정도 • 계속 시간 70~100[ms] 정도	소등 후, 재점등까지 수분~수십분 정도를 요하며, 활동에 지장을 초래한다.

(8) 무정전 전원 공급장치의 운전

무정전 전원장치의 운전에는 정상운전, 상용전원 차단, 바이패스(by-pass) 회로 운전 등이 있다.

1) 정상운전

사용전원이 정류기와 인버터를 거쳐 양질의 전원을 공급한다. 직류전력의 일부는 배터리의 부동 충전을 담당한다(그림 1-29).

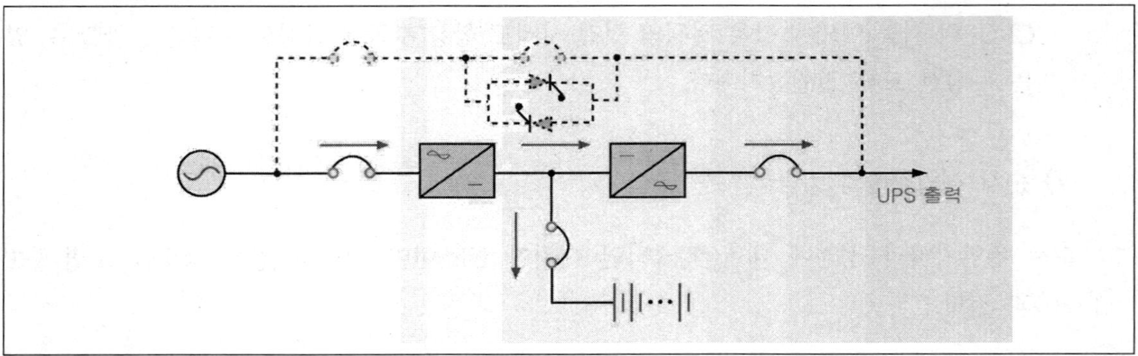

[그림 1-29] 정상운전

2) 상용 전원차단

정전 시에는 정류기의 동작이 중단되며 무순단(끊어짐이 없는) 으로 축전지로 양질의 전력을 공급한다(정전압 정주파수 장치[CVCF]).(그림 1-30)

① 축전지의 설정시간 동안 전력을 공급하며, 상용 전원회복 시 정류기가 동작한다.

② 정류기가 동작하면 즉시 배터리는 자동으로 충전된다.

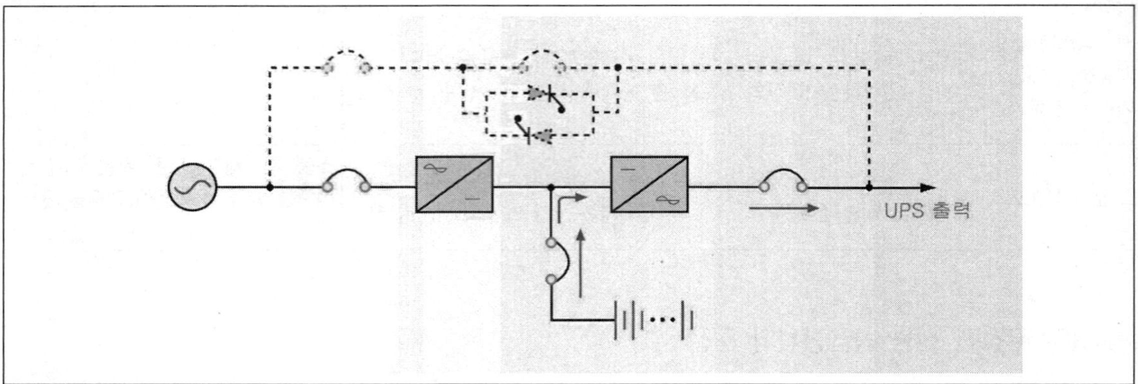

[그림 1-30] 상용전원 차단

3) 바이패스(By-Pass) 회로운전

정류기와 인버터의 고장이 일어났을 때를 대비한 것이다(그림 1-31).

① 병렬운전 또는 예비운전이 있을 경우 바이패스가 없다고 보고 작동한 것이다.

② UPS가 고장이 날 경우 즉시 S/S(Static Switch)가 동작(150[μs] 이내)하고, 2~3[Hz] 이내에 CB를 통해 상용전원을 그대로 급전한다.

③ UPS가 정상화되면 UPS 회로와 By-Pass 회로가 병렬운전을 하면서 By-Pass 회로가 차단되고 정상회로로 복귀한다.

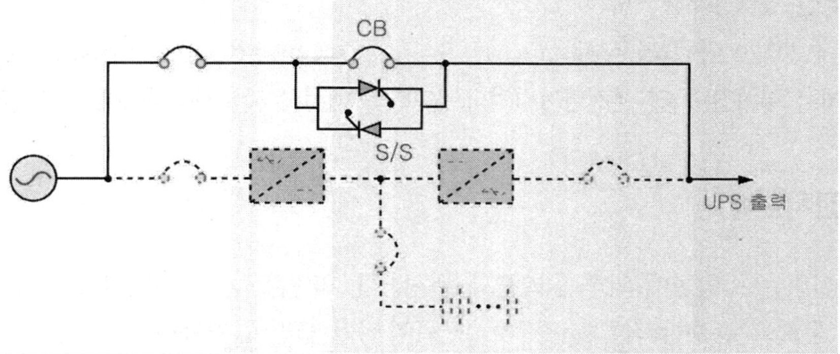

[그림 1-31] By-Pass 회로운전

4) UPS의 설치 시 주의사항

① 온 도

UPS 장치의 주위 온도는 일반 전기기기처럼 40[℃] 이하로 되어 있는데, UPS 자체에서 발열하므로 충분히 환기할 필요가 있다. UPS는 반도체 부품으로 구성되어 있어 신뢰성 면에서 공조설비를 설치하고 주위 온도 30[℃] 이하에서 사용하는 것이 바람직하다. 축전지를 가대에 탑재하는 경우는 축전지 전용실을 설치하여야 하지만 축전지를 큐우비클에 수납하는 경우에는 축전지실이 필요없다. UPS의 출력전압은 부하기기까지의 배선에 의한 전압강하를 고려해야 한다(표 1-27).

〈표 1-27〉 UPS의 정격특성

정격사항	정격내용
사용정격	• 연속 동작형 : 100[%] 연속 사용 가능 • 대기 동작형 : 정해진 축전지 정격유지 시간 내에서 연속 사용 가능
전기적 성능사항	• 교류 입력전압의 허용 변동범위 : ±10[%] • 교류 입력 주파수의 허용 변동범위 : ±10[%] • 교류 출력전압 안정도 : ±2[%] 이내
교류 출력 주파수 안정도(비동기시)	±0.3[Hz] 이내
교류 출력 파형왜율	5[%] 이내
과부하 내량 시험	120[%] 부하로 10분간

② 설치장소

㉠ 고온다습하지 않은 옥내에 설치해야 한다.

㉡ 통풍이 잘되고 전기적으로 안전한 곳에 설치해야 한다.

㉢ 전압은 거리가 멀수록, 부하가 많이 연결 될수록 전압강하가 생기므로 부하와 가까운 근접된 장소에 설치해야 한다.

③ 입력선 및 출력선 연결

메인 분전반에서 전원공급장치(AVR, UPS, Power Conditioner Transformer 등)까지, 전원공급장치에서 부하장비 전 분전반까지의 분전반 및 배선공사는 사용자측에서 준비해야 한다.

5. 축전지설비

축전지설비는 소방법에 의하면 축전지, 충전장치, 역변환장치로 구성된다. 축전지는 독립된 전력원이고 동시에 순수한 직류 전력원이며, 즉각적인 급전이 가능하다. 그리고 조용하고 안전하며, 보수가 용이하다. 예비전원의 일종인 축전지설비는 상용전원이 정전되었을 때에 자가용 발전설비가 가동되어 정격전압을 확보할 때까지의 전원으로 사용되는 경우가 많으며 축전지는 방전이 끝난 전지에 외부로부터 직류전력을 공급하여 다시 방전시킬 수 있는 전지, 즉 2차 전지이며, 전력저장용 신형 전지가 개발 시험되고 있다.

축전지는 직류전원이므로 발전기에 비하여 담당하는 부하의 종류가 한정되어 있으며 다음과 같이 나눌 수 있다.

① 정상부하 : 정전기간 중 지속적으로 축전기의 방전을 필요로 하는 부하이다(예 표시등, 비상등).

② 변동부하 : 정전기간 중 불연속으로 축전지의 방전을 필요로 하는 부하이다(예 제어조작용 계전기 등).

(1) 축전지의 종류

축전지의 종류에는 내부구조에 따라 연축전지, 알칼리 축전지로 분류되고 제조방법에 따라 건식 축전지와 습식 축전지로 나누며, 양쪽 모두 구조상의 차이는 없으며 건식 축전지는 초충전 없이 바로 사용이 가능하다.

외부형식에 따라서는 거치형과 이동형, 외부구조에 따라서는 시일형, 밴드형, 오픈형으로 구분된다. 최근에는 태양전지나 열전지 등 여러 가지가 개발되며 특성 및 성능은 〈표 1-28〉과 같다.

〈표 1-28〉 축전지의 특성 및 성능

종 별		연축전지		알칼리 축전지	
형식형		클레드식 (CS형)	페이스트식 (HS형)	포켓식 (AL, AM, AMH, AH형)	소결식 (AH, AHH형)
작용 물질	양극	이산화납(PbO_2)		수산화니켈(NiOH)	
	음극	납(Pb)		카드뮴(Cd)	
	전해액	황산(H_2SO_4)		가성가리(KOH)	
전해액 비중		1.215(20[℃])	1.240(20[℃])	1.20~1.30(20[℃])	
반응식		PbO_2 양극(과산화 연판) + $2H_2SO_4$ 전해질(묽은 황산) + Pb 음극(연판) 방전 ↓ ↑ 충전 $PbSO_4$ 양극판 + $2H_2O$ 전해액 + $PbSO_4$ 음극판		2NiOOH 양극(니켈) + $2H_2O$ 전해질(알칼리용액) + Cd 음극(카드뮴) 방전 ↓ ↑ 충전 $2Ni(OH)_2$ 양극판 + $Cd(OH)_2$ 음극판	
기전력		2.05~2.08[V]		1.32[V]	
공칭전압		2.0[V]		1.2[V]	
공칭용량		10시간 방전율[Ah]		5시간 방전율[Ah]	
셀 수	24[V]	12~13셀		20~21셀	
	48[V]	24~25셀		40~42셀	
	60[V]	30~31셀		50~52셀	
	100[V]	50~55셀		80~86셀	
방전특성		보통	고율방전에 우수하다.	보통(고율방전특성이 좋은 것도 있다)	고율방전특성이 우수하다.
수 명		길다	약간 짧은 편	길다	길다
자기방전		보통	보 통	약간 적은 편이다.	약간 적은 편이다.
특 징		수명이 길고 경제적이다.	고율방전특성이 좋고 경제적이다.	수명이 길고 기계적으로 견고하여 방치나 과방전에 잘 견딘다.	고율방전특성이 좋고 소형이다.

1) 제조방법에 따라

① 건식 축전지(dry charge battery) : 완전충전상태에 있는 음극판을 산화시키지 않고 건조하여 좋은 품질의 격리판으로 분리한 것으로 사용할 때까지 전해액을 넣어두지 않는다. 습기를 차폐하고 밀봉하여 오랫동안 보관할 수 있다.

② 습식 축전지(wet charge battery) : 제작회사에서 출하할 때 충전한 전해액이 들어 있는 것과 그렇지 않은 것 두 종류가 있고, 어느 것이나 장시간 초충전이 필요하다.

③ 무보수 밀폐축전지(Electrolyte Suspension : ES) : 축전지는 무보수형 축전지이다. 충전 시 전지 내부에서 발생한 가스가 극판에 흡수되어 전해액으로 환원되므로 전해액의 감소가

거의 없어 일반 연축전지와는 달리 정제수 보충이나 점검이 필요 없다.

2) 내부구조에 따라

① 연축전지 : 묽은 황산속에 과산화연(PbO_2)과 연(Pb)을 침적하면 과산화연과 연과의 사이에 2.2~2.8[V] 정도의 기전력이 발생되며 공칭전압은 셀당 2[V] 정도이다. 개로전압은 전해액 비중 및 온도에 따라 약간의 차이가 있지만 대략 비슷하다. 부동충전 축전지 전압이 2.15~2.18[V]이다.

㉠ 클레드식(CS형) : 완만한 방전형이다. 2.15~2.17[V] 전압이다.

㉡ 페이스트식(HS형) : 급방전형이다. 2.15~2.18[V] 전압이다.

㉢ 전압변동 : 축전지와 부하를 충전기(정류기)에 병렬로 접속하여 충전과 방전을 동시에 하기 때문에 2.15~2.18[V]에서 방전도 하고 다른 한쪽에선 충전도 하므로 약간의 전압변동이 있을 수 있다.

② 연축전지의 특성 : 연축전지는 양극에 과산화연, 전해액으로 황산 그리고 음극이 납으로 되어 있는 구성을 하고 있다. 충방전 시의 반응이 가역적이며 충전으로 H_2SO_4의 농도가 증가하고 방전으로 농도가 감소한다.

㉠ 충전 : 음극과 양극의 황산연($PbSO_4$)은 충전기에 의하여 점차적으로 전기에너지를 가역시키면 양극판은 과산화연(PbO_2), 음극판은 해면상연(Pb)으로 변하고 전해액은 극판의 활물질과 반응하여 규정비중까지 올라간다.

㉡ 방전 : 화학에너지를 전기에너지로 변환하여 사용하는 것이며 음극판의 해면상연(Pb)과 양극판의 과산화연은 황산연으로 변하고 전해액인 묽은 황산은 극판의 활물질과 반응하여 물로 변하고 비중은 떨어진다.

㉢ 기전력 : 도체 내부에 전위차를 발생시키고 전하를 이동시켜 전류를 흐르게 하는 원동력으로 전위차와 마찬가지로 볼트[V]라는 단위로 측정한다. 연축전지의 단전지 1대당 기전력은 대략 2[V]이며, 개로(충전 또는 방전하지 않은 상태의 단전지) 전압은 전해액 비중 및 온도에 따라 약간의 차이가 있으나 그 차이가 미미하므로 연축전지의 공칭전압은 단전지당 2[V]로 기준한다.

ⓐ 기전력과 비중의 관계 : 전해액의 비중과 기전력의 관계는 셀당은 식 (1-7)과 같다.

$$\text{기전력 } E\,[\text{V}] = \text{전해액 비중} + 0.85 \qquad (1\text{-}7)$$

ⓑ 기전력과 온도와의 관계 : 기전력은 전지온도가 상승하면 높게 되고 이의 변화는 1[℃]에 대하여 전지당 0.2~0.3[mV] 정도이다. 온도에 따른 기전력의 변화는 극히 작은 값으로서 온도의 범위가 크지 않으면 실용상 무시해도 좋다.

ⓒ 방전시간율 : 전지의 방전전류 크기를 나타내는 용어(Hour Rate : HR)이며, 고정형 연축전지는 10[HR]용으로 되어 있다. 전류 I[A]로 방전하고, 방전 종지전압에 이를 때까지의 시간을 t[H]라 하면 이 방전을 t시간 방전이라 하고, I[A]를 t시간을 방전전류라 한다. 방전전류의 크기를 나타낼 때 공진용량의 값[C] 계수를 곱하여 표시하는 경우도 있다.

㉞ 용량 100[Ah]의 전지를 50[A]로 방전하였다면 이 전류의 크기를 0.5[CA]로 표시한다.

㉢ 방전율과 용량과의 관계 : 축전지의 용량은 방전율에 따라 크게 다르고 큰 전류로 방전할수록 용량은 감소한다. 이것은 방전 중의 전해액 확산이 늦어짐에 따라 극판으로 공급되는 황산분의 공급이 늦어지기 때문이다. 10시간 용량이 400[Ah]인 축전지의 각 방전율 전류값을 구해보면 [그림 1-32]와 같다.

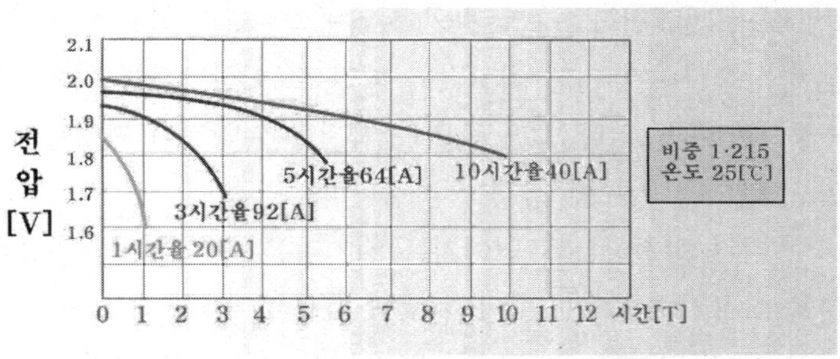

[그림 1-32] 축전지의 각 방전률 전류

㉣ 전해액 : 축전지에서 전해액은 전기를 유동이온의 형태로 전도하며 이것은 모든 종류의 축전지의 중요한 요소이다. 전해액은 전극사이의 전하가 원활하게 이동할 수 있도록 도와주는 역할을 하며, 전해액 자체의 화학적, 물리적, 전기화학적 특성은 전해액의 종류마다 그 특징이나 사용용도가 다르다.

ⓐ 전해액의 비중은 온도에 따라 변화하므로 비중과 액온을 병기한다. 임의 온도 t[℃]에서 비중을 표준온도 25[℃]로 환산하는 식 (1-8), (1-9)와 같다.

$$\text{연축전지} : S_{25} = S_t + 0.0007(t - 25) \tag{1-8}$$

$$\text{알칼리 축전지} : S_{25} = S_t + 0.0005(t - 25) \qquad (1\text{-}9)$$

S_{25} : 표준온도 25[℃]로 환산한 비중, S_t : t[℃]에서의 실측온도, t : 묽은 황산의 온도[℃])

ⓑ 연축전지의 방전량에 따라 비중이 변화하므로 비중측정으로 방전상태를 확인할 수 있으며 식 (1-10)과 같다.

$$\text{방전량[Ah]} = \text{축전지용량} \times \frac{\text{만충전 시 비중} - \text{측정비중}}{\text{만충전 시 비중} - \text{방전종지 시 비중}} \qquad (1\text{-}10)$$

ⓒ 보수 직후, 균등충전 직후, 전해액면이 적정하지 않을 때는 축전지 비중을 측정하지 않는다.

ⓓ 연축전지 완전충전 시 비중은 25[℃] 기준으로 PS형 1.215±0.01이고, HS형은 1.240±0.01이 유지되어야 하며, 비중이 낮고 전압차가 클 때에는 균등충전을 실시한다.

㉤ 충·방전 시의 전압변화 : 충전 시의 전압변화는 일반적으로 충전이 진행됨에 따라 점차 전압이 상승하다가 어떤 최고값이 되면 그 이상 충전하여도 거의 변화가 없으므로 충전을 중단한다. 그러나 방전 중의 단자전압은 방전이 진행됨에 따라 서서히 하강하다가 어느 한도에 이르면 급격히 하강한다.

㉥ 효율 : 축전지가 방전하는데 얻어지는 전기량은 충전하는데 필요한 전기량의 비로 보통 백분율로 표시하며 AH 효율과 WH 효율이 있다.

ⓐ AH 효율 : 방전량과 충전량의 비로서 식 (1-11)과 같다.

$$\text{AH 효율} = \frac{\text{방전전류} \times \text{방전시간}}{\text{충전전류} \times \text{충전시간}} \times 100[\%] \qquad (1\text{-}11)$$

실제로는 20~30[℃]의 온도에서 완전충전전후의 저율방전용량 C_1을 구하고 다음에 방전전류와 같은 충전전류로 C_1[Ah]만큼 충전하여 동일전류로 방전한 용량 C_2를 식 (1-12)와 같이 구한다.

$$\text{AH 효율} = \frac{C_2}{C_1} \times 100 \qquad (1\text{-}12)$$

이것을 충전효율이라 한다.

ⓑ WH 효율 : 축전지를 임의의 방전전류로 방전할 때의 [Wh]와 충전에 필요한 [Wh]의 비[%]로 식 (1-13)과 같다.

$$\text{WH 효율} = \frac{\text{방전전류} \times \text{방전시간} \times \text{평균 방전전압}}{\text{충전전류} \times \text{충전시간} \times \text{평균 충전전압}} \times 100[\%] \qquad (1\text{-}13)$$

보통은 상온 10시간 방전에 있어 AH 효율은 90[%] 이상이고, WH 효율은 75[%] 이상이다.

ⓒ 중량 효율 : 와트시(Wh) 용량에 대한 축전지의 전 중량의 비이며 식 (1-14)와 같다.

$$\text{중량효율} = \frac{\text{WH}}{\text{kg}} = \frac{\text{AH}}{\text{kg}} (\text{[kg]당 출력}) \qquad (1\text{-}14)$$

ⓓ 용적효율 : 이론 송출량에서 내부 누출을 제외한 실제의 송출량과 이론값과의 비이며 식 (1-15)와 같다.

$$\text{용적효율} = \frac{\text{WH}}{\text{l}} = \frac{\text{AH}}{\text{l}} (\text{[l]당 출력}) \qquad (1\text{-}15)$$

② 알칼리 축전지 : 알칼리 축전지는 가성가리의 수용액 중에 양극판(NiOOH)과 음극판(Cd)을 서로 격리해서 침적시킨 것으로 약 1.3[V]의 기전력을 발생하며 공칭전압은 셀당 1.2[V]이다(그림 1-33).

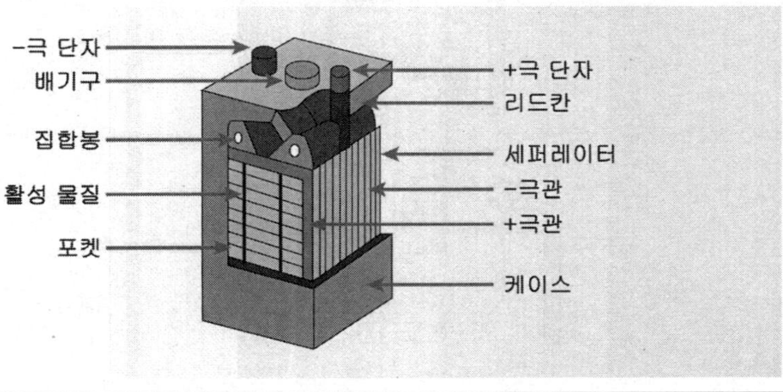

[그림 1-33] 알카리 축전지의 구조

알칼리 축전지는 가성가리의 수용액 중에 양극판과 음극판을 서로 격리해서 침적시킨 것으로 기전력을 발생한다. 알칼리 축전지의 종류는 〈표 1-29〉와 같다.

〈표 1-29〉 알칼리 축전지의 종류

종 류	포켓식	소결식
Al형	완만한 방전형	
Ah형	표준형	
Amh형	급방전형	
Ah-p형	초급방전형	
Ah-s형		초급방전형
Ahh형		초 초급방전형

3) 외부구조에 따라

① Open Type : 가스제거장치가 없는 것으로 종래의 개방형에 해당한다.

② Ventilate Type : 배기 전에 필터를 설치하여 산소방출을 방지한 구조이다. 충전 중에 발생하는 가스로 인하여 올라오는 황산분을 걸러 황산분은 축전지로 되돌려 보내고 가스만 배기공을 통하여 배기시키는 구조이다.

③ Sealed Type : 산, 알칼리 가스가 나오지 못하게 한 구조로서 증류수의 보충이 필요치 않은 구조이다(무보수 밀폐형). 환수촉매장치가 있어 축전지 충전 중 내부에서 발생되는 가스를 특수 촉매에 의해 수증기로 변환시켜 촉매장치 외기내벽에 의하여 냉각시켜 물로 환원하여 다시 전지내로 되돌려 보내는 구조로 되어 있다(HS-E형과 PS-E형이 있다(그림 1-34).

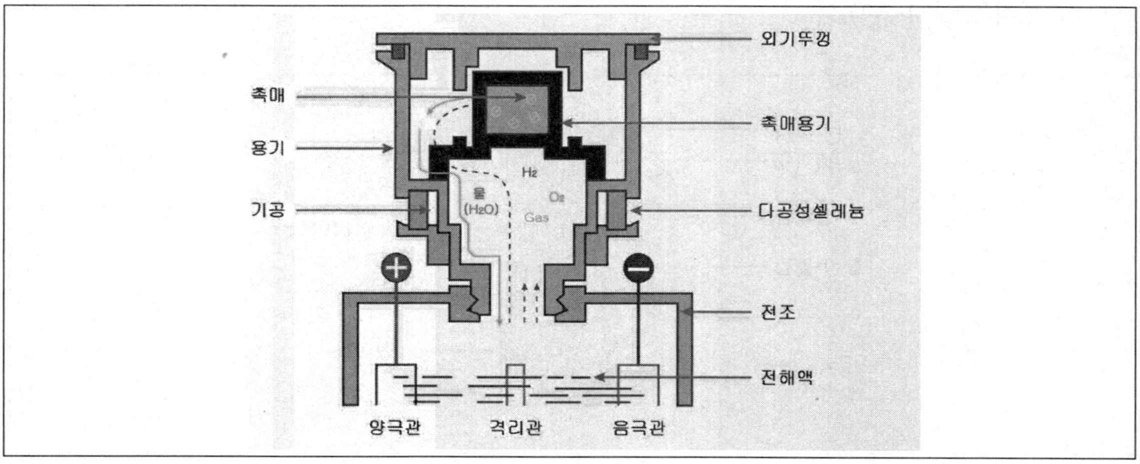

[그림 1-34] 시일형 축전지 구조

④ 저율(PS), 고율(HS)방전 특성화를 실현하였다.

㉠ PS/HS 전지의 특징 및 장점

ⓐ 고품질의 투명 합성수지를 사용하여 내산성, 내충격에 강하도록 설계

ⓑ 전조내부의 내용물을 볼 수 있어 전해액의 수위, 극판상태, 활물질침전량 등을 육안으로 확인

ⓒ 상용상태에서 축전지 외부의 화기에 의한 인화가 발생하지 않도록 방폭 · 방지장치

ⓓ 내산성, 내산화성이 우수하고 전기저항이 적은 미공성 고무의 격리판을 사용하여 장기간 성능유지

㉡ PS/HS 전지의 사용용도 : 수배전반용, 통신용, 컴퓨터 전원, 전화교환기(EMD, ESS, PBX), 마이크로웨이브, 무선통신, 데이터 통신, 수 · 화력발전소, 전원용

(2) 축전지 용량산출방법

충전한 축전지를 방전했을 때 규정 전압으로 내려갈 때까지 낼 수 있는 전기량이다. 보통 암페어시[Ah]로 나타낸다. 용량표시방법에는 공칭용량, 규격용량, 실용량 등이 있다.

1) 축전지의 용량산출

축전지의 용량을 산출하기 전에 그 용량을 좌 · 우하는 조건은 방전기간, 방전전류, 최저허용 전압 등이 있다.

① 용량산출방법 : 용량산출방법은 식 (1-16)과 같다. 연축전지(2.5), 알칼리 축전지 종류는 포켓식(1.3)과 소결식(1.15)이 있다.

$$C[\mathrm{Ah}] = K_1 \times \frac{I_1}{60} + K_2 \times T(I_2 + I_3) \tag{1-16}$$

I_1 : 차단기 1대의 최대투입전류 I_2 : 정전 시 비상전원으로 변환되는 부하전류

I_3 : 상용, 비상시의 연속부하전류 T : 정전시간

K_1 : 용량환산계수{연(40), 포켓(18), 소결(9)}

K_2 : 용량환산계수{연(2.5), 포켓(1.3), 소결(1.15)}~정전시간 1시간의 경우)

② 용량산출방법 : 용량산출방법은 식 (1-17)과 같다.

$$C[\mathrm{Ah}] = \frac{1}{L}[K_1 I_2 + K_2(I_2 - I_1) + K_3(I_3 - I_2) + ..K_n(I_n - I_n - 1)] \tag{1-17}$$

C : 25[℃]에 있어서의 정격방전율 환산용량 L : 보수율(일반적으로 0.8 적용)
K, K_n : 방전시간 T 축전지의 최저온도 및 허용된 최저전압에 따른 용량환산계수
I_1, I_2, I_3, I_n : 방전전류[A])

2) 산출에 필요한 조건

축전지 용량산출을 위해 용량을 좌우하는 보수율, 방전시간, 방전전류 등이 있다.

① 보수율 : 축전지의 사용연한을 경과 또는 보수조건을 변경하는 것 때문에 생기는 용량변화를 보상하는 보정값이다.

② 방전시간과 방전전류

㉠ 엔진시동용 축전지의 용량산출에 있어서 방전시간과 방전전류는 엔진제작자가 지정한 값으로 한다(단, 방전시간이 확실하지 아니한 경우 [그림 1-35]의 값을 사용한다).

㉡ 조작용 축전지의 방전시간(AC 전원 정전시간)

ⓐ 발변전소 : 30분~2시간(특히 중요한 곳 3~5시간)

ⓑ 통신용 : 수시간~10시간

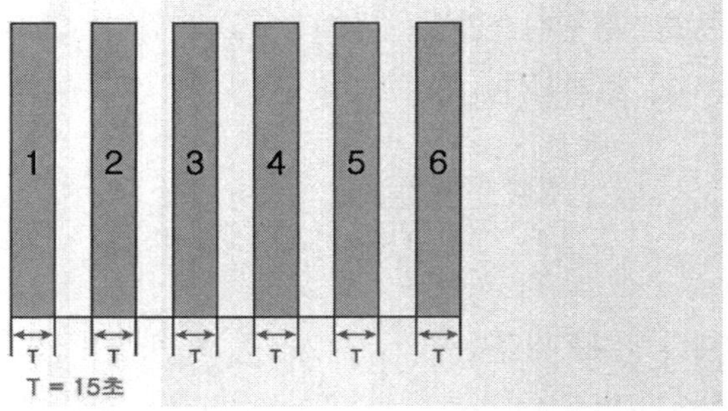

[그림 1-35] 방전시간과 방전전류

3) 용량산출 시 필요조건

축전지의 용량을 산출하기 전에 그 용량을 좌, 우하는 조건을 정해 둘 필요가 있다.

① 방전기간과 방전전류 : 부하의 종류에 따라 비상시간을 정하는데 건축법, 소방법에 의한

전원공급인 경우 약 30분으로 정하고 교류발전기를 설치하고 변환 사용하는 곳은 약 10분간으로 한다.

② 예상되는 최저 전지온도 : 설치장소의 온도조건을 추정하고 전지온도의 최저값을 정한다. 실내에 설치하는 경우에는 +5[℃], 특히 한냉지는 -5[℃]로 한다. 또 공기조화 등에 의하여 온종일 실내온도를 보장할 수 있는 경우에는 그 온도로 정한다.

③ 최저허용전압 : 여러 가지 부하 측 기기에서 요구되는 최저허용전압 중 가장 높은 값에 전지와 부하사이에 접속된 전선의 전압강하를 더하여 표준특성도에서 나타난 값에서 구한다(엔진시동용 부하에 있어서는 일반 세레모터보다 제어회로 쪽이 전압요구값이 최대가 되므로 주의할 필요가 있다). 최저허용전압은 식 (1-18)과 같이 여러 가지 부하 측 기기에서 요구되는 최저허용전압 중 가장 높은 값에 전지와 부하사이에 접속된 전선의 전압강하를 더한 값이다.

$$V = \frac{Va + Vc}{n} \tag{1-18}$$

V : 최저허용전압, Va : 부하의 최저허용전압, Vc : 전압강하, n : Cell 수

㉠ 부하의 최저허용전압(부하의 최저허용전압 중 가장 높은 값)

ⓐ 차단기 : 트립 65～125[%], 투입 85～110[%]

ⓑ 조작 릴레이 : 80～120[%]

ⓒ 배전반 일반 : 90～140[%]

ⓓ 직류전동기 : 85～110[%]

㉡ 전압강하

ⓐ 전기기기와 축전지 : 5～10[V]

ⓑ 교환기와 전지 : 1[V]

④ 셀 수의 선정 : 셀 수는 부하의 제한전압과 최저 제한전압을 고려해서 결정한다. 일정한 부하에 대하여 셀 수를 적게 하면 최고 제한전압에 대해서는 안전하지만 용량이 큰 축전기가 필요하다. 또한, 셀 수를 많이 하면 축전지의 용량은 작아도 되지만 충·방전 시의 과대전압을 피하기 위하여 전압조정장치가 필요하다. 그러므로 셀 수의 선정은 이들 관계를 종합적으로 검토하고 해석해서 결정하는 것이 좋다.

⑤ 보수율 : 축전지의 사용연한을 경과 또는 보수조건을 변경하는 것 때문에 생기는 용량변화를 보상하는 보정값은 0.8이 적당하다.

4) 용량산출순서

축전지의 용량산출은 방전전류의 산출, 방전시간 결정, 방전시간과 방전전류의 예상 부하특성곡선 작성, 축전지 종류의 결정, 축전지 셀 수의 결정, 용량환산시간, 최저허용전압 결정, 용량환산공식 적용 순으로 산출한다(그림 1-36).

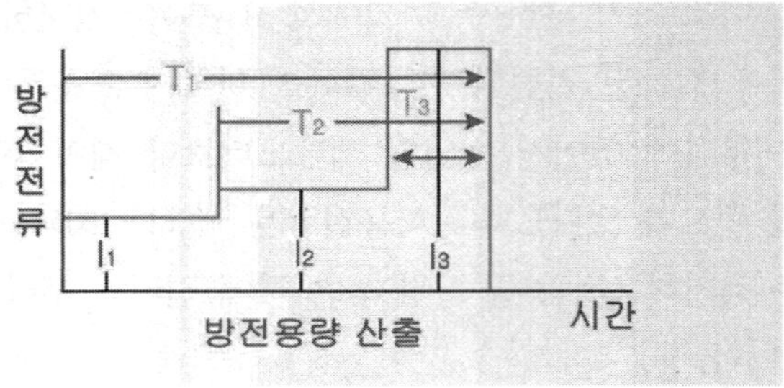

[그림 1-36] 방전용량 산출

① 부하종류의 결정 : 조명, 차단기, 기동기기(기동 시 전압강하 고려)

② 방전전류의 결정 : 부하용량[VA]÷정격전압[V]

③ 방전시간의 산출 : 부하의 종류에 따라 결정한다(법적 시간 30분 이상).

④ 방전시간과 방전전류의 부하특성곡선을 작성한다.

㉠ 방전전류 : 단시간에 부하전류가 크게 변화하는 경우나 급격한 변동이 장시간 변동하는 경우에는 대전류 방전 시의 순시전압강하가 문제로 되지 않는 한 '평균전류 = 방전전류'로 산출한다(단, 순시전압강하가 문제가 되는 경우 최대전류 = 방전전류).

㉡ 부하곡선 : 초기 대전류가 유효하나, 수·변전 설비에서는 가급적 방전의 말기에 큰 방전전류가 사용되도록 그래프를 작성한다.

⑤ 축전지 종류의 결정 : 가격, 성능, 유지보수(연 : HS형, 알칼리 : AMH형)

⑥ 축전지 셀 수의 결정 : 셀 수 = 부하의 정격전압/축전지의 공칭전압

⑦ 최저허용전압의 결정 : (부하의 최저허용전압 + 전압강하)÷셀 수(직렬연결된 것)

⑧ 최저전지온도의 결정 : 옥내, 옥외(큐비클의 경우)

⑨ 용량환산 'K' 값의 결정(일반적인 경우 5[℃])을 기준으로 하고 〈표 1-30〉 이외의 온도에 따른 환산시간계수는 생략한다.

⑩ 용량환산공식에 적용 : 축전지의 용량을 산출하기 위하여 식 (1-19)를 적용한다.

$$C = \frac{1}{L}[K_1 I_1 + K_2(I_2 - I_1) + K_3(I_3 - I_2) + ..K_n(I_n - I_{n-1}) \qquad (1\text{-}19)$$

C : 25[℃]에서 10시간 기준에 있어서의 정격방전율 용량[Ah/10hr]

L : 보수율(일반적으로 0.8 적용), K : 용량 환산시간[h]

I : 방전전류[A], $_{1}$, $_{2}$, $\cdots_{n}$: 방전전류의 변환순으로 번호를 붙인 것

〈표 1-30〉 축전지의 용량환산 시간계수(온도 5[℃]에서)

형 식	최저허용 전압 [V/Cell]	0,1분	1분	5분	10분	20분	30분	60분	120분	비 고
AHH	1.10	0.28	0.28	0.35	0.44	0.57	0.70	1.15		소결식 초초급방전형
	1.06	0.19	0.21	0.28	0.35	0.50	0.65	1.08		
	1.00	0.14	0.16	0.22	0.30	0.45	0.60	1.04		
AH	1.10	0.30(0.36)	0.46(0.47)	0.56(0.60)	0.66(0.69)	0.87	1.04	1.56	2.60	( ) 내의 수치는 200[Ah]를 넘는 축전지에 적용(표준형)
	1.06	0.24(0.030)	0.33(0.38)	0.45(0.47)	0.53(0.55)	0.70	0.85	1.40	2.45	
	1.00	0.20(0.30)	0.27(0.30)	0.37(0.39)	0.45(0.45)	0.60	0.77	1.30	2.30	
AMH	1.10	0.67	0.84	1.00	1.10	1.23	1.37	1.90	3.00	급방전형
	1.06	0.57	0.71	0.85	0.93	1.11	1.15	1.65	2.70	
	1.00	0.46	0.58	0.69	0.75	0.84	0.96	1.40	2.40	
AM	1.10	0.97(1.23)	1.23(1.42)	1.52(1.65)	1.70(1.77)	1.92	2.10	2.75	3.80	( ) 내의 수치는 200[Ah]를 넘는 축전지에 적용
	1.06	0.75(0.96)	1.15(1.10)	1.15(1.24)	1.28(1.35)	1.50	1.65	2.23	3.30	
	1.00	0.63(0.75)	0.76(9.88)	0.95(1.03)	1.05(1.12)	1.26	1.43	1.90	2.90	
CS	1.80		1.50(1.75)	1.60(1.85)	1.75(1.59)	2.05(2.20)	2.40	3.10	4.40	( ) 내의 수치는 900~2000[Ah]에 적용 클레드식 완만한 방전형
	1.70		1.00(1.10)	1.12(1.20)	1.25(1.35)	1.50(1.60)	1.85	2.60	3.95	
	1.60		0.75(0.88)	0.92(0.98)	1.11(1.15)	1.44(1.B7)	1.70	2.40	3.70	
HS	1.80	0.85	0.88	0.95	1.05	1.30	1.55	2.20	3.40	페이스트식(급방전형)
	1.70	0.56	0.56	0.65	0.75	1.00	1.24	1.90	3.05	
	1.60	0.44	0.44	0.53	0.63	0.87	1.10	1.75	2.90	

방전전류가 시간이 지날수록 증가하고 있는 경우에는 전체를 일괄하여 산출할 수 있다. 하지만 반대로 시간경과와 함께 방전전류가 감소하고 있는 경우에는 전류가 감소하기 직전까지의 부하특성마다 잘라서 필요한 축전지 용량을 계산한다.

용량계산 1

1. 정전류부하(조명부하)의 경우
   - 사용축전지 : 표준형 연축전지
   - 부하특성 : 100[A] 60분 정전류
   - 최저 전지온도 : 5[℃]
   - 최저허용전압 : 1.75[V/cell]
   - K값 : 2.85(특성표에서 T=1, 최저허용전압 : 1.75에서 구한 값)
2. 계산결과 : $C = \frac{1}{L}KI = \frac{1}{0.8} \times 2.85 \times 100 = 356\,[\mathrm{Ah}]/10[\mathrm{hr}]$

용량계산 2

1. 차단기 투입 조작전원의 경우
   - 사용전압 : 표준형 알칼리 축전지
   - 부하특성 : 80[A](시간 : 200[ms])
   - 경년 용량저하율 : 0.8
   - 최저 전지온도 : 5[℃]
   - 최저허용전압 : 1.1[V/cell]
   - K값 : 0.3(T : 200[ms], 허용전압 : 1.1[V] 특성표에서 구한 값)
2. 계산결과 : $C = \frac{1}{L}KI = \frac{1}{0.8} \times 0.3 \times 80 = 30[\mathrm{Ah}]/5[\mathrm{hr}]$

용량계산 3

1. 방전전류가 방전시간의 말기에 급증하는 경우(수전설비 제어부하)
   - 사용축전지 : 표준형 소결식 알칼리 축전지
   - 부하특성 : 3[A]180분, 말기(0.1분)에 48[A]
   - 경년 용량저하율 : 0.8
   - 최저 전지온도 : 25[℃]
   - 최저허용전압 : 1.1[V/cell]
   - K_1값 : 3.4(특성표에서 구한 값)
   - T_1 : 180, T_2 : 0.1(순시)
2. 계산결과 : $C = \frac{1}{L}[K_1 I_1 + K_2(I_2 - I_1)] = \frac{1}{0.8}[3.4 \times 3 + 0.24(48 - 3)] = 26.25[\mathrm{Ah}]/5[\mathrm{hr}]$

(3) 충전방식

축전지의 충전에는 충전목적시기에 따라 사용하기 시작할 때의 초기 충전과 사용 과정에서의 일상충전이 있다. 충전방식에는 트리클(유지) 방식과 플로트(부동) 방식이 있으며 최근 건축전기설비에서는 부동충전방식을 사용하고 있다.

1) 초기충전

축전지에 아직 전해액을 넣지 않은 미충전 상태의 전지에 전해액을 주입하는 충전이다. 최근에는 공장에서 전지를 출하할 때 이미 액을 넣어 충전을 마친 상태에 있는 전지와 액을 넣지 않고 충전을 마친 상태의 전지가 있다. 따라서 이러한 전지는 초기충전이 필요하지 않으며 공장출하에서 사용개시까지의 공백기간이 짧을수록 좋다.

2) 일상충전(유지충전)

사용 중 충전이며 다음과 같은 종류가 있다.

① 보통충전 : 필요할 때마다 표준시간율로 소정의 충전을 하는 방식이다.

② 급속충전 : 비교적 짧은 시간에 보통 충전전류의 2~3배의 전류로 충전하는 방식이다.

③ 부동충전 : 전초충전 또는 활성화 충전이 끝난 연축전지를 충전기와 축전지 및 부하를 병렬로 회로를 구성하고 만충전된 축전지 전압보다 약간 높은 정전압으로 충전기에 설정하고 축전지의 자기방전을 보상하여 항상 만충전 상태를 유지시켜 주는 방식이다(표 1-31).

〈표 1-31〉 권장 부동충전전압

축전지 종류	전해액 비중(25[℃])	평균 전압범위[V/cell]
일반방전용(PS)	1.215	2.15~2.17
고율방전용(HS)	1.240	2.18~2.20

㉠ 상시 부하전류는 정류기가 부담하고 순시 대전류는 충전기와 축전지가 분담하며, 정전 시에는 축전지가 전 부하를 부담하고, 정전회복 후에는 정류기가 충전과 부하전류를 부담하게 된다. 따라서 정류기 출력전류가 필요하고, 식 (1-20)과 같다.

$$정류기\ 출력전류 = 충전전류 + 상시부하\ 최대전류 \quad (1\text{-}20)$$

㉡ 부동충전 시 과충전으로 인해 축전지 수명이 단축될 수 있고 부족 충전으로 전해액 비중이 저하되어 용량부족현상이 발생하므로 실험결과 〈표 1-31〉과 같이 규정전압으로 충전한다.

㉢ 축전지가 항상 완전충전상태에 있으며 정류기의 용량이 작아진다. 또 축전지의 수명에 좋은 영향을 준다. 거치형 축전지설비에서 가장 일반적으로 사용되며, 수개월에 1회는 균등충전을 할 필요가 있다(그림 1-37).

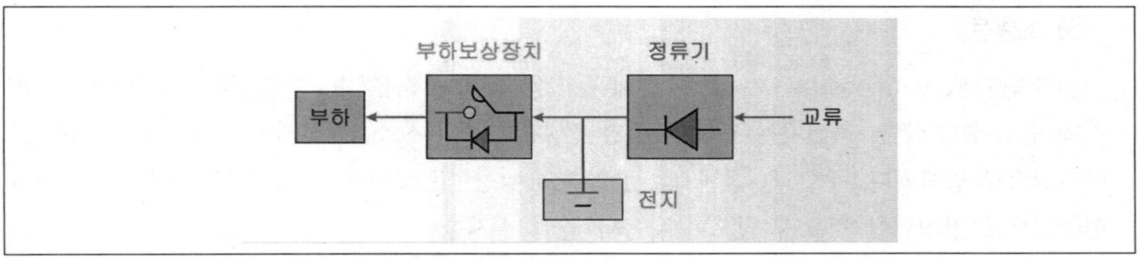

[그림 1-37] 부동 충전방식의 흐름

3) 균등충전

부동충전을 유지하면 완전충전 상태로 유지되지만 축전지 개개의 특성에 따라 자기 방전량에 차이가 생기고, 개개의 부동충전전압은 상이하므로 장기간 부동충전 시 충전부족상태의 것이 나온다. 이 불균형 시정을 위하여 일종의 과충전인 균등충전을 할 필요가 있다. 즉 균등충전은 각 전지간의 전압을 균등하게 하기 위해 3주에 1회 정도 축전지 공칭전압의 120~125[%]의 정전압으로 10~12시간 충전하는 방식이다(표 1-32).

〈표 1-32〉 균등충전전압과 충전 소요시간

단전지당 전압[V]	충전 소요시간
2.25일 때	약 48시간 소요
2.30일 때	약 24시간 소요
2.40일 때	약 8시간 소요

4) 세류 충전방식(트리클 충전방식)

전지의 자기방전을 보충하기 위해 부하를 제거한 상태로 늘 미소전류로 충전하는 방식이다.

참고 자기방전(Self Discharge)

충전된 2차 전지가 방치해 둔 시간과 함께 용량이 감소되어 저장된 전기에너지가 전지 내에서 소모되는 현상으로, 아연(Zn)보다 단극 전위가 높고 수소 과전압이 낮은 불순물 구리(Cu) 등이 존재하면 국부 전지가 형성되어 순환전류가 흘러 아연(Zn)이 소모되면서 생긴 수소(H_2)가 양극으로 이동하여 양극의 활성물질과 반응한다. 또한 누설전류에 의한 방전이 발생한다.

5) 전자동 충전방식

정전압 충전의 결점(충전초기 대전류)을 보완하여 일정전류로 자동 전류제한장치를 부착한 충전방식으로 보수유지에 유리하다(정전압장치와 자동회복 충전장치가 필요하다).

6) 초충전

건식축전지(dry-uncharged type)는 전해액을 주입하여도 축전지는 방전상태에 있으므로 사용전에 충전해야 한다. 축전지는 전해액 주입 전 대기 중의 산소, 탄산가스와 반응하여 산화연, 탄산연으로 변화된다. 주입 시 전해액과 결합하여 황산연($PbSO_4$)으로 되므로 장시간 충전하여 연(Pb)으로 활성화할 필요가 있으며 다음과 같이 실시한다.

① 주위온도 30[℃] 이하에서 실시한다.

② 주입 후 1~2시간 후에 재보충한다.

③ 초충전은 규정용량의 약 400[%]에 달할 때까지 계속한다. 즉 10시간율 공칭용량의 1/20의 전류로 80시간 이상, 1/10의 전류로 40시간 이상 충전한다.

(4) 정류방식

반도체 정류기와 수은 정류기가 있으며 반도체 정류기가 주로 사용된다.

1) 정류기 2차 전압의 선정

2차 권선에 유기되는 전압으로, 단상 110[V]와 3상 220[V]가 있다.

① 단상 110[V] : 정류기 2차 전류 10[A] 이하로 한다.

② 3상 220[V] : 정류기 2차 전류 10[A] 초과로 한다.

2) 정류기 2차 전류의 선정

2차 권선에 유기되는 전류로 상시 부하가 있는 경우와 없는 경우로 나눌 수 있다.

① 상시 부하가 있는 경우 : (축전지 정격용량÷10)+(상시부하용량÷정격전압)

② 상시 부하가 없는 경우 : (축전지 정격용량÷10)

3) 정류기 교류 측 입력용량 및 정류기의 1차 전류

정류기는 교류를 직류로 바꾸기 위한 전기적 장치로 적절한 변환방법이나 스위칭 소자, 제어회로를 통해 원하는 전압과 주파수를 얻는다. 정류기 교류 측 입력용량 P_{ac}을 구하는 식 (1-21)과 같다.

$$P_{ac}[\mathrm{kVA}] = \frac{(I_L + I_C)V_d}{\cos\theta \cdot n} \times \frac{1}{1000} \qquad (1\text{-}21)$$

정류기 1차 전류 I_{ac}를 구하는 식 (1-22)와 같다.

$$I_{ac}[\mathrm{A}] = \frac{(I_L + I_C) \times V_d}{\sqrt{3 \times E \times \cos\theta \times n}} \qquad (1\text{-}22)$$

V_d : 정류기 직류측 전압 $\cos\theta$: 정류기 역률 n : 정류기 효율

I_L : 직류측 상시 부하최대전류 I_C : 직류측 축전지 충전전류

4) 연축전지와 알칼리 축전지의 비교

연축전지와 알칼리 축전지의 비교는 〈표 1-33〉과 같다.

〈표 1-33〉 연축전지와 알칼리 축전지의 비교

구 분	연축전지	알칼리 축전지
종 류	• 클레드식 • 페이스트식	• 포켓식 • 소결식
공칭전압[V/Cell]	2.0	1.2
셀 수	52～55개	80～85개
최대 방전전류	1.5[C]	2[C](포켓), 10[C](소결)
전기적 강도	과충전, 과방전에 약하다.	과충전, 과방전에 강하다.
충전시간	길다	짧다
온도특성	열등	우수
수 명	CS형 : 10～15년, HS형 : 5～7년	20～30년
공칭용량	10시간율	5시간율
가 격	유리	고가
용 도	장시간 일정전류 부하	단시간 대전류 부하
기 타	• 부식가스를 발생 • 전해액의 비중에 의해 충·방전을 알 수 있다. • 충·방전 전압의 차이가 적다.	• 부식가스가 없다. • 저온특성이 좋다 • 보존이 용이하다. • 고율방전특성이 좋다.

(5) 축전지실

현재는 내산처리가 필요 없는 축전지가 주로 사용되어 축전지실이 별도로 필요 없이 큐비클식으로 다른 기기와 함께 설치가 일반적이다.

1) 축전지실 설치 시 고려사항

① 천장높이 : 2.6[m] 이상, 축전기기와 벽면 및 부속기기는 1[m] 이상 이격한다.
② 설치장소 : 진동이 없는 장소에 설치한다.
③ 배기설비 설치 : 전기분해로 수소가스가 발생한다.
④ 충전기 : 가급적 부하와 근접시켜야 한다.
⑤ 배선 : 비닐전선, 조명기구는 내산성으로 해야 한다.
⑥ 실내에 싱크를 설치한다.
⑦ 개방형으로 단자전압 16[V] 이상일 때 절연물질의 프레임대에 애자유리로 지지한다.
⑧ 그 밖에 관계법령에 적합하도록 한다.

2) 축전지실의 배기

일반적으로 축전지실을 설계할 때에는 식 (1-23)과 같다. 다만, 시일형 고정축전지는 배기시설이 거의 필요 없으며 큐비클에 내장하여 사용하면 별도의 축전지실이 필요 없다.

$$\text{필요배기량 } Q = \frac{5.5}{1000} CN[\mathrm{m^2/hr}] \qquad (1\text{-}23)$$

N : 2[V] 단전지의 수 C : 10시간 공칭용량

3) 표준목대

진동(수평진도 0.5[G])에 이상이 없도록 설계(내진)되어 있다. 사용 중 뒤틀림과 갈라짐이 없도록 함수율이 적은 목재를 사용하며 내산 처리되어 장기간 사용할 수 있어야 한다. 축전지 내 · 외부의 결함유무를 확인한 후 축전지를 목대 위에 설치하는데 목대의 종류는 1단 목대(그림 1-38), 2단 목대(그림 1-39), 계단 목대(그림 1-40) 등이 있다.

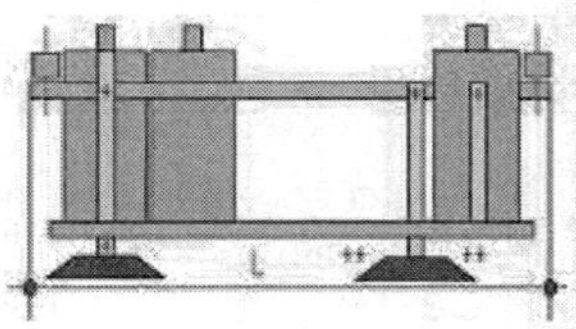

[그림 1-38] 1단 목대

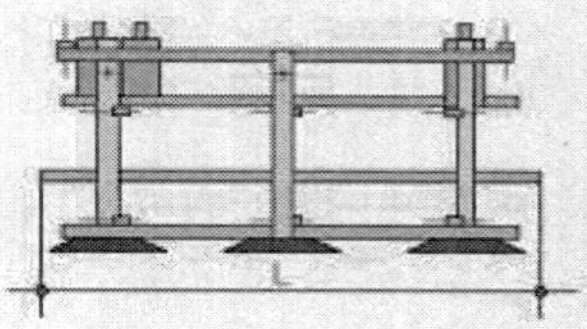

[그림 1-39] 2단 목대

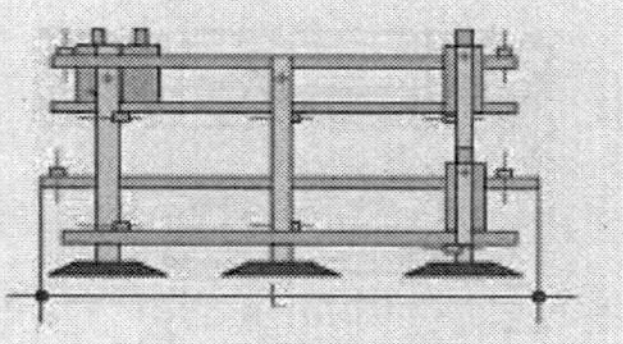

[그림 1-40] 계단 목대

(6) 직류전원설비

수 · 변전 설비의 조작용, 비상용 조명장치 등의 예비전원으로 사용하며 정류기반과 축전지를 별도 시설한 것 또는 정류장치와 축전지를 하나의 반에 수납한 큐우비클식 직류전원장치가 있다.

1) 정류기

교류전력에서 직류전력을 얻기 위해 정류작용에 중점을 두고 만들어진 전기적인 회로소자 또는 장치이며 정류방식에는 단상 반파정류, 단상 전파정류, 3상 반파정류, 3상 전파정류가 있으며 가장 좋은 정류방식은 3상 전파정류방식이다.

2) 정류기 용량산출

정류기 교류측 입력용량은 식 (1-24)와 같다.

$$P = \frac{(I_L + I_C)V_d}{\cos\theta \times n} \times \frac{1}{1000} [\text{kVA}] \tag{1-24}$$

정류기 교류측 입력전류는 식 (1-25)와 같다.

$$I = \frac{(I_L + I_C) \times V_d}{\sqrt{3} \times E \times \cos\theta \times n} [\text{A}] \tag{1-25}$$

P : 정류기 교류측 입력용량 I : 정류기 교류측 입력전류

I_L : 정류기 직류측 부하전류 I_C : 정류기 직류측 축전지 충전전류

V_d : 정류기 직류측 전압 E : 정류기 교류측 전압

$\cos\theta$: 정류기 역률 n : 정류기 효율

3) 정류방식별 비교

단상, 3상 모두 전파 정류방식의 파형 평활을 위해 유리하고 일반적으로 채택된다(표 1-34, E_1 : 직류 출력전압, E : 교류 입력전압).

〈표 1-34〉 정류방식별 비교

정류방식	출력식
단상 반파 정류	$E_1 = 0.45E$
단상 전파 정류	$E_1 = 0.9E$
3상 단파 정류	$E_1 = 1.17E$
3상 전파 정류	$E_1 = 1.35E$

4) 정류회로의 구성 및 회로도

① 반파 정류회로 : 다이오드의 정류소자를 사용하여 교류의 (+) 또는 (-)의 반사이클만 전류를 흘려서 부하에 직류를 흘리는 회로이다(그림 1-41).

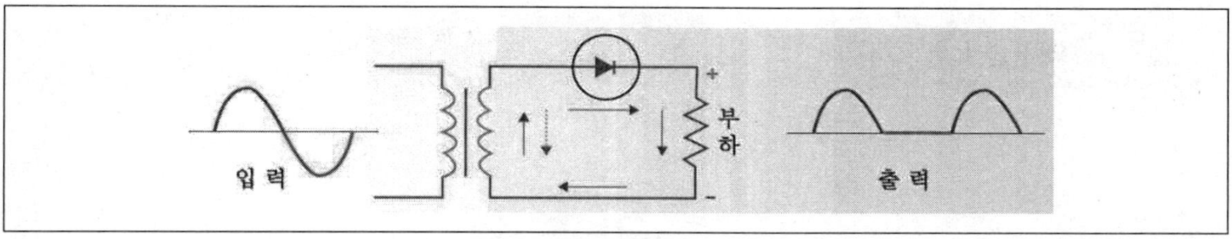

[그림 1-41] 반파 정류회로

② 전파 정류회로 : 다이오드를 사용하여 교류의 (+), (-) 어느 반 사이클에 대해서도 정류를 하고, 부하에 직류전류를 흘리는 회로이며, 중간 탭이 있는 트랜스가 필요하다(그림 1-42).

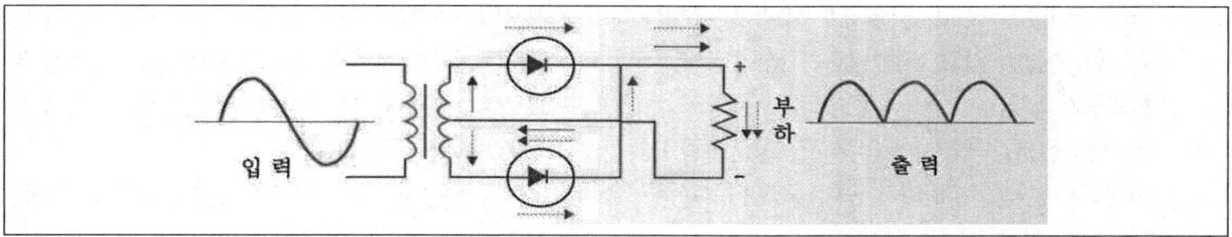

[그림 1-42] 전파 정류회로

학 | 습 | 정 | 리

■ **전기방식** : 고압 배전선로 전기방식과 저압 배전선로 전기방식이 있으며, 각각 단상 2선식, 단상 3선식, 3상 3선식, 3상 4선식이 있다.

① 고압 배전선로의 형태

㉠ 방사상식(수지식, 가지식) : 부하 증설에 용이하게 대비할 수 있고, 시설비가 저렴하나 전압강하와 손실이 많고, 정전범위가 넓으며 공급신뢰도가 낮다.

㉡ 환상식 : 전압강하와 손실이 적고, 공급신뢰도가 좋다. 단점은 설비비가 많이 들고 단락용량이 크며, 보호방식이 복잡하다.

㉢ 망상식 : 공급신뢰도가 높고 전압변동률이 낮아 기기의 이용률이 향상되고 무정전 공급이 가능하며, 부하변화에 대한 적응력이 좋다.

② 저압 배전선로의 형태 : 저압 방사상식, 저압 뱅킹방식, 저압 네트워크 방식이 있다.

㉠ 단상 2선식 : 부하 불평형이 없고 저압 선로가 단순하다. 전선 소요량이 증가하고 전력 손실이 증가한다.

㉡ 단상 3선식 : 배전방식이 경제적이고 전선 소요량 및 전력손실이 감소하지만 부하의 불평형 문제가 발생하고 중성선 단선 시 이상전압 유입으로 기기가 파손될 수 있다.

㉢ 3상 3선식 : 단상에 비해 효율이 높으므로 부하를 줄일 수 있다.

㉣ 3상 4선식 : 전력공급 능력이 최대이며 경제적 배전방식이며 배전설비의 단순화가 가능하지만 부하의 불평형 발생과 중성선 단선 시 이상전압이 유입되는 단점이 있다.

■ **전원방식**에는 집중 전원방식과 분산 전원방식이 있다.

① 집중 전원방식 : 수전설비, 예비전원 설비, 전력변환 설비 등의 통신용 전원설비를 하나의 시스템에 집중 설치하고 이곳에서 각 장소에 설치되어 있는 통신기기에 전력 등을 공급하는 방식이다. 발전에 사용되는 연료나 기술 형태에 상관없이 비교적 대규모의 발전을 통하여 전력을 생산하고, 전력을 필요로 하는 원거리 수요자로 송배전망을 통하여 전력을 송배전한다.

② 분산 전원방식 : 통신기기에 직접 전력을 공급하는 전력 변환장치나 축전지의 일부 또는 전체를 수전(受電) 설비, 예비전원 설비와 분리하여 통신기기의 근처에 분산하여 설치하는 방식으로 주로 대용량을 사용하는 곳에서 방전선의 전압강하를 줄이기 위해 이용한다. 기존의 전력회사의 대규모 전원(화력, 원자력 등)과는 달리 소규모로써 소비자 근방에 분산배치가 가능한 전원이다.

단 | 원 | 평 | 가 | 문 | 제

1. 다음 중 저압 배전선로에서 3상 4선식의 특징이 아닌 것은?

① 동력 부하 가동 시 플리커 발생 우려가 있다.
② 중성선 단선 시 이상전압이 유입된다.
③ 배전 설비가 단순하다.
④ 대용량 공급이 불가능하다.

2. 다음 전기방식에서 변압기의 저압측의 2개의 권선을 직렬로 하고 그 접속의 중간점으로부터 중성선을 끌어내어서 전선 3선으로 배전하는 방식은?

① 단상 2선식 ② 단상 3선식 ③ 3상 3선식 ④ 3상 4선식

3. 다음 전기방식 중 변압기의 2차측을 Y접속하고 그 중성점으로부터 중성선을 인출해서 3선식의 전선 3선과 조화시킴으로써 2가지 전압을 공급할 수 있게 한 방식은?

① 단상 2선식 ② V결선 ③ 3상 3선식 ④ 3상 4선식

4. 다음 중 집중 전원방식의 장점이 아닌 것은?

① 계통의 운용과 관리가 용이하다.
② 전력을 사용하는 장소와 연결하는 전력선의 길이가 길다.
③ 발전 설비의 설치비용과 생산비용이 적다.
④ 전력생산이 안정적이다.

5. 다음 중 분산 전원방식에 대한 설명이 아닌 것은?

① 부하 중심지 건설로 송전 손실이 경감한다.
② 첨두 부하변동에 대한 대응력이 강화된다.
③ 전력 부하변동에 대한 대응력이 강화된다.
④ 충분한 기술력이 확보되어 있다.

| 정답 | 1.④ 2.② 3.④ 4.② 5.④

제2장
조명설비

인간은 오랫동안 자연계에 적응되어 자연주광이 가장 자연스럽고 건강한 이상적인 조명이라 할 수 있다. 그러나 자연 주광만으로는 인간생활에 많은 불편을 주기 때문에 인공조명이 개발되었고, 이러한 문명의 발달로 쾌적한 조명환경이 더욱 요구되어 인공광원의 개발에 촉진제가 되고 있다. 조명설비의 기본이론과 병원, 회사 등의 건물에 사용되는 조명기구에 대하여 구성해 보았다.

01 조명의 목적과 분류

학습목표

- 조명설비의 용어를 이해한다.
- 조명설비를 분류 할 수 있다.
- 조명기구의 구조를 이해 할 수 있다.

우리나라를 비롯한 세계 각국은 경제성장과 더불어 에너지 수요량이 점점 늘어나고 있으므로 지구의 환경문제와 자원의 고갈문제가 되고 있다. 세계 각국에서는 지구 환경 보호를 위하여 온실가스(CO_2) 발생 규제 및 에너지의 효율적 사용을 위한 다양한 에너지 정책을 펼치고 있다.

미국 시사주간지 타임이 에너지 개발보다 중요한 것은 에너지 절약 이다, 에너지 문제가 부각되면 사람들은 대체에너지 개발과 원자력 에너지 부활보다 더욱 중요한 것은 에너지 절약이라고 강조하면서 가정에서 에너지 낭비를 줄이는 제안과 함께 에너지 절약을 '제5의 에너지'라고 규정했다.

보통 불을 '제1의 에너지', 석유를 '제2의 에너지', 원자력을 '제3의 에너지'라고 한다. 차세대 에너지로 수소 에너지와 태양에너지를 '제4의 에너지'라고 하며, 타임은 에너지 절약을 '제5의 에너지'라고 강조했다.

"일상생활에서 덜 쓰자" 대체에너지로 꼽히는 원자력 · 태양에너지 는 개발 비용이 많이 들고 풍력도 에너지원으로 각광받고 있지만 전체에너지 공급의 1[%] 정도만 담당하여 발전 속도가 늦다. 그래서 에너지 효율성 향상은 에너지 절약이야말로 석유 사용을 줄여 지구 온난화를 해결할 수 있는 새로운 에너지라고 할 수 있다. 컨설팅 업체인 매킨지는 "에너지 효율성을 높이고 절약하는 노력이 세계적으로 전개된다면 세계 에너지 수요의 20[%] 이상을 줄일 수 있다고 분석했다. 타임은 일반인도 일상에서 쉽게 에너지를 절약할 수 있다며 생활형 절약 아이디어를 제안했다.

우리나라는 자연에너지 자원이 부족한 국가로 총에너지의 96[%]이상을 해외수입에 의존하고 에너지 다소비의 경제 구조와 국민들의 생활수준 향상에 따른 에너지 소비패턴의 다양화로 인하여 에너지 소비량이 매년 급증하고 있다. 특히 건물에서 소비되는 전력에너지 가운데 조명설비에 의해 소비되는 에너지는 약 18[%]~25[%]를 차지하고 있으며 앞으로도 지속적 증가가 예상된다.

조명에너지의 소비증가는 새로운 발전소 건설을 위한 투자비와 부지확보의 어려움, 화석연료 사용에 따른 환경오염 문제로 조명에너지의 소비억제가 필요한 국가적 문제로 대두되면서 조명설비 의 에너지절약에 대한 관심이 크다.

1. 조명의 기본 사항

사람이 상쾌하고 원활하게 생활하려면 사람에게 알맞은 공기와 조명 환경이 필요하다. 20~25[℃]의 온도, 40~70[%]의 상대습도와 시간당 30[㎥]인의 환기량, 0.15[mg/cm^3] 이하의 부유 먼지량 등 깨끗한 공기를 유지함으로써 쾌적한 공기환경이 얻어진다. 그리고 물체를 보기 쉬운 밝은 환경과 시각적으로 안락한 분위기를 조성함으로써 쾌적하고 건강에 좋은 조명환경을 얻을 수 있다.

① 빛은 생활을 유지하기 위하여 주변으로부터 정보의 80[%] 이상을 인체의 5 감각 중 시각을 통하여 입수하고 있으며, 빛은 인간의 시각지원의 매체 역할을 하고 있다. 인간에게 쾌적한 조명환경은 태양에 의한 주광채광 이나 인공조명을 적절하게 실시함으로써 얻어진다. 인류는 오랜 세월 자연계에 적응하여 왔으므로 주관조명이 가장 자연스럽고 건강에 좋다.

② 인공조명 : 백열전구로부터 형광등 및 고압방전램프(HID램프)로 발전되고 LED램프, 무전극램프 등 높은 효율, 긴 수명의 우수한 광원을 얻고 있으며 조명방식도 다양하게 발전하였다.

2. 조명의 목적

인간은 오랫동안 자연계에 적응되어 자연주광이 가장 자연스럽고 건강한 이상적인 조명이라 할 수 있다. 그러나 자연 주광만으로는 인간생활에 많은 불편을 주기 때문에 인공조명이 개발되어 왔다.

① 조명설비의 목적은 2가지로 분류되는데, 첫째는 명시를 중요시하는 것으로 시작업을 하는데 장시간에 걸쳐서 피로하지 않고 능률적으로 일을 할 수 있는 것으로 병원, 사무실, 공장, 학교 등의 조명이다. 둘째는 분위기를 중요시 하는 것으로 응접실, 오락장, 식당 등에서 분위기를 살려서 평화롭고 즐거운 마음을 갖도록 하기 위한 것이다.

② 조명효과를 향상시키기 위해서는 사용목적에 적합하고, 건축과 어울리는 조명기구의 선정, 광원의 위치선정, 조명방법 및 조도의 결정 등이 중요한 요소이다.

③ 조명방법과 좋은 조명조건은 〈표 2-1〉과 같은 사항을 참조하여 설계에 반영한다.

〈표 2-1〉 좋은 조명의 조건

항목 \ 분류	명시 조명	분위기 조명	비 고
조 도	필요한 밝기로서 적당한 밝기 좋음	필요한 밝기	표준조도
휘도분포	얼룩이 없을수록 좋음	계획적인 배분	추천 값
눈부심	글레어(직시, 반사)가 없어야 함	눈부심이 주위를 끔	조명방법
그림 자	방해되면 나쁨	입체감, 원근감표현 시 의도적	조명방법
분광분포	표준 주광이 좋음	심리적으로 광색을 이용	광원선택
기 분	맑은 날 옥외의 감각이 좋음	목적에 따른 감각을 유도	
배치, 의장	단순하고, 간단한 배열	계획된 미적 배치 및 조합	
경제, 유지보수	광원효율이 높을 것	효과 및 달성도가 좋다.	

3. 조명의 분류

조명은 광원별로 백열전구, 방전관 및 기타 등으로 분류된다.

(1) 광원별 구분

광원은 크게 자연광원과 인공광원으로 나눌 수 있는데 자연광은 태양광 밖에 없으나 인공광원에는 백열등, 할로겐 램프, 형광등, 수은 램프, 나트륨 램프, 메탈핼라이드램프, LED 램프, 삼파장 형광 램프 등이 있다.

1) 백열전구

전구 속의 필라멘트에 전기를 흘려보내 열과 함께 빛을 내는 원리를 이용한 전구를 백열전구라고 하는데 일반 조명용 전구, 할로겐 전구, 특수 전구로 구분한다. 진공상태이거나 불활성가스를 채운 유리구 안에 가는 저항선을 넣고 전류를 통하게 하여 그 발열로 밝은 빛이 나는 전구이다. [그림 2-1]은 백열전구의 구조이다.

① 일반 조명용 전구 : 일반 전구(코일형, 2중 코일형), 투광전구, 강화 코팅 전구, 장식용 전구가 있다.

② 할로겐 전구 : 유리구 또는 유리관 안에 비활성기체 외에 요오드, 브롬, 염소 등의 할로겐 화합물을 미량 봉입한 것으로, 할로겐은 낮은 온도에서 텅스텐과 결합하고 높은 온도에서는 분해되는 성질이 있다.

㉠ 전구 내에 소량의 할로겐을 넣으면 증발하여 확산되며, 250[℃] 이상에서는 관벽에

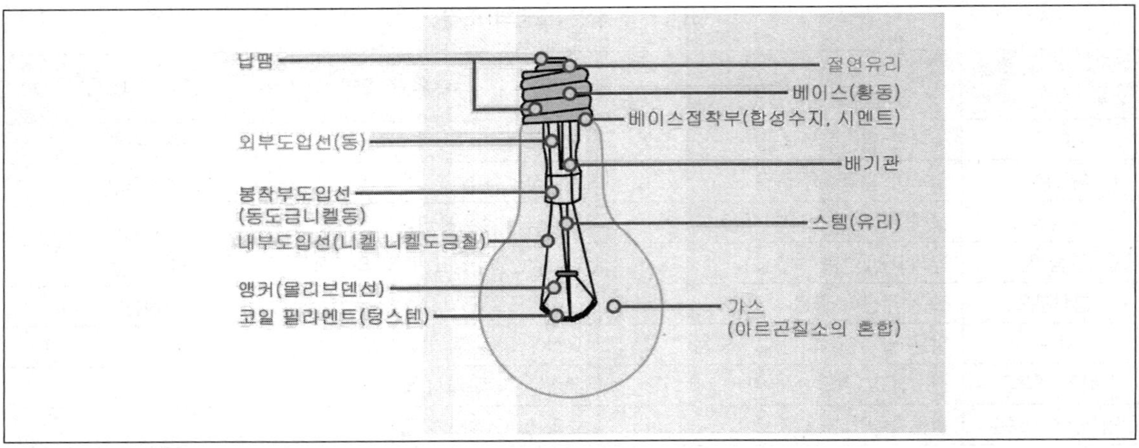

[그림 2-1] 백열전구의 구조

달라붙지 않고 증기 상태로 떠돌다가 관벽 근처에서 필라멘트로부터 증발된 텅스텐과 결합하여(결합온도는 500~850[℃]) 할로겐화 텅스텐을 형성한 다음 확산에 의해 유리관 중심으로 이동해온다.

㉡ 할로겐화 텅스텐은 온도가 높은 필라멘트(2000[℃] 이상) 근처에서 분해되는데(분해온도는 1400[℃] 이상) 그 중 텡스텐은 필라멘트로 되돌아가고 할로겐은 다시 사이클을 반복하게 된다. 고출력 투광용 전구, 소형 전구가 있다(자동차용, 영사기용). [그림 2-2]는 할로겐 사이클의 모델을 나타내었다.

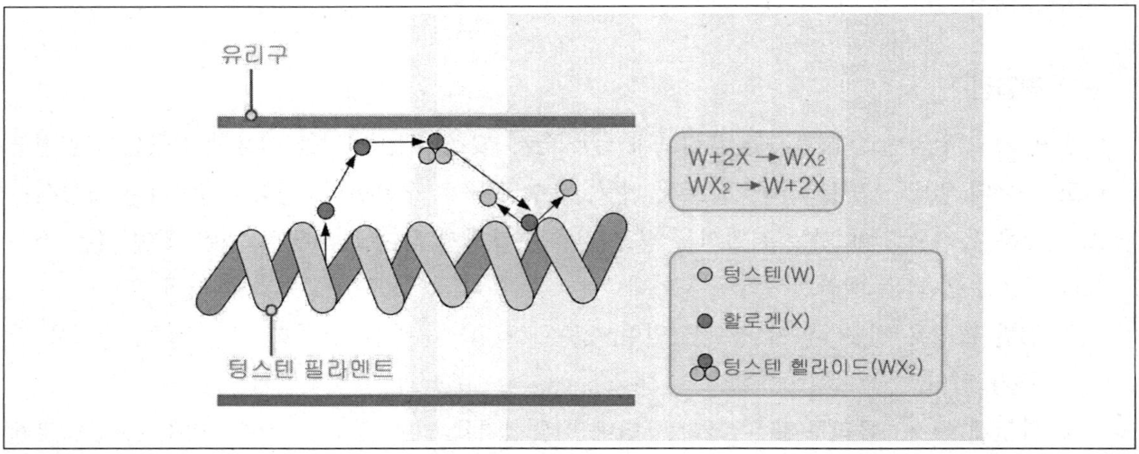

[그림 2-2] 할로겐사이클의 모델

③ 특수 전구 : 소형 전구(자동차, 영사, 계기용), 초소형 전구(전산기, 항공관계용), 적외선 전구, 신호등용 전구가 있다.

2) 방전관

관내에 가스 또는 증기를 봉해 넣은 저압 기체 중의 방전 현상을 이용한 전자관을 방전관이라고 하는데, [그림 2-3]은 수은방전 램프 중 형광 램프의 구조를 나타내었다.

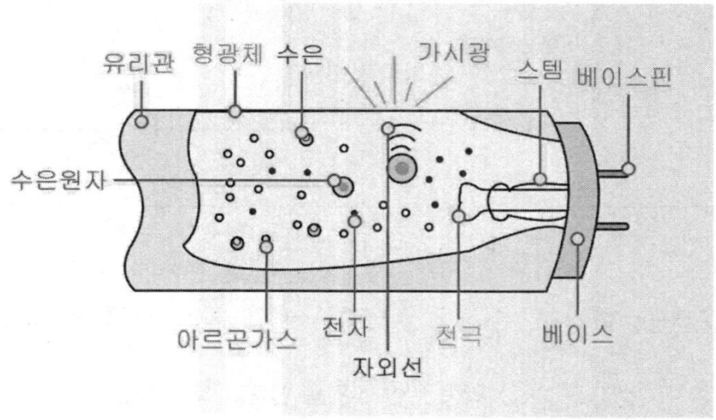

[그림 2-3] 형광램프의 구조

① 수은방전 램프 : 형광 램프, 저압 수은등, 메탈핼라이드등, 초고압 수은등
② 나트륨 방전 램프 : 나트륨램프(고역률형), 고압 나트륨램프
③ 크세논 방전 램프 : 크세논램프
④ 네온 방전 램프 : 네온 글로 램프, 네온관(네온사인)

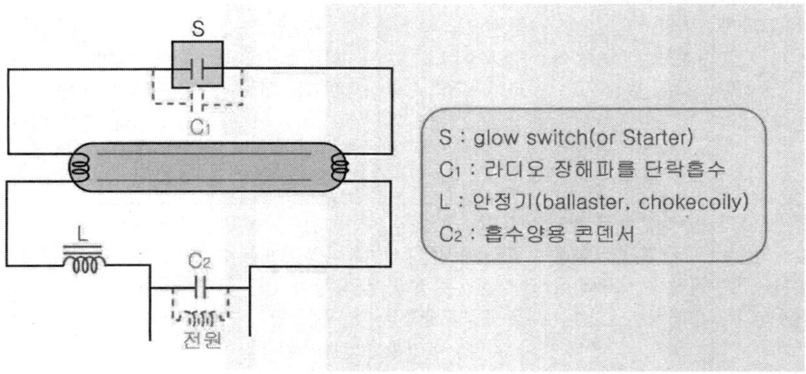

[그림 2-4] 형광등의 초크 코일식 점등회로

⑤ 분말 분산형 EL램프, 주입형 EL램프(발광다이오드, 결정발광), 레이저 빔 등이 있으며, [그림 2-5]는 EL램프의 구조를 나타낸 것이다.

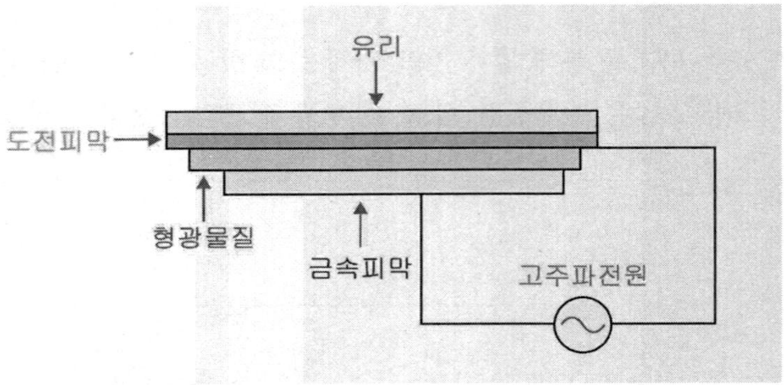

[그림 2-5] EL 램프의 구조

⑥ 백열등, 할로겐등, 형광등, 수은등, 나트륨, 메탈 헬라이드등의 특성은 〈표 2-2〉와 같다.

〈표 2-2〉 각종 일반 조명용 전등의 특성 비교

종류	백열등	할로겐등	형광등	수은등	나트륨등	메탈 헬라이드등
용량 효율 수명	2~100[W] 7~22[lm/W] 1000~1500[h]	500~1500[W] 20~22[lm/W] 2000~3000[h]	6~110[W] 48~80[lm/W] 7500[h]	40~1000[W] 30~55[lm/W] 10,000[h]	20~400[W] 80~150[lm/W] 6000[h]	250~400[W] 75~105[lm/W] 6000[h]
점등부속장치	불필요	불필요	안정기등 부속 장치가 필요	안정기등 부속 장치가 필요	안정기등 부속 장치가 필요	안정기등 부속 장치가 필요
광질 및 특색	• 일반적으로 휘도가 높고 열방사가 많다. • 광색에는 적색 부분이 많고 배광제어가 용이하다. • 스위치를 넣고 점등에 이르는 속응성이 크다.	• 고휘도이고 광색은 적색부분이 비교적 많은 편이다. • 배광제어는 용이하다. • 흑화는 거의 일어나지 않는다.	• 저휘도이고 광색의 조절은 비교적 용이하다. • 열방사가 적다. • 점등까지 시간이 걸린다(래피드 스타트식 제외).	• 고휘도이고 배광제어는 용이하다. • 광색은 청백색인 특성이 있으나 형광 수은 램프, 전구병용 등으로 해결이 가능하다.	• 저압은 전광속의60[%] 이상이 5890~5896[Å]인 D선이다. • 등황색의 단일 광원이고 고압은 2200[°K]의 황백색이다. • 수평점등이 원칙이고, 일반 실내조명은 연색성 불량으로 부적합하다.	• 고휘도의 배광제어는 용이하다. • 연속 스펙트럼을 방사하기 때문에 자연색과 거의 같은 광이다. 연색성이 좋다.
용도	• 비교적 좁은 장소의 전반조명, 악센트 조명, 기분을 주로 한 효과를 얻기가 쉽다. • 대형인 것은 높은 천장, 각종 투광조명에 적합하다.	장관형은 높은 천장이나 경기장, 광장 등의 투광조명에 적합하다.	• 옥내외, 전반조명, 부조명에 적합하다. • 명시를 주로 한 양질 조명을 경제적으로 얻을 수 있다. • 간접조명에 의해 무드 조명에도 효과적이다.	1등당 큰 광속을 얻을 수 있고, 또한 수명이 길어 높은 천장, 투광조명, 공원조명에 적합하다.	광질의 특성 때문에 도로조명이나 터널 조명에 적합하다.	1등당의 광속이 많고 수명이 긴 점과 연색성이 양호하여 연색성을 중요시하는 높은 천장, 옥외조명에 적합하다.

02 조명기구

학습목표

- 광원의 의미를 이해한다.
- 조명기구를 분류할 수 있다.
- 건축화 조명의 여러 방식을 이해한다.

조명기구는 광원으로부터의 빛을 반사, 굴절, 투과시킴으로써 여러 가지 조명을 하거나 광원을 보호하는데 쓰이는 기구이다. 조명기구의 목적은 효과적인 배광의 변경, 램프의 휘도와 눈부심의 방지, 광원의 보호, 장식 등의 4가지이다.

조명기구는 형태, 구조, 성능에 따라 매우 많은 종류가 있으며, 분류 방법도 다양하다. 조명기구에 사용되는 광원에 따라서 백열등기구, 형광등기구, HID등기구 등으로 분류할 수도 있으며, 이 경우 각 광원 의 특징을 고려하여 그 형태가 최적의 사용 환경을 만들어주는지의 여부가 관건이 된다.

국제조명위원회(CIE)에서는 조명 기구의 광학적인 성능을 나타내는 등기배치에서 분류하면 전반조명, 국부조명, 전반 국부용 조명으로 분류되고 배광분포에 따라 분류하면 직접조명형, 반직접조명형, 전반확산 조명형, 반간접조명형, 간접조명형, 건축화 조명으로 분류하고 있다. 각각 장 · 단점이 있다. 이러 한 분류는 작업면 방향으로 향하는 직접성분과 천장방향으로 향하는 간접 성분이 옥내조명의 분위기에 미치는 영향이 다른 것을 감안한 분류이다.

조명기구의 그 형태와 용도에 따라서도 분류할 수 있으며, 설치 방식, 용도 등을 감안하여 최적의 조명기구를 제작하거나 선정할 수 있는 기본이 된다.

1. 배광에 의한 분류

조명기구를 배광에 따라 분류하면 직접조명, 반직접조명, 간접조명, 반간접조명, 전반확산조명으로 나눌 수 있으며 각각 장 · 단점이 있다. 〈표 2-3〉은 배광에 따라 분류한 조명기구의 형태와 발산광속, 특징 및 용도를 나타낸 것이다.

〈표 2-3〉 조명기구의 배광분포에 의한 분류 [%]

조명방식	기구의 형태	발산광속	특 징	용 도
직접조명	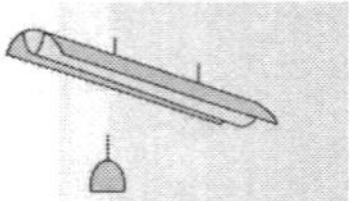	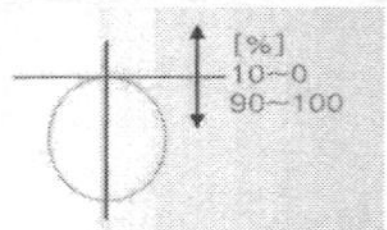	• 광의 손실이 적고, 효율이 높다. • 천장이 어둡고, 진한 그늘이 생기며, 불쾌 눈부심 방지책 필요	공장
반직접 조명	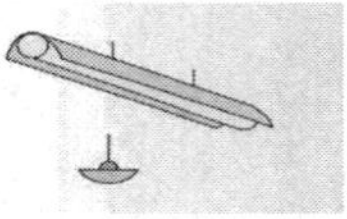	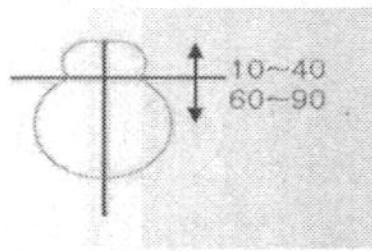	기구 상부를 반투명의 것으로 하여, 직접 조명의 결점을 보완한다.	일반사무실 주택
전반확산 조명	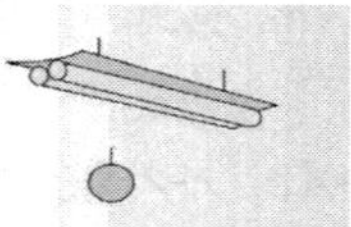	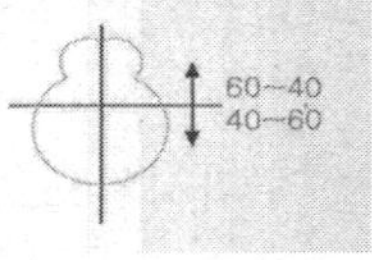	광손실이 50[%] 전후, 빛이 상 · 하 · 좌 · 우로 나가므로 부드러운 조명으로 된다.	고급사무실 상점 고급주택
반간접 조명	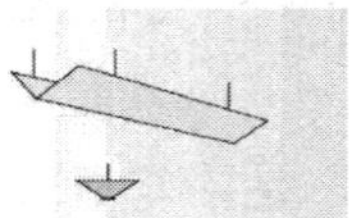	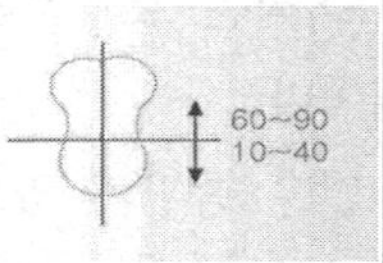	천장, 벽 전체가 광원으로 되므로, 부드러운 빛이 얻어진다. 효율은 나빠진다.	
간접조명	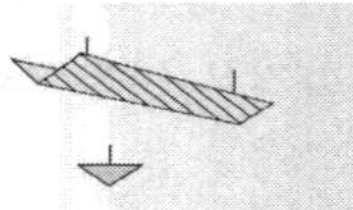	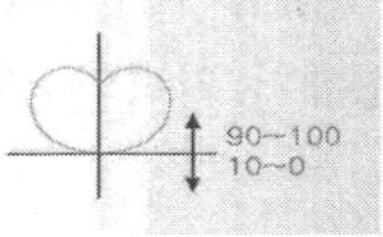	매우 부드러운 빛이기는 하나 효율이 나쁘고, 특수한 장소이외는 추천이 곤란하다.	대합실 회의실 임원실

(1) 직접조명

기구에서 발산되는 광속의 90~100[%]를 어떤 물체(작업면)에 직접 비추어 투사시키는 방식이다. 이 방식은 작업 면에서 높은 조도를 얻을 수 있으므로 공장이나 사무실 등에서 일반적 조명방식으로 널리 사용되고 있다.

① 조명률이 좋고 설비비가 저렴하여 경제적이기는 하지만 균일한 조도분포가 어렵고, 주위와의 심한 휘도 차이로 눈이 부시며 밝고 어두운 부분이 강한 대비를 이루어 그림 자를 만든다.

② 기구를 설치할 때는 고휘도 광원이나 광원과 배경과의 심한 휘도 차이 등의 눈부심이 작업자의 눈에 들어오지 않도록 적극 피해야 하며, 직사광이 직접 눈에 들어오는 것을 막기 위하여 15~25[°] 정도의 차광각이 필요하다.

(2) 반직접조명(semi-direct)

광원을 감싸는 조명기구에 의해 상 · 하 모든 방향으로 빛이 확산된다. 60~90[%]의 광량이 직접 표면(작업면)을 향해 아래로 비추고 적은 양(10~40[%])의 빛은 천장면으로 향하여 이 반사광이 작업면의 조도를 높인다.

① 그림자와 눈부심이 생기는 단점이 있다. 반사광은 옥내면 재질이 대개 확산 면으로 되어 있어 확산성을 가지므로, 옥내 전체를 고루 밝혀서 밝기의 차이를 줄이고, 그림자도 거의 없어지게 하여 부드러운 분위기를 만드는 역할을 한다.

② 일반적으로 개방되어 있고 갓이 젖빛유리나 플라스틱으로 되어 있으며, 주로 일반 사무실이나 주택의 조명용으로 사용된다.

(3) 간접조명

발광체가 90~100[%]의 빛을 위쪽으로 비추고 있을 때 이를 간접조명(indirect)이라 하는데 광원을 어떤 물체에 비추어 그 반사광으로 조명하는 방식이다.

① 광원의 90~100[%]를 천장이나 벽에 투사하여 반사, 확산된 빛을 이용하기에 눈부심이 없고, 조도분포가 균일하나 조명의 효율이 적고 보수가 힘들어 비경제적이다.

② 천장과 윗벽부분은 밝은 색이어야 하며 빛이 잘 확산되도록 광택이 없는 마감이 되어야 한다. 대합실, 입원실, 회의실 등에 사용된다.

(4) 반간접조명(semi-indirect)

빛의 일부가 직접 투사되고 나머지는 대부분 발산광속의 60~90[%]가 위 방향으로 향하여 천장, 윗벽부분으로 발산되고, 나머지 부분이 아랫방향 향한다.

① 천장을 주 광원으로 이용하므로 천장의 색과 유지율에 대하여 고려하여야 한다.

② 간접방식보다 약간 많은 광속과 질이 좋은 빛을 발산하고, 조도의 균일성이 있고 그늘짐이 부드러우며 눈부심도 적다.

③ 세밀한 일을 오랫동안 해야 되는 작업에 적당하지만 효율을 감안할 때 교실이나 사무실에는 사용하기 어렵다.

(5) 전반확산조명

전 방향으로 빛을 비추는 방식으로 수평 작업 면 위의 조도는 기구로부터의 직사광에 의하고 윗방향으로 향한 빛이 천장이나 윗벽부분에서 반사광을 이룬다.

① 종류의 조명기구의 대부분은 유백색유리나 플라스틱 및 아크릴의 외구(globe)형으로 고

급 사무실, 상점, 주택, 공장 등의 전반조명용으로 사용되고 있다.

② 유백색 외구 형은 발광 면(확산성 덮개)을 크게 하여 광원의 휘도를 감소시켜서 눈부심을 느끼지 않도록 하기 위한 것이다.

③ 외구 내의 온도상승을 어느 한도로 억제하기 위하여 외구의 크기를 조절한다.

2. 건축화 조명

조명기구를 건축 내장재의 일부로 하여 건축 의장과 조명기구를 일체화시키는 조명방식이다. 적용방법은 천정에 매입, 천장을 광원으로 한 것, 벽면을 광원으로 하는 것 등의 방법이 단독 또는 조합으로 사용된다.

(1) 광천장 조명

천정 전면을 광원으로 하는 조명방식으로 은은하고 깨끗한 조명이다. 천장재에 확산 투과판을 사용하고 그 이면에 광원을 고르게 배치한다.

① 확산 투과재로는 플라스틱, 메타 아크릴 수지판 등이 주로 사용된다.

② 발광면에 휘도차가 있으면 얼룩이 져서 보기 싫으므로 램프의 배열에 신경을 써야 하는데, [그림 2-6]과 같이 램프 간격을 S, 램프와 천정면 사이 거리를 D라고 할 때 확산판이 평판이면 $S \leq 1.5D$가 되도록 하고 확산판이 파형판이면 $S \leq D$가 되도록 해야 발광면에 휘도의 얼룩이 생기지 않게 된다.

③ 천장내부의 냉방·난방용의 덕트에 의해서 그늘이 생기지 않도록 해야 한다.

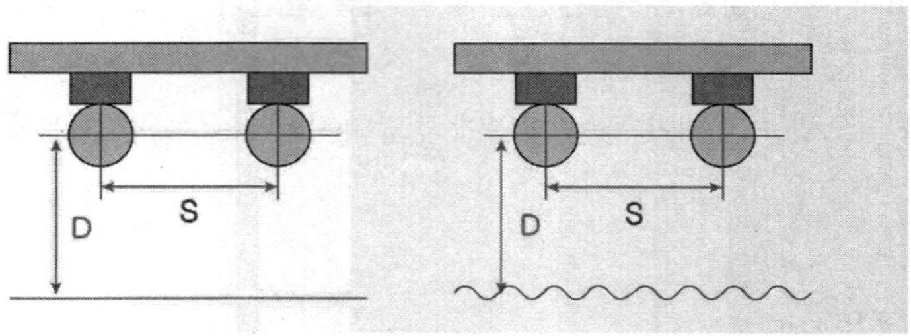

[그림 2-6] 광천장 조명의 배열간격

(2) 코브 조명

나무나 플라스틱으로 가림판을 설치해서 램프가 보이지 않도록 하고 램프로부터의 직사광을 천정이나 벽에 반사시키는 간접조명이다. 조명효율이 매우 나쁘지만 실내에 부드럽고 은은한 분위기를 조성한다.

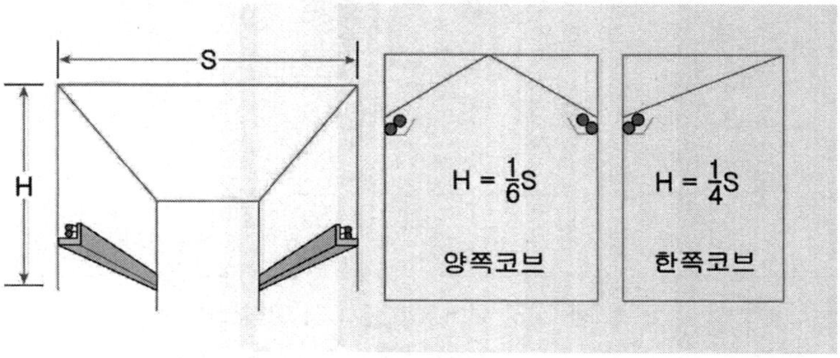

[그림 2-7] 천정으로부터 코브까지의 거리

① 천정으로부터 코브까지의 거리는 [그림 2-7]과 같이 방의 크기와 천정고에 따라서 결정이 되는데 일반적으로 코브를 양쪽에 설치할 때는 $H=S/6$, 한쪽에만 설치할 때는 $H=S/4$ 정도로 한다.

② 코브 조명의 목적이 완전히 장식을 위한 것이라면 특수한 모양으로 휘도의 얼룩이 있는 것이 좋겠으나, 일반 조명을 위한 것이라면 천정과 벽면에 얼룩이 없고 균일한 휘도를 가지도록 하는 것이 좋다.

(3) 다운라이트 조명

등 기구를 천정에 직부하거나 팬던트로 매다는 등의 방법으로 설치하지 않고 천정에 좁은 구멍을 만들고 그 안에 등 기구를 설치하는 방법이다.

등의 배치는 규칙적 배열보다는 Random 배치가 효과적이다. 구멍의 형태, 지름의 크기, 밑면 확산면의 유무, 확산면의 재료 및 의장, 천정 전체에 설치된 구멍의 수 및 배치 등에 따라서 조명분위기를 여러 가지로 변화시킬 수 있는 것이 다운라이트 조명의 특징이다.

(4) 루버 조명

직사광에 의한 현휘가 없으면서도 밝은 직사광이 필요한 곳에 적합한 조명방식이다. 설계 시에는 루버면에 휘도의 얼룩이 생기지 않도록 해야 하고, 광원이 직접 눈에 들어오지 않도록 하기 위해서 램프에서 루버면까지의 거리와 루버 세편간의 거리 및 세편의 높이를 고려해야 한다(그림 2-8).

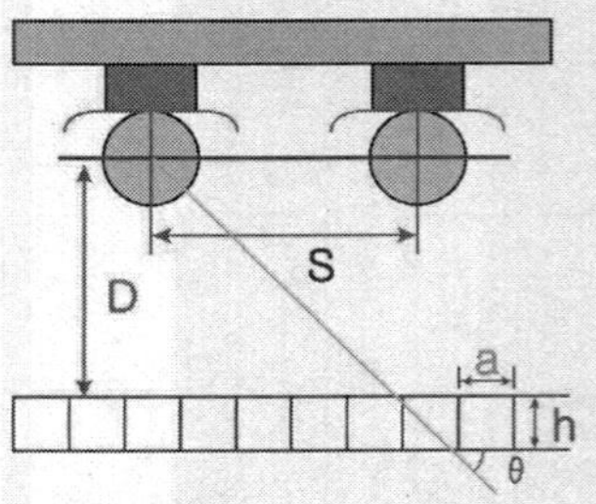

[그림 2-8] 루버조명 설치 시 고려사항

① 보호각 θ를 45[°]로 할 경우에는 $S \leq D$, θ를 30[°]로 할 때는 $S \leq 1.5D$ 정도로 설계한다. 루버 세편의 간격 a와 높이 h 사이의 관계는 식 (2-1)과 같다.

$$h = a\tan\theta \tag{2-1}$$

(5) 코너 조명

천정과 벽면의 경계에 등기구를 배치하여 천정과 벽면을 동시에 비치면서 실내를 조명하는 방법이다. 지하도 조명에 많이 사용된다(그림 2-9).

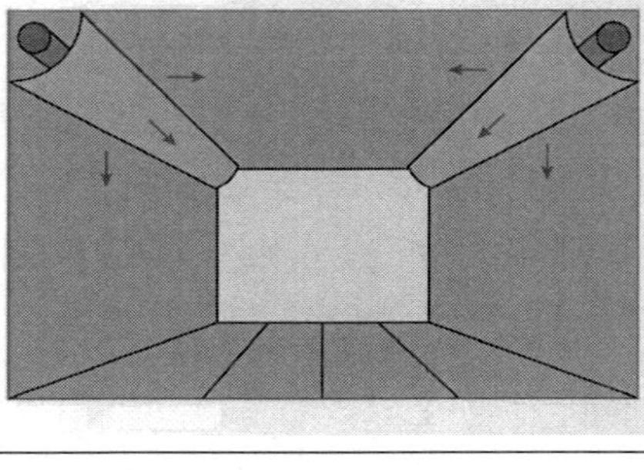

[그림 2-9] 코너 조명

(6) 코니스 조명

천정과 벽면의 경계 부근에 턱을 만들고 그 내부에 등기구를 배치하여 하방으로 조명하는 방법이다. 형광등 건축화 조명의 한 방법으로 널리 사용되고 있다(그림 2-10).

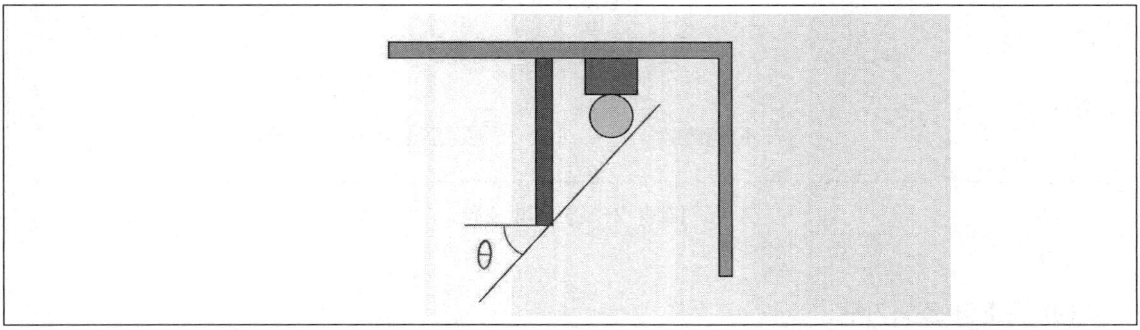

[그림 2-10] 코니스 조명

(7) 발란스 조명

벽에 차광판을 설치하고 그 이면에 등기구를 설치하여 광속이 상·하 양방향으로 비치도록 한 조명방식이다. 이 방식은 일반 조명용으로는 별로 사용되지 않고 분위기 조명용으로 일부 사용된다. 차광판으로는 목재, 금속판, 투과율이 낮은 플라스틱판 등이 사용된다(그림 2-11).

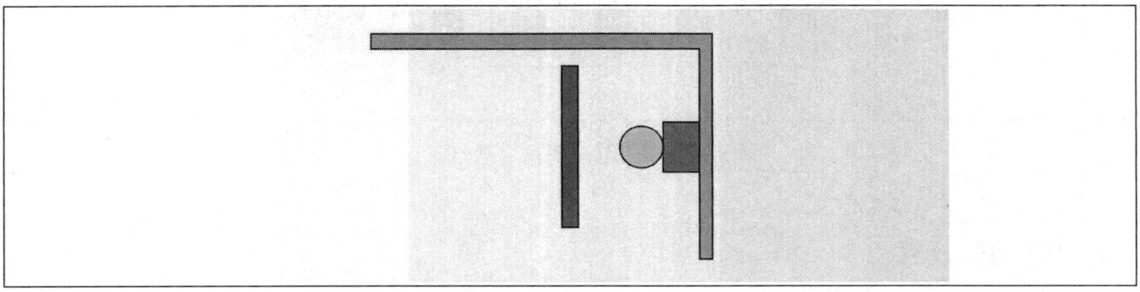

[그림 2-11] 발란스 조명

(8) 코퍼 조명

단조로움을 피하기 위해서 천정에 4각이나 원형의 매립기구를 설치하고 그 안에 광원을 설치하는 방식을 코퍼 조명이라고 한다. 등기구는 [그림 2-12]와 같이 천정면에 매립하고 코퍼의 중앙에 반간접 조명의 효과를 내기 위한 기구를 매다는 등의 방법이 있다. 천정이 높은 은행의 영업실, 빌딩의 홀, 백화점의 1층 등에 사용한다.

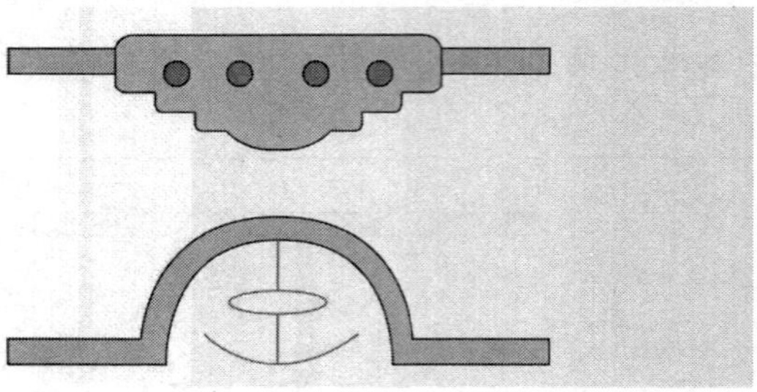

[그림 2-12] 코퍼 조명

(9) 공조형 조명기구

공기조화용의 흡입구 또는 배출구와 등기구를 혼합하여 설치하는 것이다. 공조형은 사무실 천정의 미관을 향상시키고, 램프의 온도를 일정하게 유지하여 형광등의 온도에 따른 광속의 변화를 방지하는 등의 장점을 가지고 있다(그림 2-13).

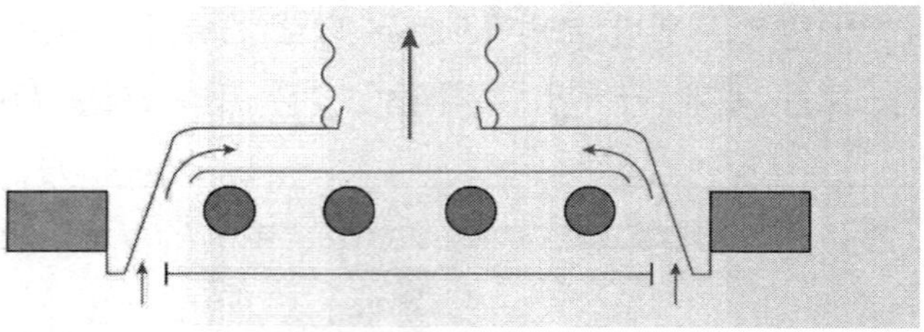

[그림 2-13] 공조형 조명기구

(10) 광창 조명

넓은 4각형의 면적을 가진 광원을 천정 또는 벽에 매입하여 설치하는 방식이다. 시선에 안락한 배경으로 작용한다.

(11) 광량 조명

연속열의 조명기구를 천정이나 들보에 설치하는 방식이다. 광량은 매우 긴 조명기구를 보의 형태로 보이게 한 것이다.

03 조명설비의 설계

학습목표

- 조명에 관한 용어를 이해할 수 있다.
- 조명의 계산법에 의한 설계 순서를 이해할 수 있다.
- 조명설비를 설계할 수 있다.

1. 조명의 용어정리

(1) 방사속

전자파로 전달되는 에너지를 방사라고 하고, 단위시간에 어떤 면을 통과하는 방사에너지의 양을 방사속(Radiant Flux : Φ)이라 하며, 단위는 [watt : W]를 사용한다.

(2) 광 속

방사속 중에서 사람의 눈에 빛의 느낌을 주는 것은 파장범위(380~760[nm]) 내의 것이다. 가시범위의 방사속을 시감에 기초를 두어 측정한 것을 광속(luminous flux : F)이라 한다. 광속의 단위는 루멘(lumen : [lm])을 사용하고, 단위시간에 통과하는 광량이다. 같은 광원이라도 조명기구, 설치방법에 따라 광속의 이용률이 달라지고, 기구 내의 온도(주위 온도)나 전원전압에 의해서 광속이 달라진다(표 2-4).

〈표 2-4〉 대표적인 광원의 광속

광 원	광 속 [lm]
태 양	3.6×10^{28}
백열전구 40[W]	350
주광색 형광램프 40[W]	2,500
백색 형광램프 40[W]	3,000
3파장 형광램프 40[W]	3,500
고압나트륨램프 400[W]	46,000

(3) 광 도

광원으로부터 모든 방향으로 광속이 발산되고 있으나, 그방향에 따라 빛의 발산이 달라진다. 이처럼 점광원에서 어떤 방향에 대한 빛의 세기를 광도(luminous intensity : I)라 하며 그 방향의 단위입체각에 포함되는 광속 수, 즉 발산광속의 입체각도이다.

① 입체각 ω 내에서 광속 F가 균등하다면 이 입체각의 모든 방향의 광도는 식 (2-2)와 같다.

② 광도의 단위 : 칸델라(candela) : [cd]이며, 1[cd]는 단위 입체각(1 steradian) 내의 광속이 1[lm]인 경우이다(표 2-5).

$$I = \frac{F}{\omega} \tag{2-2}$$

〈표 2-5〉 대표적인 광원의 광도

광 원	광 도 [cd]
태양	2.8×10^{27}
백열전구 40[W]	40
백색 형광램프 40[W]	330
형광수은램프 400[W]	1,800

(4) 휘 도

휘도(luminance : L)는 바라보는 방향의 단위면적당 광도이며, 광원을 보면 그 면이 빛나 보이며, 빛나고 있는 면을 보거나 반투명의 것을 반대쪽에서 보아도 밝게 보이는데 이런 밝기를 휘도라 한다.

① 발광면의 어떤 방향의 휘도는 그 면과 그 방향의 광도를 광원의 정사상 면적으로 나눈 것으로 광도의 밀도이다.

② 휘도 : 눈으로부터 광원까지의 거리에 관계가 없으며, 우리들이 물체를 식별하는 것은 면의 휘도의 차에 의한 것이며, 휘도가 균등하면 모두 평판으로 보인다.

③ 휘도의 단위 : [cd/m^2]로 니트(nit : [nt]), 또는 [cd/cm^2]로 스틸브(stilb : [sb])를 사용한다(표 2-6).

〈표 2-6〉 대표적인 휘도값

장 소	휘도 [sb]
태양(천정)	160,000
청공	0.4
눈부심을 느끼는 한계	0.5
투명전구 100[W]	600
프로스트전구 100[W]	14
달의 면	0.3
고압수은램프 400[W]	50
네온관(적색)	0.08
주광색 형광램프 40[W]	0.35

(5) 조 도

어떤 물체에 단위면적당 입사하는 광속이 반사되면 그면은 밝게 비추어지며 그정도를 표시하는데 조도(llumination : E)를 사용한다. 단위는 럭스[lux ; lx]와 풋캔들[footcandle ; fc]을 사용하며. 법선 조도는 빛의 진행방향에 수직인 면의 조도이며, 수평면조도는 수평면에 수직으로 떨어지는 조도 성분이고 수직면조도는 수평면에 수평으로 떨어지는 조도성분이다. 어떤 면의 조도는 그 면에 투사되는 광속의 밀도이다(표 2-7).

〈표 2-7〉 대표적인 조도값

장 소	조 도 [lx]
직사일광 지면 위	약 100,000
약간 흐린 날 지면 위	30,000~70,000
몹시 흐린 날 지면 위	10,000~30,000
청공광 지면 위	10,000
만월의 밤 지면 위	약 0.2
맑은 날의 북쪽 창가	2,000
밝은 방	200~500
독서에 적당한 밝음	200~500

(6) 광속발산도

물체가 보이는 것은 그 물체로부터 방사한 광속이 눈에 들어오기 때문이며, 물체의 밝기는 눈의 방향으로 방사되는 광속밀도에 따라 다르다.

① 어느 면의 단위면적으로부터 발산되는 광속, 즉 발산광속의 밀도를 광속발산도(luminous emittance)라 한다.

② 단위 : 래드럭스(radlux : [rlx]) 또는 아포스틸브(apostilb : [asb])이라고 한다.

(7) 반사, 투과, 흡수

반사율을ρ, 투과율을τ, 흡수율을 α라 하면 $\alpha+\rho+\tau=1$이 된다.

① 반사율(re-flection factor ; ρ) : 어떤 물체에 입사하는 광속(복사속)과 그 물체가 반사하는 광속과의 비를 반사율이라 하며 "ρ"로 표시한다.

② 투과율(trans-mission factor ; τ) : 어떤 물체에 입사하는 광속중에서 그 물체를 투과하는 광속의 비를 투과율이라 하여 "τ"로 표시한다.

③ 흡수율(absorbtion factor ; α) : 물체에 입사하는 광속 중 그 물체가 흡수하는 광속의 비를 흡수율)이라 하여 "α"로 표시한다.

(8) 연색성

물체는 분광분포가 다른 광원을 쪼이면 각각 다른 색으로 보인다. 이와 같이 조명에 의한 물체의 색깔을 결정하는 광원의 성질을 연색성이라 하며, 조명된 피사체의 색 재현 충실도를 나타내는 광원의 성질로 연색지수 Ra로 표시한다.

① 연색지수의 수치가 낮아질수록 색상의 재현도는 점점 떨어진다. 일반교실에서는 평균 연색지수 Ra 70정도, 미술실, 가사실 등은 Ra 85 이상의 연색성이 좋은 광원을 사용한다.

② 연색성의 평가방법 : CIE(국제조명위원회) 등의 측정방법을 따른다.

참고 **평균 연색지수**

100[W]백색 전구의 평균 연색 평가 수는 100인데 비하여 백색 형광등은 63이고, 수은등(투명형)은 22이다.

(9) 색온도

인공광원은 설치장소 및 그 목적에 따라 가능한 한 자연 그대로의 색상을 재현 해주어야 한다. 광색은 광원이 방사하는 빛의 색조를 물리적, 객관적인 척도로 나타낸 것으로 어떤 광원의 광색이 어느 온도의 흑채에 광색과 같을 때, 그 흑채의 온도를 이 광원의 색온도라 하며, 단위로는 K(캘빈)을사용 한다.

① 교실에서는 자연광과 비슷한 광색을 내는 5,000[K] 전후의 광원을 사용하는 것이 좋다.

② 일반적으로 온도가 낮은 물체에서 방사하는 빛은 붉고, 온도가 높아질수록 흰색을 띠고,

더욱 더 온도가 높아질수록 푸른색을 띠게 된다(그림 2-14).

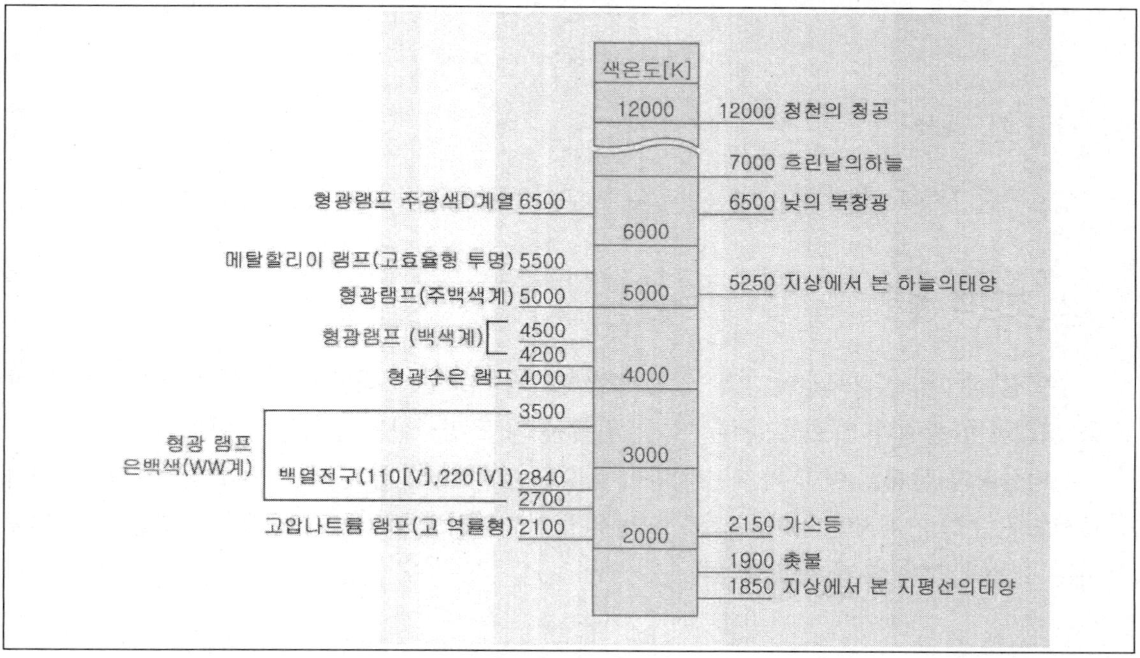

[그림 2-14] 광원의 색온도

(10) 전등효율

실제로 광원에서 발산되는 전방사속보다 많은 에너지를 가해야 한다. 즉 전발산 광속 외에 대류, 전도 등에 의한 손실을 포함한 전소비전력이다. 전력소비 P에 대한 전발산 광속 F의 비율을 전등효율(lamp efficacy ; η) n이라 하면 식 (2-3)과 같다. 단위는 [lm/W]이다.

$$n = \frac{F}{P}[\mathrm{lm/W}] \qquad (2\text{-}3)$$

(11) 발광효율

광원으로부터 어떤 방향의 방사 ϕ[W]가 발산되면 이 중에서 광속 F[lm]만이 육안으로 느끼게 된다. 이 방사속에 대한 광속의 비율은 식 (2-4)와 같다. 그 광원의 발광효율(Luminous efficacy : ε) ε이라 한다. 단위는 [lm/W]이다.

$$\varepsilon = \frac{F}{\phi}[\mathrm{lm/W}] \tag{2-4}$$

(12) 기구효율

램프발산광속에 대한 기구 발산광속을 가구효율(Luminarie Efficacy)이라고 한다.

2. 조명의 설계

주어진 장소의 사용목적에 가장 알맞은 광환경과 시작업에 적합하도록 빛의 질, 양 및 방향을 고려하여 광원과 기구의 종류, 크기, 위치 등의 조명시설을 정하는 것이다.

조명설비의 설계는 여러 가지 수치만이 중요한 것이 아니라, 생리나 심리 및 심미적인 견지에서도 충분히 가해져야 하며, 건축구조와 의장에 따라서도 좌·우된다. 좋은 조명을 하기 위해서는 다음과 같은 조건이 필요하다.

(1) 우수한 조명의 조건

조명설계는 주어진 장소의 사용목적에 가장 알맞은 광환경과 시각작업에 적합하도록 빛의 질, 양 및 방향을 고려한 광원과 기구의 종류, 크기, 위치 등의 조명시설을 정하는 것이다.

① 우수한 조명이 되기 위해서는 조도, 광속발산도, 대비, 분광분포, 심리적 효과, 상품적 의의, 경제성 등의 조건이 필요하다. 목적은 실리적(명시) 조명으로 동작과 작업 때문에 사람은 직접 물체를 보는 것이 필요하므로 물체가 명확하게 보여야 하고, 물체를 보고 있어도 피로를 될 수 있는 대로 느끼지 않는 것이 효과적이다.

② 장식적(분위기) 조명으로 사람의 심리를 움직이게 하는 기분이나 분위기를 그때의 생활행동에 알맞도록 하는 것이다.

③ 두 가지 목적을 충족시키기 위한 조명시설의 실제조건으로서는 적당한 조도, 휘도분포, 눈부심, 그림자, 분광분포, 조명기구의 위치와 의장 및 경제성과 보수 등이 고려되어야 한다.

1) 조 도

조명의 조건으로 광속이나 조도는 대단히 중요한 것이다. 조도는 시력에 현저하게 영향을 미치는 것으로 조도가 증가하면 할수록, 즉 밝으면 밝을수록 물체가 잘 보인다.

① 물체를 보거나 작업을 하는 데는 필요한 밝음이 있으며, 그 이상은 밝을수록 시력이 좋아지기는 하나 경제상의 한도가 있다.

② 외국에서는 보통 조도 300 [lx]를 기준으로 하고 그의 약 2배씩 또는 약 1/2씩의 조도단계를 규정하고 있다.

③ 일반적으로 조도가 높을수록 좋은 조명이 된다. 그러나 조도를 높게 하면 같은 종류의 광원을 사용할 경우 설비비와 경비가 높아지면 조도를 개선하는 의미가 없게 된다.

④ 물체를 보고 있어도 피로가 적고 작업능률이 높아지는데, 이와 같은 이익과 조명비를 감안한 조도기준이다(표 2-8).

〈표 2-8〉 조도단계

조도단계	표준조도[lx]	조도범위[lx]
aaa	1,000	1,500~600
aa	400	600~300
a	200	300~150
b	100	150~60
c	50	60~30
d	20	30~15
e	10	15~7
f	5	7~3
g	2	3~1.5

〈표 2-9〉 기준조도

작업단계	공 장	사무실	병 원	학 교	주 택	호텔 · 여관	경기장
초정밀 작업 1500- 2000- 3000	정밀검색, 정밀용접	정밀제도	분만실, 외과수술실, 구급처치실, (응급실) 부검	정밀제도 정밀실험 재봉			공식경기
정밀작업 600- 1000- 1500	권선, 직물 색상검사, 검사, 제분 수제화작업, 목공예마무리	설계, 제도, 도서열람, 타이핑	검사실 주사 조제	흑판면 도서열람 재봉, 미술 설계, 제도 실험실, 정밀공작	공부 독서 (장시간), 재봉	조리실, 회계사무실	일반경기
보통작업 300- 450- 600	배선, 일반도장, 용접, 볼링, 압면, 제본, 공구상	일반사무실, 서고 회의실, 응접실, 강당, 식당, 컴퓨터실	로비, 홀, 진찰실, 처치실, 회의실	일반교실, 연구실,서고, 교직원실 실내체육관	조리(부엌) 독서, 세탁, 화장실	로비, 홀 프론트, 식당, 세탁 사무실, 현관	레크레이션

⑤ 각 시점의 필요 조도 관계를 기준 조도로 하여 〈표 2-9〉와 같다. 이 조도는 주로 시작업면에서의 수평조도를 표시하지만 작업내용 등에 따라 연직면 또는 경사면 조도를 나타낸 것이다.

⑥ 시작업면은 특별히 지정이 없을 때는 바닥위 85[cm], 앉아서 하는 작업일 때는 바닥위 40[cm], 복도나 옥외에서는 바닥면 또는 지면에서의 조도이다.

2) 균제도

조명이 행해진 공간에는 공간의 넓이, 구조 및 광원의 종류, 수량, 배치, 높이 등 여러 요인들에 의해 부분적으로 조도의 차이가 발생하게 되며 이런 조도차이의 비를 균제도라 한다.

① 작업의 종류, 업무의 형태에 따라 요구되는 균제도의 차이가 다를 수 있으나 학교 교실인 경우 균제도의 차이가 작을수록 좋으며 이에 따른 최대 조도와 최소 조도의 비율이 3 : 1 이하인 것이 좋다.

② 주간 수업 시 창 측과 복도 측의 조도 차이가 심하게 발생되어 이로 인해 학습 환경의 저해 및 학생들의 시력에 영향을 줄 수 있으므로 인공조명으로 조절하는 것이 필요하게 된다.

3) 휘도분포

우리는 각 재질의 휘도 차이를 이용해 물체를 식별할 수 있게 되며 각종 작업과 업무에도 이를 응용하여 사용하고 있다.

① 학교 조명에서 휘도의 차이가 큰 경우는 학생들이 쉽게 피로함을 느끼며 집중력을 떨어뜨릴 수 있어 주의가 요구된다.

② 시야 내의 균일한 밝음이 눈에 좋지만 실제로는 그러게 되지 못하므로 한도를 허용하고 있다.

〈표 2-10〉 시야 내의 휘도분포가 허용되는 한도

대 상	사무실 · 학교	공장
작업대상물과 그 주위와의 사이(책과 책상면)	3 : 1	5 : 1
작업대상물과 그것으로부터 떨어진 면(책과 바닥)	10 : 1	20 : 1
조명기구 또는 창과 그 부근 면과의 사이(천장, 벽면)	20 : 1	50 : 1
보통 통로 내의 각부	40 : 1	80 : 1

4) 눈부심

불쾌, 고통, 눈의 피로 또는 시력의 일시적인 감퇴를 초래하기 때문에 광원으로부터의 직접적인 눈부심이나 반사에 의한 것이 없어야 한다. 눈부심의 최대원인은 다음과 같다.

① 휘도가 높은 광원이 직접 보일 경우

② 반사면이나 광택이 있는 것으로부터 반사된 광원의 모양이 눈에 들어올 경우

③ 시야 내에 휘도의 차이가 심한 경우 등이다.

④ 눈부심을 없애기 위해서는 광원의 빛이 눈에 직접 들어오지 않도록 반사 갓은 충분한 보호 각을 두어야 하고, 루버나 젖빛외구를 사용하여 휘도가 0.5[cd/cm^2] 이상이 되지 않도록 하여야 한다.

5) 그림자(그늘)

광원과 사람 또는 물체와 작업 면과의 관계위치가 나쁘면 작업 면에 그림자가 생긴다. 일반 작업에서는 시선에 가까운 위치에 10[%] 이상의 어두운 부분이 생기지 않는 것이 좋다. 따라서 교실의 경우 학생이 앉았을 때 그림자가 지지 않도록 등의 배열을 고려하여야 한다.

6) 광속발산도의 위치

실내의 각 부분의 밝기는 가능한 한 균등해야 하며 이를 위해서는 휘도가 큰 광원에는 그루브(groove)를 끼우고 광원의 높이, 위치, 빛의 방향 등을 고려해야 한다.

7) 대 비

밝은 곳과 어두운 곳의 비이다. 이는 물체에 입체 값을 주기 위한 것으로 밝은 곳과 어두운 곳의 대비는 2~6 사이의 값을 갖는 것이 바람직하다. 이 값보다 적으면 평면적인 느낌을 받으며, 가장 좋은 조도의 대비는 3 : 1이다.

8) 분광분포

광원에서 방사되는 빛의 스펙트럼분포이다. 태양이나 백열전구의 방사는 여러 파장의 빛이 연속으로 되어 있는 연속스펙트럼이고 형광등의 스펙트럼은 다수의 휘선이 모여서 띠모양을 이루는 대띠 스펙트럼으로 되어 있다.

① 사람의 눈은 자연광색에 익숙해져 있으며 백열전구의 광색은 주광색이 가장 좋고, 물체색의 분별도 이것을 기준으로 하고 있다. 자연주광색은 광선중의 모든 파장에너지가 거의 같으며 백색광을 이루므로 분광분포는 각 파장에너지가 같은 것이 바람직하다.

② 형광등에 있어서도 광색, 백색, 천연색 등이 있어 천연색이면 가장 바람직하다. 백열전구는 자연주광색에 비하여 적황색이 우세하고, 재래식 형광등은 오히려 적황색이 열세이므

로 색의 분별에는 모두 좋지 않고, 조도에 따라 느끼는 감이 달라진다. 최근에는 연색성이 좋으면서도 효율이 높은 광원이 개발되어 보급되고 있다.

③ 일반 조명에서 광원은 가시광선 이외에 적외선이나 자외선이 불필요하다. 광원의 효율은 경제성과도 관계가 깊으므로 광원 선택에 유의해야 한다.

④ 광원은 필요한 빛 외에도 열을 방출하는데 한 사람당 68[W/m^2] 이상은 좋지 않다. 이 값은 백열전구에서는 1600[lx], 형광등에서는 8600[lx] 이상에 해당한다.

9) 분위기(기분)

일반적으로 밝게 보이는 조명이 분위기가 좋은 것이지만 그렇지 않은 경우도 있다. 이 분위기는 광원만의 문제가 아니고 실내 마감도 포함한다.

① 실내의 천장, 벽, 설비, 바닥 등의 각부의 색과 그 밝음에 대하여 광원의 종류와 그 채광방법에 따라 실내로 부터 받는 분위기가 달라진다.

② 일반적으로 작업에 대한 조명의 경우는 천장, 벽 위쪽이 밝고 벽 아래, 바닥의 순서로 어둡게 보이는 것이 밝은 날의 옥외환경에 근사하므로 좋다.

10) 조명기구의 위치와 의장

기구의 형체는 장식이 없는 단순한 것으로 하되, 조명설비 전체도 단순한 기학적 배열로 하는 것이 좋다. 물론 계획된 미의 배치와 조합이 필요하며 실내의 배색도 조화를 이루도록 색체 조절의 입장에서 고려한다.

11) 심리적 효과

건물 내의 광속발산도는 위에서 아래로 감에 따라 낮게 하는 것이 심리적 효과도 좋다. 그러나 천장 전체를 밝게 하고 벽 및 마루의 반사율이 낮으면 효과도 낮다. 이와 같은 심리적 효과는 건축물의 벽면, 건축물의 색채 등을 기능적으로 활용해서 조화와 아름다움을 고려하여 환경과 안전에 색채조화의 원리를 고려하여 설계해야 한다.

12) 상품적 의의

개인차라든지 수량상의 문제 등의 제약이 있으나 조명기구의 모양, 색깔 등은 간결 한 것이 좋으며, 너무 장식적인 것은 피하는 것이 좋다. 또 등의 배치도 기하학적으로 간단한 것이 좋다.

13) 경제성

우수한 조명은 경제적 입장에서 무엇보다도 우선되어야 한다. 단지 염가로 하는 것뿐 아니라 생산조명에서는 생산능률, 사고의 감소 등을 고려한 제품의 단가구성으로서의 조명비를, 상업조명에서는 판매의 증가와 비교한 조명비를, 학교조명에서는 학습에 영향을 주지 않는 조명 비를 고려하여야 한다.

① 보통은 검토가 곤란하므로 단순히 조도와 조명 비를 비교하는 일이 많다.
② 밝음을 추구하기 위하여 막대한 예산을 투자하여도 투자한 예산만큼 사람의 눈이 밝게 느껴지는 것은 아니다.
③ 단위 면적당 조명에너지 소비율과 에너지 비용 그리고 유지보수 비용까지도 고려되어야 한다.
④ 일반적으로서 효율이 좋고 배광도 적당한 조명기구를 사용할 것은 물론, 실내에서의 반사율을 높임으로써 조명률을 향상시킬 수 있다.

(2) 분위기를 위주로 한 조명의 조건

음악을 듣거나 음식을 먹을 때와 같이 짧은 시간의 오락에서는 변화된 조명이 요구된다.
① 조도에 대해서도 보임이 확실하지 않으면 불쾌하여 좋지 않으나 경우에 따라서는 낮은 조도가 좋거나 보임에 충분한 조도보다 더 높은 조도가 좋을 때가 있다. 또한 휘도분포에 대해서도 계획된 밝음과 어두움의 배분이 쾌적한 분위기를 줄 경우가 많다.
② 그늘은 실체의 보임보다는 입체적인 감각, 원근감의 강조를 취하여 극단적인 밝음과 어두움의 비가 요구되는 경우가 있으며, 분광분포에서도 약간 장파장으로 하여 따스한 기분을 주거나 단파장으로 기울게 하여 깨끗하고 위생적인 느낌을 만들도록 요구되는 경우가 있다.

(3) 실내 조명의 기본사항

학교조명은 학생들에게 명시 환경을 주어 근시의 예방, 학습효과의 향상을 도모하는 데 매우 중요한 역할을 하고 있다. 야간 수업을 하는 학교에서는 특히 조명 설비에 충분한 검토가 필요하며, 학교에서의 좋은 조명은 학생의 시력을 보호하고 눈의 피로를 적게 하여 집중력으로 인한 학습능력을 높이고, 교수에게는 수업하기 좋은 분위기에서 시야가 널리 미치게 되어 교육효과를 높일 수 있게 한다.

1) 일반 교실조명

일반 교실은 장시간에 걸쳐서 수업을 시행하는 공간으로 주간수업 에 대해서는 채광을 충분히 하고 눈부심에 대한 고려도 하여야 하며, 야간수업은 필요한 조명을 얻기 위해 충분히 검토하여야 한다. 조명방법으로는 효율이 좋은 형광램프에 의한 직접조명방식이 많이 사용하고 있으나 반직접방식과 전반확산방식이 추진되고 있다.

교실조명은 다음과 같은 사항을 고려하여야 한다.

① 기준조도 유지 : 학생들의 수업에 필요한 책상면의 적정조도를 유지하여야하며, 현재 학교 시설기준에 교실과 칠판의 평균조도 300[lx]가 최저기준이다.

② 광원의 종류와 수량 : 교실 전체면적의 균제도를 고려하여 광원의 종류와 수량을 산출하여야 한다.

③ 조명기구의 배치 및 제어방법 검토 : 책상의 위치와 방향, 천장의 높이와 형태, 조명기구의 광도특성, 교실내의 반사율, 학생 수 등 조명의 영향을 받을 수 있는 가능한 모든 조건을 고려한 효율적인 배치가 되어야 하며, 특히 주간 수업 시 외부 조광 변화에 따른 창가 측 책상면의 조도 변화를 최소화할 수 있는 배치 및 조명제어 방법을 검토하여야 한다.

④ 경제성 검토 : 모든 조건을 충족하며, 유지보수 관리가 용이하여야하고 경제성이 있는 방안을 검토하여야 한다.

2) 칠판조명

교실의 조명에서 가장 주의 깊은 설계가 필요한 것이 칠판의 조명이다. 일반교실의 칠판은 칠판면의 수직면조도와 정반사로 인하여 보기 힘들지 않도록 충분한 검토가 필요하다.

① 칠판조명의 조건으로 학생에게는 칠판면으로 부터 받은 반사에 의한 눈부심을 적게 하고 칠판조명의 램프가 직접 눈에 들어오지 않도록 하여야 하며, 교수에게는 수업 중에 눈부심이 없도록 칠판조명의 광원이 시선에서 45[°] 이상의 각을 이루어야 하고 교수가 칠판에 필기할 때에 램프에 의한 눈부심이 없어야 한다.

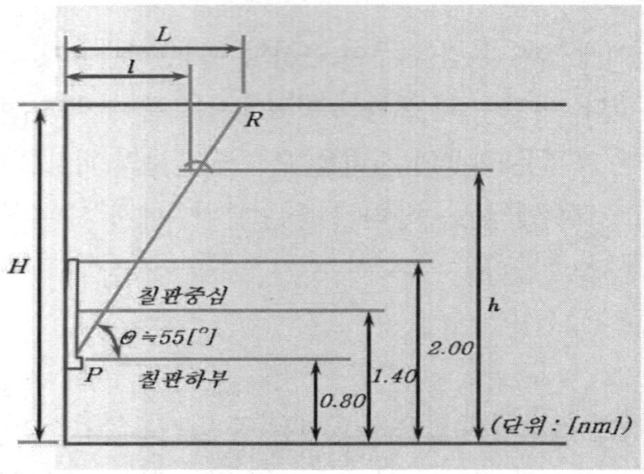

[그림 2-15] 칠판 조명

② 조건들을 만족하는 조명기구의 위치와 높이로 설계하면 된다. [그림 2-15]는 칠판조명과 교수, 학생과의 관계를 나타낸 것이며, 〈표 2-11〉은 칠판조명기구의 높이 h[m]와 칠판으로부터의 거리 l[m]와의 관계이다.

〈표 2-11〉 칠판 조명 기구의 위치

구 분	높이 및 거리 [m]						
바닥에서 램프까지의 높이	2.2	2.4	2.6	2.8	3.0	3.2	3.4
칠판면에서 램프까지의 거리	0.9	1.1	1.3	1.4	1.55	1.7	1.85

3) 도서관

학교나 일반 도서관의 조명은 도서열람실과 서고의 조명으로 나눈다.

① 열람실은 책상 면에서의 독서학습이 주체이며, 서고는 서가의 수직면조도가 문제가 된다. 도서열람실에 대해서는 장시간의 독서에도 피로를 적게 하여 학습을 계속하도록 충분한 조도와 양질의 빛이 요구된다.

② 조명기구는 질적으로 부드러운 빛이 피로를 적게 하므로, 플라스틱 커버가 붙은 기구가 좋다.

③ 탁상스탠드 등에 의한 국부조명도 기분이 산만해지지 않아 개인적인 열람실은 좋지만, 대중적인 열람실은 실내 전반조명으로 조도를 확보하는 것이 좋다.

4) 현관과 복도 및 계단

현관, 복도, 계단 등 각 방으로의 흐름이 원활히 되도록 가설 위치를 정하고, 밝기와 등기구의 디자인에 대해서도 주변과 조화되도록 하며, 더욱이 안전통행과 야간의 용건을 마치기 위한 조명 등을 준비하여 3로 스위치를 사용하여 편리하게 한다.

5) 컴퓨터실

일반 교실과는 달리 칠판에 의한 교육과 VDT(Visual Display Terminal)에 의한 교육이 병행되는 교육공간으로 VDT에 의한 조명반사로 학습 환경에 영향을 받게 되며 이로 인한 학습능률 저하와 학생들의 시력저하가 우려된다. 따라서 이에 대한 보완이 필요하며 등기구의 선택 시 파라보릭 또는 루버가 있는 조명기구를 사용하여 반간접조명을 채택하는 것이 좋다.

6) 조도 관련 기준

우리나라의 기준조도에 관한 규정은 여러 가지 규정이 제정되어 있으며, 학교의 경우에는 주로 다음 기준이 적용된다.

[한국산업규격 KSA 3012-2008]

KSA 3011에서의 소요조도는 주로 시(視)작업 면(특별히 시 작업면의 지정이 없을 경우에는 바닥 위 85[cm], 앉아서 하는 작업실 경우에는 바닥 위 40[cm], 복도 · 옥외 등은 바닥면 또는 지면)에 있어서의 수평면 조도를 나타내지만 작업 내용에 따라서는 수직면 또는 경사면의 조도를 표시하는 것도 있다. 조도는 설비 초기의 값이 아니고, 항상 유지하여야만 하는 값을 나타낸다(표 2-12, 13).

① 국부 조명을 사용하여 기준 조도에 맞추는 경우, 전체 조명의 조도는 국부 조명에 의한 조도의 10[%] 이상이다.

② 인접한 방, 방과 복도 사이의 조도차가 현저하지 않도록 한다. 해외의 조도기준들은, 일본의 경우 미국 조도기준에서 허용범위의 최저치를 조도기준으로 정하고 있다.

〈표 2-12〉 조도 분류와 일반 활동 유형에 따른 조도값

활 동 유 형	조도분류	조도 범위 [lx]			참고작업면 조명방법
		최저	중간	최고	
어두운 분위기 중의 시식별 작업장	A	5	5	6	공간의 전반조명
어두운 분위기의 이용이 빈번하지 않는 장소	B	5	10	15	
어두운 분위기의 공공장소	C	15	20	30	
잠시 동안의 단순 작업장	D	30	40	60	
시작업이 빈번하지 않은 작업장	E	60	100	150	
고휘도 대비 혹은 큰 물체 대상의 시작업 수행	F	150	200	300	작업면조명
일반 휘도 대비 혹은 작은 물체 대상의 시작업 수행	G	300	400	600	
저휘도 대비 혹은 매우 작은 물체 대상의 시작업 수행	H	600	1,000	1,500	
비교적 장시간 동안 저휘도 대비 혹 은 작은 물체 대상의 시작업 수행	I	1,500	2,000	3,000	전반조명과 국부조명을 병행한 작업면 조명
장시간 동안 힘든 시작업 수행	J	3,000	4,000	6,000	
휘도 대비가 거의 안 되며 작은 물체의 매우 특별한 시작업 수행	K	6,000	10,000	15,000	

〈표 2-13〉 학 교

장소/활동	조도분류	장소/활동	조도분류
실내		제 도 실	
강당, 집회실	F	- 일반 제도	G
계단, 복도, 승강구	G	- 정밀 제도	H

장소/활동	조도분류	장소/활동	조도분류
공 임 실	G	창고, 차고	D
교 실(칠판)	G	컴퓨터실	
교직원실, 사무실, 수위실, 회의실	F	- 일반 작업	G
급식실, 식당, 주방	F	- 판독 작업	H
도서 열람실		탈의실	E
- 도서 열람(2)	H	휴게실	F
- 전반	F		
두 건물을 잇는 복도	E	실 외	
방송실, 전화 교환실	F	구내 통로	
보 건 실	F	- 일반 장소	B
비상 계단	D	- 통행 적은 곳	A
서고	F	농구장, 배구장	E
세면장, 화장실	E	수영장	E
숙직실	E	야구장(22)	
실내 체육관	F	육상 경기장, 축구장, 럭비장	D
실험 실습실		체조장	D
- 일반	G	테니스 코트	E
- 재봉(2), 정밀(2)	H	핸드볼장	D
연구실			
- 정밀실험(2)	H	서비스공간	
- 천평실(2)	G	계단, 복도, 엘리베이터	C
인쇄실	F	세면장, 화장실	C

* 국부조명을 하여 기준 조도에 맞추어도 좋다.

③ 작업 등급에 따라 새로 설정된 기준조도는 선진국과 비교하면 〈표 2-14〉와 같이 미국의 기준조도가 가장 높고 우리나라의 기준 조도가 가장 낮게 설정되었다.

④ 미국의 조도기준은 정상 시력을 지닌 청년을 대상으로 제정한 것으로, 조도 범위와 최저 조도를 제시하고 있다. 시 작업에 영향을 미치는 여러 가지 요인, 즉 작업자의 나이, 작업에 요구되는 정밀도, 그리고 대상의 휘도 대비들에 대하여 각각 가중치를 계산하여 기준조도 설정에 적용함으로써 구체적인 기준 조도를 제시하고 있다.

〈표 2-14〉 각국의 기준조도

작업 등급	최저기준조도[lx]			표준기준조도[lx]			최고기준조도[lx]		
	한국	일본	미국	한국	일본	미국	한국	일본	미국
초정밀	1,500	1,500	2,000	2,000	2,000	3,000	3,000	3,000	5,000
정밀	600	750	1,000	1,000	1,000	1,500	1,500	1,500	2,000
보통	300	300	500	400	500	750	600	750	1,000
단순	150	150	200	200	200	300	300	300	500
거침	60	75	100	100	100	150	150	150	200

⑤ 우리 대학의 입학생의 연령은 일반 대학에 비교할 때 많은 편으로 400[lx]를 기준 조도로 적용하였다.

(4) 조명제어

인공조명을 전자적으로 제어하여 밝기를 조절하는 것으로, 공간의 용도에 맞추어 밝기를 조절함으로써 시각 환경의 질을 조절하는 미관적 제어와 필요한 시간에만 조명을 제공함으로써 불필요한 조명에너지를 절감하고자 하는 에너지 절약적 제어의 두 가지 종류가 있다.

① 미관적 제어는 조명의 질, 분위기, 색, 위치를 변경함으로써 공간의 기능을 바꾸고 감정적인 변화를 유도할 수 있으며, 에너지 절약적 제어는 조명시스템의 사용 전력이나 사용시간을 줄임으로써 에너지와 비용을 절감할 수 있으므로 이들을 상호 유기적으로 결합시켜 조명의 질을 유지하면서 최대절약효과를 얻을 수 있다.

② 과거에는 단순히 조명의 점멸만을 의미 하였으나, 근래에는 각종 상업용, 주거용, 산업용, 야외조명에서 조명제어를 사용하는 것이 좋은 조명설계의 기본적 요건이 되고 있다.

③ 건물에 조명제어 기술을 적용함으로써 경우에 따라서는 전체 조명에너지의 80[%]까지 절약이 가능하다. 이러한 절약의 정도는 건물의 구조와 용도가 어떠한지, 어떠한 조명제어 기기를 어떤 방식으로 조합하여 사용하는지, 조명제어를 어느 정도까지 사용할 것인지에 달려 있다.

④ 조명제어 계획에서의 고려사항은 건물 사용방식의 예측 가능여부, 주광의 이용, 조도의 유지, 작업내용에 따른 제어, 미관적 제어 등이다.

(5) 조명제어장치

1) 수동스위치

조명용 회로를 구성함에 있어서 가장 간단한 에너지 절감수단으로, 수동스위치의 배치와 그 위치선정은 건물의 에너지 절약에 큰 영향을 미친다.

① 스위치를 이용한 에너지 절감은 개인 사용자에게 크게 좌 · 우되므로, 사용의 편리함과 유영성이 중요한 요인이 된다.

② 스위치 옆에 에너지 절약표어를 부착하면 큰 효과가 있는데 개인 사용자의 에너지 절감에 대한 행동이 중요하다.

2) 시간제어 및 감지장치

① 시간제어장치 : 시간제어회로는 예정된 순서에 따라서 필요 없는 장소의 조명을 소등하는 제어를 행하는 것으로, 간단한 스프링을 이용한 장치에서부터 건물 전체에 대한 연간 시간 제어를 할 수 있는 마이크로프로세서 장치까지 그 종류가 매우 다양하다. 시간 제어를 사용할 때에는 예정된 스케줄 외의 상황에 대비한 수동조작이 가능하고, 상황이 끝나면 원래의 세팅으로 복귀하도록 설계하여야 한다.

② 광센서 : 전자소자를 이용하여 가시광선을 전기신호로 바꾸어 램프를 점멸하는 데 사용한다.

㉠ 일반적으로 소자는 자외선이나 적외선에 대해서는 반응하지 않도록 하고, 일부는 조도에 비례하는 제어신호를 만들어낼 수 있게 제작되기도 한다.

㉡ 광센서의 출력을 이용하여 단순한 램프점멸이나 연속적인 조광으로 필요한 조도를 제공할 수 있으며, 실내조명을 점멸할 경우 조명이 꺼지는 조도수준을 조명이 켜지는 조도수준보다 높게 세팅하여야 불필요한 점멸을 없앨 수 있다.

㉢ 실외에서 사용하는 광센서는 태양광의 변화에 따른 잦은 조도변화가 없도록 북향으로 하여 사용하는 것이 좋으나, 그 감도 등의 차이로 인해 실내용으로 사용하기 어렵다.

③ 재실 · 동작감지센서 : 재실감지센서의 기본 기능은 공간에 사람이 없을 때 자동적으로 조명기구를 소등하여 에너지를 절감하는 것으로, 조명기구가 점등되어 있는 시간을 줄임으로써 전력을 절감할 수 있다.

㉠ 여러 에너지 절감수단 중에서 가장 효율적인 절감수단 방법으로 부적절한 센서의 위치 선정, 잘못된 장비의 선택에 의해 제대로 동작하지 않을 때가 많다.

㉡ 재실감지센서는 음파, 초음파, 적외선, 광선 등에 의해 공간에 사람이 있는지를 감지하며, 사람이 들어오면 조명기구를 켜서 입실하는 동안 점등을 유지하고, 공간에서 나가면 잠시 후 소등하는 형식으로 설계된다.

㉢ 사람의 정상적인 동작에 따라 공간의 조명이 점등되어 있어야 하며, 독서, 컴퓨터 작업과 같이 조용한 작업을 감지하지 못하여 소등되면 거주자가 매우 불쾌감을 느끼게 되므로 센서의 종류와 위치 선정에 특히 유의하여야 한다.

㉣ 형광램프의 경우 센서에 의해 너무 자주 점멸되면 수명이 줄어들어 좋지 않은데, 이러한 수명은 램프의 종류, 안정기 회로, 점멸의 주기 등에 따라 달라진다.

㉮ 사람이 없는 동안 계속 소등하게 되면 실제 램프사용시간은 더욱 길어지게 된다. 한번 점등시 최소한 15~30분은 점등하도록 함으로써 에너지 절감과 수명 유지의 장점을 동시에 얻을 수 있다.

3) 조광제어

① 백열전구의 조광 : 백열전구나 할로겐전구의 광출력을 조절하는 장치는 쉽게 구할 수 있다.

최초의 조광장치는 전구와 직렬로 연결된 가변저항이었으나 저항에서의 에너지 소비가 근래에는 거의 사용되고 있지 않다.

㉠ 단권변압기는 램프에 인가되는 전압을 효율적으로 감소시키고 손실도 적으며 연속적인 조광과 신뢰성 높은 성능을 보장하지만, 장치가 무겁다.

㉡ 근래 사용하는 대부분의 조광장치는 사이리스터나 트랜지스터 같은 반도체소자를 사용하는 장치로서 크기가 작고 디자인의 유연성이 크며 가격이 싸다. 단, 전자파 장해나 소음이 발생할 우려가 있으므로 고조파를 제거하여야 한다.

② 형광램프의 조광 : 형광램프는 복잡한 음저항 특성을 가지고 있어서 방전개시와 정상점등을 위한 전력공급에는 반드시 안정기가 필요하지만, 단순히 공급 전압만을 낮추게 되면 어느 전압 이하에서 방전이 멈추게 되고 램프수명도 전반적으로 줄어든다.

㉠ 자기식 안정기와 전자식 안정기를 사용하는 경우에 적용할 수 있는 조광장치들이 있으나, 근래에는 고효율의 전자식 안정기를 이용한 조광방식이 일반적이다.

ⓐ 이러한 조광안정기로는 일반적으로 전광출력의 10~20[%]까지 조광할 수 있으며, 고급제품은 플리커 없이 1[%]까지의 조광도 가능하다.

ⓑ 일부 전자식 안정기는 전체 출력일 때에는 전극전압을 낮추고, 조광 시에는 높여서 램프수명을 연장하고 전체 출력 시의 에너지를 절감하는 방식을 채용하고 있다.

㉡ 전자식 조광안정기를 제어하는 방식이 있으나, 크게 위상제어방식, PWM(Pulse Width Modulation)방식, 저전압 제어방식으로 나눈다.

ⓐ PWM 방식 : 별도의 제어 신호 선에 고주파의 사각파 신호를 보내는 방식으로 하나의 제어기로 많은 수의 안정기를 제어할 수 있으며, 10[%]까지 광 출력을 줄일 수 있으나 그다지 많이 사용되지는 않는다.

㉡ 위상제어방식 : 1[%]까지의 조광이 가능하고 매우 균등한 조광, 높은 안정성, 60개까지의 안정기를 제어하는 제어기 등의 장점으로 매우 유연성이 높은 방식이지만, 구매비용 및 설치비용은 많이 든다.

㉢ 저전압 제어방식 : 별도의 제어신호선에 저전압(0~10[V]) 직류신호를 보내어 80개까지의 안정기를 제어할 수 있으며, 에너지 절감을 위한 응용에 많이 이용된다.

③ HID램프의 조광 : 형광램프의 조광과 비슷한 방식으로 방전안정까지 시간이 오래 걸리고 재 점등이 어려우며, 조광시 색온도가 변하는 등의 문제로 많이 사용하지 않는다.

㉠ 조도를 단계적으로 변경시킬 수 있는 HID램프용 다단조광안정기는 창고, 차고, 터널 또는 조광 이용장소에 적용이 가능하고, 기존 설비에 추가하여 HID램프의 단계적 조광이 가능하도록 한 키트가 개발되어 있으며, 전광출력의 20[%]까지 조절이 가능하다.

㉡ 메탈핼라이드 램프는 전광출력의 60[%] 이하에서 청록색으로, 고압나트륨램프는 전광출력의 40[%] 이상에서 노란색으로 편이 되어 그 이하는 조광은 제한된다.

(6) 조명설계의 순서

조명설계를 할 때는 [그림 2-16]의 설계흐름도를 참조하여 사용자의 입장에서 설계를 진행한다.

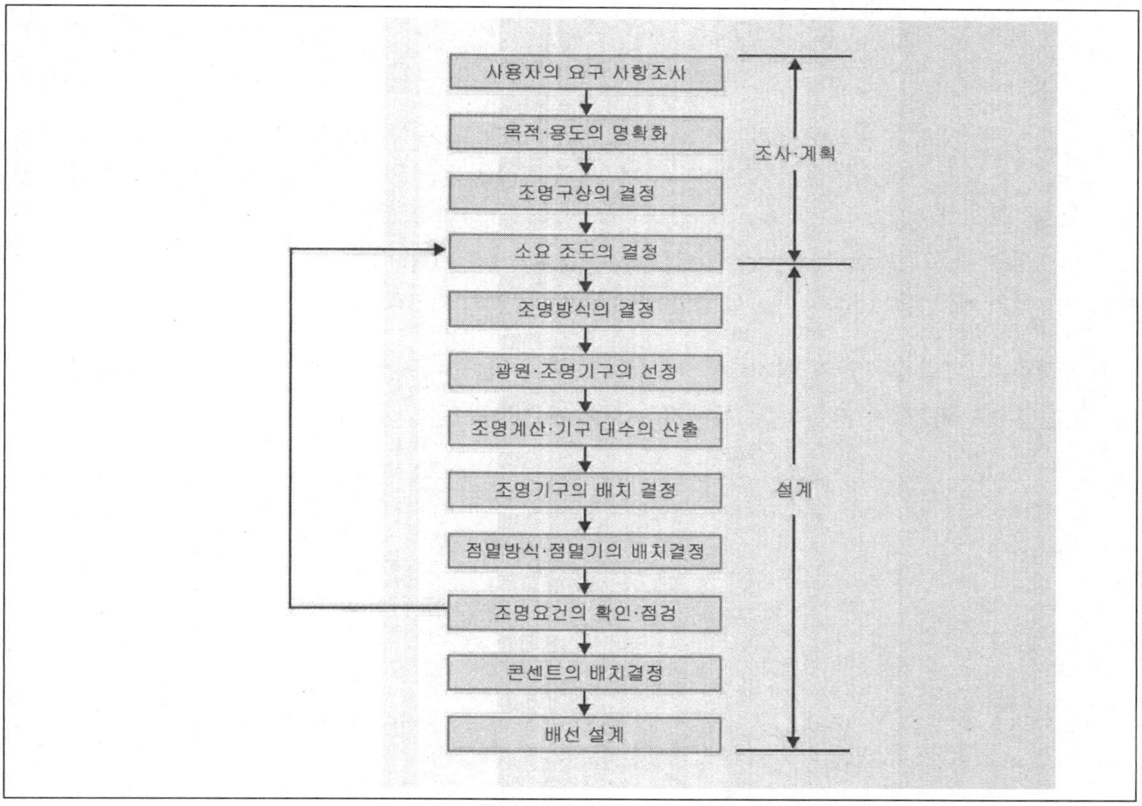

[그림 2-16] 조명설계 순서의 흐름

(7) 조명계산

조명기구를 선택하고 조명기구의 간격 및 배치를 결정하였다면, 조명기구의 실지수와 조명률, 보수율, 총 광속, 소요 등의 수를 계산하여 최적의 조명을 결정한다.

1) 실지수의 결정

방의 크기와 형태의 빛의 이용에 많은 영향을 끼치고 있다.

① 큰 방은 바닥면에 비하여 빛을 흡수하는 벽면이 적으므로 적은 방보다 효율이 높다.

② 천장의 높이도 같은 이유로 낮은 쪽이 효율이 좋게 된다.

③ 방의 크기, 모양, 광원의 위치 등에 의하여 결정되는 계수를 실지수(room index)라 하며 식 (2-5), (2-6)와 같다.

$$\text{실지수} = \frac{X \cdot Y}{H(X+Y)} \tag{2-5}$$

$$\text{실계수} = X \cdot \left(\frac{Y}{Z}\right)(X+Y) \tag{2-6}$$

X : 방의 가로 길이[m] Z : 바닥으로부터 천장까지의 거리[m]

Y : 방의 세로 길이[m] H : 작업면으로부터 광원까지의 거리[m]

④ 실지수는 [그림 2-17]의 실지수를 구하는 도표에 의하여 구할 수도 있고, 실지수를 숫자 대신 〈표 2-15〉와 같이 로마자를 사용하는 경우가 많다.

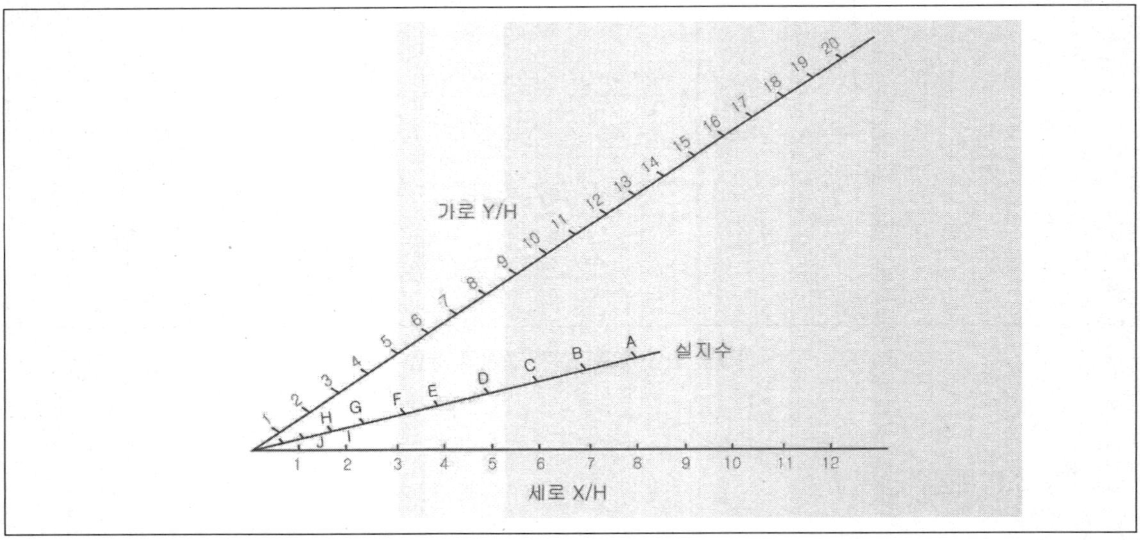

[그림 2-17] 실지수를 구하는 도표

〈표 2-15〉 실지수를 구하는 표

범위	4.5 이상	4.5~3.5	3.5~2.75	2.75~2.25	2.25~1.75	1.75~1.38	1.38~1.12	1.12~0.9	0.9~0.7	0.7 이하
방지수	5.0	4.0	3.0	2.5	2.0	1.5	1.25	1.0	0.8	0.6
기호	A	B	C	D	E	F	G	H	I	J

2) 조명률

광원의 전 광속과 작업면에 대한 유효 광속과의 비이며, 방의 크기 및 모양, 즉 실지수와 조명기구의 종류, 감광보상률 혹은 보수율, 실내 반사면의 반사율 등에 의해 식 (2-7)과 같이 결정된다.

$$\text{조명률} = \left(\frac{\text{유효광속}}{\text{전광속}}\right) \times 100[\%] \qquad (2\text{-}7)$$

3) 보수율

조명시설 후의 방 및 기구의 오염, 램프 광속의 저하 등에 의하여 평균조도(Mean Illumination)는 저하된다. 소요 평균조도를 유지하기 위한 조도저하에 대응하는 계수를 보수율(Maintenance Factor)이라 하며, 기구의 모양이나 사용장소에 따라 다르게 된다. 또, 보수율의 역수를 감광보상률(Depreciation Factor)이라 하며, 기구의 모양이나 사용장소에 따라 다르게 된다. 〈표 2-16〉은 조명률(Effisiency of Illummination), 감광 보상률(D) 및 등의 설치간격을 나타낸 것이다.

〈표 2-16〉 조명률, 감광 보상률 및 등의 설치간격

배 광 / 설치간격	기구의 예	감광 보상률(D) 부수상태 상	중	하	반사율 천장 / 벽 / 방지수	0.75 / 0.5	0.75 / 0.3	0.75 / 0.1	0.50 / 0.5	0.50 / 0.3	0.50 / 0.1	0.30 / 0.3	0.30 / 0.1
						조명률 U[%]							
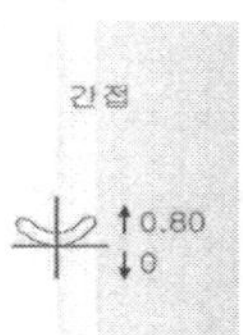	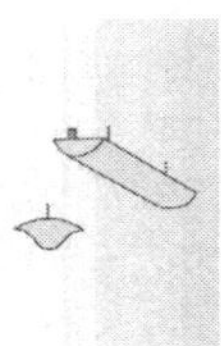	전구			J	16	13	11	12	10	08	06	05
					I	20	16	15	15	13	11	08	07
		1.5	1.8	2.0	H	23	20	17	17	14	13	10	08
					G	28	23	20	20	17	15	11	10
					F	29	26	22	22	19	17	12	11
		형광등			E	32	29	26	24	21	19	13	12
					D	36	32	30	26	24	22	15	14
		1.6	2.0	2.4	C	38	35	32	28	25	21	16	15
					B	42	39	36	30	29	27	18	17
					A	44	41	39	33	30	29	19	18

배 광	기구의 예	감광 보상률(D) 부수상태			반사율 천장	0.75			0.50			0.30	
					벽	0.5	0.3	0.1	0.5	0.3	0.1	0.3	0.1
설치간격		상	중	하	방지수	조명률 U[%]							
반간접		전구			J	18	14	12	14	11	09	08	07
	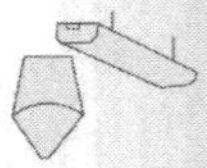				I	22	19	17	17	15	13	10	09
↑0.70		1.4	1.5	1.8	H	26	22	19	17	17	15	12	10
↓0.10					G	29	25	22	22	19	17	14	12
S≦1.2H					F	32	28	25	24	21	19	15	14
		형광등			E	35	32	29	27	24	21	17	15
					D	39	35	32	29	26	21	19	18
		1.6	1.8	2.0	C	42	38	35	31	28	27	20	19
					B	46	42	39	34	31	29	22	21
					A	48	44	42	36	33	31	23	22
전반확산		전구			J	24	19	16	22	18	15	16	14
	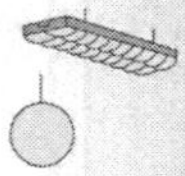				I	29	25	22	27	23	20	21	19
↑0.40		1.4	1.5	1.7	H	33	28	26	30	26	24	24	21
↓0.40					G	37	32	29	33	29	26	26	24
S≦1.2H					F	40	36	31	36	32	29	29	26
		형광등			E	45	40	36	40	35	33	32	29
					D	48	43	39	43	39	36	34	33
		1.4	1.5	1.7	C	51	46	42	45	41	38	37	34
					B	55	50	47	49	45	42	40	38
					A	57	53	49	54	47	44	41	40
반직접		전 구			J	26	22	19	24	21	18	19	17
	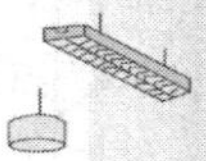				I	33	28	26	30	26	24	25	23
↑0.25		1.3	1.5	1.7	H	36	32	30	33	30	28	28	26
↓0.55					G	40	36	33	36	33	30	30	29
S≦H					F	43	39	35	39	35	33	33	31
		형광등			E	47	44	40	43	39	36	36	34
					D	51	47	43	46	42	40	39	37
		1.3	1.5	1.8	C	54	49	45	48	44	42	42	38
					B	57	53	50	51	47	45	43	41
					A	59	55	52	53	49	47	47	43
직접		전구			J	34	29	26	34	29	26	29	26
	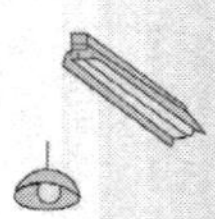				I	43	38	35	42	37	35	37	34
↑0.0		1.3	1.5	1.7	H	47	43	40	46	43	40	42	40
↓0.60					G	50	47	44	49	46	43	45	43
					F	52	50	47	54	49	46	48	46
		형광등			E	58	55	52	57	54	51	53	51
					D	62	58	56	60	59	56	57	56
		1.5	1.8	2.0	C	64	61	58	62	60	58	59	58
					B	67	64	62	65	63	64	62	60
					A	68	66	64	66	64	63	63	63

배 광	기구의 예	감광 보상률(D) 부수상태			반사율 천장	0.75			0.50			0.30	
					벽	0.5	0.3	0.1	0.5	0.3	0.1	0.3	0.1
설치간격		상	중	하	방지수	조명률 U[%]							
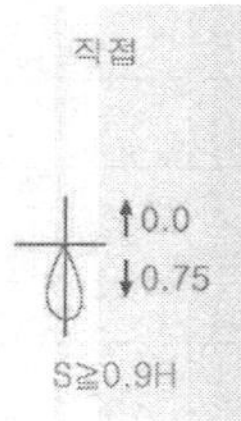	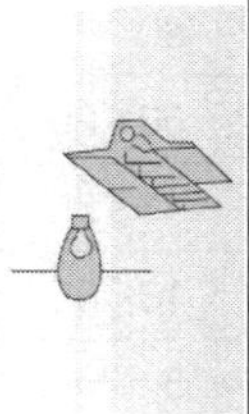	전구			J	32	29	27	32	29	27	29	27
					I	39	37	35	39	36	35	36	34
					H	42	40	39	41	40	38	40	38
		1.4	1.5	1.7	G	45	44	42	44	43	41	42	41
					F	48	46	44	46	44	43	44	43
		형광등			E	50	49	47	49	48	49	47	46
					D	54	51	50	52	51	49	50	49
					C	55	53	51	54	52	54	51	50
		1.4	1.6	1.8	B	56	54	54	55	53	52	52	52
					A	58	55	54	56	54	53	54	52

E : 평균조도[lx]　　A : 실내의 면적[m]　　U : 조명률
M : 보수율　　N : 소요등의 수(개)　　F : 1등당 광속[lm]

4) 총 광속의 계산

소요 평균조도나 조명률(effisiency of illummination), 감광보상률이 결정되면 식 (2-8)에 의하여 총광속 F_O를 구한다.

$$F_O = \frac{EAD}{U}\,[\mathrm{lm}] \tag{2-8}$$

E : 평균조도[lm], A : 실내의 면적[m^2], U : 조명률, D : 감광보상률

5) 소요등 수의 결정

소요등의 수를 결정하는 공식은 식 (2-9)와 같다.

$$N = \frac{F_O}{F} = \frac{EAD}{FU} \tag{2-9}$$

E : 평균조도[lx]　　A : 실내의 면적[m^2]　　U : 조명률
M : 보수율　　N : 소요등 수(개)　　F : 1등당 광속[lm]

6) 실내면 반사율 계수(표 2-17)

〈표 2-17〉 실내면 반사율계수

재 료	반사율[%]	재 료	반사율[%]
백지	78~80	흰색 페인트	60
신문지	45~55	회색 페인트	60~80
하얀석회	60~80	흑색 페인트	35~55
백벽	60〈	빨간 벽돌	10~35
엷은 크림색 벽	50~60	장자지	5
진한 황색벽	10~30	뷸재료	15
콘크리트벽	25	티노티움	30~40
목재(흰색)	40~60	회색섬유판	40
목재(황색)	30~50	아스팔트	20

3. 교실 조명에너지 사용의 개선점

교실에서 낭비되는 조명에너지 사용의 개선점 및 조명에너지 절감을 위한 실험에 대하여 설명한다.

(1) 우리 대학 교실 조명설비 현황

교실과 실습실 수는 2018년도 시설기준에 따른 〈표 2-18〉과 같다.

〈표 2-18〉 2018년도 교실 수 현황

구 분	시 설	교실수	실습실수	비 고
계	2116	265	1851	

현재까지의 개선방법으로 대부분의 교실 조명설비는 에너지의 효율 향상을 위하여 고효율 램프, 저 전력 전자식 안정기, 고조도 반사갓 등을 적극 채택하여 전력소비량을 줄여왔다. 우리나라 교실 조명설비의 일반적인 현황은 〈표 2-19〉와 같다.

〈표 2-19〉 교실 조명설비 일반 현황

구 분	설비현황
일반교실 크기	기본 7.4[m]×10[m]
조명기구 형태	천장 매입 개방형
조명기구 배열	8등씩 3열로 배열 (24등)
램 프	직관형 형광램프 FL 40[W]×2
안정기	저전력 전자식 안정기
반사갓	고조도 반사갓
회로배선	4회로 이상(내측 3회로, 창측 1회로)
조명시간	약 1~12시간

(2) 교실 에너지 사용의 개선점

교실 미사용 시 점등된 조명과 창 측에 특히 자연조명의 조도가 높은데 인공조명을 점등하는 점과 냉난방기로 인하여 소비되는 에너지가 소비의 원인으로 작용하고 있다. 이런 문제점을 개선하기 위해서는 이용자의 에너지 절약교육을 통하여 수업 후 학생이 스위치를 사용하여 소등시키며 교실 미사용 시 자동으로 소등과 냉·난방기 OFF로 에너지를 절약할 수 있는 자동제어 조명시스템의 도입이 필요하다.

(3) 교실 조명에너지 절감을 위한 실험

기존의 교실에 자동인체감지센서를 설치하여 그 동작으로 첫째 창측 조명과 둘째 내측 조명 셋째 냉 난방기를 3종류로 분류하여 사람 미 감지 시와 높은 조도에서 에너지 소비 용품을 OFF 시켜 절전량 산출을 기초로 조명과 냉 난방기에서 소비되는 전력의 절감량을 분석하였다. 특히 자동인체감지센서 미설치 시 SW 미 동작으로 소비되는 에너지는 감안하여 설치 시와 비교하였다.

① 교실 도면에 사용한 조명, 센서, 냉난방기의 범례와 기호는 〈표 2-20〉과 같다.

〈표 2-20〉 실험 조명기구와 센서, 냉난방기 범례와 기호

기 호	범 례	기 호	범 례
	형광등기구 FL40[W]×2, 개방(내측6개)		형광등기구 FL40[W]×2, 개방(창측3개)
	형광등기구 FPL36[W]×2, 개방(내측3개)		형광등기구 FPL36[W]×2, 개방(창측3개)
	칠판등기구 (FL40[W]×1, 개방)(내측2개)	AS	출입자감지센서
BS	재실감지센서	CS	고조도센서
DC	냉난방기 자동리모컨	ES	멀티헤드 재실감지센서
냉난방기	냉난방기 냉방2.82[kw], 난방2.86[kw]		

② 교실 평면도로 현재 설치된 조명과 센서는 [그림 2-18]과 같이 도면화 하였다.

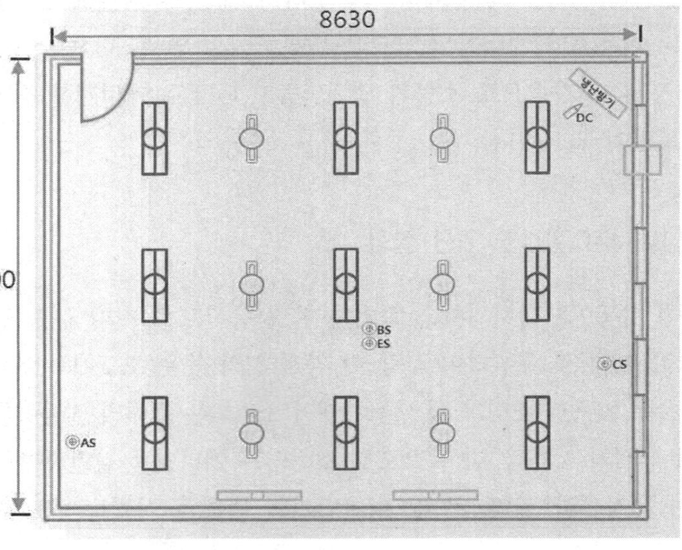

[그림 2-18] 교실 조명 및 센서, 냉난방기 설치 도면

③ 실험 교실에 설치한 센서 동작으로 내측 조명 및 냉 · 난방기의 동작과 조도센서동작으로 점멸되는 [그림 2-19]와 창측조명 동작 상태의 사진이다.

㉠ 멀티헤드센서에 의한 실내 점등

㉡ SW off로 실내소등

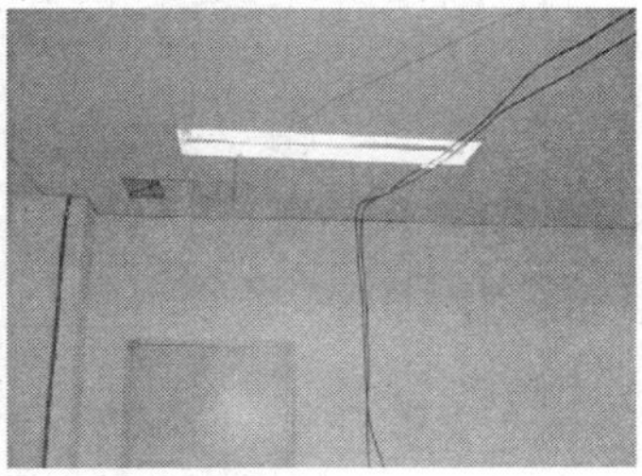

㉢ 출입문센서 부분

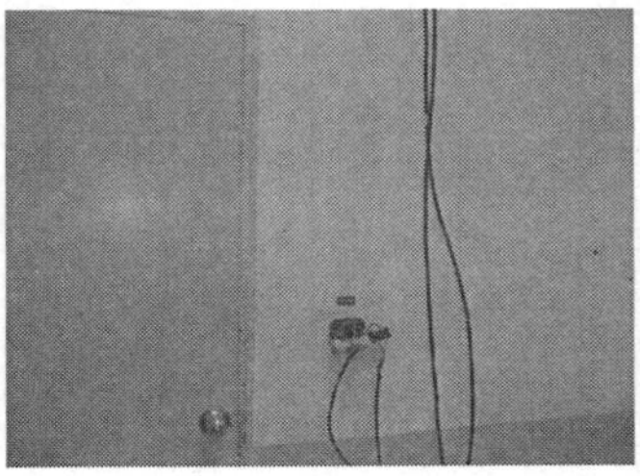

㉣ 스위치부분

㉤ 출입문센서와 재실센서에 의한 실내 점등

㉥ 멀테헤드센서와 조도센서에 의한 창측 점등

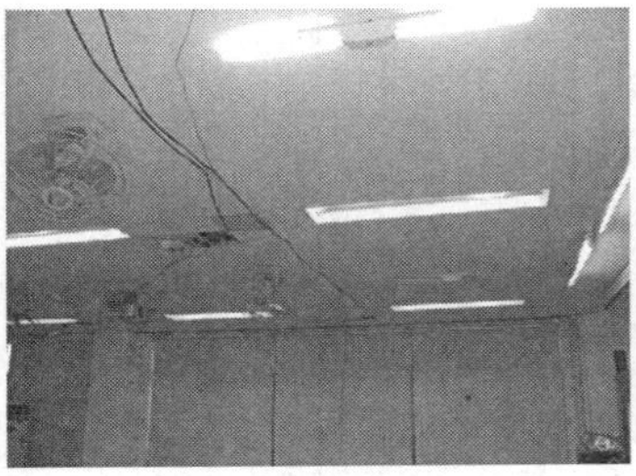

㉦ 커튼 차단으로 조도센서에 의한 우창측 점등

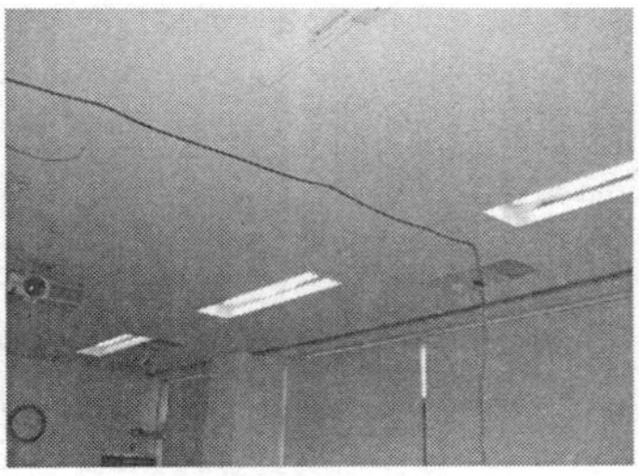

㉧ 커튼 차단으로 조도센서에 의한 좌창측 점등

㉨ 컨튼개방으로 조도센서에 의한 창측 소등

㉩ 컨튼개방으로 조도센서에 의한 창측 소등

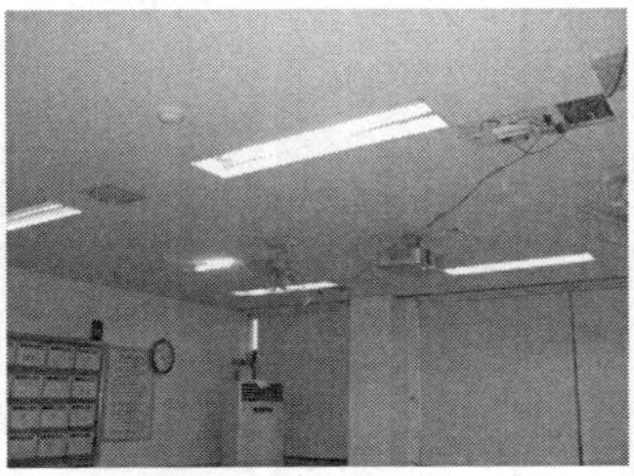

㉪ 냉난방기 동작도

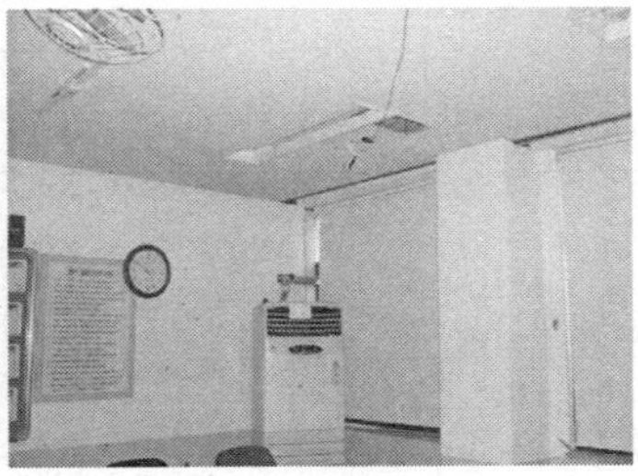

㉫ 냉난방기 off용 리모컨

[그림 2-19] 인체감지센서 사용으로 교실 조명 및 냉난방기 동작 사진

④ 2018년 강릉 조도측정 차트 및 관측 내용과 기상청 발표 데이터이다.

〈표 2-21〉 2018년 강릉 조도측정 차트 및 관측 내용과 기상청 발표 데이터

날짜 측정시간	범위 300[lx] 총시간	범위 400[lx] 총시간	북강릉 기상청 발표 기온/강수량	북강릉 기상청 발표 날씨	관측
2월 1일	11 : 05~12 : 34	11 : 30~11 : 52	평균기온 : 3.6[℃] 최고기온 : 6.6[℃] 최저기온 : 1.2[℃] 평균운량 : 9.3 일강수량 : 7.0[mm]	비	약한 비
	01 : 29	00 : 22			
06 : 55~17 : 57 〈11 : 02〉					
	06 : 55~13 : 13	13 : 31~17 : 57			
2월 2일	08 : 20~16 : 52	08 : 27~16 : 31	평균기온 : 6.5[℃] 최고기온 : 15.6[℃] 최저기온 : 1.6[℃] 평균운량 : 5.5 일강수량 : 0.0[mm]	비 (장소의 차이)	맑음
	08 : 32	08 : 04			
06 : 53~17 : 18 〈10 : 25〉					
	06 : 53~12 : 54	13 : 26~17 : 18			
2월 3일	09 : 12~17 : 00	09 : 35~16 : 41	평균기온 : 1.8[℃] 최고기온 : 7.2[℃] 최저기온 : −3.8[℃] 평균운량 : 4.3 일강수량 : −	0	맑음
	07 : 48	07 : 06			
09 : 12~17 : 20 〈08 : 08〉	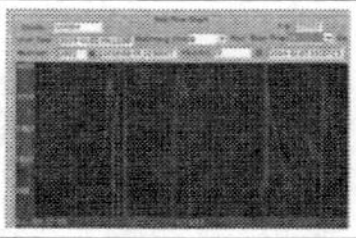				
	09 : 12~13 : 09	13 : 18~17 : 20			
2월 7일	09 : 53~15 : 15	10 : 08~15 : 12	평균기온 : −0.3[℃] 최고기온 : 1.0[℃] 최저기온 : −1.8[℃] 평균운량 : 10.0 일강수량 : 21.6[mm]	눈	눈
	05 : 22	05 : 04			
09 : 42~15 : 40 〈05 : 58〉	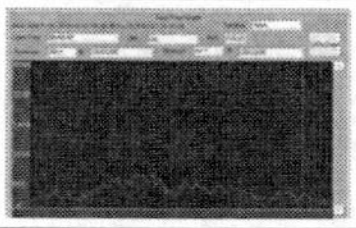				
	09 : 42~15 : 40				
2월 16일	08 : 56~16 : 17	08 : 56~16 : 00	평균기온 : 2.6[℃] 최고기온 : 8.6[℃] 최저기온 : −4.1[℃] 평균운량 : 5.4 일강수량 : −	0	흐림 (해 구름에 가림)
	07 : 21	07 : 04			
08 : 56~16 : 54 〈07 : 58〉	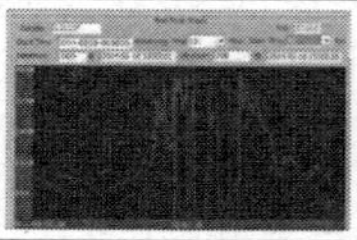	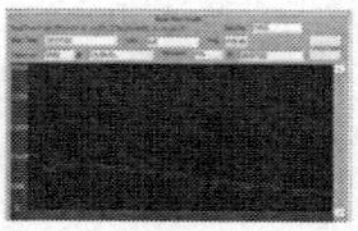			
	08 : 56~14 : 55	14 : 57~16 : 54			
3월 1일	09 : 04~15 : 13	09 : 12~15 : 02	평균기온 : 3.3[℃] 최고기온 : 4.6[℃] 최저기온 : 1.6[℃] 평균운량 : 10.0 일강수량 : 0.1[mm]	비 박무	흐림 (해 안보임)
	06 : 09	05 : 50			
08 : 49~18 : 10 〈09 : 21〉					
	08 : 49~15 : 02	15 : 05~18 : 10			

4. 교실 조명에너지 절감방안

(1) 교실 전력 절감량 산출

일사계 [W/m^2]와 조도계 [lx]의 측정치는 광원의 종류에 따라 〈표 2-22〉와 같은 환산계수를 적용하여 상호 변환한다.

〈표 2-22〉 광원의 종류에 따른 일사량과 조도 사이의 환산계수

광　원	1 [klx] = … [W/m^2]
매우 흐린 날의 태양광(25[W/m^2])	24[klx]
약간 흐린 날의 태양광(300 [W/m^2])	14[klx]
맑은 날의 태양광(600[W/m^2])	11[klx]
한여름 따가운 햇살이 비치는 날의 태양광(1,000[W/m^2])	10[klx]
백열등(GLS) (150[W])	4.2[klx]
형광등(MCF) (36[W])	2.9[klx]
고압수은등(MBFR/U) (400[W])	2.8[klx]
고압나트륨등(SON-H, SON-T) (350~400[W])	2.8[klx]

① 강의실 창가의 조도는 맑은 날의 태양광 일사량과 조도 사이의 환산계수를 적용하였다.
1[w/m^2] = 4.57[μmol/s/m^2][W/m^2]-1. 600[W/m^2] = 11[klx], 1[W/m^2] = 18.3[lx]

㉠ 북강릉 기상청 발표(강릉시 사천면 방동리) 2017년 평균 일사량, 4652.24[MJ/m^2]는 147.5215[J/m^2 sec] = 147.5215[w/m^{2}sec]
※ 2017년 북 강릉 태양광에 의한 평균 조도량 147.5215[w/m^{2}sec] × 18.3[lx] ≒ 2700[lx]

㉡ 북 강릉 기상청 발표 2018년 월평균 운량 4.99167(표현 운량은 0.0~10.0이상) 중간 운량으로 운량에 의한 조도 값을 전체 50[%] 적용
2700[lx] / 2 = 1350[lx]

㉢ 북 강릉 기상청 발표 2018년 월평균 일조시간 6.6467 / 1일 최대시간 12.6 = 0.527515873 ∴1350[lx] × 0.527515873≒712[lx]

㉣ 유리창의 투과율은 거의 100[%]로 계산하면 창가의 조도는 712[lx]에 수업 시간 중 운량, 일조시간, 날씨에 의한 책상 면조도 400[lx] 이상의 조도 값을 나타내는 교실 내부 창가의 환경과 날씨, 일사량, 운량, 눈, 비 등의 여러 가지 여건과 〈표 2-19〉의 조도 시간을 평균할 때 시간을 평균 50[%] 적용하여 이론 강의 시간 280시간 ×0.5=140시간으로 수업시간 중 조도센서에 의해서 창 측 조명이 소등된다고 계산에

적용한 전력은? (단, 안정기 소비전력은 형광등 전력에 10[%] 적용한다. 우리 학교는 이론 : 실기 = 280시간 : 1120시간으로 과목에 따른 강의실은 같은 적용)

ⓐ 창측 조명

40[w]×1.1 = 44[w], 44[w]×2×3 = 264[w],

36[w]×1.1 = 39.6[w], 39.6[w]×1×1 = 39.6[w],

합계 264[w]+39.6[w] = 303.6[w]≒303[w]

ⓑ 강의실 년 중 창 측 조명에 센서 사용으로 절감한 전력량

303[w]×140시간 = 42,420[w]

㉤ 교실의 내측 조명을 수업 종료 후 소등 안한 경우를 감안하여 1일 1시간, 월 6일로 월별 6시간 적용, 6시간×8개월(년 수업 월수)=48시간으로 내측 조명의 전력은? 단, 안정기 소비전력은 형광등 전력에 10[%] 적용

ⓐ 내측 조명

40[w]×1.1=44[w], 44[w]×2×6=528[w],

36[w]×1.1=39.6[w], 39.6[w]×2×3=233.6[w]≒233[w]

ⓑ 칠판 조명

40[w]×1.1=44[w], 44[w]×1×2=88[w] 합계 528[w]+233[w]+88[w]=849[w]

ⓒ 강의실 년 중 내측 조명에 센서 사용으로 절감한 전력량

849[w]×48[hr] = 405,552[w]

㉥ 냉 · 난방기는 내측조명과 같이 적용하여 1일 1시간, 월 6일로 월별 6시간 적용, 냉 · 난방은 평균하여 2820[w]+2860[w]/2 = 2840[w] 적용, 8개월 수업 기간 중 냉난방기 동작은 년 중 6시간×1.75개월 =10.5시간 동작으로 강의실 년 중 내측 조명 소등시 리모컨 사용으로 절감한 전력량 2840[w]×10.5[hr] = 29,820[w]

㉦ 강의실의 총 전력 절감량은 창측 조명+내측 조명+냉 · 난방기

42,420[w]+405,552[w]+29,820[w] = 477,792[w]

㉧ W당 전력 금액은? (한국전력 2016년12월고지 금액 기준 [KW]당 61.776원)

478[Kw]×61원 = 29,158원

㉨ 강의실과 실습실 면적[㎡]는 강의실 420[m²]와 실습실 8510[m²]로 전체면적에 148배(강의실 1실 면적 60[m²])로 절감액 29,158원×148배 = 4,315,384원

㉩ 면적에 따른 절감액을 산출(3개교실 시설 면적의 기준 면적)

= 163,672[m²]+6,340[m²]+138,342[m²] = 308,354/60(1실면적)

= 5,139배×29,158원 = 149,842,962원

② 현재까지의 절감액은 강의실을 적용한 것으로 이외의 실을 적용 시 절감액은 더욱 증가할 수 있다. 우리나라는 자연에너지 자원이 부족한 에너지의 효율적 사용을 위한 다양한 에너지 절감 방법으로 에너지 낭비를 줄이는 제안과 함께 에너지 개발보다 중요한 것은 에너지 효율성 향상을 통한 에너지 절약을 해결하여 나가야 할 일이다.

㉠ 현재 교실 조명의 역할을 최대한 유지하면서 기존에 벽스위치를 병행사용하며 에너지 절약형 센서를 설치하여 자동 on/off 제어가 가능한 인체감지센서를 출입자감지센서와 재실감지센서를 설치, 조명제어 시 냉 · 난방기를 소등시키는 리모컨을 병행 동작하도록 설치, 창가 조명을 on/off 하도록 조도센서를 설치, 센서 전체를 control하는 매립 형 멀티헤드 재실감지센서를 설치하여 학생이 교실을 이용할 때에 한하여 조명에너지가 소비되도록 하였고, 학생이 미 재실시 소등 및 off로 전력 에너지 절감량과 재실 중에 사용한 전력량을 비교하여 절감량의 분석과 절감액을 산출한 결과 7[%]의 절감 효과가 있다.

㉡ 차후 에너지 절약을 위한 조명제어시스템을 적극 도입한다면 전력 에너지 절약에 크게 기여할 것이다.

04 LED 실내조명

학습목표

- LED 실내 조명기구의 성능 요구사항을 알 수 있다.
- LED 실내 조명기구 재료의 성능 요구사항을 알 수 있다..
- 병원용 LED와 의료기기의 종류를 알 수 있다.

발광다이오드로 비소, 인 등으로 만들어진 반도체이다. 다이오드의 특성을 가지고 있으며 전류를 통하게 하면 빛을 발산한다. 전구에 비해 수명이 길고 응답속도가 빠르다. 또한 다양한 모양으로 제작이 가능하여 근래에 LED를 활용한 각종 제품들이 등장하고 있다.

1. LED 실내 조명기구의 성능 요구사항

(1) 일반사항

통풍이 없는 장소로 주위온도는 25±1[℃]이고 상대습도는 65[%]에서 시험한다. 시험전압은 〈표 2-23〉의 시험전압 측정기준을 만족해야 한다.

〈표 2-23〉 시험전압범위

전압범위	전압변동률	THD
정격전압(오차범위 0.5[%])	0.3[%] 이하	35 미만

(2) 점 등

점등에서 미점등상태에서 각각 1시간 방치 후 정격전압의 92[%]와 106[%]에서 점등되어야 한다.

(3) 입력전력/입력전류

정격주파수, 정격전압을 인가하여 입력전력 및 입력전류를 측정하고, 입력전력 및 입력전류 표시값의 10[%] 이내이어야 한다.

(4) 역 률

90[%] 이상을 만족해야 한다(단 5[W] 이하는 85[%] 이상을 만족해야 한다.
(역률 = 정격전압측 정입력전류×측정입력전류)

(5) 고조파 함유율

KS C IEC 61000-5-2에 따라 시험하였을 때 이에 적합해야 한다.

2. 컨버터 내장형과 외장형 LED 램프의 성능 요구사항

(1) 광학적 특성

초기 특성은 측정시간을 포함하여 LED 램프에 정격전압을 인가하여 2,000시간 에이징 후 광속을 측정한다.

(2) 지향각 특성

빛 지향성 LED 램프는 100시간 에이징 후 제품에 표시된 각도 범위 내에서 제품에 표시된 정격 광속의 80[%] 이상이어야 한다.

(3) 내구성

LED 램프를 미 점등상태로 항온기에 넣고 -10[℃]에서 1시간 방치 후, 즉시 50[℃]의 온도를 유지하는 항온기로 이동시켜 1시간동안 방치한다. 이러한 과정을 5회 반복한다. LED 램프에 정격전압을 인가한 후 30초 ON, 30초 OFF하는 조작을 1회로 하여 실시한다. 이러한 과정을 LED 램프 정격수명의 1/2에 해당하는 횟수만큼 반복한다.

(㉠ 정격수명이 2만 시간인 경우 1만회 실시) 위의 모든 시험 후 LED 램프는 15분간 정상 점등해야 한다.)

3. LED 실내 조명기구 재료의 성능 요구사항

(1) 등기구

등기구는 KS C 규정에 적합한 제품 또는 동등 이상의 성능을 가진 것을 사용해야 한다. 등기구에 사용되는 강판은 KS기준을 만족해야 한다. 점등 중의 온도상승으로 각 부에 장해를 일으키거나 램프의 특성 및 수명에 나쁜 영향이 없어야 한다. 등기구 무게에 따라 적절히 천장에 등기구 하중에 견딜 수 있는 등기구 보강장치를 적절히 해야 한다. 등기구 방열판에서 발생하는 온도를 적절히 고려해야 한다.

(2) 컨버터

컨버터는 KSC 7655(LED 모듈 전원공급용 컨버터의 안전 및 성능 요구사항)에 적합한 제품 또는 동등 이상의 성능을 가진 것으로 사용해야 한다.

(3) 소 켓

소켓은 KSC 7703에 적합한 제품 또는 동등 이상의 성능을 가진 것을 사용해야 한다.

(4) 내 · 외부 배선

배선공사에 사용되는 자재와 부품은 KS 및 IEC 규격에 적합한 제품 또는 동등 이상의 성능을 가진 것을 사용해야 한다(그림 2-20).

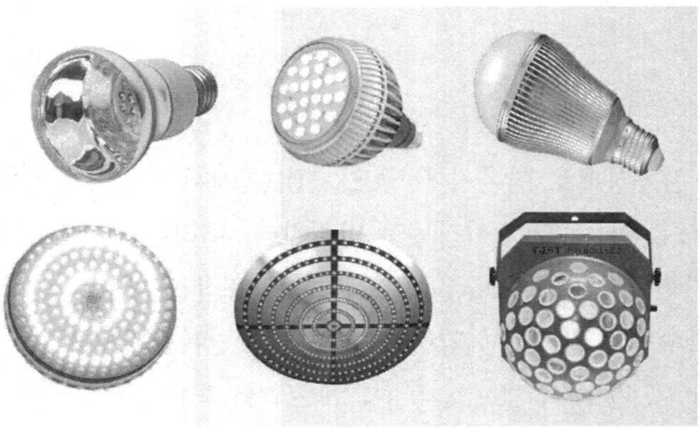

[그림 2-20] LED 조명

4. LED 조명기기

전력소비는 낮고 효율이 높은 LED 사용에 대한 관심이 점차 높아지고 있다. 이에 LED를 사용한 조명기기들도 속속 등장하고 있다.

① LED를 응용한 조명용 기기는 열상승이 없고, 적외선 등의 유해파장을 차단하여 세포에 대한 영향을 줄일 수 있다.

② 일반적으로 백색 광원만을 사용하는 기기들과 달리 여러 광원의 LED를 사용하여 색을 손쉽게 조정할 수 있다.

③ 조명기기로 LED 무영등, LED 수술보조등, 헤드 램프, 병원 조명 등이 있다(그림 2-21).

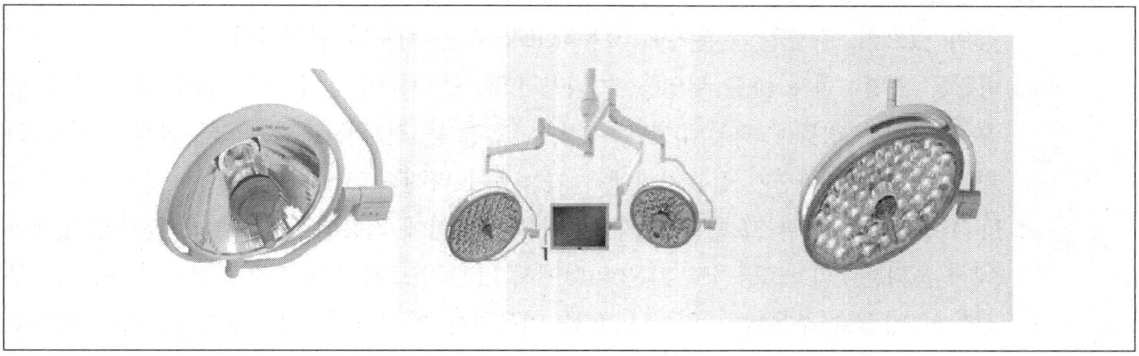

[그림 2-21] LED 의료조명기기

5. LED 기기의 종류

LED 기기는 광산업의 핵심 아이콘인 LED라는 광원을 활용하여 의료산업의 기반을 이루는 의료기기를 만들거나 활용하는 대표적인 융·복합 산업기술 영역이다.

① LED 기기 : 진단과 치료 그리고 기타 융·복합 분야로 나눌 수 있다. 진단기기 분야는 영상진단과 생체진단 영역으로 구분할 수 있다.

㉠ 영상진단 영역 : 세포조직 검사에서 체외 세포조직 검사에 활용되는 형광 영상 진단 부분과 체내 조직상태 검사에 활용되는 내시경형 영상진단 부분으로 구분할 수 있다. 영상진단의 다른 한 부분은 망진, 설진 등에 활용되는 디지털 표피검사 영상에 활용되는 영역이 있다. 아직은 이론적 설명만이 가능하지만 실시간 체내 형광영상 시스템이 있으며, 소동물 실험을 통해 일부 가능성이 확인되고 있는 상황이다.

㉡ 생체진단 영역 : 당뇨환자의 혈당측정에 활용되는 무체혈 산소포화도 측정기, 복합 혈행검사기(advanced-SpO_2), 발광수광을 통해 혈류/혈압 등의 생체기록을 광신호로 측정하는 기기, 측정된 생체정보의 전송에 관여하는 가시광통신 등이 있으나, 아직 기술적 진척도는 매우 미흡하다. 그러나 생체신호측정 및 전송에 관여하는 영역은 U-헬

스 산업의 기초가 되는 디바이스의 핵심으로 향후 크게 성장할 개연성이 충분하다.

② 광융복합 분야의 의료기기 : 대체의학적 영역과 병원용 조명, 그리고 LED 광원이 활용된 관련 보조기기와 운영 시스템에 관한 영역이 있다.

㉠ 대체의학적 영역 : 이미 상당부분 의료영역에 포함되어 있는데, 우울증 및 치매의 치료에 광원을 이용하여 높은 치료율을 얻는데 성공하고 있다. 최근 LED 심미치료실, 아로마-컬러 복합 테라피 영역 등으로 확장되고 있다.

㉡ 한방분야로 영역을 확장 : 전통적인 방법의 한방광조사, 오색광치료(컬러라이트 치료) 등이 있으며, 통증완화 분야에 적용하고자 하는 시도가 활발하다.

㉢ 병원용 조명 : 현재 LED 무영등, 치과용 LED 조명등이 개발되어 시판되고 있으나 향후 입원실 조명등에 적용되며, 검이경, 인후경 등 검사용 조명과 국부절개 수술을 위한 국부조명(광석션기 등) 기기에서 가능성이 타진되고 있다.

㉣ LED 광원을 활용한 그 밖의 영역 : 노인용 지팡이에 적용된 LED 조명, 환자용 휠체어에 적용되는 LED 조명등도 넓은 의미에서 LED 의료기기 영역에 포함되며, 새로운 무선통신 기술로 주목받고 있는 LED를 이용하는 가시광 통신도 운영시스템의 일부로 포함될 전망이다.

㉤ 미용의료기기 시장 : 의료기기 영역에 포함시키기 모호한 부분이 있지만 시장성만으로 놓고 볼 때 큰 의미가 있는 영역이다. 이미 미국에서는 LED를 이용한 미용의료기기 시장에 대한 기대가 크며, 보안경, 3D안경과 결합된 LED 이용 눈 보호기기 등이 새롭게 등장하고 있다.

(1) 내시경

현재 내시경 기술은 진단만을 위한 기술이 아니라 레이저 등의 고출력 광원의 전달을 통해서 시술을 수행하는 복합기술로 발전되고 있다.

① LED가 내시경에 이용되는 가장 일반적인 방법은 기존 내시경용 할로겐 광원의 대체조명으로 할로겐이 지니고 있는 단수명, 고열들의 전기 · 기계적 문제와 연색성의 보완을 필요로 하는 광학적 측면에서 다루어져 왔다.

② 환부나 특정세포의 형광영상에 대한 연구가 진행되면서 종양과 같은 불량세포에 점착하는 조형제를 투여하고 형광내시경을 활용하여 보다 정확한 세포진단을 수행하려는 연구가 진행 중에 있다(그림 2-22).

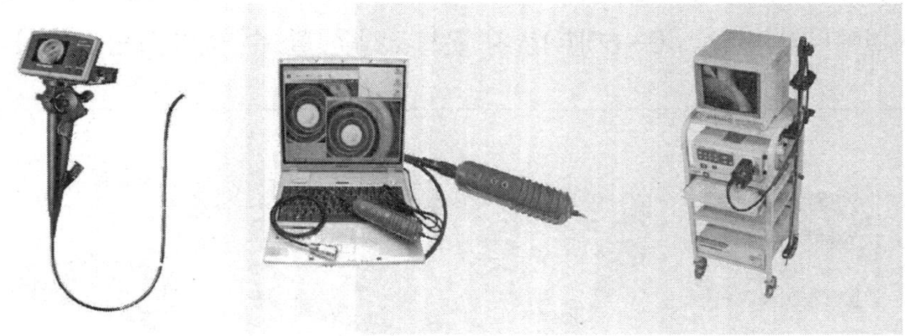

[그림 2-22] LED가 응용된 내시경

(2) 황달치료기

LED 인큐베이터는 신생아들에게서 빈번히 발생하는 황달현상을 치료하기 위한 의료기기로써 주로 일본에서 LED를 이용한 연구가 진행 중이다.

골밀도 강화를 위한 인공광원의 이용은 일사량이 부족한 유럽에서 시작되었으나, 최근 국내 청소년의 일사량 부족현상과 맞물려 새롭게 대두되고 있는 분야이다(그림 2-23).

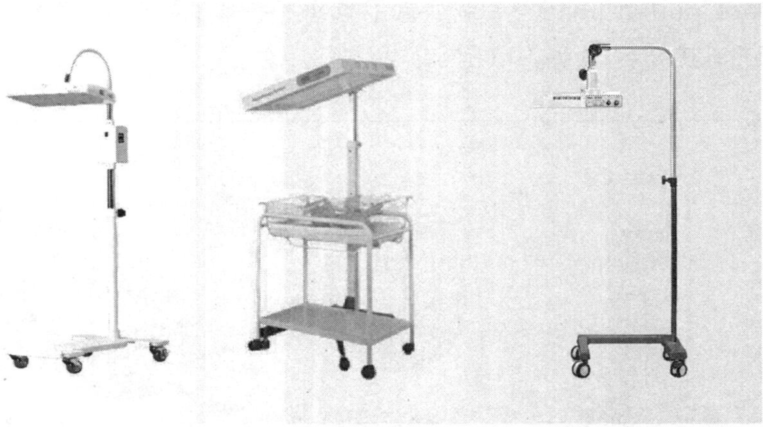

[그림 2-23] 황달치료기

(3) 온열치료기

광을 이용한 온열효과의 한방이용, 온열기능의 팩을 적용할 수 있는 시스템이다. 대전된 두 전극에 인체를 놓고 인체에 13.56[MHz]의 고주파를 유도하여 심부조직 내에 38.5~42[℃]의 온도를 가한다. 할로겐 램프에 의한 온열방사와 적외선 램프(700~50,000[nm]) 조사방식으로 심부까지 열에너지 전달, 40~60[℃]까지 온도조절을 할 수 있다(그림 2-24).

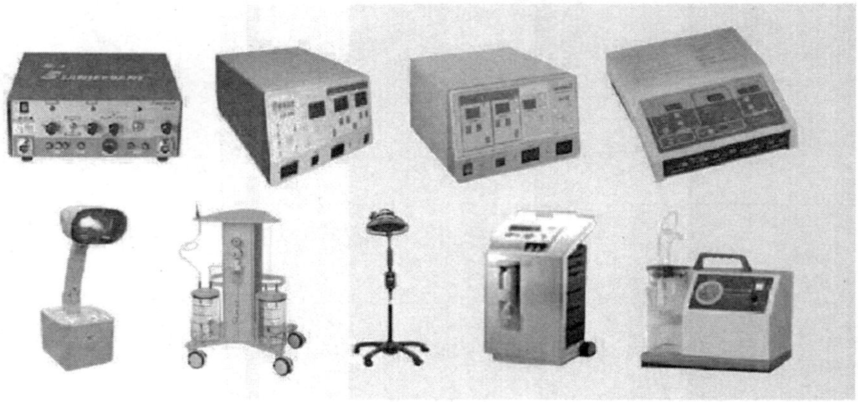

[그림 2-24] 온열치료기

(4) 주름제거기기

IPL(intense pulsed light)과 프락셀은 유명한 주름제거용 광기기로써 피부과 영역에서 가장 널리 사용되고 있는 제품군이다(그림 2-25).

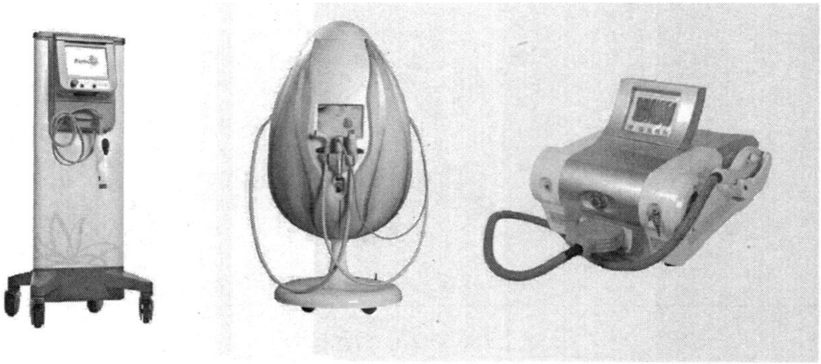

[그림 2-25] 주름제거기기

① 진피층 깊숙한 부분까지 레이저 에너지를 전달하므로 광노화로 손상된 피부를 재생한다.
② 표피에서 진피에 이르기까지 미세 피부손상이 나타남에도 불구하고, 레이저 박피처럼 진물이 나는 현상이 없으며 피부재생이 빠르고 시술시 통증이 적다.

③ 치료속도가 훨씬 빠르고 피부표피에 열손상도 적다.

④ 환자들에게 통증을 줄이고, 표피손상도 낮추는 장점을 갖고 있다.

(5) 치아미백 광조사기

가시광선대의 광파장(400~800[nm])을 사용하는 Plasma arc나 Metal Halide Light를 사용하고 특히 430~510[nm]대역의 광을 조사하여 치아미백제를 활성화시키는 역할을 한다(그림 2-26).

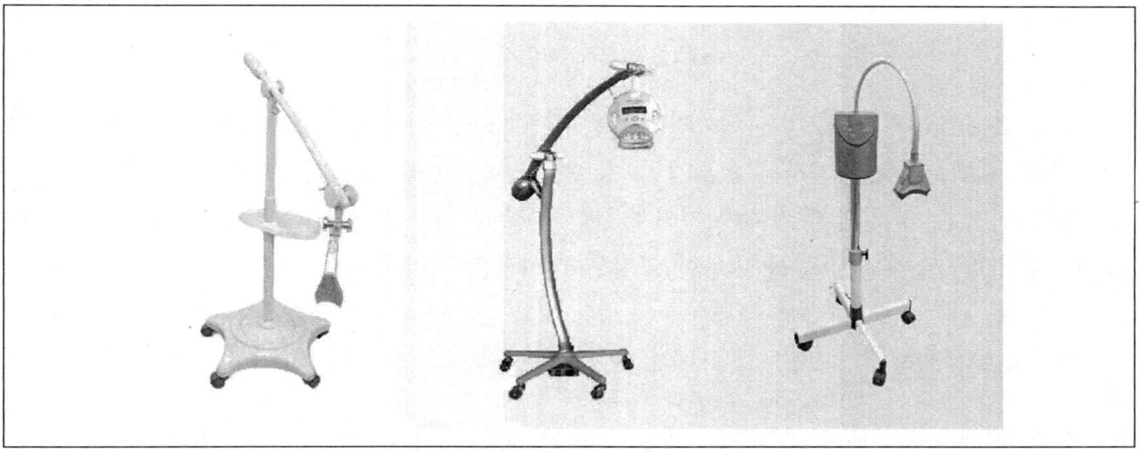

[그림 2-26] 치아미백광조사기

① 치아표면에 고농도의 미백제를 바르고 미백전용 레이저를 이용하여 고농도의 산소를 발생시켜 치아의 상아질 내로 침투시켜 착색된 물질을 표백한다.

② 미백효과를 높이기 위해 여러 광원을 사용하고 있는데 대표적으로 LED(Light Emission Diode), Halogen, Plasma, Laser 등을 사용한다.

③ LED light가 다른 어떤 광원을 이용한 장비보다 강하고 효과적이다.

④ 열발생이 거의 없어 열에 의한 과민증이 발생하지 않는다.

(6) Skin Care 활성화 조명

가시광 레이저 혹은 LED를 이용하여 기미제거, 박피, 모공축소 등의 피부관리에 활용한다(그림 2-27).

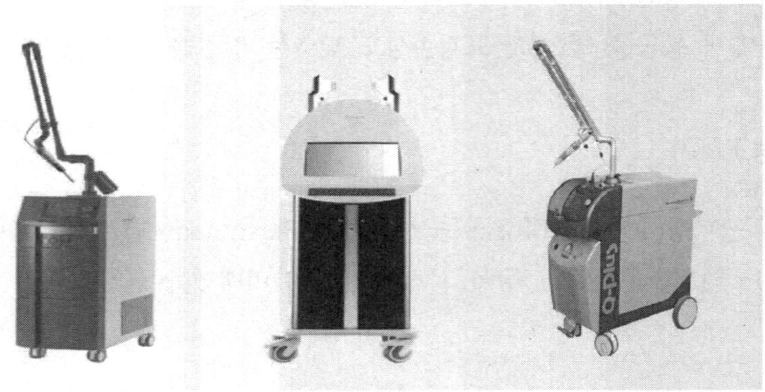

[그림 2-27] 루비 레이저

① 632.8[mm]의 헬륨-네온 레이저와 같은 편광기구를 이용한 치료는 피부의 대사를 촉진하고 혈액순환을 증가시켜 피부재생, 통증완화, 항염증의 효과가 있다.
② 레이저 토닝 기법에 기초한 기미제거에 활용한다.
③ 1410[nm] 레이저 등을 이용한 프락셀 레이저를 박피에 활용한다.

(7) 적외선 치료

시술 후 효과증진용 적외선광선, 기존 적외선 치료 등의 개선 기기이다(그림 2-28).

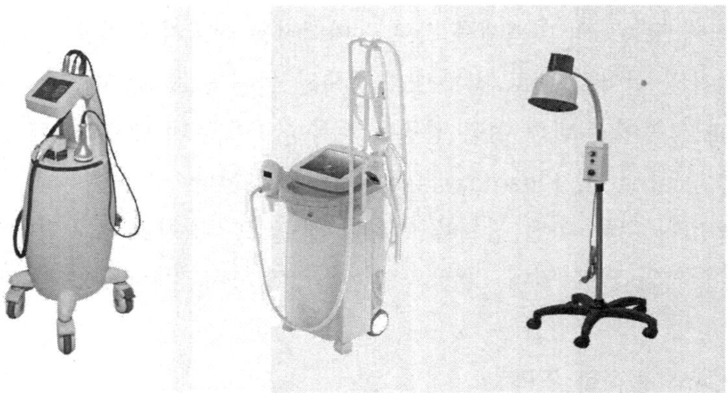

[그림 2-28] 적외선치료기

① 통증치료와 함께 사용하는 적외선 램프 등이다.
② 인프라케어 : 손쉽게 근육긴장 · 관절염 · 요통 등을 치료할 수 있는 적외선 온열치료기, 피

부에 적외선을 투과시켜 피로물질 제거, 할로겐 램프의 각도와 높이를 조절, 치료부위를 자유롭게 선택이 가능하다.

(8) 광중합기

광중합은 빛의 조사에 의해서 일어나는 중합반응으로서, 고분자 화합물 구조에서 반복단위의 기초가 되는 비교적 분자량이 작은 화합물(단위체)에 빛을 조사하면 단위체가 빛을 흡수, 활성화되어 연쇄적으로 중합반응이 일어나는 것이다(그림 2-29).

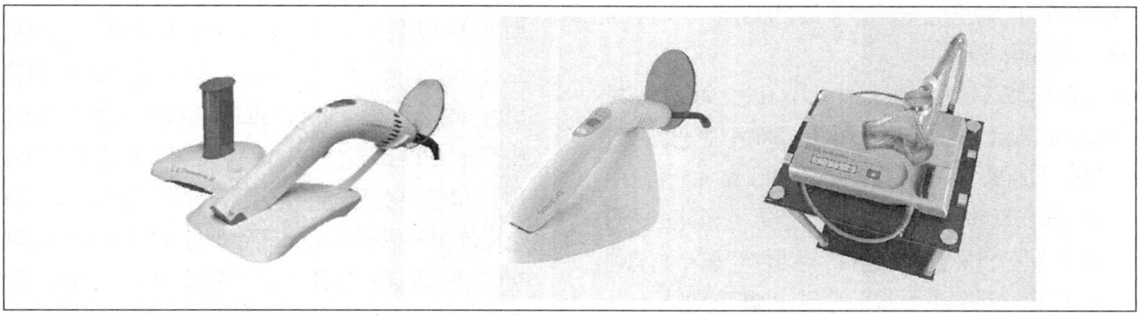

[그림 2-29] 광중합기

① 레진 복합물을 비롯한 광치료 수복재를 수초 이내에 중합시킨다.
② 자체 광도측정기능으로 광출력 이상여부를 확인할 수 있다.
③ 교정 브라켓 접착 시나 소아치료 시 신속하게 치료할 수 있다.
④ 광중합기의 파장 스펙트럼은 대개 390~520[nm]를 가진다.

〈표 2-24〉 의료 분야별 LED 의료기기 적용성 구분

진단 분야	영상진단	형광현미경, 내시경 타입 형광영상진단기, 체내 지방검사 형광기기, 안면색 진단영상기기, IR 카메라, 광영상 유방암 진단기 등
	생체진단	무채혈 산소포화도 측정기, 복합 혈행검사기, 혈류 혈압측정기, 실시간 맥박 및 호흡수 측정기, 호흡 가스 분석기 등
치료 분야	피부치료	LED 피부치료기, 진균성 치료기, 항노화 치료기, 두피케어 등
	외과적 치료	수술환부 봉합촉진기, 비염/중이염 치료기, 안과용 치료기기, 광살균기, 구강살균기, 광중합기, 임플란트 골접합 촉진기 등
	광역학	골밀도 강화기, 심미치료기, 적외선 치료기 등
융복합	대체 의학적	우울증/치매 광치료실, 심미치료실, 오색 광치료기
	병원용 조명	수술용 LED 무영등, 수술보조등, 광석션기, 병원 조명, 국소조명등, 진단용 광원장치 등
	미용의료	미백기기, 주름제거기기, 피부미용광 조사기, 치아미백광 조사기 등
	기타	수술용품, UV 소독기, 치과기기, 광촉매 소독기, 발광지팡이, 이동보조기기, LED 보안경 등

학 | 습 | 정 | 리

- 조명설비의 광속발산도(Luminous Emittance) : 물체가 보이는 것은 그 물체로부터 방사한 광속이 눈에 들어오기 때문이며, 물체의 밝음은 눈의 방향으로 방사되는 광속밀도에 따라 다르다. 어느 면의 단위면적으로부터 발산되는 광속, 즉 발산광속의 밀도를 광속 발산도라 한다.
  - 단위 : 래드럭스(radlux : [rlx]) 또는 아포스틸브(apostilb : [asb])가 쓰이고 물체는 분광분포가 다른 광원을 쪼이면 각각 다른 색으로 보인다. 이와 같이 조명에 의한 물체의 색깔을 결정하는 광원의 성질을 연색성이라 한다. 연색성의 평가 방법에는 CIE(국제조명위원회) 등의 방법이 있다.

- 조명 방식 : 조명방식을 등기배치에서 분류하면 전반조명, 국부조명, 전반 국부용 조명으로 되며, 등기구의 배광면에서 분류하면 직접조명, 간접조명, 반간접조명, 건축화 조명으로 나눌 수 있다.

- 조명설계의 보수율 ; 조명시설 후의 방 및 기구의 오염, 램프 광속의 저하 등에 의하여 평균 조도(mean illumination)는 저하된다. 소요 평균조도를 유지하기 위한 조도 저하에 대응하는 계수를 보수율(maintenance factor)이라 하며, 기구의 모양이나 사용 장소에 따라 다르게 된다. 또, 보수율의 역수를 감광 보상률(depreciation factor)이라 하며, 기구의 모양이나 사용 장소에 따라 다르게 된다.

- 황달치료기 : LED인큐베이터는 신생아들에게서 빈번히 발생하는 황달 현상을 치료하기 위한 의료기기로써 주로 일본에서 LED를 이용한 연구가 진행 중이다. 골밀도 강화를 위한 인공광원의 이용은 일사량이 부족한 유럽에서 시작되었으나, 최근 국내 청소년의 일사량 부족현상과 맞물려 새롭게 대두되고 있는 분야이다.

- 분광분포 : 사람의 눈은 자연광색에 익숙해져 있으며 백열전구의 광색은 황색감이 난다. 형광등에 있어서도 광색, 백색, 천연색 등이 있어 천연색이면 가장 바람직하다고 생각하나, 조도에 따라 느끼는 감이 달라진다. 그리고 일반 조명에서 광원은 가시광선 이외에 적외선이나 자외선이 불필요하다. 광원의 효율은 경제성과도 관계가 깊으므로 광원 선택에 유의해야 한다. 또 광원은 필요한 빛 외에도 열을 방출하는데 한 사람당 68[W/㎡]이상은 좋지 않다. 이 값은 백열전구에서는 1600[lx], 형광등에서는 8600[lx] 이상에 해당 한다.

- 조명의 설계 : 주어진 장소의 사용 목적에 가장 알맞은 광환경과 시 작업에 적합하도록 빛의 질, 양 및 방향을 고려하여 광원과 기구의 종류, 크기, 위치 등의 조명시설을 정하는 것이다. 여러 가지 수치만이 중요한 것이 아니라, 생리나 심리 및 심미적인 견지에서 충분히 가해져야 하며, 건축구조와 의장에 따라서도 좌우된다.

- 심리적 효과 : 건물 내의 광속 발산도는 위에서 아래로 감에 따라 낮게 하는 것이 심리적 효과도 좋다. 그러나 천장 전체를 밝게 하고 벽 및 마루의 반사율이 낮으면 효과도 낮다. 이와 같은 심리적 효과는 건축물의 벽면, 건축물의 색채 등을 기능적으로 활용해서 조화와 아름다움을 고려하여, 환경과 안전을 내도록 색체 조화 의 원리를 고려하여 설계해야 한다.

단 | 원 | 평 | 가 | 문 | 제

1. 일반 조명용 전등의 특성을 비교 설명이 아닌 것은?

① 백열등 : 일반적으로 휘도가 높고 열방사가 많다.
② 할로겐 등 : 고휘도이고 광색 은 적색부분이 비교적 많은 편이다.
③ 형광등 : 저휘도이고 광색의 조절은 비교적 용이하다.
④ 나트륨 등 : 등황색의 단일 광원이고 고압은 2200[°K]의 황백색이다.

2. 조명설계의 보수율과 총 광속에 대한 설명이 아닌 것은?

① 보수율 : 조명시설 후의 방 및 기구의 오염, 램프 광속의 저하 등에 의하여 평균 조도는 증가한다.
② 보수율 : 소요 평균조도를 유지하기 위한 조도 저하에 대응하는 계수를 보수율이라 한다.
③ 보수율 : 수율의 역수를 감광 보상률(depreciation factor)이라 하며, 기구의 모양이나 사용 장소에 따라 다르게 된다.
④ 총광속 : 소요 평균 조도나 조명률, 감광 소방률이 결정된다.

3. 광속이란 무엇인가?

① 복사 에너지를 눈으로 보아 빛으로 느끼는 크기를 나타낸 것
② 단위 시간에 복사되는 에너지의 양
③ 복사속에 대한 광속의 비
④ 전자파 에너지를 얼마만큼의 밝기로 느끼게 하는가를 나타낸 것

4. 전등효율[lamp efficacy ; n]은 실제로 광원에서 발산되는 전방자속보다 많은 에너지를 가해야 한다. 즉 전발산 광속 외에 대류, 전도 등에 의한 손실을 포함한 전소비전력, 전력소비 P에 대한 전발산 광속 F의 비율을 전등효율 n이라 할 때 식은?

① $n = \frac{P}{F}$[lm/W] ② $\varepsilon = \frac{\phi}{F}$[lm/W] ③ $\varepsilon = \frac{F}{\phi}$[lm/W] ④ $n = \frac{F}{P}$[lm/W]

5. 평균 구면 광도 100[cd]의 전구 5개를 지름 10[m]인 원형의 방에 점등할 때 조명률 0.5, 감광보상률 1.5라 하면 방의 평균 조도[lx]는?

① 약 35 ② 약 26 ③ 약 48 ④ 약 59

| 정답 | 1.④ 2.① 3.① 4.④ 5.②

제3장

동력설비

현대생활에 없어서는 안 되는 전기의 중요성을 인지하고 안전하게 쓰일 수 있도록 동력설비의 제동법과 기본적인 구조와 원리, 특성을 알 수 있어야 하고, 동력설비 운용실습을 통해 전기 · 전자회로의 전반적인 개념과 3상 유도전동기의 운전회로 등을 배선할 수 있어야 한다.

01 전기전자 장비

학습목표

- 전기전자 장비의 개념을 이해한다.
- 작동원리를 이해하고 운용할 수 있다.
- 멀티 테스터기 부품 측정법의 종류와 특성을 알 수 있다.

현대에는 대부분의 산업시설이 전기로 구성되어 있고 전기장비에 따른 편리성, 간편성, 신속성 등 전기를 사용하는 이들에게 만족감을 준다. 하지만 감전사고, 전기장비의 합선으로 인한 화재 등 전문적인 지식과 안전교육이 안된 이들에게서 사고가 일어날 수 있는 확률이 크다. 따라서 각 장비의 외부, 내부 구성상태를 구체적으로 알아보고 전기장비가 어떤 것들이 있으며, 그 장비들이 어떠한 역할을 하는지 학습할 수 있다. 특히 공학적이고 실습적, 이론적으로 뒷받침이 되어야 하며 장비를 가지고 정확하게 작업하므로 안전성을 보장할 수 있다. 우리는 기기로 신호를 받아들여 그 신호를 센서나 각 입력 부분으로부터 전달받아 그 신호를 작게는 몇 십 배에서 수만 배의 비율로 증폭시키기 때문이다. 1[mA]의 누설전류는 인체에 치명적인 피해를 줄 수 있고 센서 신호를 증폭시키는 과정에서 아주 적은 오류가 수만 배로 증폭이 되어 학생들에게 잘못된 정보를 제공하여 정밀도가 떨어지고 각종 장비의 오동작이나 불량품이 발생할 수 있다. 따라서 전기장비 실습을 통한 회로구성 내부, 외부 구조를 정확히 알고 기기를 사용하여야 한다.

디지털 오실로스코프는 전압의 측정, 시간측정, 주파수 측정 등에 사용할 수 있다. 디지털 LRC 미터는 일반적인 인덕턴스, 커패시터, 저항측정뿐만 아니라 LR, CR 회로의 임피던스(impedance) 특성까지도 측정 가능한 다기능 측정을 할 수 있다. 또한 표준 주파수 펄스를 입력하거나, 펄스폭 조정을 임의로 조정하여 펄스 회로, 디지털 회로, 아날로그 회로 등과 같은 회로실습 및 테스트 등에 사용하는 전기장비와 3상 인버터, 3상 유도전동기, 입·출력 기기 등으로 구성하여 PLC의 D/A 유닛 및 디지털 입·출력과의 연계하여 사용하는 인버터 제어실험 장치가 구성된다.

생산공장에서 사용하고 측정하는 장비와 전기제어의 기본인 시퀀스에 대하여 실습할 수 있는 장비를 배우고 익힌다.

〈표 3-1〉 전기전자 실습장비(1)

순 번	그 림	품 명	사용용도
1	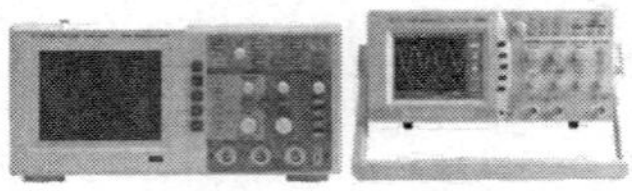	디지털 오실로스코프 (oscilloscope)	가로는 시간축, 세로는 전압축으로 교류 및 직류 파형을 화면에 표시하는 장치로 전압의 측정, 시간측정, 주파수 측정 등에 사용할 수 있다.
2	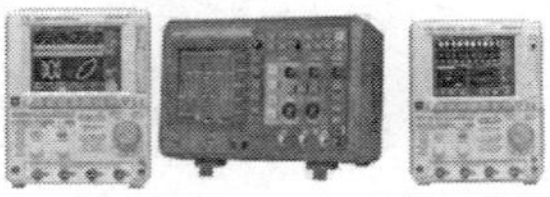	디지털 스토리지스코프 (로직분석기능)	기존 오실로스코프의 기능을 포함하고 스토리지 기능이 추가된 것으로 비주기파 및 로직분석도 가능하다.
3	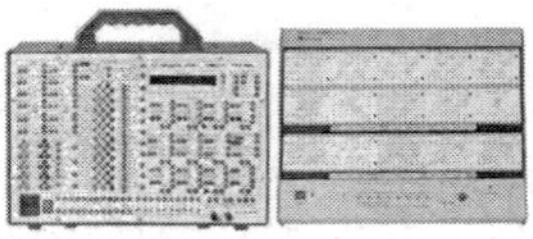	논리회로 장치	Digital 회로의 논리적인 기초를 간단하게 구성하여 눈으로 보면서 이해할 수가 있다. Logic Module의 표면에 그 동작상태를 나타내며 이때 출력표시는 적색으로, 입력표시는 녹색으로 나타난다.
4	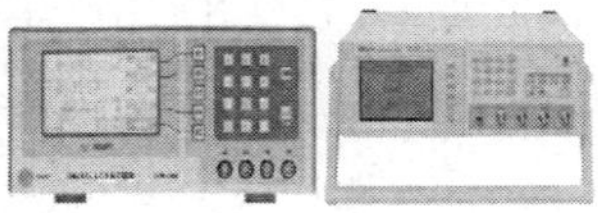	디지털 LCR 미터	일반적인 인덕턴스, 커패시터, 저항측정뿐만 아니라 LR, CR 회로의 임피던스 특성까지도 측정 가능한 다기능 측정을 할 수 있다.
5		디지털 신호발생기	일반적인 신호발생기처럼 사용할 수 있으며 변조하고 싶은 신호를 입력하여 FM, FM Stereo, AM, PM, FSK, PSK, ASK 등으로 변조하는 실습을 할 수 있다.
6		롬이레이저	EP-ROM 안에 있는 데이터를 지울 때 사용한다.
7		롬 라이터	각종 IC 즉 EP-ROM, EEP-ROM, Micro Chip 등 칩 내부 ROM에 프로그램 데이터를 저장할 때 사용한다.
8		함수발진기 신호발생장치	실습에 필요한 파형 즉 사인파, 삼각파, 구형파의 주파수 및 크기를 조정하여 원하는 파형을 입력해서 실습할 수 있다.
9	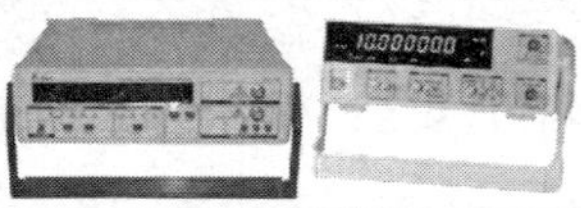	주파수 카운터	측정하고자 하는 미지의 파형의 주기 및 회전수를 알고자 할 때 사용한다.
10		디지털 멀티미터	전자부품의 유무 확인과 회로의 이상 여부를 찾거나 실습에 대한 측정값을 얻을 때 사용한다. AC, DC, V, A, R을 측정할 수 있다.
11		디지털 IC 테스터	TTL 54/74 Series와 CMOS 40/41/45 Series의 Digital IC들의 정상 유무를 체크할 때 사용한다.

순 번	그 림	품 명	사용용도
12		아날로그 및 반도체 장치	아날로그 회로를 브레드보드판에 구성하거나 각종 반도체 모듈을 사용하여 실습하거나 설계할 때 사용한다.
13	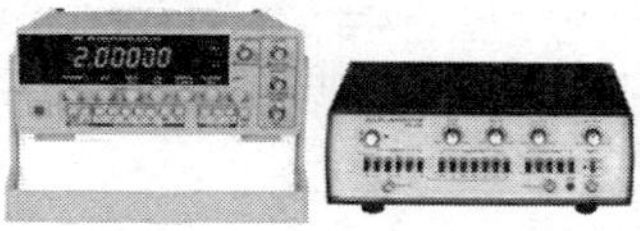	펄스 발진기	표준 주파수 펄스를 입력하거나, 펄스폭 조정을 임의로 조정하여 펄스 회로, 디지털 회로, 아날로그 회로 등과 같은 회로실습 및 테스트 등에 사용한다.
14		직류전원 공급기	컴퓨나 그 주변기기, 회로 실습 등 모든 전기기기는 직류전원을 필요하므로 AC를 DC로 바꾸어 주는 전원회로를 가지고 있는 장치이다. 직류 0~30[V], 0~3[A] 출력을 가변하여 사용할 수 있다.
15		코울라시 브리지	브리지 평형조건을 이용하여 정밀하게 저항을 측정할 때 사용한다.
16		휘트스톤 브리지	브리지 평형조건을 이용하여 정밀하게 저항을 측정할 때 사용한다.
17	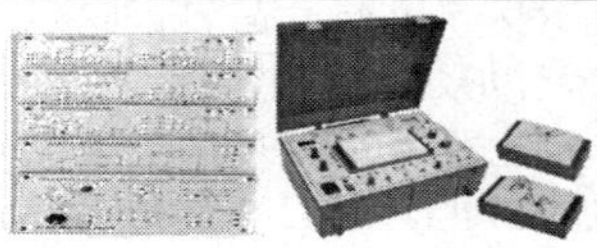	연산 증폭회로장비	체계적인 OP-AMP 실습진행을 할 수 있을 뿐만 아니라 전반적인 아날로그 회로의 실습을 할 수 있다.
18	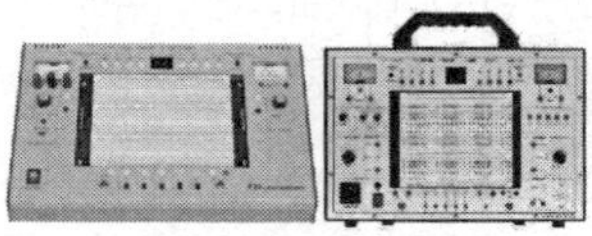	로직 장비	LOGIC LAB UNIT는 Digital 회로의 설계 및 실습용으로 사용하는 장비이다.
19	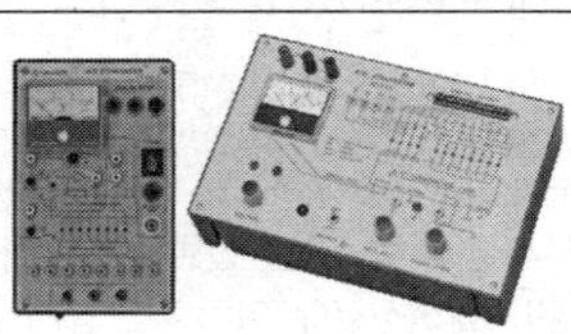	A/D 변환 장치	아날로그 신호를 디지털 신호로 변환하는 장치로서 전압, 전류, 온도, 습도, 압력, 유량, 속도 등과 같은 연속성 아날로그 신호를 컴퓨터가 읽을 수 있는 이진 디지털 신호로 변환시키는 실습을 할 때 사용한다.
20	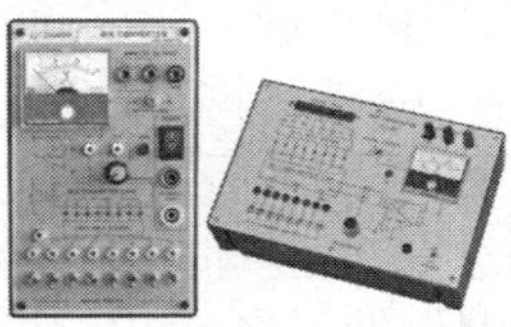	D/A 변환 장치	디지털 신호를 아날로그 신호로 변환하는 장치로서 부호화된 디지털 신호를 전류나 전압 같은 아날로그 신호로 변환시키는 실습을 할 때 사용한다.
21	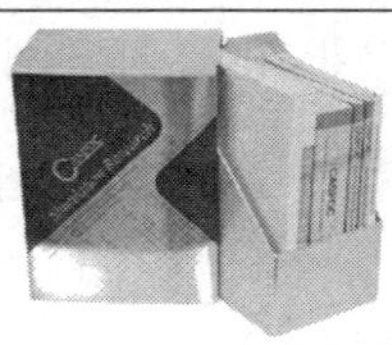	전기/전자회로 시뮬레이션	가상 전자회로를 구성하여 시뮬레이션을 통한 검증 및 해석이 가능한 S/W 전자회로 시뮬레이션 프로그램은 아날로그 · 디지털 및 혼합회로의 설계와 모의실습 및 해석을 할 때 사용한다.

순 번	그　림	품　명	사용용도
22	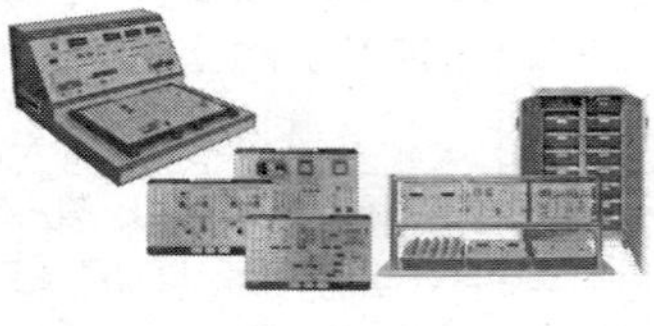	기초 전기전자 장치	의료 전기전자의 이해를 도와주는 장비로 PCB 보드(모듈)를 교체하면서 기초회로를 구성하고 본체의 신호원과 측정기기들을 통해 회로실험을 할 수 있다. 계측기를 활용 인터페이스를 제공하여 전기 및 전자회로의 기초이론과 응용실습을 위한 장비로서 디지털, 기초공동 전자실습, 전자회로실습에 활용한다.
23	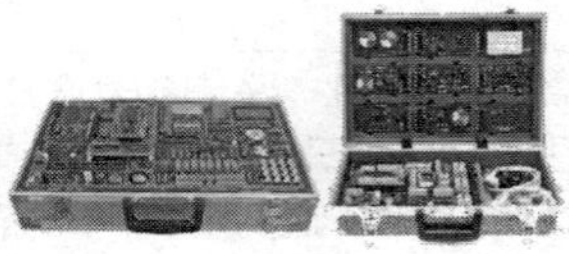	마이크로프로세서 장비	마이크로프로세서를 사용하여 도트 매트릭스, 텍스트/그래픽 LCD, 키패드, 서보/스텝 모터 등을 제어실습할 때 사용한다(8051, AVR, PIC).
24	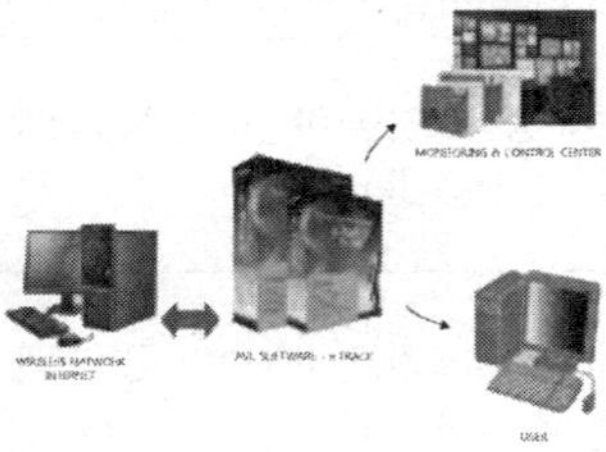	U헬스케어 관제시스템	환자 감시장치와 모바일, 인터넷을 연결하여 심전도 데이터를 전송받을 수 있으며 전송받은 환자의 심전도 데이터를 관리하고 당뇨병, 고혈압, 고지혈증 등 만성질환환자와 비만, 영양불균형 등 나쁜 생활습관을 가진 건강위험자들의 건강을 개선시키는 헬스케어 솔루션이다.
25	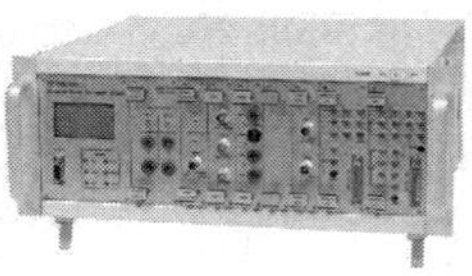	PC 기반 계측장비	전기전자 실험실습 및 연구개발에 필요한 필수 계측장비들을 PC 기반으로 통합한 종합 계측장비로 실습에서 수집된 데이터를 컴퓨터에서 분석이 가능하다. 실시간 측정 분석된 데이터가 수치 및 그래프의 데이터로 표시되며 이 결과를 토대로 데이터 처리 및 응용학습이 가능하다.
26	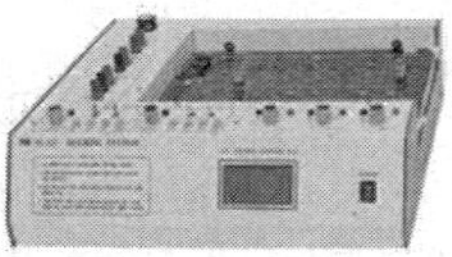	PC 기반 기초 전기전자 장치	PC상에서 리얼 계측기를 활용 인터페이스를 제공하여 전기 및 전자회로의 기초이론과 응용실습을 위한 장비로서 디지털, 기초공동 전자실습, 전자회로 실습에 활용한다.
27	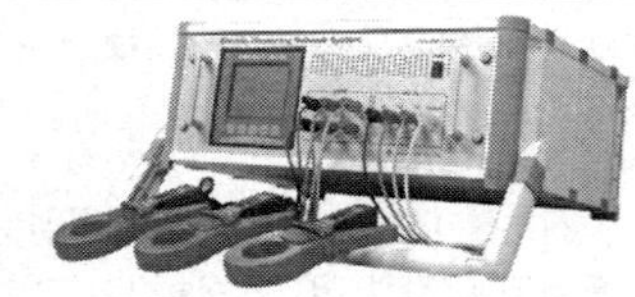	PC 기반 계측 분석 장비	관리시설에 사용되는 전원 품질분석은 물론 적절한 전기설비회로에 데이터를 상시 감시할 수 있는 종합 계측장비로 수집된 데이터를 컴퓨터에서 분석이 가능하다.
28	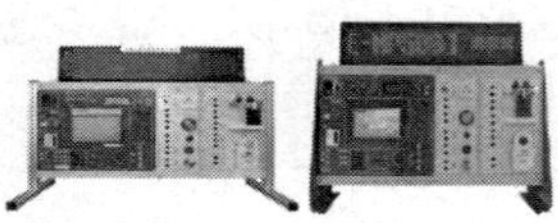	u-헬스케어 모바일 관제 장치	첨단 모바일 관제 기술을 응용하여 중점관리 대상의 환자들의 건강상태 정보 및 위치 등을 실시간 관제가 가능한 시스템으로 관리자가 웹접속을 통한 관제가 가능한 시스템이다.

순 번	그 림	품 명	사용용도
29		시퀀스 장비	전기제어의 기본인 시퀀스에 대하여 실습할 수 있도록 구성되어 있으며, 사용자가 직접 시퀀스 회로를 구성하고 자유롭게 부품을 배치하여 터미널 단자대를 통한 실배선하여 시뮬레이션할 수 있다.
30	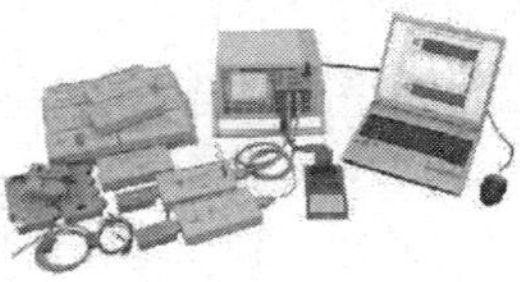	유비쿼터스 센서장치	센서모듈을 본체에 연결하여 환자의 데이터를 관리하고 각종 센서 값의 데이터를 RF 전송하는 센서 응용실험 실습할 때 사용한다.
31	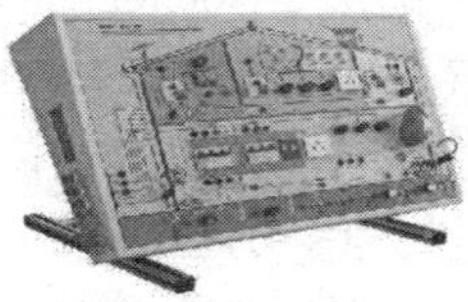	의료설비 전기안전 공학 장치	전기안전에 관련한 전기측정 방법 교육이 가능하다. 전기안전사고 예방을 위한 교육으로 누설전류, 전기차단 등 사용자가 직접 테스트 실험이 가능하다.
32		종합전기 안전측정기	전기 종합 측정기로 교류전압, 직류전압, RST 검상, 검전 등 다양한 측정기능을 수행할 수 있으며 절연저항, 접지저항 측정기능에서 탁월하다.
33	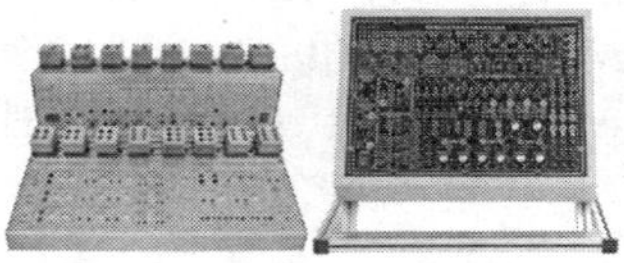	전력전자회로장치	전력전자 기본회로의 도식화하여 한눈에 알아볼 수 있도록 제작되어 전력소자 및 R, L, C 소자를 응용회로에서 연결하는 실습 및 설계할 때 사용한다. 1ϕ 및 3ϕ 위상제어, PWM 회로 파형을 측정할 때 사용한다.
34	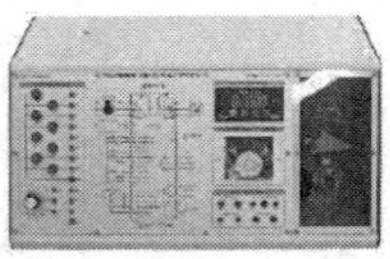	인버터 제어장치	3상 인버터, 3상 유도 전동기, 입·출력 기기 등으로 구성하여 PLC의 D/A 유닛 및 디지털 입·출력과의 연계하여 사용한다.
35	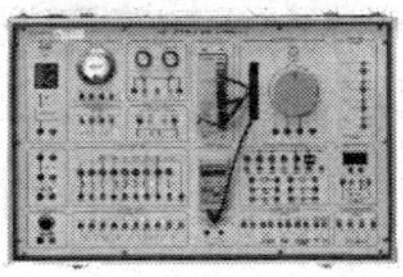	AC 서보 모터장치	오퍼레이터에 의한 서보 모터 가동실험 등 아날로그 전압에 의한 서보 모터 속도제어 실험, 다단 속도제어 실습을 할 수 있다.
36		스테핑 모터장치	스테핑 모터의 작동원리를 이해할 수 있으며, 회전각도 제어 및 속도제어 실습에 활용한다.
37	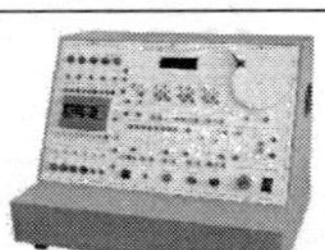	DC 모터 제어장치	DC 모터를 PLC 프로그램에 의해 제어할 수 있는 구성회로를 분석하고, 실험과 회로 구성이 가능하며, DC 모터 제어용으로 사용하여 실습하거나 설계할 때 사용한다.

순 번	그 림	품 명	사용용도
38	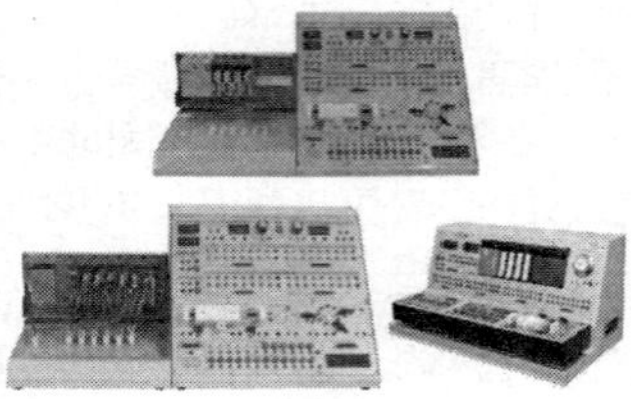	PLC 장치	멀티형 PLC 실험장치 및 공압회로, 유압회로(비례 및 서보 유압 포함), 전기 시퀀스회로(모터 제어, 전기설비 포함), 및 디지털 전자회로 설계 등의 기능과 작성한 회로를 모의실험할 수 있는 기능이 하나의 소프트웨어에서 호환되어 실행됨으로써 각 제조사별 다양한 PLC 유닛을 교체하여 실습할 수 있으며, 다양한 자동화 시스템 제어설계를 위한 교육을 효율적으로 학습할 수 있다.
39		변압기 장치	다양한 입·출력 측정용 계기를 통한 계측회로 결선 실습 가능하며, 단상/삼상 변압기의 다양한 특성, 입·출력 전압, 전류, 전력 등의 특성 실험할 때 사용한다.
40	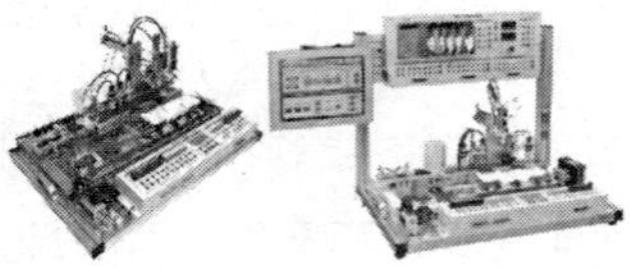	MPS장치	HMI(터치패널)상위 제어를 통한 PLC 및 마이크로프로세서 제어를 하므로 자동화 생산공정 회로설계부터 실습 프로그램 시운전 등의 전문적인 PC 기반 및 PLC, 마이컴 제어기술을 실습할 때 사용하며 공급, 이송, 적재 등의 제어실습이 가능하다.
41		생산자동화장치	분해조립형 단위공정 실습을 위한 통합의료 자동제어 실험장치로서 PLC와 연동하여 공정 분야별로 컨베이어, 센서, 이송장치 등 복합적인 실습을 할 수 있다. 공압실습과 전기공압실습이 가능하며, 모듈별 종합실습이 가능한 자동화 특성실험할 때 사용한다.
42		2축 로봇 서보제어 장치	PLC 연계형 서보제어 로봇 실험장치로서 부품 등의 정밀 이송공정 실험장치로 사용할 수 있다.
43		자동창고 장치	PLC 제어 컨베어, PTP Robot Unit와 함께 종합 시스템 제어가 가능하며, 제조기 실험장치로 사용할 수 있다.

02 멀티 테스터기 부품 측정법

멀티 테스터를 VOM(Volt-Ohm-Meter) 또는 회로 시험기라 하기도 하는데 전자회로의 점검, 전압측정, 저항측정, LC값 측정, 반도체 극성구분, 이득측정, 고장수리 등에 사용된다.

〈표 3-2〉 아날로그 멀티 테스터기와 디지털 멀티 테스터기

1. 아날로그 멀티 테스터기	2. 디지털 멀티 테스터기
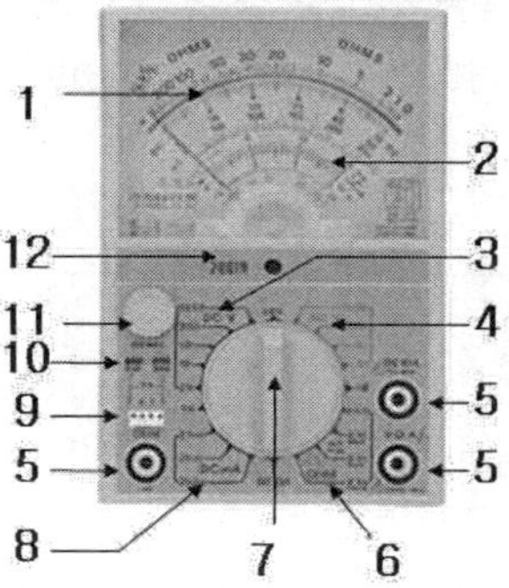	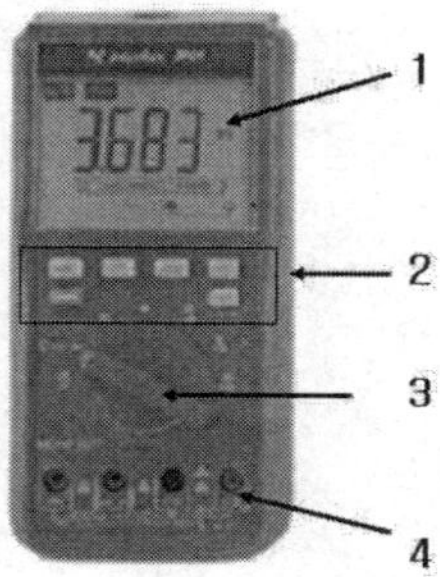
1. 저항값을 읽는 눈금 2. 전압 및 전류값을 읽는 눈금 3. DC[V] : 직류전압을 측정하는 곳, 측정범위는 2.5, 10, 50, 250, 1000[V]이다. 4. AC[V] : 교류전압을 측정하는 곳, 측정범위는 10, 50, 250, 1000[V]이다. 5. 입력 소켓 : 플러스가 적색, 마이너스가 흑색이다. 6. Ω : 저항을 측정하는 곳 7. 레인지 선택 스위치 : 스위치 방식으로 측정할 값을 돌려서 결정할 수 있다. 8. DC[mA] : 직류전류를 측정하는 곳, 측정범위는 2.5, 25, 250[10mA], 10[A]이다. 9. 트랜지스터 검사 소켓 : PNP형과 NPN형을 검사할 수 있다. 10. 트랜지스터 판정장치 : 적색 및 녹색 LED로 되어 있으며 적색이 켜지면 PNP, 녹색이 켜지면 NPN형 트랜지스터이며, 2개의 LED에 빛이 들어오면 측정 트랜지스터의 극간의 단선고장이며, 2개의 LED에 빛이 들어오지 않으면 컬렉터-이미터 간의 단락고장이다. 11. 0점 옴 조정기 : 지침이 0점에 정확히 오도록 조정한다. 전압이나 전류측정과는 무관하다. 12. 지침 영점 조정기 : 측정 전에 지침이 왼쪽 0점에 있는지 확인하고 필요시엔 조정한다.	1. LCD 디스플레이 : 각종 측정값을 표시한다. 2. 버튼 키 - ON/OFF 스위치 : 전원 스위치 - MENU : 메뉴 모드로 들어간다. - FUNCTION : 선택된 측정값의 단위를 바꿀 때 사용한다. - DATA HOLD : 측정한 데이터 값을 고정시킬 때 사용한다. - RANGE : 측정한 값의 범위를 바꿔 준다. 3. 측정값 선택 스위치 : 스위치 방식으로 측정소자(저항, 전압, 전류, 다이오드, 커패시터 등)에 따라 돌려서 선택한다. 4. 입력 소켓 : 플러스가 적색, 마이너스가 흑색이다. 측정할 값의 범위에 따라 적색 봉을 넣는 위치가 다르다.

(1) 멀티 테스터의 종류

전압(AC/DC), 전류(AC/DC) 및 저항 등의 값을 로터리 스위치를 사용하여 하나의 계기로 측정할 수 있다. 멀티 테스터는 지침이 움직여서 값을 나타내는 아날로그 멀티 테스터와 숫자가 표시되는 디지털 멀티 테스터가 있으나, 최근에는 신뢰성과 편리함 등을 선호하여 디지털 멀티 테스터가 많이 사용되고 있다.

① 아날로그 멀티 테스터 : 고정된 영구자석과 움직이는 코일로 구성되어 있으며, 가동 코일에 전류가 흐르면 자기장이 발생한다. 이것이 고정된 영구자석과 작동하여 가동코일을 회전하는 것을 이용한 가동 코일형 계측기의 일종이다. 테스터를 사용하기 전에는 영점 조정기를 조정하여 지침이 왼쪽 '0' 점에 있는지 확인하고 눈금에 지침이 정확하지 않을시 드라이버 등으로 돌려 조정 후 사용한다(그림 3-1).

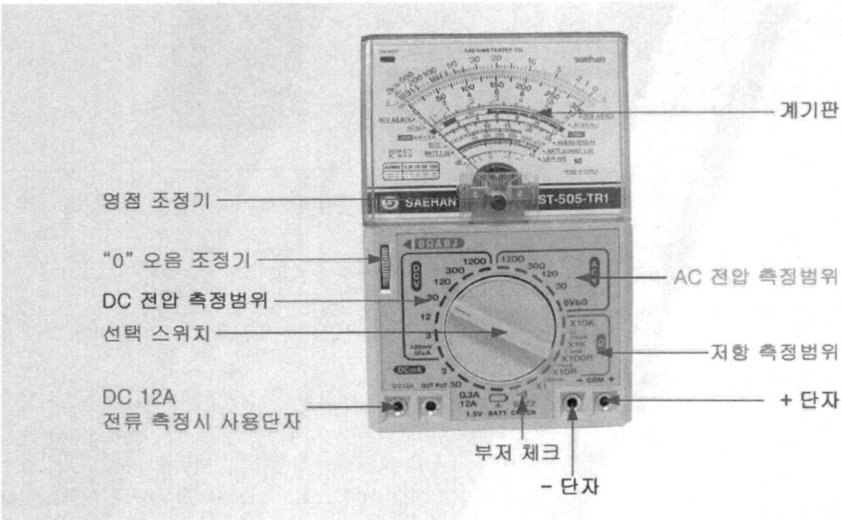

[그림 3-1] 아날로그 멀티 테스터 각 부 명칭

② 디지털 멀티 테스터 : 전자 멀티 테스터로서 내부에 증폭기 등의 전자회로가 내장되어 있으며, 일반 멀티 테스터보다 측정감도가 높고, 피측정회로의 부하에 거의 영향을 미치지 않는 장점이 있다. 피측정 전압, 전류 및 저항의 정보를 전자회로를 통하여 직류전압으로 변화시킨 후 아날로그-디지털 신호변환(Analog to Digital conversion : A/D 변환)을 하여 디지털 값으로 표시한다(그림 3-2).

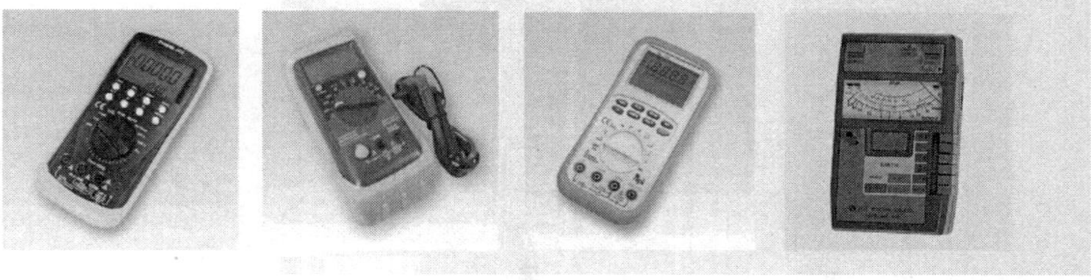

[그림 3-2] 디지털 멀티 테스터

(2) 교류전압 측정방법

① 로터리 스위치를 교류전압 측정범위(AC. V)에 놓는다.
② 로터리 스위치를 측정 예상되는 전압보다 높은 배율값에 위치시킨다.
③ 측정하려는 전원에 단자를 연결하여 측정한다(교류는 극성을 고려하지 않아도 된다).
④ 측정된 값에 배율을 곱한 값이 측정하려는 교류전압이 된다.
⑤ 측정된 전압은 실효값이고 $\sqrt{2}\,(\fallingdotseq 1.414)$를 곱해주면 최대값을 얻을 수 있다.

- 디지털 멀티 테스터 측정 : 전압을 측정하는 방법이다. 로터리 스위치를 'VOLTS(V)'로 선택하고 적색선을 전압 입력단자에 연결하고 흑색선은 공통 단자인 'COM'에 연결한다. 그리고 전압을 측정하려는 곳에 [그림 3-3]과 같이 연결하면 전압을 측정할 수 있다.

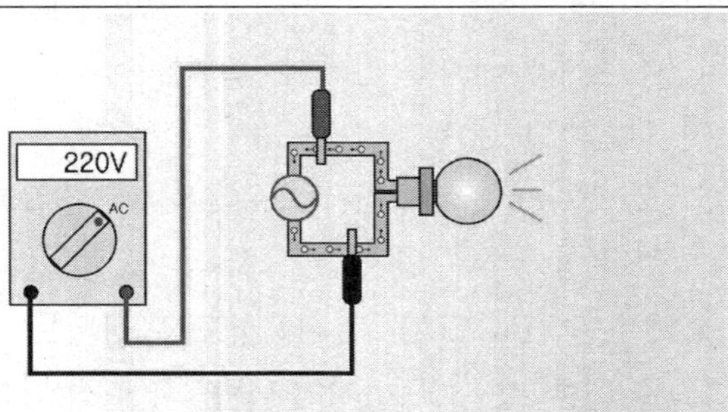

[그림 3-3] 교류전압 측정방법

(3) 직류전압 측정방법

① 선택 스위치를 직류전압 측정범위(DC. V)에 놓는다.
② 선택 스위치를 측정 예상되는 전압보다 높은 배율값에 위치시킨다.

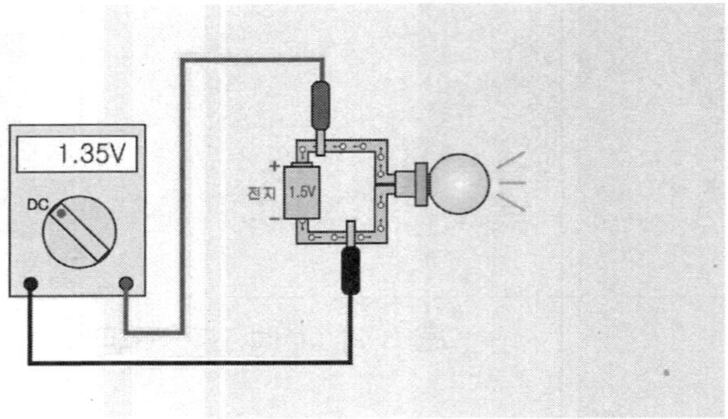

[그림 3-4] 직류전압 측정방법

③ 전위가 높은 점에 (+)극(적색), 낮은 점에 (-)극(흑색)을 연결하여 측정한다.
④ 측정된 값에 배율을 곱한 값이 측정하려는 직류 전압값이 된다(그림 3-4).

(4) 직류전류 측정방법

① 로터리 스위치를 직류전류 측정범위(DC. A)에 놓는다.
② 로터리 스위치를 예상되는 전류값보다 높은 배율값에 위치시킨다.
③ (+)극, (−)극을 일치시켜 회로에 직렬로 연결하여 직류전류를 측정한다.
④ 측정된 전류값에 배율을 곱하면 측정하려는 직류 전류값이 된다.

- 디지털 멀티 테스터측정 : 직류전류를 측정하는 방법은 [그림 3-5]와 같이 먼저 전원 스위치를 개방하여 전원을 차단시키고 전류계 흑색선은 공통 단자인 'COM'에 연결하고 이 흑색선을 회로에 연결하면 된다.
  ① 회로에 연결할 경우에는 테스터가 회로에 직렬이 되도록 연결하여야 한다.
  ② 적색선을 회로의 (+)극에 연결한다.
  ③ 로터리 스위치를 'AMPS(A)'로 선택하고 예상되는 전류의 값에 따라 큰 전류이면 10[A]에, 적은 전류이면 300[mA]의 입력단자에 적색선을 연결한다.
  ④ 일반적으로 전자회로에서는 적은 전류인 300[mA] 단자에, 전기회로에서는 큰 전류인 10[A] 단자를 사용한다.
  ⑤ 테스터가 회로에 병렬로 연결되면 테스터 내로 큰 전류가 흘러 테스터가 소손되므로 특히 주의하여야 한다.
  ⑥ 회로에 테스터의 연결이 완료되고 회로의 전원을 가하면 전류값을 측정할 수 있다.

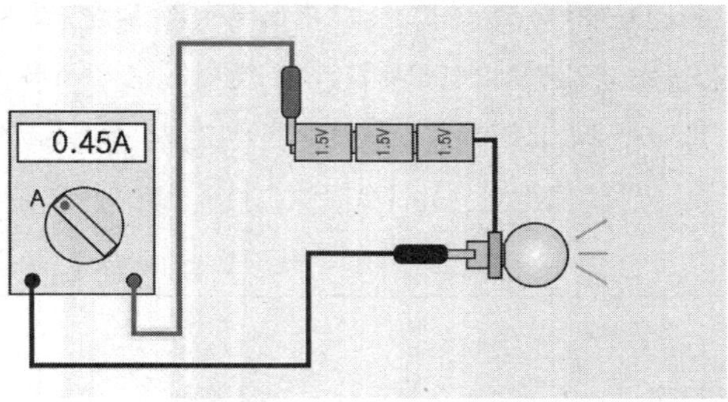

[그림 3-5] 직류전류 측정방법

(5) 교류전류 측정

교류전류 측정시에는 [그림 3-6]과 같은 교류전류 측정용 클램프미터가 있으므로 클램프미터를 사용하여 교류전류 측정하면 된다.

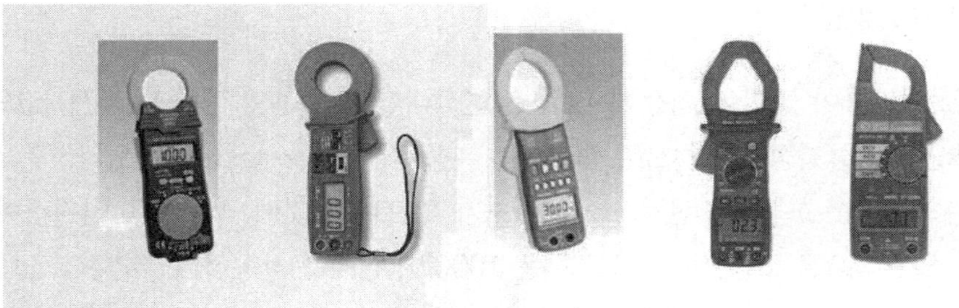

[그림 3-6] 클램프미터

(6) 저항 측정방법

① 로터리 스위치를 저항 측정범위 [Ω]에 놓는다.
② 영점 조절기를 사용하여 정확히 영점을 맞춘 후 로터리 스위치를 적당한 값의 배율 값으로 위치시킨다.
③ 측정된 값에 배율을 곱한 값이 측정하려는 저항값이 된다.
④ 전류가 흐르고 있는 회로 내의 저항을 측정하면 정확한 저항값을 읽을 수 없을 뿐만 아니라, 과도한 전류가 흘러서 테스터가 파손되기 쉬우므로 저항측정시는 제일 먼저 회로의 전원을 차단하여야 한다.

• 디지털 멀티 테스터 측정 : 저항을 측정하는 방법은 [그림 3-7]과 같다. 저항을 측정할 때는 회로의 전원을 제일 먼저 차단해야 한다. 로터리 스위치를 저항[Ω]으로 선택하고 흑색선을 'COM' 단자에, 적색선을 [Ω] 단자에 끼우고 각 선을 측정하려는 곳에 연결하면 저항을 측정할 수 있다. 측정단위는 [Ω], [kΩ] 및 [MΩ]이 있다.

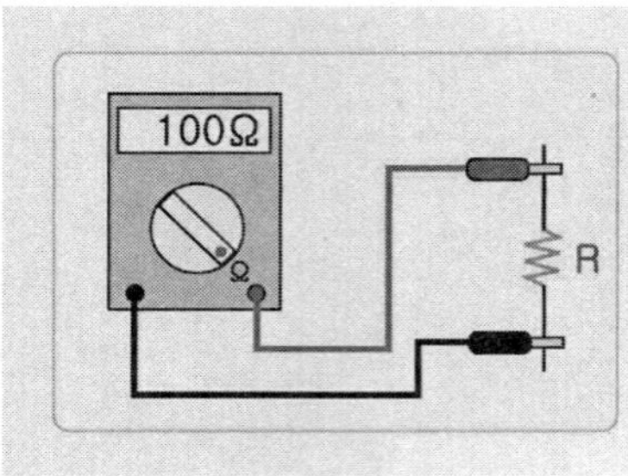

[그림 3-7] 저항 측정방법

[그림 3-8] 절연저항 측정기(megger tester)

(7) 절연저항 측정방법

전기설비는 절연저항이 좋아야 하는데 만약 절연상태가 나쁘면 감전 또는 누전사고의 위험이 높다. 이러한 절연저항을 측정하는 것으로 절연저항 측정기(megger tester)가 있다.

절연저항계는 선로(line)단자와 접지(earth)단자가 있으며 이것에 리드선을 연결하여 절연저항을 계측한다. 일반적으로 고압전로 및 기기에는 1000[V] 정격을 사용하며 저압전로 및 기기에는 500[V] 정격을 사용한다. 절연저항계를 사용하기 전에 절연저항기의 'LINE' 단자와 'EARTH' 단자를 단락하여 지침이 '0'을 나타내는지를 확인해야 하며 단자 'LINE'과 'EARTH'를 개방하면 지침은 무한대를 나타내야 한다. 절연저항 측정기기는 [그림 3-8]과 같다.

절연저항을 측정할 경우에는 반드시 전로 또는 기기의 전원을 차단한 상태에서 절연저항을 측정해야 한다. [그림 3-9]와 같이 절연저항계의 'LINE' 단자를 전로 또는 기기의 단자에 접속하고 'EARTH' 단자를 접지선에 접속한 후 'MEASURE' 버튼을 누르면 절연저항값이 화면에 지시된다. 절연저항 측정치는 지시값이 안정되고 정지상태에서 읽는다.

절연저항계로 반도체 소자나 PCB 기판의 저항을 측정하면 안 된다. 절연저항 측정기의 고전압으로 소자나 PCB 기판이 파손될 수 있기 때문에 멀티 테스터로 측정하여야 한다.

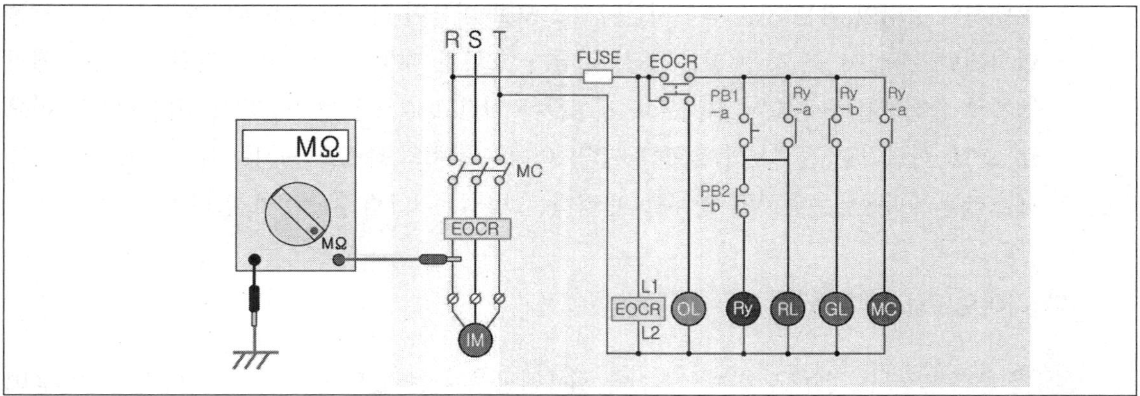

[그림 3-9] 절연저항 측정기 연결방법

(8) 콘덴서의 양부판정

두 전극 사이에 유전체가 존재하고 있는 구조이므로 두 전극 사이는 완전히 절연된 상태이다. 따라서 직류전류는 흐를 수 없고 저항값은 ∞이다.

회로 시험기의 로터리 스위치를 저항[Ω]에 놓고, 리드 단자를 콘덴서의 양단에 연결시키면 순간적으로 충전전류가 흘러 바늘이 움직이게 된다.

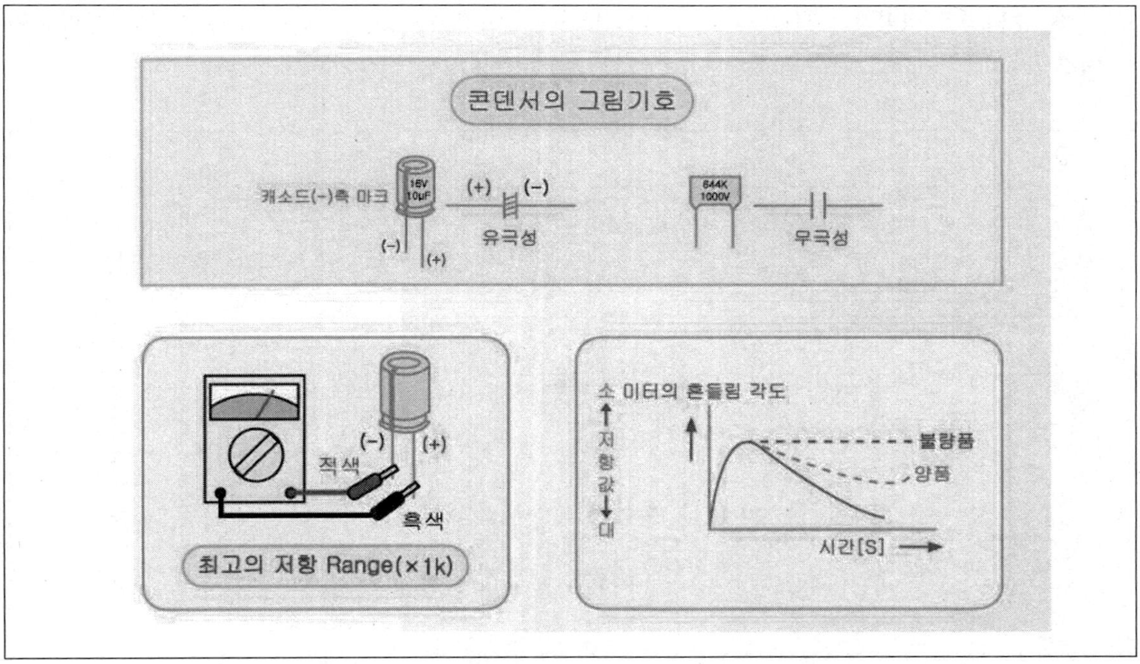

[그림 3-10] 디지털 멀티 테스터로 콘덴서의 양부판정

콘덴서의 용량이 작은 것은 충전시간이 짧으므로 바늘이 약간만 움직였다가 즉시 ∞로 되돌아가지만, 용량이 큰 것은 많은 충전 전류가 흐르기 때문에 처음에는 거의 도통상태에서 점차로 충전전류가 감소하게 되므로 저항값은 커지고 결국은 절연상태를 나타낸다. 그러므로 회로 시험기로 콘덴서의 절연상태뿐만 아니라 용량의 대소를 판정할 수 있다.

테스터를 이용한 콘덴서의 양부를 판정하는 방법은 [그림 3-10]과 같다.

(9) 다이오드의 양부판정

전류를 한쪽 방향으로 흐르게 하는 소자, 즉 정류작용을 하는 반도체 소자이다. 따라서 순방향에서는 전류가 잘 흐르고 역방향에서는 흐르지 않는다. 순방향에서의 저항값은 대략 50~100[Ω] 정도, 역방향에서는 200[kΩ]~15[MΩ] 정도이고, 이 저항값의 차이가 클수록 양호한 다이오드이다.

회로 시험기 내부에 들어 있는 건전지의 (+)전극은 회로시험기 외부의 흑색 리드 단자 (-)에, 건전지의 (-)전극은 회로 시험기 외부의 적색 리드 단자(+)에 [그림 3-11]과 같이 연결되어 있다.

따라서 다이오드의 순방향 저항을 측정할 때는 다이오드의 애노드(양극)에 흑색 리드 단자를, 다이오드의 캐소드(음극)에 적색 리드 단자를 접속하면 전류가 흐르게 되어 저항값은 작게 나타나고, 역방향의 경우에는 반대가 되어 저항값이 크게 나타나게 된다.

즉, 순방향과 역방향의 저항변화가 큰 다이오드는 양호한 것이고 그다지 크지 않으면 불량품이 된다.

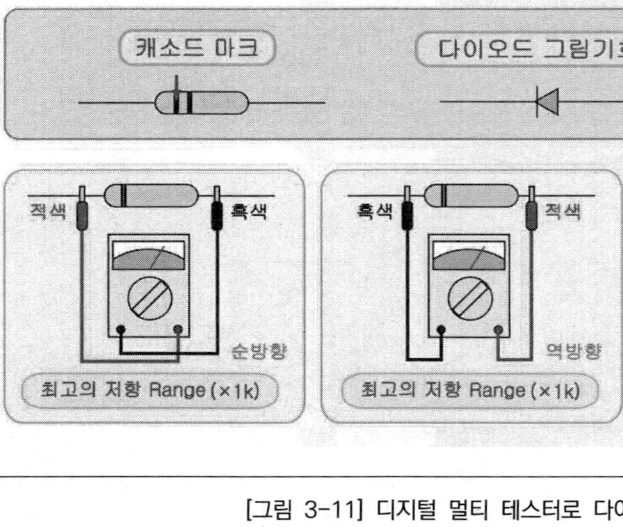

순방향	역방향	판정
○	×	양품
◎	◎	쇼트
×	×	단선
○	△	열화

[그림 3-11] 디지털 멀티 테스터로 다이오드의 양부판정

(10) 트랜지스터 극성판별 및 양부판정

아날로그 테스터를 이용하여 트랜지스터 극성을 확인할 수 있다. 테스터 흑색 리드와 적색리드를 측정하고 NPN형과 PNP형을 먼저 구분하여야 한다.

① 트랜지스터의 3개의 핀 중 임의의 핀에 흑색 리드를 고정하고 적색 리드를 나머지 두 개의 핀에 연결하였을 때 테스터의 지침이 중간 정도에서 움직이는 핀이 하나만 있을 때는 PNP형이고, 2개일 경우에는 NPN형이다.

② NPN형인 경우 : 테스터의 저항범위를 (10000R)에 두고 베이스를 제외한 두 개의 핀에 테스터 리드를 바꾸어 가며 연결하여 지침의 움직임이 클 때의 검정색 리드를 접속한 핀이 컬렉터이고 나머지 핀이 이미터이다.

③ PNP형인 경우 : 위 ②항의 방법과 같은 방법으로 접속하며, 지침의 움직임이 클 때의 검정색 리드를 접속한 핀이 이미터이고 나머지 핀이 컬렉터이다.

④ 트랜지스터의 양부판정 : 트랜지스터의 베이스와 컬렉터, 베이스와 이미터간의 도통여부를 판정할 수 있다. NPN형 트랜지스터와 PNP형 트랜지스터의 기호는 [그림 3-12]와 같다.

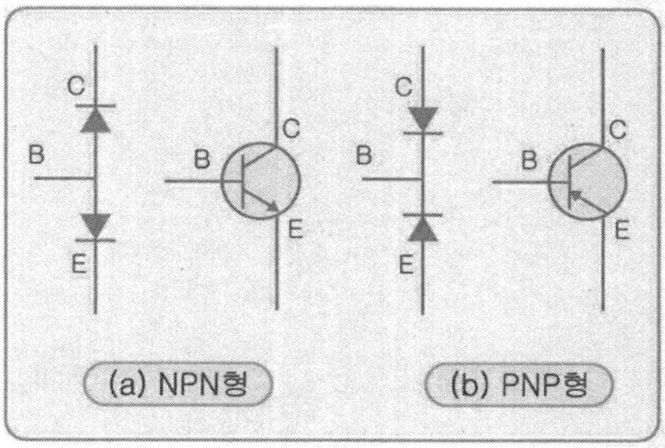

[그림 3-12] 트랜지스터의 기호표시

⑤ 트랜지스터 검사 소켓에 트랜지스터를 극성을 맞추어 끼우고 로터리 스위치를 TR에 위치시킨다.

⑥ 적색 LED가 켜지면 PNP형이고, 녹색 LED가 켜지면 NPN 트랜지스터이다. 2개의 램프가 점멸되면 측정하는 트랜지스터의 극간 단선상태, 둘 다 점멸되지 않으면 컬렉터-이미터 간의 단락상태를 나타낸다.

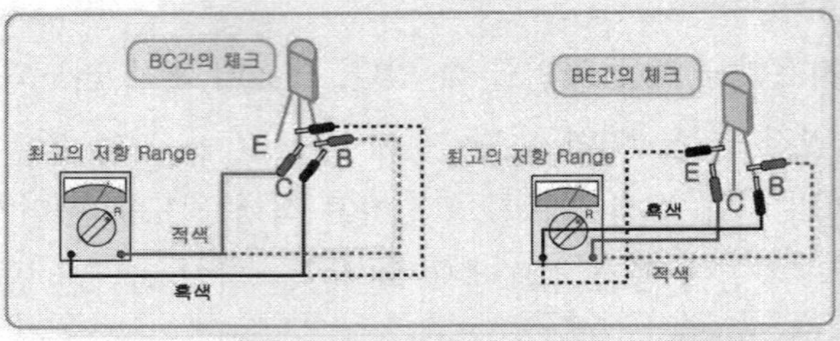

B-C 및 B-E간의 체크 판정표		
실선방향	점선방향	판정
○	×*1	NPN양호
×*1	○	PNP양호
◎	◎	쇼트
×	×	단선
○	△	NPN열화
△	○	PNP열화

*1게르마늄(Ge) 트랜지스터에서는 미터의 흔들림이 정품이라도 큰 것이 있다

E: 이미터 B: 베이스 C: 켈렉터

[그림 3-13] 디지털 멀티 테스터로 트랜지스터 양부판정 방법

트랜지스터 특성을 이용하여 [그림 3-13]과 같이 양부판정을 할 수 있다.

⑦ [그림 3-13] 판정표에서 '○'는 저항이 작아서 전류가 흐르는 다이오드의 순방향 바이어스와 같은 경우이며, '×'는 저항이 너무 커서 전류가 흐르지 못하는 역방향 바이어스와 같은 경우이다.

⑧ 트랜지스터의 극성을 알고 있을 경우에 디지털 테스터를 이용하여 간단하게 양부 판정을 할 수 있다.

03 전동기설비

학습목표

- 동력설비의 개념을 이해한다.
- 작동원리를 이해하고 운용할 수 있다.
- 동력설비의 종류와 특성을 알 수 있다.

전동기[2)]는 전기 에너지를 기계적 에너지로 변환시키기 위해 회전하는 전기기기이다. 전동기의 종류에는 크게 직류전동기와 교류전동기 및 직류 · 교류 겸용 전동기와 같이 세 가지로 나누며, 이밖에도 전동기의 구조, 성능, 크기 등 용도에 따라 여러 가지로 구분할 수 있다. 병원이나 일반 빌딩, 공장 등의 건물에 설비되는 공조, 급배수, 환기, 엘리베이터와 공장기기 등에 필요한 동력과 그에 요하는 배선, 감시, 제어설비 등 급전설비 등이다.

1. 전동기설비의 종류

전동기설비의 종류와 용량은 건물의 구조와 용도에 따라 다르므로 획일적인 형식을 정할 수 없으며, 그때마다의 건물형태, 기능, 사용목적에 대한 요구에 따라서 결정해야 한다. 우리나라의 배전은 교류배전을 사용하므로 교류전동기가 많이 사용되며, 값이 싸고 구조가 간단하여 보수상의 문제점이 적은 유도전동기가 가장 많이 사용되고 있다. 전동기(motor)는 전기적 에너지를 기계적 에너지로 변환시켜 회전동력을 얻는 기계로 시동 및 운전이 용이하고, 부하에 적합한 기종을 선택하기 쉽고, 소음 및 진동이 작고, 배기공해도 없는 소형 경량의 전동기이다. 전동기는 다음과 같은 것들이 있다. 현재 동력원으로 사용되는 전동기의 90[%] 이상은 3상 유도 전동기를 사용한다(그림 3-14).

---

2) 전동기 : ① 고정자 : 전동기 전체를 고정하는 외틀 외에 도체와 자성체로 구성하며 계자라고 한다. ② 회전자 : 도체, 자성체로 구성되어 있고 전기자라고 한다.

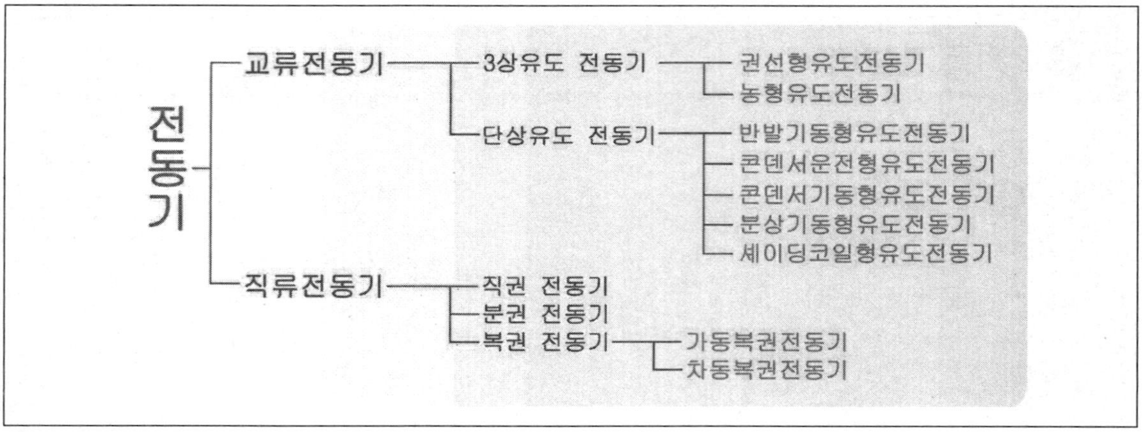

[그림 3-14] 직 · 교류 전동기의종류

〈표 3-3〉은 전동기의 종류를 전기방식에 따라 직류용과 교류용으로 구분해 놓은 것이다.

〈표 3-3〉 전동기의 종류

구 분	종 류			
직류용	타 여자			
	자 여자	직권		
		분권		
		복권	가동복권, 차동복권	
교류용	전동기			
	정류자			
	유도	3상	농형 유도, 일반 농형, 권선형	
			특수농형(1, 2종)	심구농형, 이중농형
		단상	분상 기동형, 콘덴서 기동형, 반발 기동형, 셰이딩코일형 모노사이클형	

2. 동력용 전동기의 특성

전류가 흐르는 도체에 자기장 속에서 받는 힘을 이용하여 전기에너지를 역학적 에너지로 바꾸는 장치이다. 일반적으로 모터(motor)이다. 전원의 종류에 따라 직류전동기와 교류전동기로 분류되며, 교류전동기는 다시 3상 교류용과 단상 교류용으로 구분된다. 요즘은 3상 교류용 전동기를 주로 사용하고 있다.

전동기의 종류는 여러 가지가 있으므로 사용목적에 적합한 것을 선정해야 한다. 전동기의 특성은 동작원리와 구조에 따라 결정되며, 그들의 특성 및 용도는 〈표 3-4〉, 〈표 3-5〉와 같다.

〈표 3-4〉 동력용 전동기의 특성 및 용도

구 분	특 성	용 도
유도전동기	• 구조가 간단하고 견고하다. • 가격이 저렴하다. • 취급이 간단하다.	• 농사용, 가정 전기기구 등의 소동력 • 보통 엘리베이터형 : 3.7[kW] 이하 • 특수 엘리베이터형 : 5.5[kW] 이하 • 50, 60[Hz] 겸용
동기전동기	• 역률이 양호하다. • 역률조정을 임의로 한다. • 대용량 저속도용에 적합하다.	큰 기동회전력을 필요로 하는 부하에는 크러치부착 동기전동기나 초동기(반동) 전동기가 적합
정류자전동기	• 광범위하게 속도제한이 가능하다. • 속도조정으로 전력손실이 없다. • 저속도로 높은 역률을 유지한다.	대출력 터보 송풍기, 재료시험기 등
직류전동기	• 직권전동기는 기동회전력이 크다. • 분권전동기는 정속도 운전용에 적합하다.	• 직권전동기는 초중기, 윈치, 전기철도용 등 • 분권전동기는 일반 공장용, 펌프용, 송풍기용 등

〈표 3-5〉 건축물에 설치되는 동력설비 분류

분 류	기기구성
공조설비동력	열원기기(보일러, 냉동기) 송풍기, 공기조화기, 펌프, 팬
급수 · 배수 위생설비동력	각종 펌프
특수설비동력	주방설비, 세탁설비, 의료설비, 쓰레기처리설비, 진공청소설비
반송설비동력	엘리베이터, 에스컬레이터, 리프트, 기계식 주차설비, 곤도라, 컨베이어
기타 동력	전동셔터, 자동문
소방동력	소방설비용 펌프류, 팬

주 : ① 일반적으로 반송설비동력 중 엘리베이터, 에스컬레이터, 리프트 등의 수송능력, 필요 수량산정, 배치계획은 건축전기설비에서 수행하고 건축설계자와 협조한다.
② 소방설비용 펌프 및 팬은 소방설비설계자와 협조한다.
③ 그 밖의 것은 건축기계설비 또는 건축설계자와 협조한다.

04 직류전동기

학습목표

- 직류전동기의 개념을 이해한다.
- 작동원리를 이해하고 운용할 수 있다.
- 직류전동기의 특성을 알 수 있다.

직류기의 계자극은 1[kW] 이하 소형에서는 영구자석을 사용하기도 하지만 일반적으로 전자석을 사용한다. 전자석을 사용할 경우에 계자권선을 여자하는 방식에 따라 타여자, 분권식, 직권식, 복권식의 4종류로 분류한다.

1. 직류전동기 기본구조

직류 전동기[3]는 자계 내에 있는 도체에 전류가 흐르면 도체는 플레밍의 왼손법칙에 따르는 방향의 힘을 받는 원리를 이용해 도체를 코일로 하고 전류를 흐르게 하면 도체 양쪽의 전류방향이 역으로 되기 때문에 회전력이 작용하여 회전운동을 일으키게 한다.

회전력은 자계의 세기와 도체에 흐르는 전류에 비례한다. 직류전동기는 직류전원에 의해서만 사용할 수 있도록 설계되어 있다. 이러한 직류전동기를 다시 세분하면 직권(series-wound), 분권(shunt-wound) 및 복권(compound wound)으로 나눌 수 있다. 도체의 운동은 영구자석이 가진 자력선과 전류의 흐름에 의해서 도체 주위에 형성되는 자력선의 반발로 인하여 발생한다. 전류가 흐를 때 도체는 플레밍의 왼손법칙에 의해 일정한 방향으로 운동하게 된다. 이것은 도체 주위에 있는 자력선이 영구자석의 자력선과 반발하기 때문에 일어나게 되는데, 이와 반대방향으로 전류가 흐른다면 회전도 반대방향으로 하게 된다.

전동기는 한 쌍의 자극과 정류자 및 한 쌍의 브러시로 이루어져 있다. 전원으로부터 전류는 브러시와 정류자를 통하여 회전자에 흐르게 되는데, 회전자 한쪽에 흐르는 전류의 방향은 다른 한쪽에 흐르는 전류의 방향과 반대이기 때문에 자장 내의 이들 회전자 주위에 발생하는 자력선도 서로 반대방향을 이루게 된다. 이와 같은 자력선의 현상은 회전자의 양단을 위, 아래로 반발시켜 계속

---

3) 직류전동기 : 자기장 속에 놓인 도체에 직류전류를 흘리면 플레밍의 왼손법칙에 따라 도체에 전자력이 발생하며 회전하고, 직류전동기는 속도제어가 용이하여 전철, 엘리베이터, 압연기 등과 같이 속도조정이 필요한 경우에 널리 사용된다.

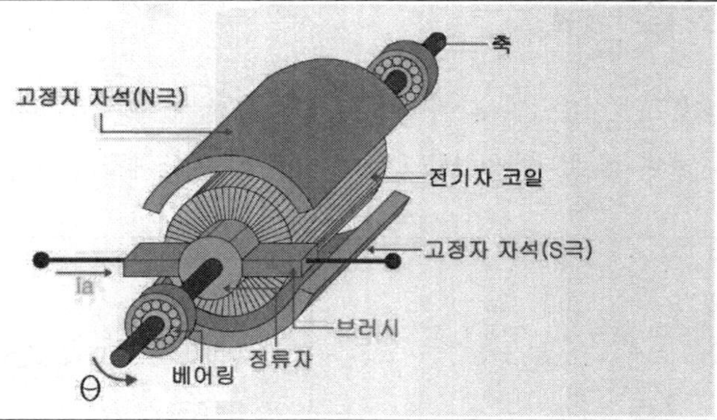

[그림 3-15] 직류전동기의 구조

회전하게 되며, 정류자에 의해서 회전자는 그 회전방향이 변하지 않으며 정류자가 서로 접촉되지 않으므로 전류가 흐르지 못하는 위치에서도 회전자를 회전시킬 수 있는 충분한 시간조건이 된다. 직류전동기의 구조는 계자[4], 전기자[5], 정류자[6], 브러시 등으로 되어 있으며, 직류발전기와 직류전동기는 같은 구조이다. [그림 3-15]는 직류전동기의 구조를 나타낸 것이다.

2. 직류전동기의 원리

도체의 운동은 영구자석이 가진 자력선과 전류의 흐름에 의해서 도체 주위에 형성되는 자력선의 반발로 인하여 발생한다. 전류가 흐를 때 도체는 플레밍의 왼손법칙에 의해 일정한 방향으로 운동하게 된다. 이것은 도체 주위에 있는 자력선이 영구자석의 자력선과 반발하기 때문에 일어나게 되는데, 이와 반대방향으로 전류가 흐른다면 회전도 반대방향으로 향하게 된다. 자장 내에 있는 도체에 전류가 흐를 때 도체의 운동과 자력선의 방향은 [그림 3-16]과 같다.

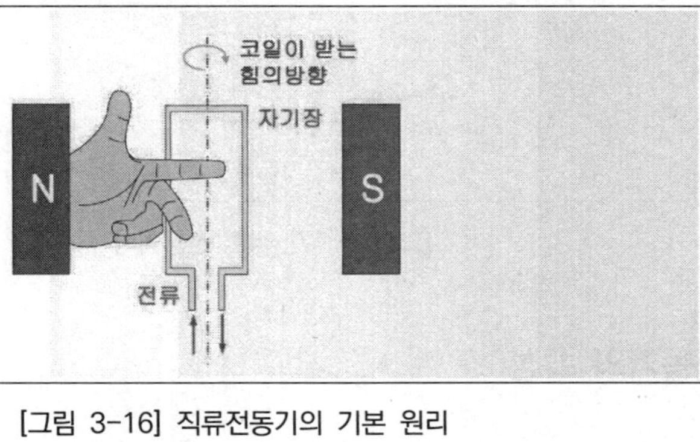

[그림 3-16] 직류전동기의 기본 원리

4) **계자** : 고정자라고도 하며 자력을 발생시킨다.
5) **전기자** : 회전력을 발생하며 축, 철심, 전기자 코일, 정류자로 구성된다.
6) **정류자** : 사각형의 코일이 한쪽 방향으로 돌 수 있게 하는 역할을 하며 브러시에서 나오는 전류를 한 방향으로 흐르게 한다.

3. 직류전동기의 종류

직류전동기는 [그림 3-17]과 같이 타여자 전동기, 분권전동기, 직권전동기, 가동복권 전동기, 차동복권 전동기로 나눌 수 있는데, 전기자의 위치 및 분권 또는 계자 코일의 위치에 따라 종류가 달라진다.

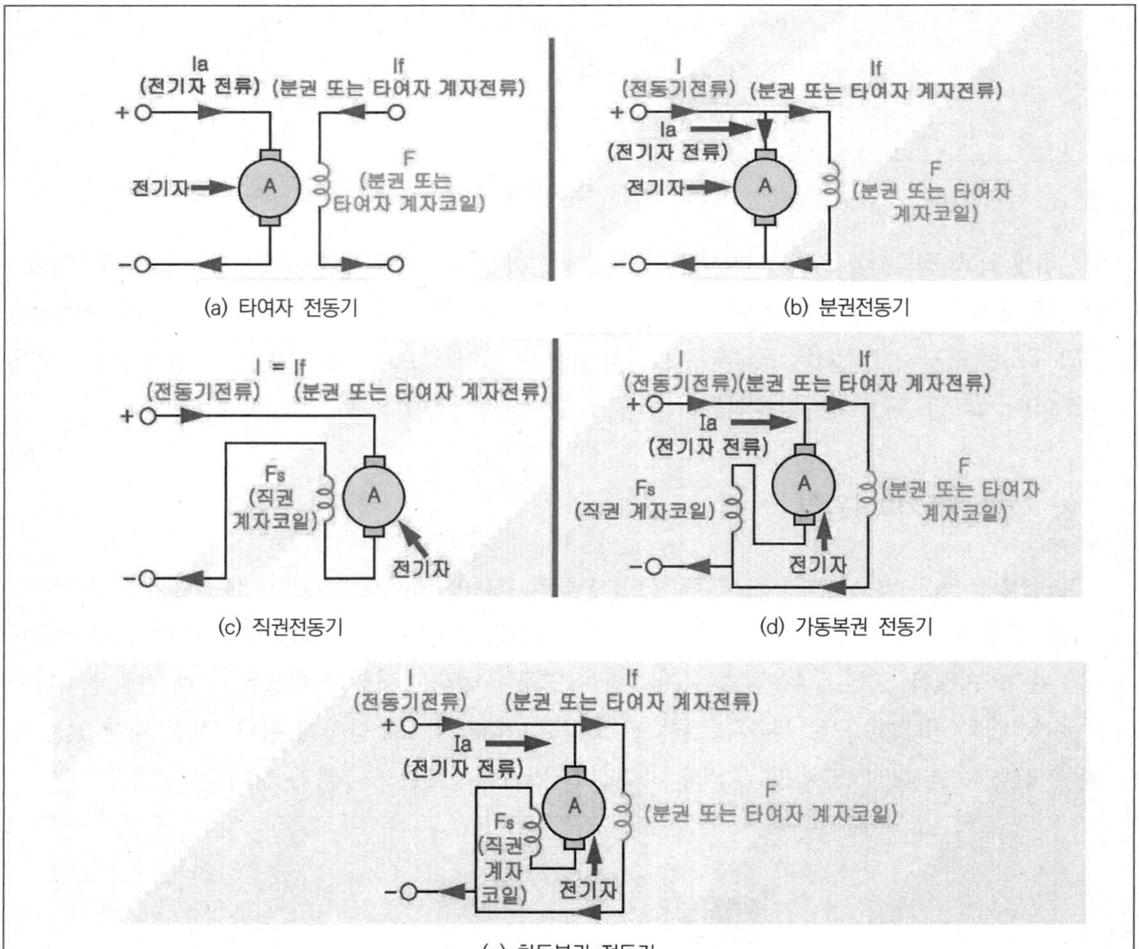

(a) 타여자 전동기 (b) 분권전동기 (c) 직권전동기 (d) 가동복권 전동기 (e) 차동복권 전동기

[그림 3-17] 직류 전동기의 종류

4. 직류전동기의 특성

직류전동기는 부하의 변화에 따라 속도와 토크의 특성이 나타난다. 부하의 변화에 따른 속도와 토크(회전력)의 특성을 갖는 직류전동기를 종류별로 설명한 것이다.

(1) 직류전동기의 부하변화에 따른 속도특성

직류전동기 중 속도변동이 가장 큰 전동기는 직권전동기이고, 속도변동이 가장 작은 전동기는 차동 복권전동기이다. 그리고 속도가 가장 정속도인 전동기는 타여자 전동기이다. 전동기의 속도 특성 그래프는 [그림 3-18]과 같으며, 가동 복권전동기의 속도 특성은 분권전동기에 비해 부하전류에 대한 감소비율이 높으며, 차동 복권전동기의 속도특성은 다른 전동기에 비해 크게 나타난다.

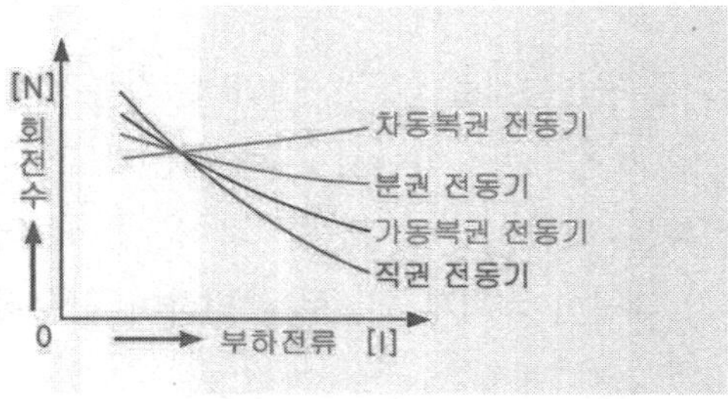

[그림 3-18] 직류전동기의 속도 특성

(2) 직류전동기의 부하변화에 따른 토크 특성

분권전동기의 토크 그래프는 [그림 3-19]와 같이 전기자 전류와 부하전류에 비례하며, 직권전동기의 토크는 부하전류의 2승에 비례하여 나타난다. 또한 가동 복권전동기의 토크 특성은 분권전동기에 비해 부하전류에 대한 증가비율이 높으며, 차동 복권전동기의 토크 특성은 다른 전동기에 비해 작게 나타난다.

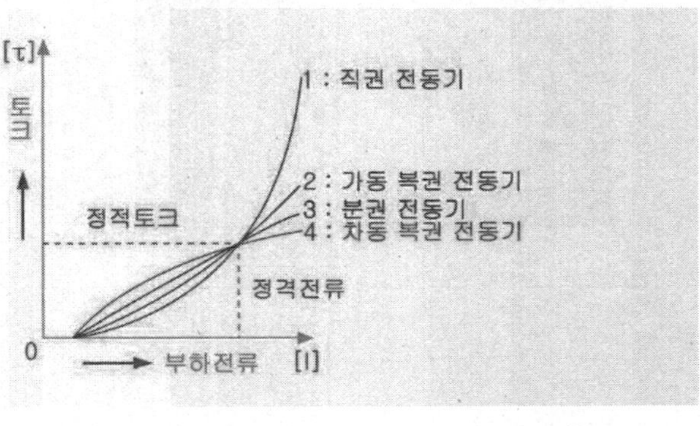

[그림 3-19] 직류전동기의 토크 특성

5. 직류전동기의 기동과 속도제어

정지하고 있는 전동기를 기동시키기 위해서 직접 전 전압을 가하면 전동기에는 유기기전력이 없으므로 전 전압이 전동기의 내부저항에 가해지게 되어 정류자 및 전기자 권선 등에 큰 충격을 주게 된다. 이를 방지하기 위해서 전기자회로에 직렬 저항을 삽입하여 기동전류를 제한해야 한다.

(1) 직류전동기 기동

정지상태에 있는 전동기를 운전상태로 만드는 것이며, 직류전동기를 기동할 때는 기동전류를 제한하기 위하여 기동저항기를 이용하며, 기동 시 기동전류는 작고, 기동 토크는 커야 한다. 또한 운전 중의 전동기 전기장 전류는 기동 시 역기전력[7]과 운전 시 역기전력에 의해 단자전압의 70~80[%]가 되어 기동전류가 대단히 커지게 되므로 주의하여 사용해야 한다.

(2) 전기자의 역기전력과 전류

1) 역기전력

전동기가 회전한 후 도체가 자속을 끊고 다시 도체가 전기자가 되어 전압을 유도하여 유도기전력을 발생시키는 것이다. 이때 발생하는 유도전압은 가해준 전압과 극성이 반대이며, 직류 전동기의 전기자의 역기전력은 [그림 3-20]과 같으며 역기전력은 식 (3-1)과 같다(단, 비례상수$K_1 = \dfrac{PZ}{60a}$).

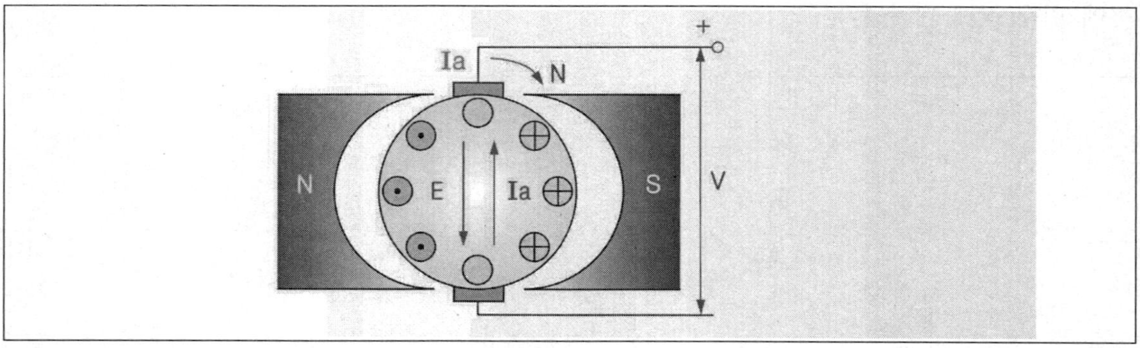

[그림 3-20] 역기전력

7) 역기전력 : 전동기가 회전한 후 도체가 자속을 끊고 다시 도체가 전기자가 되어 전압을 유도하여 유도기전력을 발생시키는 것이다.

$$E_0 = P\Phi \frac{N}{60} \cdot \frac{Z}{a} = \frac{PZ}{60a} \cdot \Phi N = K_1 \Phi N[\mathrm{V}] \quad (3\text{-}1)$$

여기서, P : 자극 수, Φ : 각 극의 자속[Wb], Z : 전기자 총 도체 수, a : 전기자 병렬회로 수, N : 분당회전수[rpm]이다. 즉 역기전력 E_0 : N에 비례한다.

2) 전기자 전류

전동기의 등가회로는 [그림 3-21]과 같다.

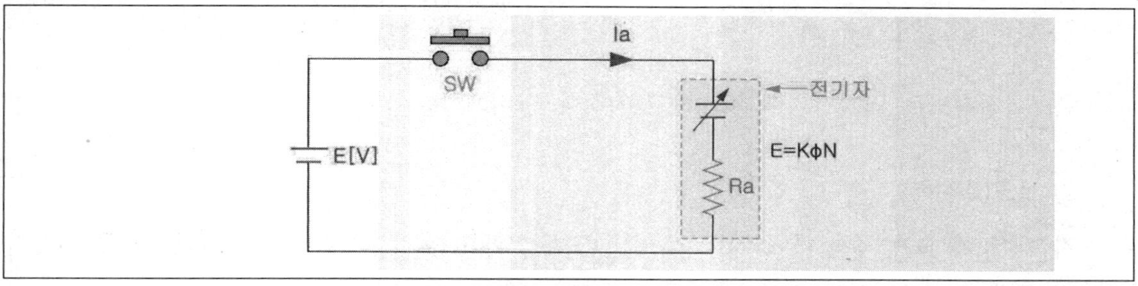

[그림 3-21] 전동기 등가회로

직류전동기의 단자전압은 전기자회로의 저항을 $R_a[\Omega]$, 전기자회로의 전류는 $I_a[A]$라 한다면 식 (3-2)와 같고, 전기자전류 I_a에 대하서 정리하면 식 (3-3)과 같다.

$$\text{직류전동기의 단자전압} : V = E_0 + I_a R_a[\mathrm{V}] \quad (3\text{-}2)$$

$$\text{전기자 전류} : I_a = \frac{V - E_0}{R_a} = \frac{V - K_1 \Phi N}{R_a}[\mathrm{A}] \quad (3\text{-}3)$$

(3) 속도, 토크 및 출력

1) 속 도

전동기의 출력속도를 구하기 위해서는 먼저 식 (3-4), (3-5)을 구한 후 정리한다.

$$\text{역기전력} : E_0 = V - I_a R_a = P\Phi \frac{N}{60} \cdot \frac{Z}{a} = \frac{PZ}{60a} \cdot \Phi N[\mathrm{V}] \tag{3-4}$$

$$\text{직류전동기의 회전속도} : N = \frac{60 \times a}{PZ\Phi}(V - I_a R_a)[\mathrm{rpm}] \tag{3-5}$$

식 (3-6)과 같이 회전속도를 구할 수 있다.

$$\text{회전속도} : N = K_1 \frac{V - I_a R_a}{\Phi} = K_1 \frac{E_a}{\Phi}[\mathrm{rpm}] \tag{3-6}$$

즉, 회전속도는 역기전력에 비례하고 자속에 반비례한다.

2) 토크(회전력)

자속밀도가 B인 자계 내에 길이 $\ell[m]$인 도체를 두고 $e[V]$의 전압과 $I[A]$의 전류를 흘린다면 도체는 식 (3-7)과 같은 힘을 받게 된다.

$$F = BI\ell[\mathrm{N}] \tag{3-7}$$

한 개의 도체에 작용하는 회전력은 전기자의 반지름을 r[m]라 하면 식 (3-8)과 같다.

$$\tau = F \cdot r[\mathrm{N \cdot m}] \tag{3-8}$$

전동기의 전체 회전속도(토크)는 평균자속밀도B', 전기자 도체I_a'를 이용하여 식 (3-9)와 같다.

$$T = B' I_a' lr = \frac{p\Phi}{2\pi rl} Z \frac{I_a}{a} lr = \frac{pZ}{2\pi a}\Phi I_a = K_2 \Phi I_a [\mathrm{N \cdot m}] \tag{3-9}$$

여기서 $B' = \frac{p\Phi}{2\pi rl}[\mathrm{Wb/m^2}]$, $I_a' = \frac{I_a}{a}[\mathrm{A}]$, 비례상수$K_2 = \frac{pZ}{2\pi a}$ 이다.

3) 출 력

식 (3-4)의 양변에 I_a곱하면 전동기에서 기계적 동력으로 변환된 전력EI_a을 식 (3-10)과 같이 구할 수 있다.

$$EI_a = VI_a - I_a{}^2 R_a [W] \tag{3-10}$$

여기서 VI_a : 전기자회로의 입력, $I_a{}^2 R_a$: 전기자회로의 저항손이다. 직류전동기의 기계적 동력 P_m은 식 (3-9),(3-10)을 적용하면 식 (3-11)과 같다$\left(\text{단, } n = \frac{N}{60}[\text{rps}]\right)$.

$$P_m = EI_a = p\Phi \frac{N}{60}\frac{Z}{a} \cdot I_a = 2\pi n\tau [\text{W}] \tag{3-11}$$

손실에는 $I_a{}^2 R_a$ 이외에 전기자 철손, 기계손도 있으므로 전동기의 출력은 식 (3-12)와 같다.

$$P = P_m - (\text{철손+기계손})[\text{W}] \tag{3-12}$$

(4) 전기자 반작용과 정류

전기자 반작용은 [그림 3-22]와 같이 직류전동기의 전기자에 전류가 흐르면 중성축이 회전방향과 반대방향으로 이동하는 전기자 반작용이 생기게 되는데 전기자 반작용을 보상하기 위해서는 [그림 3-23]과 같이 보극과 보상권선을 설치해 주어야 한다.

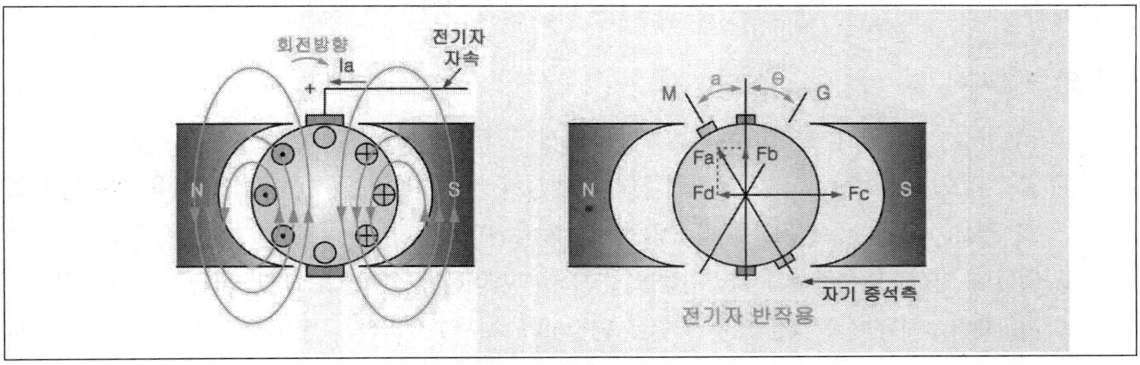

[그림 3-22] 전기자 반작용

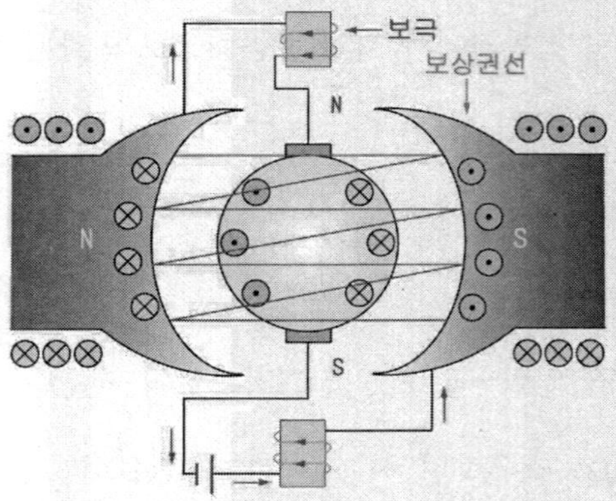

[그림 3-23] 전기자 반작용에 대한 대책

(5) 직류전동기 속도제어

회전속도를 부하의 요구조건에 따라 변화시켜주는 것이며, 속도를 제어하는 요소에는 계자자속(ϕ), 전기자저항(R), 단자전압(V)이 있다.

1) 계자제어

계자전류를 제어하여 계자자속 ϕ를 제어하는 방법으로 전력손실이 적고 광범위한 속도제어가 가능한 장점이 있어 전기철도와 같은 정출력 가변속도제어에 사용된다.

2) 저항제어

전기자회로에 저항을 직렬로 연결하여 저항을 조절하여 제어하는 방법으로 비교적 쉬운 제어방법이지만, 전력손실이 많아 효율이 나쁘고, 속도제어 범위가 작은 단점이 있어 많이 사용하지 않는다.

3) 전압제어

단자전압을 변화시켜 제어하는 방법으로 크게 3가지로 나눌 수 있다.

① 워드 레오나드 방식 : 직류전동기의 전원용 발전기와 발전기 기동용 전동기를 이용하는 방식으로 권상기나 신문윤전기, 제철용 압연기에 사용된다.

② 일그너 방식 : 발전기축에 플라이휠을 설치하여 제어하는 방법으로 대형 압연기에 사용된다.

③ 저항제어 : 전동기를 직렬 또는 병렬로 연결하여 속도를 제어하는 방법으로 전기철도용 직권전동기에 사용되며 저항제어와 조합하여 사용한다.

6. 직류전동기의 제동

운전 중의 전동기를 정지시키는 것이며, 제동방법에는 기계적 제동과 전기적 제동으로 나눌 수 있는데, 기계적 제동은 브레이크나 유압 · 공기압 같은 방법을 사용하지만 전동기 제동에는 전기적 제동을 사용한다. 전기적 제동방법에는 다음과 같은 방법이 있다.

(1) 발전제동

운전 중인 전동기를 전원에서 분리하여 발전기로 작용시켜 제동시키는 방법으로 회전체의 운동에너지를 전기적 에너지로 변환시켜 열에너지로 소비시키는 방법이다.

(2) 회생제동

전동기의 운동에너지를 전기에너지로 변환하여 전원에 반환시켜 제동시키는 방법으로 회전체의 운동에너지를 전기적 에너지로 변환시킨 후 전기자 단자전압보다 높은 역기전력을 발생시켜 전기자 전압을 억제한다.

(3) 역전제동

전동기의 전기자 전원을 반대로 공급하여 전동기를 역회전시켜 제동하는 방법으로 회전하는 전동기에 전기자 전원의 극성을 반대로 결선하여 역회전이 일어나게 하여 급제동시키는 방법으로 제동 시에는 안전을 위해 전원을 차단한다.

05 유도전동기

학습목표

- 유도전동기의 개념을 이해한다.
- 작동원리를 이해하고 운용할 수 있다.
- 유도전동기의 종류와 특성을 알 수 있다.

유도전동기는 상대적으로 회전할 수 있는 1, 2차 권선을 가지고 1차에서 2차로 전자유도에 의하여 에너지를 전달하는 동작을 하고, 정상운전 상태에서 비동기 속도로 회전하는 교류기기이며 정류자가 없는 회전기를 유도전동기라 한다. 유도전동기는 구조가 간단하고 취급이 편리하며, 또한 가격이 저렴하여 산업용 전동기로 많이 사용되고 있다.

1. 단상 유도전동기

두 코일의 감는 방향을 같은 방향으로 하면 마치 자석의 N극과 S극이 된다. 이 사이에 회전자를 두고 교류전원을 연결하면 자기장이 형성되어 회전자가 돌게 되는데 이것을 단상 유도전동기라 한다.

(1) 단상 유도전동기의 구조

단상 유도전동기는 대부분 출력 400[W] 이하인 소형기인데 가정용 전기기구인 선풍기 · 전기세탁기 · 우물펌프 등은 단상 유도전동기를 내장하고 있다. 유도전동기는 3상이 좋으며, 750[W] 이상의 것은 대부분이 3상이다. 단상이 소형 기기에 많이 사용되는 것은 일반 가정의 전원이 단상 교류이기 때문이다. 단상 유도전동기는 고정자, 회전자, 외부 프레임, 냉각날개 등으로 구성된다.

① 고정자 : 프레임에 0.35[mm]의 얇은 규소강판을 성층한 것이다.
② 회전자 : 적층된 철심에 동, 알루미늄 막대를 끼우고 양단에 단락링으로 단락하여 샤프트에 고정시킨 것이다.
③ 기타 : 외부 프레임, 냉각날개, 냉각풍 입구, 출구, 축, 단자박스 등으로 되어 있다.

(2) 단상 유도전동기의 원리

단상 유도전동기는 3상 유도전동기에 비하여 특성이 떨어지므로 1[Hp] 이하의 전동기로 제한되며, 사용 단상 전원에 접속하여 사용하고 있다. 그러나 단상 유도전동기는 자기 기동을 하지 못하므로 보조적인 기동방법을 이용해야 기동할 수 있다.

3상 유도전동기에서는 120[°] 위상차가 있는 3개의 전원으로 회전자기장이 발생하여 기동 토크가 존재하지만 단상 유도전동기는 그 자체만으로는 기동 토크가 0이므로 기동할 수 없다. 즉 스스로 기동할 수 없는데 이렇게 스스로 기동하는 것을 자기기동(self starting)이라고 한다.

단상 유도전동기의 회전자 구조는 3상 농형 유도전동기의 회전자와 같이 농형이고, 고정자 권선은 단상 권선으로 되어 있다.

단상 유도전동기의 고정자 권선에 단상 교류를 공급하면 [그림 3-24]와 같이 권선의 축방향으로 자속의 크기와 N, S 극성만 바뀌지는 교번 자기장(alternation field)이 발생한다. 이와 같은 교번 자기장에 의하여 회전자 도체에 유도전류가 흐르게 되면, 회전자의 윗부분 도체에 발생된 전자력과 회전자의 아랫부분 도체에 발생된 전자력은 서로 크기가 같고, 방향이 반대가 되어 전자력이 상쇄되므로 회전력이 발생하지 않아 기동할 수 없다.

고정자 권선에 단상전류를 흘리면 교번자계가 발생하고, 회전자 권선에 회전력이 발생하게 되지만 회전자가 정지하고 있을 때는 회전력이 발생하지 않으므로 특정한 방법을 통하여 단상 유도전동기를 기동시켜 주어야 한다.

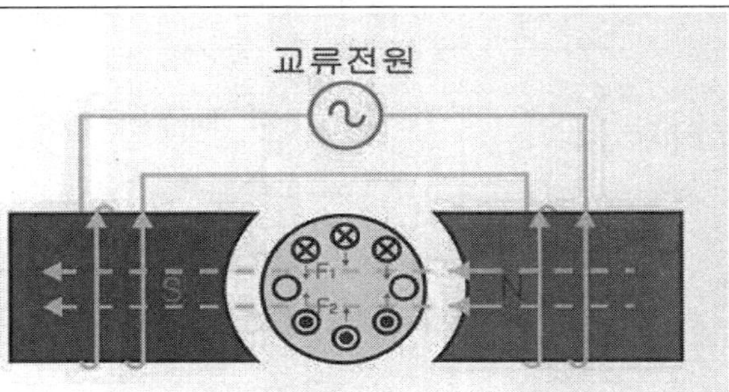

[그림 3-24] 단상 유도전동기의 원리

단상 유도전동기의 속도-토크 곡선은 [그림 3-25]와 같이 단상 유도전동기는 회전자가 정지하고 있을 때(S = 1) 토크는 0이다. 시계방향의 토크와 반시계방향의 토크가 서로 상쇄되어 기동 토크는 0이다. 단상 유도전동기는 그 자체만으로는 정지상태에서 기동할 수 없고, 어떠한 방법을 이용하여 좌회전이든 우회전이든 어느 방향으로 일단 회전이 이루어지게 해주면 그 방향으로 계속 회전한다.

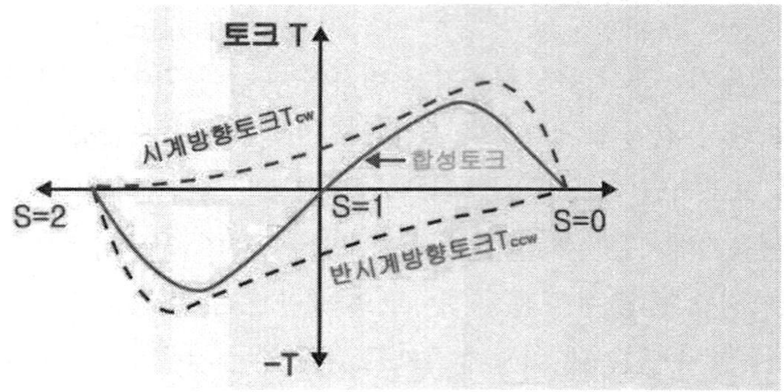

[그림 3-25] 단상 유도전동기 속도-토크 곡선

실제로 전원을 넣은 상태에서 단상 유도전동기의 회전자를 손으로 약간만 돌려주면 그 방향으로 회전을 시작하면서 정상 운전한다.

① 주권선과 보조권선은 [그림 3-26](a)와 같이 서로 전기각으로 $\pi/2$의 위치에 권선을 배치하고 있으며, 보조권선과 직렬로 콘덴서를 접속한다. 보조권선과 콘덴서가 기동장치이지만 콘덴서 운전형의 경우에는 운전 시에도 분리하지 않고 통전을 하며, 따라서 주권선의 전류 I_m에 대한 보조권선의 전류 I_a가 $\pi/2$만큼 앞서게 흐른다.

② 주파수 [그림 3-26](b)에서 주권선 전류 I_m과 보조권선 전류 I_a와의 관계를 횡축은 시간으로 1주기분을 나타낸다(주파수가 60[Hz]라면 1/60초를 나타낸다).

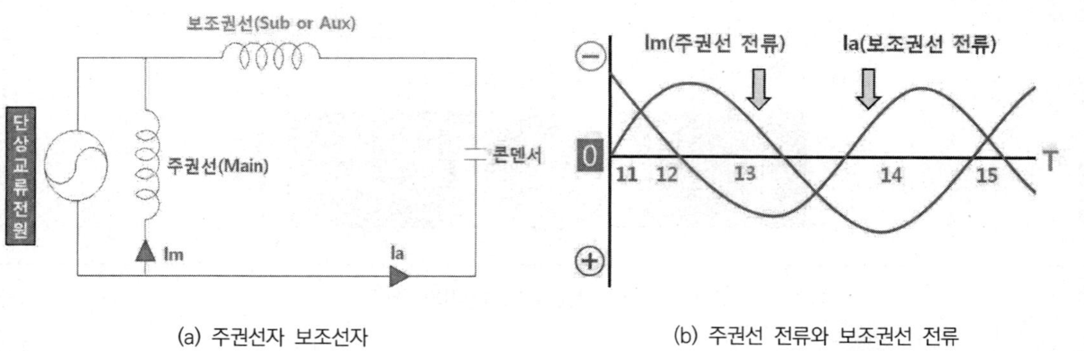

[그림 3-26] 단상유도전동기 작동원리

③ 고정자의 권선의 [그림 3-27]과 같이 2극 콘덴서 모터의 권선 배치도를 나타내고 2극 콘덴서 모터에서 주권선은 A와 B, 보조권선은 C와 D로서 A와 B 및 C와 D는 상대극으로 되도록 배치했다.

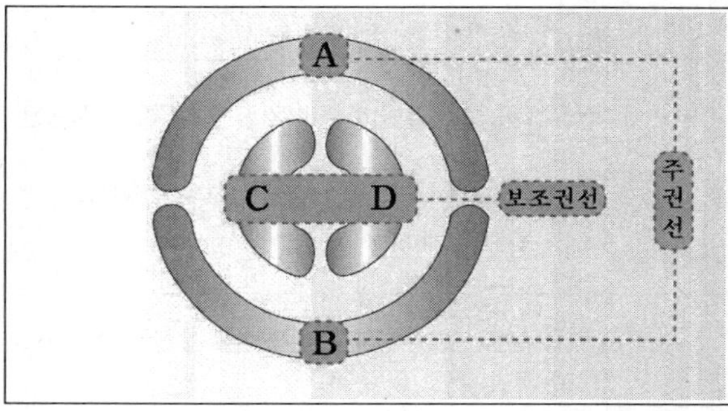

- A권선 - N극
- B권선 - S극
- C권선 - N극
- D권선 - S극

상기와 같은 극성을 구성하도록 권선하고 있다.

[그림 3-27] 고정자의 권선

④ [그림 3-27]과 같이 권선 배치도에서의 정부와 이것과의 극성관계를 결합시키면 권선의 극성변화는 시간 t_1 - t_2 - t_3 - t_4 - t_5로 변화시키면 극성도 변화하고, 권선 배치도상에서 동심원으로 시간을 외주에서 변화하도록 하면 시간 t_1에 걸리는 보조권선 D의 S극은 시간 t_2에 걸리는 주권선 B의 위치에, 그리고 시간 t_3에 걸리는 보조권선 C의 위치에, 순서로 이동하고 시간 t_5가 1주기로 본래의 보조권선 D의 위치에 돌아오게 된다.

⑤ 다른 극(N극)도 같은 모양으로서 시계 방향으로 회전하기 때문에 회전자계를 구성하는 것이 되며, 여기에서 주파수가 60[Hz]이면 1/60초가 되므로 1분간 회전자계의 회전수 Ns는 $Ns = 60 \times 60 = 3600$[rpm]이 되며, 이 회전수 Ns는 동기속도라고 하며 유도전동기의 회전자는 동기속도보다 늦게 회전한다.

(3) 단상 유도전동기의 종류

단상 유도전동기는 단상권선에 의한 자계가 회전자계를 만들지 않는다. 단순하게 교번만해 기동 토크가 없어서 그대로는 가동하지 않아 기동보조장치가 필요하고 그 기동방식에 따라 분류되며, 단상 유도전동기의 종류와 특징은 〈표 3-6〉과 같다.

〈표 3-6〉 단상 유도전동기의 종류와 특징

종 류	구조 및 토크 특성	특 징
분상시동형	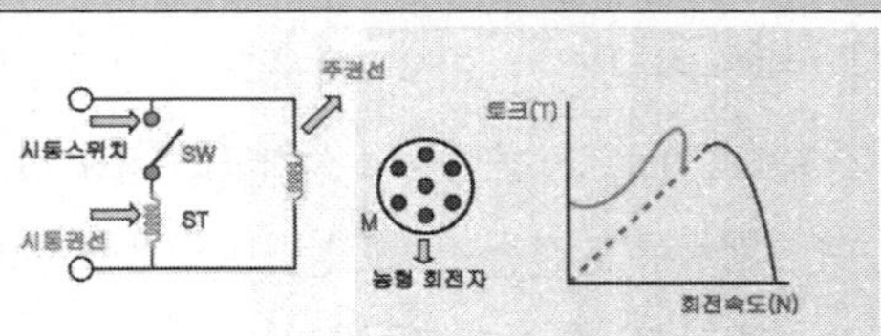	• 가격이 싸며 시동전류가 커서 대출력의 것은 제작이 어렵다. • 용도 : 머신, 얕은 샘 펌프, 팬, 브로워, 사무기계, 농사용 기계

종 류	구조 및 토크 특성	특 징
콘덴서시동형	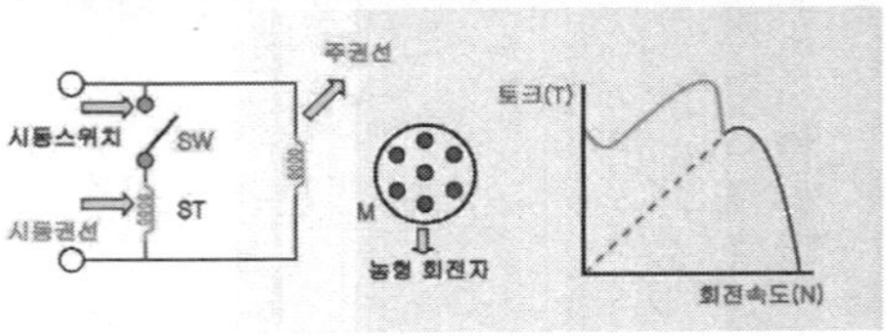	• 역률이 좋고 효율이 좋아 가장 일반적으로 사용된다. • 용도 : 펌프, 콤프레샤, 냉동기, 공업용 세탁기, 농사기계, 컨베이어
콘덴서모터형	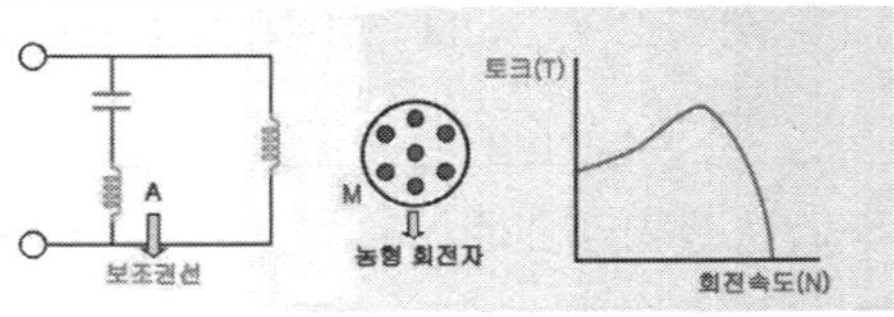	• 시동전류 및 전부하 전류가 적고 운전특성이 양호하다. • 시동용 스위치가 없으므로 고장이 적다. • 용도 : 팬, 세탁기, 사무기계
콘덴서모터, 콘덴서시동형	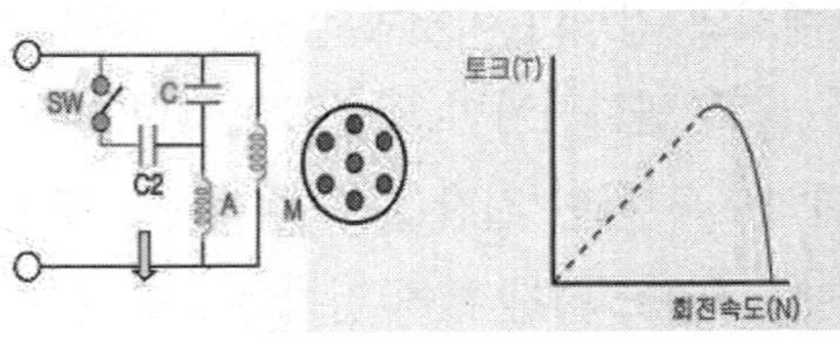	• 시동전류 400~500[%] • 출력 100~400[W] • 시동 토크 250~350[%] • 콘덴서 모터와 같은 용도이나 재시동 토크를 필요로 하는 경우에 적합하다. • 용도 : 펌프, 콤프레샤, 냉동기, 농사기계
반발시동형	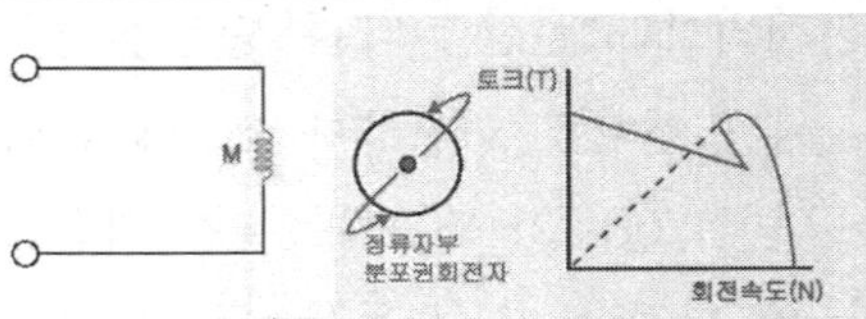	• 시동전류 300~400[%] • 출력 100~750[W] • 시동 토크가 크게 필요하고 전원전압강하가 큰 장소에 적합하다. • 용도 : 펌프, 콤프레샤, 문개폐, 공업용 세탁기, 냉동기, 농사기계
우취형	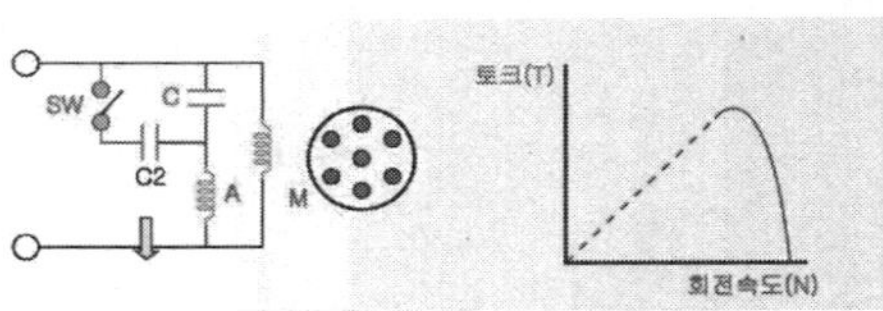	• 시동전류 400~500[%] • 출력 1.4~10[W] • 시동토크 40~50[%] • 시동 스위치가 없어 고장이 적다. 역전이 불가능하다. • 용도 : 펌프, 콤프레샤, 냉동기, 농사기계

2. 3상 유도전동기

유도기는 튼튼하고 가격이 저렴한 장점으로 산업계에서 가장 널리 사용되고 있다. 유도기는 전동기 또는 발전기로 운전할 수 있다. 그러나 유도발전기는 대부분의 분야에서 그 특성이 만족하지 않으므로 부하에 전력을 공급하는 발전기로서는 거의 이용되지 않고, 전동기로서 폭넓게 사용되고 있다. 유도전동기는 여러 가지 크기로 사용된다. 선풍기, 청소기, 에어컨, 쥬스믹서, 세탁기, 냉장고 등 1[Hp] 이하의 소형 단상 유도전동기, 또는 수십에서 수백[Hp]마력의 대형 3상 유도전동기는 펌프, 팬, 콤프레샤, 제지기 방직기 등에 사용된다.

3상 유도전동기는 바깥쪽의 고정자와 안쪽의 회전자가 모두 얇은 강판으로 쌓아올려서 만들어져 있으며 거기에 각각 슬롯을 내고 있다. 고정자 슬롯에는 코일을 넣고 각 상의 코일은 공간에서 120[°]씩 이동시켜서 배치한다. 회전자에는 피복되지 않은 동봉이나 알루미늄의 주물을 슬롯 속에 넣는 농형과 3상 권선인 권선형이 있고 이에 따라 농형 유도전동기와 권선형 유도전동기로 분류된다.

(1) 농형 유도전동기

1) 농형 유도전동기의 구조

유도기의 구조는 직류기와 마찬가지로 고정자와 베어링을 포함한 회전자로 구성되어 있으며 고정자와 회전자 사이에는 공극이 있다. 그러나 고정자 권선과 회전자 권선에는 교류전류가 흐른다. 고정자 권선의 교류전류는 전원에서 직접 공급되며 회전자 권선에서는 고정자 교류전압의 유도작용에 의해 교류전류가 흐르게 하는 현상을 유도기라고 한다.

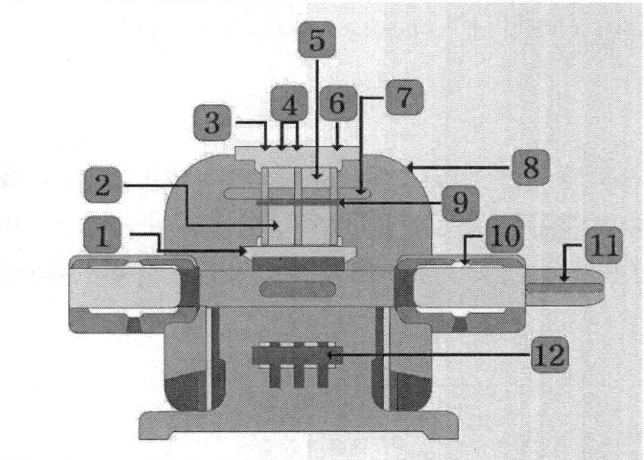

1. 회전자 스파이더	7. 1차 권선
2. 회전자 철심	8. 베어링 브레킷
3. 고정자 프레임	9. 농형 권선
4. 통풍 더트	10. 베어링
5. 고정자 철심	11. 축
6. 철심와셔	12. 단자

[그림 3-28] 농형 유도전동기의 구조

농형 유도전동기의 구조는 [그림 3-28]과 같이 고정자와 베어링을 포함한 회전자로 구성되어 있으며 고정자와 회전자 사이에는 공극이 있다. 그러나 고정자 권선과 회전자 권선에는 교류전류가 흐른다. 고정자 권선의 교류전류는 전원에서 직접 공급되며 회전자 권선에서는 고정자 교류전압의 유도동작에 의해 교류전류가 흐르게 된다(그림 3-29).

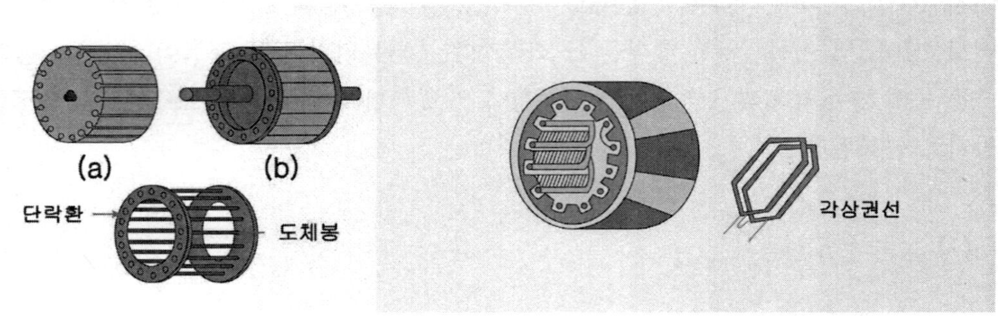

(a) 회전자　　　(b) 고정자(Stator)

[그림 3-29] 농형 유도전동기의 구조

① 고정자 : 프레임에 0.35[mm]의 얇은 규소강판을 성층한 것이다.

② 회전자 : 적층된 철심에 동, 알루미늄 막대를 끼우고 양단에 단락링으로 단락하여 샤프트에 고정시킨 것이다.

③ 기타 : 외부 프레임, 냉각날개, 냉각풍입구, 출구, 축, 단자박스 등으로 되어 있다.

2) 농형 유도전동기의 원리

원판을 사이에 두고 자석을 시계방향으로 돌리면 상대적으로 원판을 시계 반대방향으로 돌린 것과 같으므로, 플레밍의 오른손 법칙에 의해서 [그림 3-30](b)와 같이 원판이 자석을 사이에 둔 부분에 화살표 방향으로 기전력이 발생한다. 이 기전력과 자석의 자속에 의해서 원판은 시계방향의 회전력을 받는다.

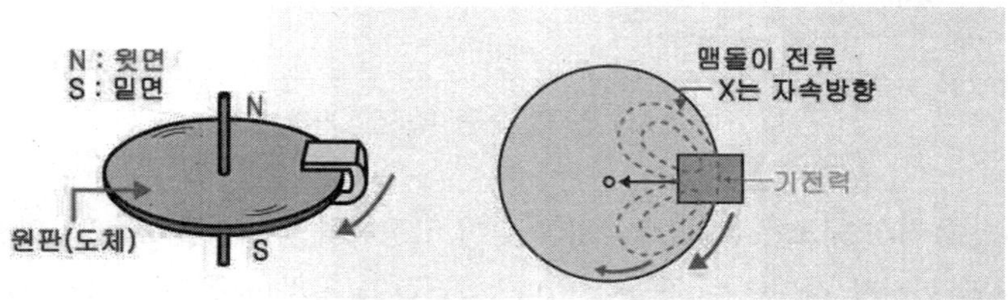

(a) 원판 모형　　　(b) 회전에 의한 기전력 발생

[그림 3-30] 농형 유도전동기의 원리

이렇게 원판은 자석을 돌리는 방향으로 회전하면 유도전동기의 원리다. [그림 3-31]과 같이 영구자석을 회전하는 대신에 3상 교류의 회전자계를 이용한다.

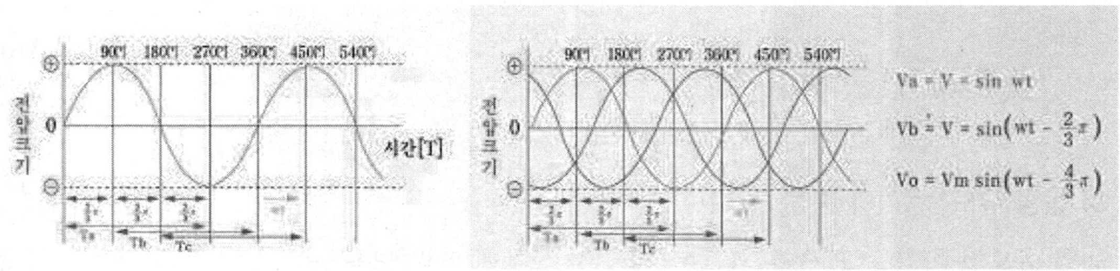

(a) 단상농형 유도전동기 (b) 삼상농형 유도전동기

[그림 3-31] 삼상 농형 유도전동기의 회전원리

$$V_a = V - \sin\omega t$$
$$V_b = V - \sin\left(\omega t - \frac{2}{3}\pi\right) \quad (3\text{-}13)$$
$$V_o = V_m \sin\left(\omega t - \frac{4}{3}\pi\right)$$

일반적으로 P극기의 회전자계는 1사이클에서 $2/P$회전하므로, 매초 f사이클의 전류라면 매초 $f\times 2/P$회전한다. 1분간에 $f\times 2/P$회전이 되며, 즉 식 (3-14)가 된다. 이 Ns를 동기속도(synchronous speed)라 하며 유도전동기는 이 회전자계를 이용하고 있다.

$$Ns = \frac{120f}{P}\ [\text{rpm}] \quad (3\text{-}14)$$

① 고정자에 3상 전류를 인가하면 회전자계가 형성되고 자극(회전자계)의 회전에 따라 회전자 도체에 유도전류가 흘러 회전력을 발생하고, 회전자는 자극과 같은 방향으로 회전한다.
② 회전자속도가 회전자계의 속도와 동일한 동기속도(Ns)이면 자계를 자르지 못하게 되어 토크를 발생하지 못하므로, 회전자속도는 회전자계의 속도보다 늦은 상대속도가 되어야 한다.
③ 상대속도는 식 (3-15)와 같이 된다.

$$N = \frac{120\times f}{P}(1-s) \quad (3\text{-}15)$$

④ 슬립(slip)은 식 (3-16)과 같이 된다.

$$S = (Ns - N) \times \frac{100}{Ns} \tag{3-16}$$

3) 농형 유도전동기의 종류

농형 유도전동기는 〈표 3-7〉과 같이 회전자 도체에 따라 보통농형, 특수농형(심구형, 2중 농형), 권선형으로 분류된다.

〈표 3-7〉 회전자 도체에 따른 분류

종 류	특 징	용 도
보통농형	기동 토크 150[%]	송풍기, 공작기계, 목공기계
특수농형	기동 토크 200~250[%]	컨베이어, 압축기, 왕복동 펌프
권선형	기동 토크 300[%]	엘리베이터, 권상기, 펌프, 방축기

4) 농형 유도전동기의 특성

3상 유도전동기의 특성을 나타내는 곡선은 여러 가지가 있다. [그림 3-32]는 속도 · 회전력 특성곡선이고, 가속특성을 판단하는 것이다. 유도전동기의 특성은 회전, 형식, 형상에 따라 많은 변화가 있다.

① 회전수의 변화가 적어 정속도 전동기로 사용된다.

② 역률이 나쁘므로 진상용 콘덴서를 병렬 접속한다.

③ 역률, 효율은 정격부하 부근에서 최대가 되므로 경부하 운전은 바람직하지 않다.

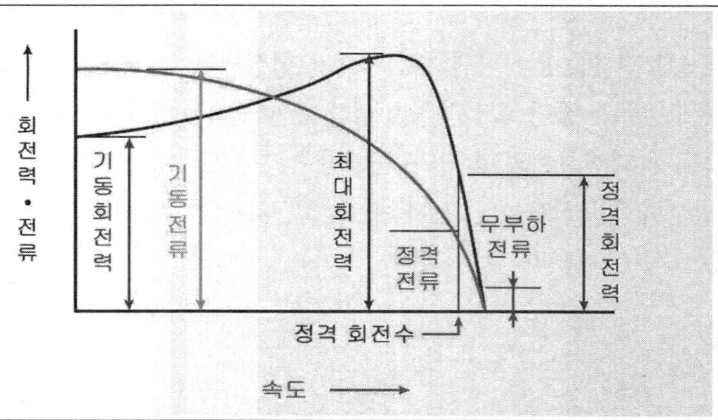

[그림 3-32] 속도-회전력특성곡선 그래프

[그림 3-33]은 부하특성곡선이고, 전기적 입 · 출력 특성을 나타내는 것이다.

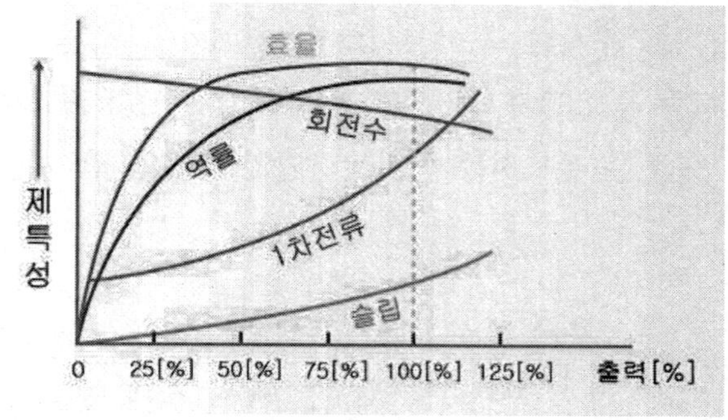

[그림 3-33] 부하특성곡선 그래프

농형 유도전동기는 취급과 구조가 간단하고 견고하기 때문에 가격이 싸고, 운전 시 효율, 역률, 최대회전력은 우수하나 기동전류가 정격전류의 600~700[%]로 크고, 기동회전력은 정격회전력의 125~200[%]로 크지 않다. 기동전류가 크기 때문에 5.5[kW] 이상이면 Y-△ 기동방식이나 기동보상기를 사용해야 하는 불편이 있으므로 3.7[kW] 이하에 적용된다(그림 3-34).

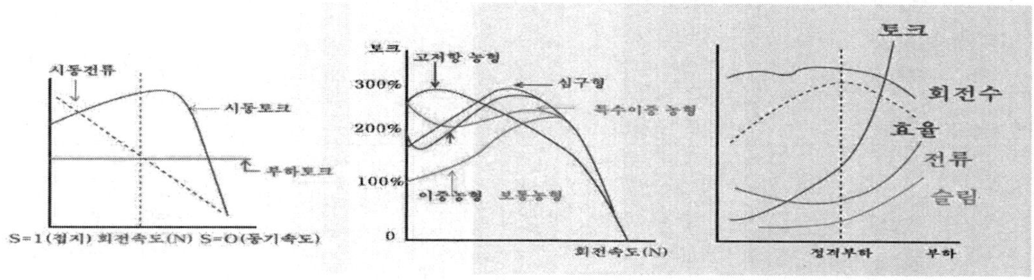

(a) 속도특성곡선 (b) 토크특성곡선 (c) 부하특성곡선

[그림 3-34] 속도-토크-부하특성곡선 그래프

참고 농형 유도전동기의 장 · 단점

(1) 장 점

- 구조가 간단하고 취급이 용이하다.
- 가격이 저렴하다.
- 신뢰성 및 안정성이 양호하다.
- 주위환경, 부하조건에 적합하다.
- 기계적이며 견고하다.
- 범용성이고 용량채택이 용이하다.
- 시동장치가 간단하다.
- 중 · 소형 전동기로서 일반적으로 많이 사용된다.

(2) 단 점

- 속도제어가 어렵다(VVVF 방식이 효과적이다).

5) 시동 및 역전방법

전동기의 가속 토크 $T = TL$일 때 기동전류가 최대로 된다. 이러한 기동전류는 배전선 및 전원에 악영향을 주고 전동기의 손실될 우려가 있다. 기동시간(수초)동안 저 전압을 인가하여 시동전류를 제한하고 속도상승 후 전류가 감소하면 정격전압을 인가할 필요가 있다(단, 시동 토크 감소의 결점이 있다). 〈표 3-8〉은 유도전동기 시동방법의 종류와 장·단점 및 적용대상을 정리하였다.

〈표 3-8〉 유도전동기의 시동방법

시동방법	장 점	단 점	적 용
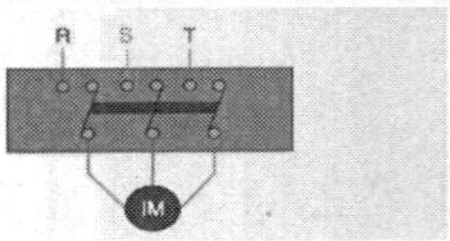 저전압 시동법	• 정격전압을 직접 가하여 기동하는 방식 • 작동방법이 간단하다. • 설치비가 저렴하다.	• 기동전류가 크다 (5~6배). • 기동시 선로에 악영향을 준다.	• 220[V] 7.5[Hp] 이하 • 380[V] 15[Hp] 이하
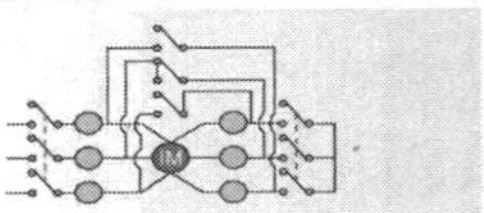 Y-△ 시동법	• 기동전류가 1/3로 감소(정격의 2배) • 기동장치가 비교적 간단하다.	MC, 릴레이 등 보수유지가 필요하다.	15~30[Hp] 중규모의 일반부하
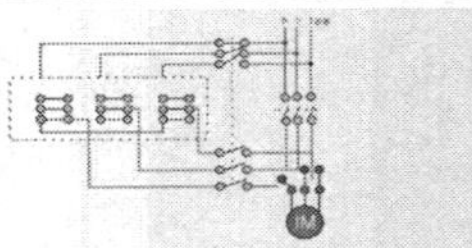 시동보상기(단권 트랜스법)	• 3상 단권 변압기로 정격전압의 50~80[%]에서 시동 • 기동전류가 정격전류의 2~3배로 된다. • 선로에 영향이 적다.	• 효율이 낮아진다. • 보수유지가 곤란하다.	30[Hp] 이상의 중대규모
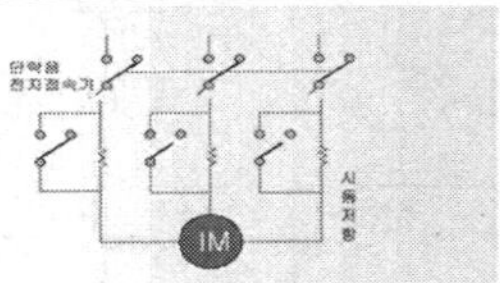 직렬저항법	• 시동보상기보다 간단하다. • 전선로 효율에 영향이 없다. • 기동전류가 정격전류의 2~3배로 된다.	• 전체효율이 감소한다. • 직렬저항의 손실이 잦다.	• 기동 시 선로 영향이 높게 설정되는 부하 • 소용량, 무부하, 경부하 기동에 적합
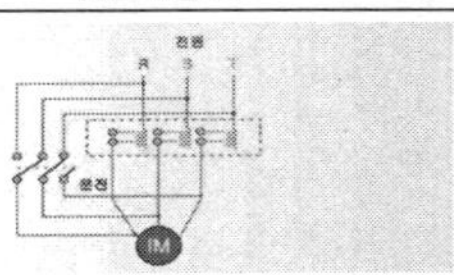 직렬 리액터법	• 리액터의 크기는 정격전압의 50~80[%] 선택 • 기동전류가 정격전류의 2~3배로 된다. • 시동보상기보다 간단	기동 보상기에 비해 기동용량(KVA)이 크다.	중규모의 용량으로 기동 시 저잡음을 요하는 장소
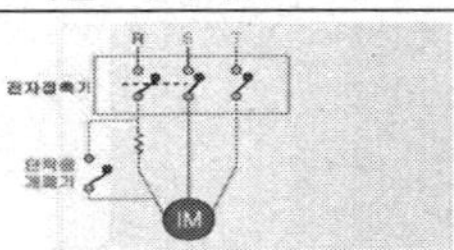 크샤 기동법	합성 벡터를 작게 만들어 시동하는 방법	1차 불평형 기동	• 기동 시 충격방지 목적 • 조용한 시동이 필요한 곳
인버터에 의한 기동	• 전자식 회로를 이용한 기동방식 • 고효율 운전이 가능	고가이다.	엘리베이터 등 속도제어가 필요한 곳

6) 유도전동기의 속도제어

유도전동기의 제동법은 기계적 제동과 전기적 제동법이 있으며, 그 특징은 〈표 3-9〉와 같다.

〈표 3-9〉 유도전동기의 제동법과 특징

<table>
<tr><th colspan="2">종 류</th><th colspan="2">특 징</th></tr>
<tr><td colspan="2" rowspan="3">기계적
제동방법</td><td colspan="2">마찰, 전동유압 브레이크, 전자 클러치가 있다.</td></tr>
<tr><td>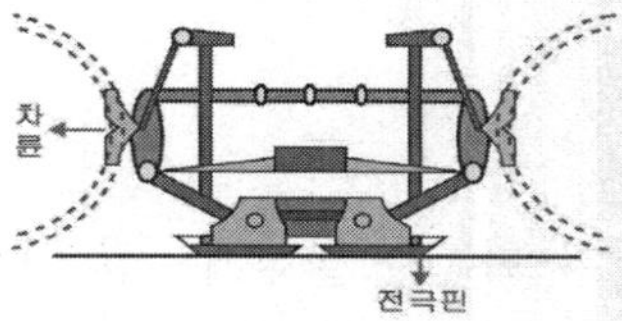
</td><td>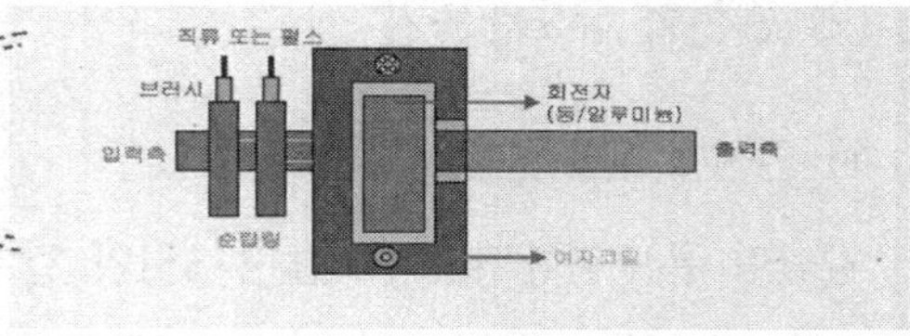
</td></tr>
<tr><td>(a) 전자 레일브레이크</td><td>(b) 전자 클러치</td></tr>
<tr><td rowspan="6">전
기
적
제
동
법</td><td>직류제동법</td><td>유도전동기의 교류전원을 차단한 뒤 고정자 권선에 직류 여자전류를 흘려주면 전동기는 일종의 동기발전기가 되고 2차 저항을 통하여 전류를 흘려 제동력을 발생시킨다.</td><td>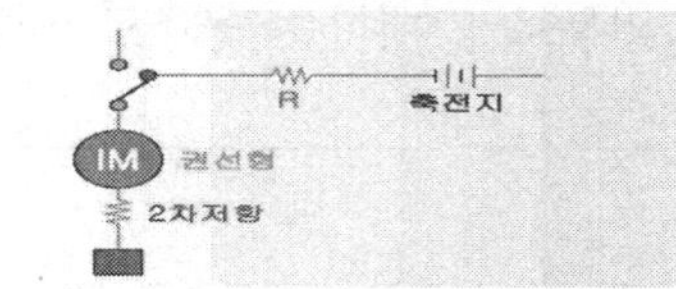
</td></tr>
<tr><td>발전제동법</td><td>• 전동기를 발전기로 운전하여 저항에서 열로 소비시키면서 제동속도에 따라 제동력도 감소한다.
• 압연기용, 광산의 권상기용</td><td>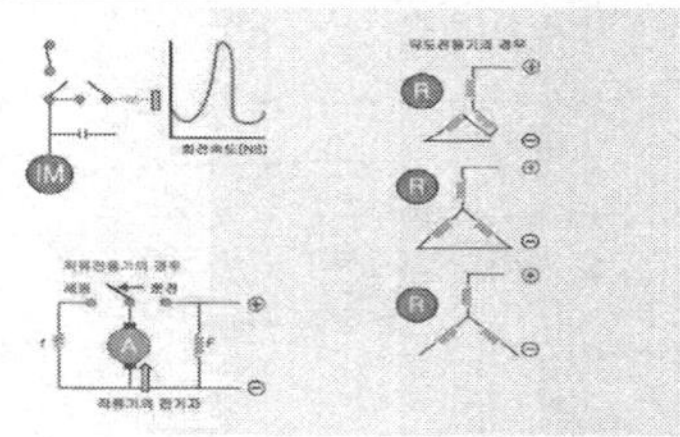</td></tr>
<tr><td>단상제동법</td><td>• 2차 저항을 적당한 크기로 하고 고정자 권선 중 1선을 떼어내고, 나머지 2상 중 1선에 접속하는 방법으로 권선형에 해당한다.
• 제동 중 고정자 권선이 과열되는 경우가 있으므로 소규모에 주로 적용한다.</td><td>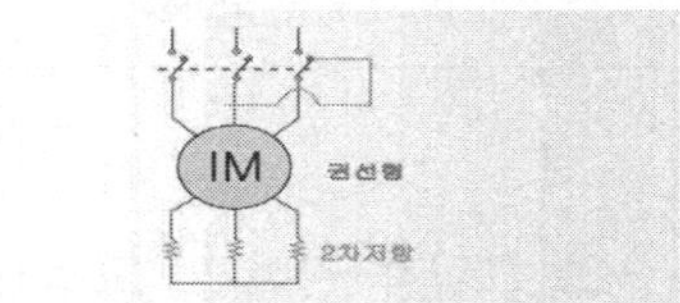
</td></tr>
<tr><td>회생제동법</td><td>유도전동기가 부하에 대하여 동기속도 이상으로 회전할 때 유도발전기가 되고, 발전기로 동작되어 전력을 전원에 반환하는 중에는 부하에 반항 토크를 발생하므로 제동작용이 된다.</td><td>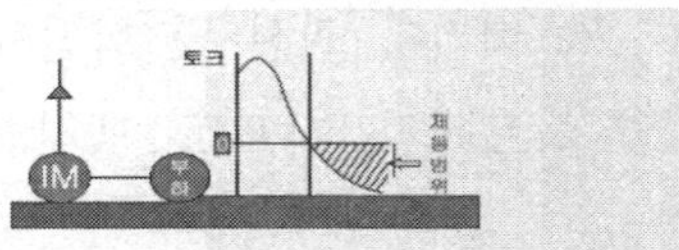

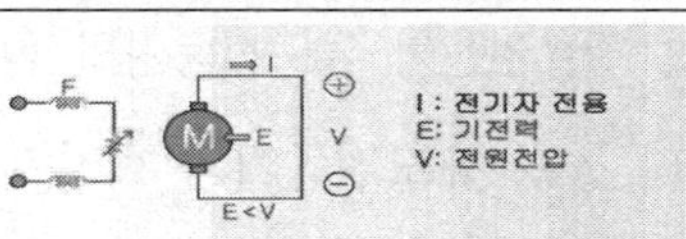
</td></tr>
<tr><td>역상제동법</td><td>권선형의 경우에는 2차 저항을 허용전류값 이상으로 접속할 필요가 있다.</td><td>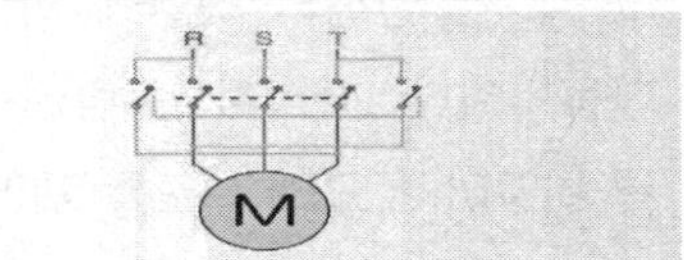
</td></tr>
<tr><td>자기여자법</td><td colspan="2">고속 회전기인 경우에 매우 큰 제동력을 얻을 수 있다.</td></tr>
</table>

참고 **콘드로퍼 기동과 역전방법**

(1) 콘드로퍼 기동 : Y-△ 기동의 결점(△로 전환 시 충격)을 보완한 방법으로 단권 TR을 사용하여 보통 80[%], 65[%], 50[%] 3개의 탭을 가지고 상황에 따라 기동전류와 토크를 조정한다.
(2) 역전방법 : 고정자 권선 중 2선을 바꾸어주면 회전자계의 회전방향이 역전되어 회전자가 역전된다.

(2) 권선형 유도전동기

1) 권선형 유도전동기의 구조

권선형 유도전동기는 [그림 3-35]와 같이 회전자 철심에 3상 권선을 감아 2차 권선으로 하고, 그 각 상권선의 3개의 단자는 축에 설치된 슬립링을 경유하여 브러시에 의해 2차 전류를 외부로 안내하는 구조로 되어 있다.

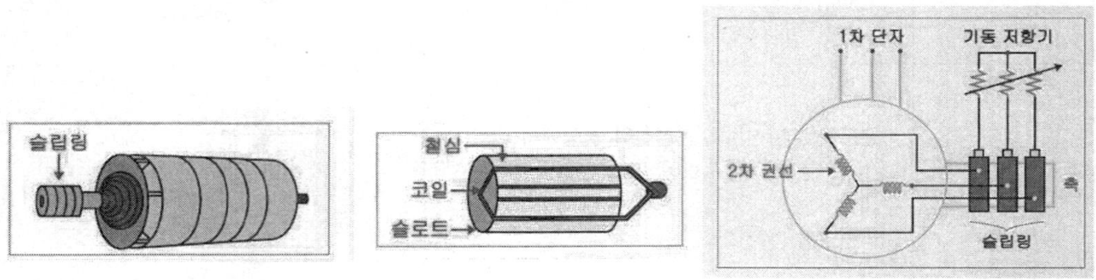

(a) 권선형 회전자 (b) 권선형 권선 (c) 권선형 회전자와 슬립링

[그림 3-35] 권선형 유도전동기의 구조

① 고정자 권선 및 고정자 철심 등으로 구성되어 있다.
② 회전자 권선 및 회전자 철심 등으로 구성되어 있다.
③ 프레임, 샤프트, 냉각장치, 슬립링, 쇼트스위치 단자함 등으로 구성되어 있다.

2) 권선형 유도전동기의 원리

농형 유도전동기의 회전자 대신 회전자 철심에 3상 권선을 감아 2차 권선으로 하고, 슬립링을 각 상 권선의 선단에 마련하여 브러시를 중계하여 2차 전류를 외부에 인도할 수 있게 한 전동기이다. 따라서 [그림 3-36]과 같이 2차 저항기(외부저항)를 접속할 수 있고, 2차 저항에 크기를 바꾸어 토크와 속도를 제어할 수 있다.

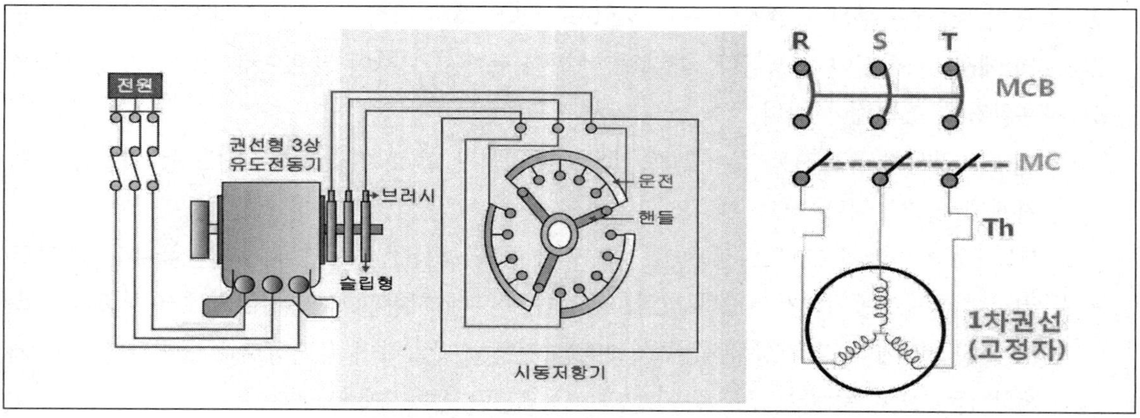

[그림 3-36] 권선형 유도전동기 원리

3) 권선형 유도전동기의 특성

권선형 유도전동기는 회전자 권선(2차 권선)의 저항 r, 토크 T로 운전하고 그때의 슬립(slip)이 S라고 하면 2차 권선저항을 K배하여 Kr이 되었을 때 토크 T에 대하여 슬립을 Ks가 된다. 그래프로 나타낸 것이 [그림 3-37]과 같으며 이 특성을 비례추이라고 하고 이것은 권선형 유도전동기의 큰 특성이다. 식 (3-17)과 같다.

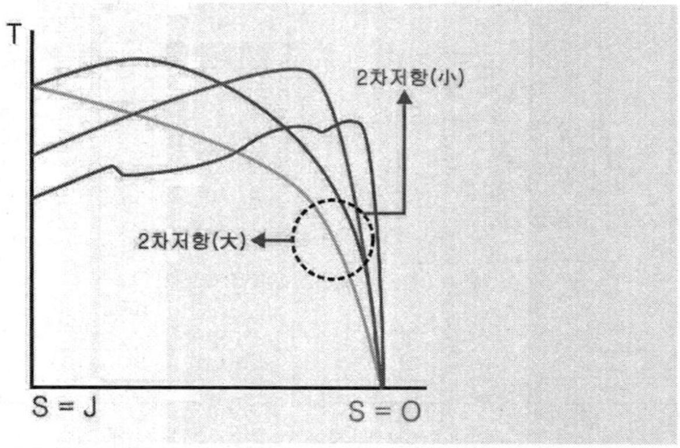

[그림 3-37] 2차 저항의 변화에 따른 속도 - 토크 곡선

$$\frac{R_1}{S_1} = \frac{R_2}{S_2} = \frac{R_n}{S_n} \tag{3-17}$$

권선형 유도전동기는 2차 저항기를 사용하므로 2차 저항으로 임의의 최대, 최소 토크를 선택

할 수 있다. 하지만 운전 시 손실이 크고 효율이 나쁘다. 특히 감속 시 효율이 매우 떨어지며 외부 2차 저항에서 큰 손실이 발생한다. 슬립링, 브러시 등에서 고장이 잦으므로 유지관리에 유의하고 사용환경을 고려해야 한다.

① 용도 : 권선형 유도전동기는 크레인, 압축기, 압연기, 블로어(blower), 펌프 등 일반용 산업기계에 널리 이용된다.

② 시동 : 2차 저항의 크기로 시동 토크를 크게 함과 동시에 시동전류도 제한할 수 있으므로 권선형 유도전동기에서는 2차 저항조정기를 사용해 저항값이 최대 위치에서 시동하여 속도가 상승함에 따라 저항을 줄여 최종에는 저항을 단락하여 운전상태로 들어간다. 즉 2차 저항시동법으로 용량은 15[kW] 이상의 중 · 대용량 전동기에 적당하다.

4) 권선형 유도전동기의 시동방법

① 시라게 전동기 : 권선형 유도전동기의 브러시 간격을 조정하여 속도제어를 원활하게 한 전동기를 시라게 전동기라 하며, 시라게 전동기(schrage motor)의 구조는 [그림 3-38]과 같다.

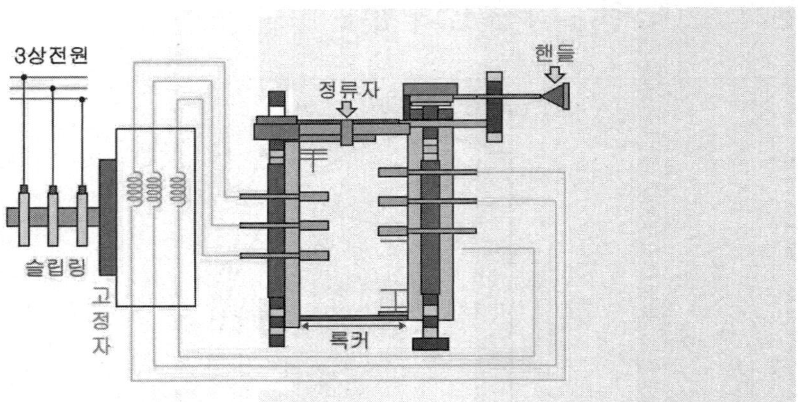

[그림 3-38] 시라게 전동기의 구조

② 게르게스법[8] : 권선형 유도전동기의 시동법으로 회전자에 소권수의 코일 2개를 설치하고 이를 병렬로 사용하여 시동시의 전류를 제한하고 시동 후에는 각 상 권선이 단락하여 큰 토크를 발생시켜 시동전류를 작게 하여 시동하는 방법이다.

---

8) 게르게스 현상 : 권선형 유도전동기에서 1차가 다상이고 2차가 단상일 때 일어나는 것으로 동기속도의 1/2인 속도에서 동기속도가 생기는 것이다.

06 동기전동기

학습목표

- 동기전동기의 개념을 이해한다.
- 동기전동기의 작동원리를 이해하고 운용할 수 있다.
- 동기전동기의 종류와 특성을 알 수 있다.

동기전동기는 회전자가 항상 동기속도로 일정하고 역률이 좋은 반면에 자극을 여자시키기 위한 직류전원이 필요하며, 구조가 복잡하여 보수점검이 어렵고 가격이 비싸다. 고정자 쪽은 3상 유도전동기와 동일한 구조로 보아도 되지만 회전자는 직류여자된 자극을 둔다. 정상으로 운전할 경우의 회전자속도는 전원 주파수가 일정한 한 $120f/P$로 된 일정값으로서, 이 값은 부하의 경중에 관계없이 완전히 일정하다.

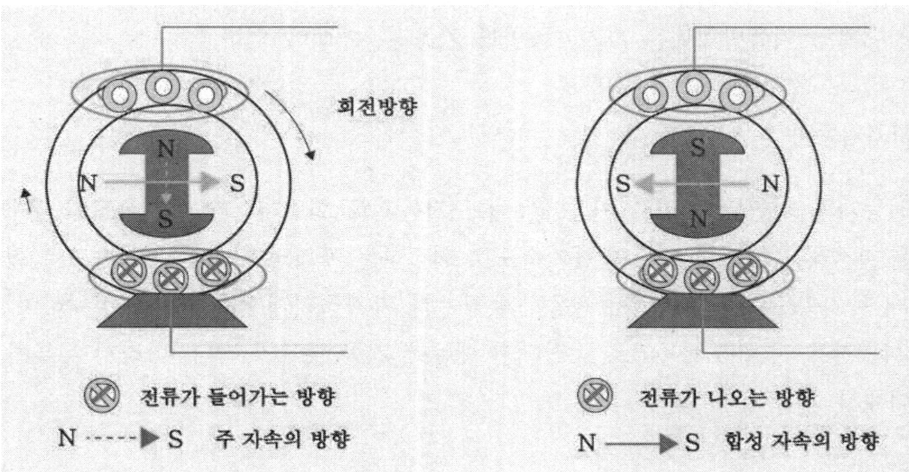

(a) 최대 전류가 흐르고 있는 시점의 자속상태 (b) 반주기 후에는 회전자의 위치

[그림 3-39] 동기전동기의 원리

1. 특성과 용도

직류여자를 어느 값으로 하면 역률이 1로 되어 동일한 입력으로 교류 쪽에서 흘러들어가는 전류를 최소값으로 할 수 있는 것도 특징이다. 이와 같은 역률조정은 유도전동기로는 할 수 없다. 단상 유도전동기의 고정자와 동일한 구성에서 회전자는 계자권선을 없애고 자극표면에 농형 유도체를 둔 것이 단상 동기전동기인데, 속도가 완전히 일정한 것을 필요조건으로 하는 특수용도에 사용된다. 정속도로 효율이 높게 운영되는 부하나 계자전류 조정에 의하여 역률을 보상하는 진상 콘덴서의 역할을 한다. 플랜트 동력, 대형 공기압축기, 제철공업의 압연기, 시멘트 공업의 동력 등에 적용된다.

[그림 3-39](a)와 같이 코일이 감긴 상태에서 반주기 중 최대 전류가 흐르고 있는 시점의 자속상태를 나타내면 코일에 흐르는 전기자 전류에 의한 자속은 앙페르의 오른나사 법칙에 따라 자속이 생기며, 그로 인한 합성자속은 주 자속과 교차되고 자극의 척력 인력으로 인해 회전자는 오른쪽으로 회전한다. 하지만 반주기가 지난 후에는 코일에 흐르는 전류의 방향이 바뀌어 교번 자속이 발생되고 회전방향은 반대로 되어 전동기는 계속 회전할 수 없게 된다. 따라서 [그림 3-39](b)와 같이 반주기 후에는 회전자의 위치를 바꾼다면 동일 방향의 자력이 발생되어 전동기는 계속 회전할 수 있게 된다.

2. 동기전동기의 기동방법

동기전동기의 기동방법에는 자기기동법과 기동전동기법이 있다.

(1) 자기기동법

유도전동기와 결합된 원리로 처음에는 유도전동기로 회전하다가 동기속도의 95[%] 정도에 이르렀을 때, 계자에 직류를 주면 동기속도로 회전하는 자기장에 끌려 동기속도로 회전하게 된다. 이 때 동기속도로 진입하면서 진동하게 되는데 계자극편에 제동권선을 설치하여 진동을 막는다. 처음 기동 시 유도전동기로 동작되기 때문에 기동 토크가 작다. 따라서 무부하나 가벼운 부하상태에서 기동해야 한다.

(2) 기동전동기법

동기전동기와 기계적으로 결합한 다른 전동기에 의하여 동기속도에 이르기까지 가속하는 방법으로 유도전동기를 사용할 경우 동기전동기보다 2극정도 작게 하면 동기속도 이상으로 가속할 수 있어 쉽게 기동할 수 있다.

07 변압기

학습목표

- 변압기의 개념을 이해한다.
- 변압기의 작동원리를 이해하고 운용할 수 있다.
- 변압기의 종류와 특성을 알 수 있다.

변압기(transformer)는 일반적으로 전력은 입력 쪽인 1차권선(primary winding)과 출력 쪽인 2차 권선(secondary winding)을 갖고 있으며, 전원 쪽에서 유입한 교류전력을 전자유도 작용에 이용한다. 변압기의 사용목적은 1차 권선을 통해 들어온 교류전력을 2차 권선을 통해 변성하여 전달하는 것이다.

전력을 장거리 송전하는 경우에 전선의 굵기는 경제성을 고려하여 지나치게 굵게 할 수 없고 저항 값도 일정저항 이하까지 작게 만들 수 없다($R = \rho\ell/A$). 송전선에 의한 저항손실 및 전압강하를 적게 하기 위해서는 전압을 높게 하여 전류를 적게 하여야 한다.

발전기의 전압은 보통 1~2만[V] 정도를 사용하므로 장거리 송전선의 수십만[V]까지 전압을 승압하기 위해서는 변압기를 필요로 한다. 승압 전력으로 전동기를 운전하고 전등을 점등하려면 강압변압기를 사용하여 각각의 용도에 따라서 적당한 용량으로 전압을 강압하여야 한다. 그러므로 전력수송에 있어서 변압기는 필수 전기기기이다.

이밖에도 전기로, 전기용접, 전기화학공업 등과 같은 낮은 전압시 대 전류가 필요할 때도 변압기를 사용하고 교류를 직류로 변환하는 정류기를 사용할 때도 변압기를 사용한다.

두 개의 회로 사이를 절연시키기 위해서 사용하는 변압기에서는 1차, 2차의 전압이 같은 경우가 나타나는데 이것을 절연변압기라고 한다. 그리고 변압기의 적절한 결선을 통해 교류의 상수를 변화시킬 수도 있다. 또한 계기용변성기라고 하여 계기의 측정범위를 확대할 목적을 위해 사용하는 변압기도 있다.

1. 변압기의 원리

권선의 저항 및 철 속의 포화, 누설 리액턴스를 무시하고, 철심의 자기포화와 철손이 없다고 가정할 때 이러한 조건을 만족하는 변압기를 이상변압기(ideal transformer)라 한다. 하지만 실제 변압기에서는 이런 조건들을 무시할 수 없다.

철심[9]에 [그림 3-40]과 같이 권수 n_1인 권선 1차 코일과 n_2인 권선 2차 코일을 감았다고 할 때 1차 권선 쪽에 교류전원을 인가하면 2차 코일에 기전력이 유기된다. 이럴 경우에 1차 권선의 전류에 의해 만들어져 쇄교하는 자속이 전부 2차 코일과도 쇄교한다고 가정하면 자속이 변화하는 비율은 1차 코일과 2차 코일이 같아지게 되어 1차 코일과 2차 코일 각각의 1차 권수에 유도되는 기전력은 같게 된다. 그러므로 1차 코일과 2차 코일의 양단의 기전력은 각 권수에 따라 비례하게 된다.

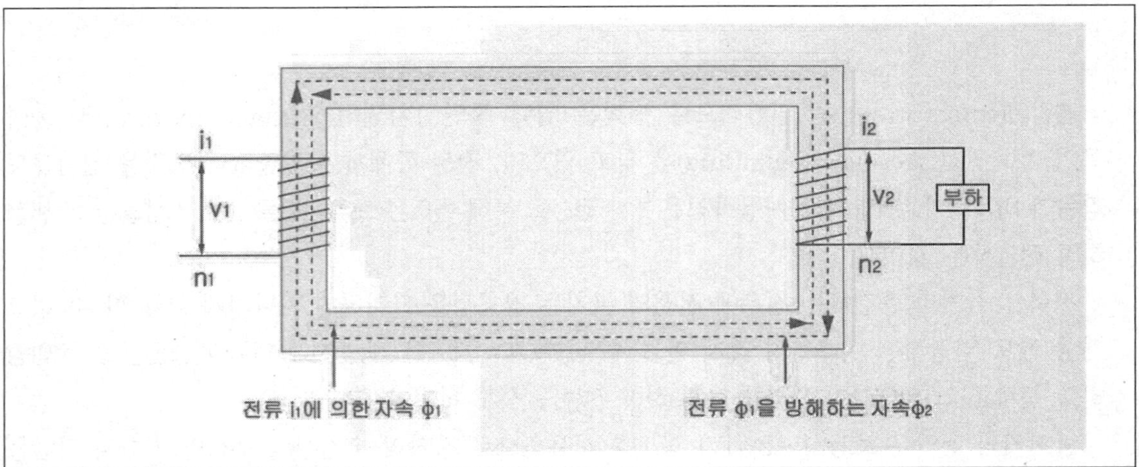

[그림 3-40] 변압기의 구조 및 원리

그리고 1차 코일에서 전류에 의한 권선내의 전압강하는 무시할 수 있을 만큼 작으므로 유기되는 기전력의 실효값 V_1과 전원에서 공급된 전압과는 평형이 되어야 하므로 권선의 저항을 무시한다면 이들은 서로 같아야 한다. 그렇다면 1차 코일의 권회수를 n_1, 2차 코일의 권회수를 n_2라 하고, 2차 코일에서 유기되는 기전력의 실효값을 V_2라 한다면 1차 코일과 2차 코일에서 유기되는 기전력의 비, 즉 변압기는 두 권선의 권수비 a와 같고 식 (3-18)과 같다.

$$a = \frac{V_1}{V_2} = \frac{n_1}{n_2} = \frac{I_2}{I_1} = \sqrt{\frac{Z_1}{Z_2}} \tag{3-18}$$

9) **적층철심** : 변압기 등의 철심 코어(core)를 몇 장씩 겹쳐 쌓은 것. 회전기의 전기자(電氣子) 철심이나 변압기의 철심은 규소강판을 0.35[mm] 정도의 얇은 판으로 만들어서 각각 절연 처리한 후에 몇 장이고 필요한 만큼 쌓아 전류손(損)을 적게 한 것이다.

또, 출력권선(2차권선)에 $Z[\Omega]$인 부하를 결선한다면 2차 권선 전류는 식 (3-19)와 같이 흐르게 된다.

$$I_2 = \frac{V_2}{Z} \tag{3-19}$$

이때 2차 전류에 의하여 생기는 기자력은 철심 내에 자속이 발생하고 철심 내에 자속의 양에 따라 변화를 주게 되어 1차 권선에는 2차 권선의 기자력을 소멸시키는 전류 I_1이 생기는데 이것을 1차 부하전류라 한다. 1차 부하전류 I_1과 2차 전류 I_2는 서로 반대 방향이고 크기는 식 (3-20)과 같다.

$$I_1 n_1 = I_2 n_2 \tag{3-20}$$

따라서 1차 부하전류와 2차 전류의 비, 즉 변류 비는 권수비의 역수형태를 취할 수 있으므로 식 (3-21)과 같다.

$$\frac{I_1}{I_2} = \frac{n_2}{n_1} = \frac{1}{a} \tag{3-21}$$

변압기의 출력은 2차 전류와 2차 전압의 곱으로 표시할 수 있다. 이때에 1차에는 1차 부하전류가 흐르게 되어 식 (3-22)와 같이 입력과 출력이 같다.

$$V_1 I_1 = V_2 I_2 \tag{3-22}$$

즉, 이상적인 변압기는 전압의 크기만을 변화시킬 뿐이고 전력의 발생이나 소비는 일어나지 않는 것이다. 그러나 실제 사용 시에 있어서는 변압기 자체의 손실로 인하여 출력은 입력보다 감소하여 나타난다.

2. 변압기의 손실

전력이 소모되면 열이 발생하게 되는데, 이 열은 변압기의 전력손실을 유발시키고 그 손실의 양에 따라 변압기는 100[%]보다 낮은 역률을 가지게 된다. 이 손실률은 변압기의 총 에너지 변환율에 비할 때 아주 작은 양이다. 변압기의 에너지 손실은 코일 동선내의 동손(copper losses), 와류손(eddy current losses), 히스테리시스손(hysteresis losses) 등 세 가지로 나눌 수 있다.

(1) 동 손

전류가 변압기의 1차와 2차 권선에 흐를 때 코일의 동선(copper losses)에 흐르는 저항 때문에 열이 발생하게 된다. 여기에서 발생되는 열의 총량은 1차 권선의 전류와 저항의 곱, 2차 권선의 전류와 저항의 곱을 합한 것이 된다. 이와 같은 전력의 손실은 1차 코일과 2차 코일을 굵은 동선을 사용함으로써 감소시킬 수 있으나 경제적인 측면을 고려하여 동선 굵기에 제한을 받기 때문에 사용하는 기기의 용량에 맞는 규격을 사용하고 있다.

(2) 와류손(eddy current losses)[10)]

변압기의 철심은 자력선과 마찰작용이 생기게 되어 철심 자체에서 전압을 유도하게 된다. 이렇게 유도된 전압은 철심 내에 전류를 순환시켜 열을 발생시키게 되어 전력의 손실을 가져온다. 그래서 유도된 전류의 순환을 감소하기 위해서 대부분의 변압기는 여러 장의 얇은 철판 조각들을 합쳐 하나의 철심으로 조립하여 사용한다.

(3) 히스테리시스 손(hysteresis losses)[11)]

자력선의 강도와 방향이 계속 변화함에 따라 철심 물질의 분자가 자화되는 방향도 계속해서 변화하게 된다. 이들 분자의 자기방향이 변화하는 현상은 마치 두 가지 이상의 물질이 서로 마찰할 때 일어나는 현상과 같으며 이 현상을 통하여 열이 발생하게 되어 전력의 손실이 일어난다. 이와 같이 분자가 자화될 때 상호 마찰을 일으켜서 열이 발생하는 것을 히스테리시스손이라 하고, 히스테리시스 손실은 철심 재료로 적절한 물질을 선택함으로써 감소시킨다.

---

10) 와류손 : 변압기 내부의 철심 사이로 누설전류가 흐르면서 전력이 소모되는 현상이다.

11) 히스테리시스손 : 한 번 코일 감은 철심에 전류를 흘려주면 전류는 흘려주지 않아도 자력이 남아 있는 현상이며. 원상 복귀시키려면 반대방향으로 전류를 흘려주어야 한다. 변압기에서는 교류를 사용하기에 전류의 방향이 바뀔 때마다 역방향의 자력이 작용하므로 손실이 생긴다.

08 직 · 교류 겸용 전동기

학습목표

- 직 · 교류전동기의 개념을 이해한다.
- 직 · 교류전동기의 작동원리를 이해하고 운용할 수 있다.
- 직 · 교류전동기의 종류와 특성을 알 수 있다.

전류의 방향과 크기가 주기적으로 변하는 교류에 사용되도록 만들어졌으며, 교류전동기는 유도전동기, 동기형전동기, 직권전동기로 나눌 수 있다.

전기기기에 일반적으로 쓰이고 있는 대부분의 전동기는 교류전동기이며 교류가 직류보다 전원 사용이 편리하고, 고전압, 대전류를 사용하는 큰 동력의 전동기도 동작시킬 수 있고, 구조가 간단하여 경제성이 높고 직류전동기보다 내압이 좋아 고장이 거의 없다. 또한 교류전동기는 브러시와 정류자를 가지지 않는 특성이 있다. 교류전동기의 구조는 [그림 3-41]과 같다.

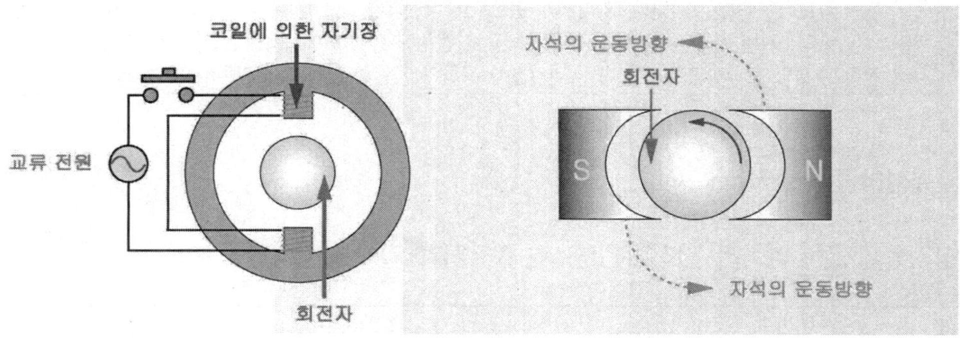

[그림 3-41] 교류전동기의 구조

1. 교류 단상 전동기

단상 유도 전동기의 회전 원리는 이동 자장에 의한 것으로 기동과 운전 방식이 복잡하여 큰 동력을 얻기가 어렵다(그림 3-42).

[그림 3-42] 교류 단상 전동기

외형과 회전자 형태는 3상 유도 전동기와 같으며 다만, 내부에 2종류의 코일로 구성된다. 즉 회전력을 발생하는 주 코일과 처음 회전을 하는 기동 코일로 구성되고 기동력을 발생하는 코일 결선 방식에 따라 여러 가지 결선 방식이 있다.

(1) 주 코일과 기동 코일

교류단상 전동기의 기동방법과 결선방법은 〈표 3-10〉과 같다.

〈표 3-10〉 교류 3상 유도 전동기 주 코일과 기동 코일

주 코일	코일의 굵기가 굵고 코일 수는 적어서 선로정수 중 리액턴스 성분이 크다.
기동 코일	상대적으로 주 코일에 비해 가늘고 코일 수는 많으며 선로정수 중 저항성분이 크다.
콘덴서	주 코일은 리액턴스 성분, 기동 코일은 저항성분이 크기 때문에 두 코일의 위상차에 의해서 기동하여 운전하는 것이 기본원리이며 기동 코일에 콘덴서를 삽입함으로써 그 위상차가 더욱 커지므로 기동 특성이 개선된다.
결선과 운전방법	단상 유도 전동기는 외부에 단자가 4개 있으므로 콘덴서를 내부에 설치하는 것과 외부에서 연결하도록 하는 것이 있다. 기동 시에는 두 개의 코일을 병렬로 전원에 연결하여 사용하고 기동 후 기동 코일이 불필요하며 전력 손실만 초래하므로 원심력 스위치를 사용하여 차단하고 주 회로만을 사용한다.

(2) 결선방법

단상전동기 정 · 역회전 결선법은 [그림 3-43]과 같다.

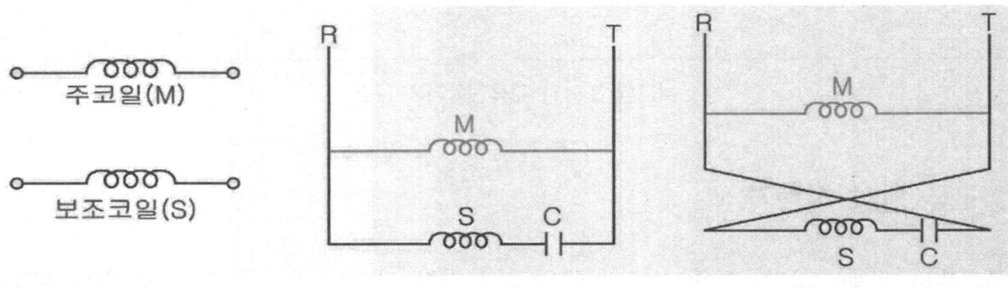

(a) 코일 배치 (b) 정회전 (c) 역회전

[그림 3-43] 단상전동기 정 · 역회전 결선법

2. 교류 3상 전동기

단상 유도 전동기의 회전 원리는 이동 자장에 의한 것으로 기동과 운전 방식이 복잡하여 큰 동력을 얻기가 어렵다(그림 3-44).

외형과 회전자 형태는 3상 유도 전동기와 같으며 다만, 내부에 2종류의 코일로 구성된다. 즉 회전력을 발생하는 주 코일과 처음 회전을 하는 기동 코일로 구성되고 기동력을 발생하는 방식에 따라 여러 가지 방식이 있다.

[그림 3-44] 교류 3상 전동기

(1) 교류 3상 유도 전동기

교류 3상 유도 전동기의 구조와 결선법은 〈표 3-11〉과 같다.

〈표 3-11〉 교류 3상 유도 전동기 동작원리와 구조

구분	내용
동작원리	3상 전원에 의해서 회전자장을 발생하고 이 회전자장에 의해서 회전자가 회전하기에 유도 전동기라 한다. 3상 유도 전동기는 아라고의 원판 원리를 이용한 것이다.
구조	코일을 감아 회전 자계를 발생시켜주기 위한 계자와 원통형 회전자가 있으며 회전자는 형태에 따라 농형과 권선형이 있으며 소형의 경우에 농형이 많이 사용된다.
코일(권선)	3상 유도 전동기는 전원이 3상을 공급받아서 사용되고 내부 코일 또한 독립된 3개의 코일로서 자극을 형성하도록 되어 있다.
단자인출	종래에는 3개의 단자가 외부로 인출되는 방식이었으나 현재에는 6개의 단자가 외부로 인출된 것으로 제작 시판되고 있다. 6개의 단자를 외부에서 연결하는 Y결선과 △ 결선 또는 220[V], 380[V] 용으로 선택적으로 사용하도록 되어 있다.

(2) 결선방법

교류 3상 유도 전동기의 외부 인출단자로서 Δ 결선과 Y 결선으로 연결하여 [그림 3-45]와 같이 사용한다.

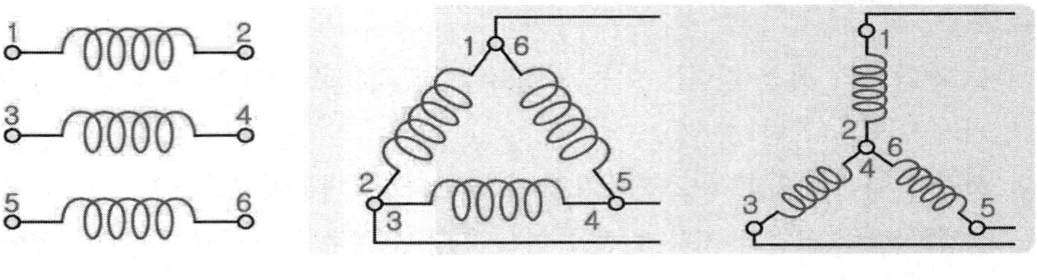

[그림 3-45] 내부코일에 3상 결선방법

3. 직 · 교류 겸용 전동기

직 · 교류 겸용 전동기(universal motors)는 단순히 계자권선을 전기자와 직렬로 연결한 형태의 직류전동기이다.

전동기를 직류전원에 가동할 경우에는 회전자와 계자전류의 위상이 일치되어야 하고, 구조는 직류전동기와 같이 회전하는 전기자가 정류자와 브러시에 연결되어 있어야 한다.

직 · 교류 겸용 전동기는 기동 토크가 크며 회전속도가 빠른 특징이 있어 드릴 엔진이나 원심분리기와 같이 회전속도가 빠르고 조절이 가능한 장비에 널리 사용되고 있다.

직류에서 전동기를 사용하다가 교류로 전원을 바꿀 때는 저항이나 유도체에 의한 전류를 조절하기 위하여 사용 전에 전동기의 계자권선의 연결을 다시 하여야 한다(그림 3-46).

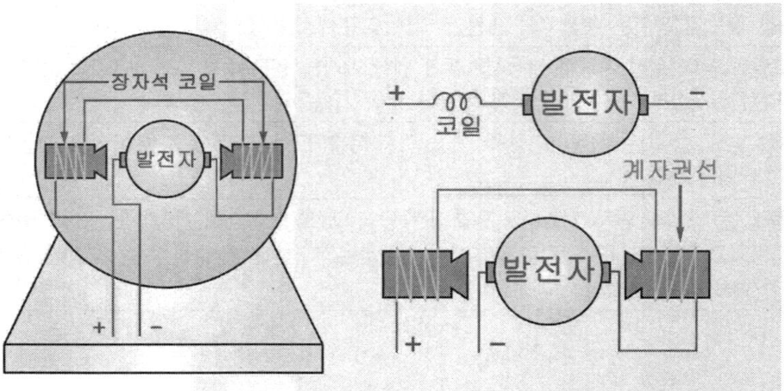

[그림 3-46] 직 · 교류 겸용 전동기의 구조

4. 전자 클러치 및 전자 브레이크

전자 클러치와 브레이크는 이송기구나 정지기구에 사용되는 액추에이터로서 제어성과 내구성이 우수하고 고 빈도 사용에 적합하며 자동화에 필요한 요소의 일부분이다.

클러치와 브레이크는 대상물을 일정 위치에 이동시키는 이송기구와 대상물의 운동이나 위치 등을 검출 제어부에 신호를 받아 대상물을 신속히 제동하는 정지기구로서 이들을(클러치/브레이크) 조합하여 자동화기계에 사용된다.

정위치 정지, 고 빈도 구동, 속도변화, 토크리밋, 장력제어 및 속도제어가 요구되며 고속응답에 적합한 전자 클러치나 브레이크와 인덕션 클러치 등이 개발되고 있고 전자 클러치/브레이크의 특징은 다음과 같다(그림 3-47).

(1) 특 징

① 고 빈도 구동에 의한 간헐이송 및 위치결정을 할 수 있다.
② 구동원은 해제하기 때문에 부하의 관성률이 최소화되어 고 밀도의 정지 정밀도를 얻을 수 있다.
③ 조합하여 간단히 자동위치 결정을 할 수 있다.
④ 제어성 조작성이 좋으므로 복잡한 제어를 쉽게 할 수 있다.
⑤ 기구가 간단하며 부대설비는 전기배선으로 가격이 저렴하다.
⑥ 마찰부의 수명이 길고 수리가 간단하다.
⑦ 조합으로 기계에 조립이 유닛화됨으로써 기구의 설계가 간단하다.

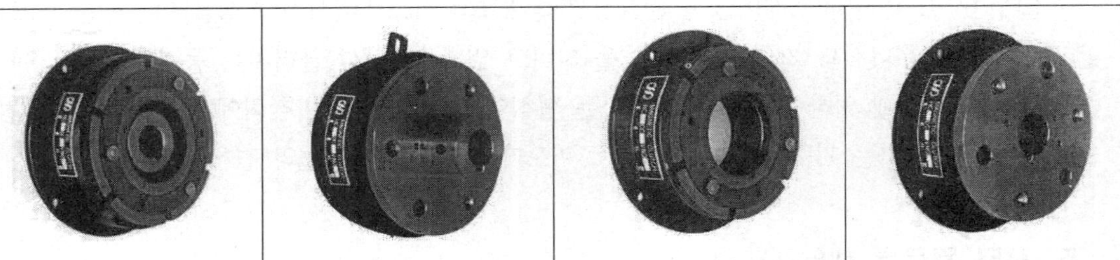

(a) 전자 클러치 HB형 | (b) 전자클러치HCSP형 | (c) 전자브레이크HB형 | (d) 전자브레이크HBR형

[그림 3-47] 전자 클러치 및 전자 브레이크

(2) 전자 클러치, 브레이크의 분류

1) 마찰식

상대되는 하나 또는 둘 이상의 마찰면을 압착하고 그 마찰력에 의하여 토크를 전달하는 방식으로 전자력 가압, 스프링 해지와 스프링 가압, 전자력 해지의 두 가지가 있다.

일반적으로 전자의 형식이 압도적으로 많으나 후자의 스프링 가압은 정전 시라도 가압이 가능하므로 비상 정지용 등에 주로 많이 사용되고 있다.

전자마찰 클러치, 브레이크는 다른 클러치, 브레이크보다도 간단, 소형으로 만들 수 있으며 사용상의 제약이 적다. 일반 산업용으로 현재 가장 많이 사용되고 있다.

2) 맞물림식

구동측과 피동측의 토크 전달면에 만든 이와 이의 맞물림에 의하여 토크를 전달하는 형식으로서 전자치형 클러치라 한다.

토크의 전달이 이의 맞물림으로 이루어지는 기계식으로 마찰식에 비하여 소형이면서도 큰 토크를 전달할 수 있다.

3) 공극식

파우더 클러치, 브레이크는 동력 전달이 매체에 자성 입자(파우더)를 사용하는 것으로서 동작부는 동심 원통형과 디스크형이 있는데 전자가 압도적으로 많다.

특성은 구동측과 피동측의 슬립 회전 속도에 관계없이 전달 토크를 일정하게 확보할 수 있고, 또 여자 전류와 전달 토크가 거의 비례적인 특징이 있다.

히스테리시스 클러치/브레이크는 반결정 자성재료의 히스테리시스 특성을 이용하는 토크 전달 기구로서 파우더식과 거의 같은 특성을 지니고 있다. 인덕션 클러치는 동작면의 슬립에 의한 전자 유도작용에 의하여 토크를 전달하는 형식이다. 이양자는 마찰력에 의하지 않고 비접촉으로 토크를 전달하는 기구로 되어 있으므로 마모가 없이 메인티넌스의 면에서 뛰어나다.

5. 모터 컨트롤 센터

모터의 각종 성능 및 특성을 감안, 가장 합리적으로 운전되도록 제작한 것으로 철강, 상하수도, 섬유, 제지, 석유화학 등 각종 산업에 쓰이는 많은 개수의 저압 전동기 부하의 개폐 기류를 집중 배치하여 설비의 연속운전 및 효율적 활동을 위해 종합적으로 관리할 수 있도록 한 제어 장치이다(그림 3-48).

[그림 3-48] 모터 컨트롤 센터

6. 인버터

농형 유도 전동기는 소형, 경량, 견고해서 보수가 용이하고 가격이 저렴한 전동기이다. 또한 개방형, 방폭형, 방부식형, 수중형 등 설치환경에 대응한 보호구조의 제작이 가능하기 때문에 전산업에 많이 사용되고 있다. 그러나 현재까지는 상용전원으로 일정 회전시키고 팬이나 펌프 등의 유량, 압력 등을 컨트롤 밸브를 제어하여 조절하므로 많은 에너지 손실이 생길 뿐만 아니라, 컨베이어 등 생산에 따른 속도제어 용도에는 기계식 등의 변속장치가 사용되어 에너지의 소모, 보수, 설치 등에 큰 불편이 있었다. 이들 손실을 줄이거나 기계장치 등을 줄일 수 있도록 범용 유도전동기의 속도를 자유자재로 가변하는 장치가 인버터(inverter)이다(그림 3-49).

[그림 3-49] 인버터

팬, 펌프 등의 풍량, 유량조절은 댐이나 조절 밸브에 의해서 조절하는 것보다 회전수 제어에 의하면 적은 에너지의 운전이 가능하다. 인버터에 의한 회전수 제어로는 (유량) $\propto$(회전수), (요소동력) $\propto$(유량)^{3}의 관계가 있다.

예 80[%] 유량에서 동력=$(0.8)^3 \fallingdotseq 50$[%] 정도로 된다.

즉, 유량변화에 따라서 적은 에너지가 된다. 유도 전동기의 회전속도(N.rpm)는 식 (3-23)과 같다.

$$N = \frac{120f}{P}(1-S)[rpm] \qquad (3\text{-}23)$$

단, N : 전동기 회전수[rpm],　　F : 전동기 전원 주파수[Hz]
　　p : 전동기 극수,　　S : 전동기 슬립

따라서, 전동기의 회전속도를 변속하는 방법은 극수, 슬립, 주파수를 변경하는 3가지 방법이 있다. 이들 제어의 특징은 〈표 3-12〉와 같다.

〈표 3-12〉 유도전동기 속도 제어의 3요소

요 소	방 법	특 징
극 수	전동기 극수를 변환	단계적인 변속 가능, 구조 간단
슬 립	전동기에 가하는 전압을 변환	부하의 관계로 속도결정, 용량에 제한
주파수	전동기에 가하는 주파수와 전압을 변환	기존의 유도 전동기의 회전속도를 연속적인 가변 가능

학 | 습 | 정 | 리

■ **직류, 교류 전동기의 종류**

[교류전동기]

① 3상유도 전동기 : 서로 다른 위상을 가지는 3개의 교류를 이용해 전자석을 만들어 동력을 얻는 장치이다.

㉠ 권선형유도전동기 : 권선형 회전자는 고정자와 같은 모양으로 권선을 감아 △ 또는 Y자로 접속하여 슬립 링(집전환)에 연결하여 브러시로 외부에 2차 전류를 유도할 수 있도록 한 것이다.

㉡ 농형유도전동기 : 바구니 모양의 회전자를 가진 유도 전동기로, 시동전류가 크지만 운전할 때의 효율은 양호하며 구조가 아주 간단하다.

② 단상유도전동기 : 단상 교류로 운전하는 유도 전동기. 동기 속도 · 미끄럼은 3상 유도 전동기와 같다.

㉠ 반발기동형유도전동기 : 회전자에 농형 권선과 반발 전동기의 회전자 권선을 가지며, 운전 중에도 두 권선은 그대로 작용하고 있는 전동기이다. 기동 토크가 크지만 속도 변동률도 크다.

㉡ 콘덴서기동형유도전동기 : 분상(分相) 기동 단상 유도 전동기의 하나로, 기동권선에 의해서 발생하는 자속을 콘덴서에 의해서 주권선의 그것보다 약 90[°] 앞선 상(相)으로 이상(移相)한 것이다. 기동이 완료되었을 때는 원심 개폐기에 의해서 이 콘덴서를 끊는다.

㉢ 분상기동형유도전동기 : 전기각이 90[°]인 곳에 기동형 권선을 감고 여기에 저항을 직렬로 연결하면 이의 자속에 의하여 불완전한 2상의 회전자계를 만들어 농형회전자를 가동하는 유도전동기인데 기동 후에는 원심력스위치가 개방된다.

㉣ 셰이딩코일형유도전동기 : 주권선과 그것에 대하여 그 자기축을 엇갈리게 한 1개 또는 그 이상의 굵은 단락 권선(셰이딩 코일이라 한다)이 있으며, 이 속에 유도되는 전류에 의한 자계가 주권선 자계와 함께 회전 자계를 만들도록 되어 있다. 따라서 기동 권선이나 이상(移相) 커패시터는 불필요하다. 테이프 레코드, 레코더 플레이어, 소형 팬 등의 낮은 토크 부하를 구동하는 데 사용한다.

[직류전동기]

① 직권 전동기 : 전기자와 계자 권선이 직렬로 접속되어 있는 정류자 전동기. 기동 토크가 크고 부하에 의한 속도 변동이 크며 경부하 및 무부하에서 위험한 고속이 될 수도 있다.

② 분권 전동기 : 전기자 코일과 계자 코일이 병렬로 접속된 전동기. 시동 회전력이 적고 축전지의 전원을 이용하므로 전압이 일정하고 회전 속도가 거의 일정하여 차량의 전동팬 모터, 히터팬 모터 등에 사용된다.

③ 복권 전동기 : 분권 권선과 직권 권선의 양쪽 계자 권선을 가진 전동기이다.

㉠ 가동복권전동기 : 복권 전동기의 직권 계자 기자력이 분권 계자 기자력에 합쳐지도록 직권 권선이 감겨 있는 것. 보통 복권 전동기라고 하면 가동 복권 전동기를 이른다.

㉡ 차동복권전동기 : 복권 전동기의 직권 계자 기자력(直捲界磁起磁力)이 분권(分捲)계자 기자력과 상반되게 직권 계자 권선을 접속한 복권 전동기이다.

■ 권선형 유도전동기 원리

농형 유도전동기의 회전자 대신 회전자 철심에 3상 권선을 감아 2차 권선으로 하고 슬립링을 각 상 권선의 선단에 마련하여 브러시를 중개하여 2차 전류를 외부에 인도할 수 있게 한 전동기이다. 따라서 2차 저항(외부저항)을 접속할 수 있고, 2차 저항기의 크기를 바꾸어 토크와 속도를 제어할 수 있다.

■ 권선형 유도전동기의 특성과 장 · 단점

권선형 유도 전동기는 회전자 권선(2차권선)의 저항 r, 토크 T로 운전하고 그때의 slip이 S라고 하면 2차 권선저항을 K배하여 Kr이 되었을 때 토크 T에 대하여 슬립은 Ks가 된다. 이 모양을 나타낸 것이 비례추이(Proportional Shifting)라고 하고 이것이 권선형 유도전동기의 큰 특성이다.

① 장점 : 2차 저항기를 사용하므로 2차 저항으로 임의의 최대, 최소 토크를 선택할 수 있다.

② 단점 : 운전시 손실이 크고 효율이 나쁘다. 특히 감속시 효율이 매우 떨어지며 외부 2차 저항에서 큰 손실이 발생한다. 슬립링, 브러시 등에서 고장이 잦으므로 유지관리에 유의하고 사용 환경을 고려하여야 한다.

■ 유도전동기의 장점

구조가 간단하고 취급이 용이하고, 기계적이며 견고하며 가격이 저렴하고 범용성이고 용량채택이 용이하다. 또한 신뢰성 및 안정성이 양호하고, 시동장치가 간단하며, 주위환경, 부하조건에 적합하고 중 · 소형전동기로서 일반적으로 많이 사용된다. 단점은 속도제어가 어렵다.(VVVF 방식이 효과적이다)

■ 유도 전동기의 시동 및 역전방법

① 전동기 가속토크 T = TL일 때 기동전류가 최대로 된다.

② 기동전류는 배전선 및 전원에 악영향을 주고 전동기의 손실 될 우려가 있다.

③ 기동시간(수초)동안 저 전압을 인가하여 시동전류를 제한하고 속도 상승 후 전류가 감소하면 정격전압을 인가할 필요가 있다. (단, 시동토크 감소의 결점이 있다)

■ 교류전동기

전류의 방향과 크기가 주기적으로 변하는 교류에 사용되도록 만들어졌으며, 교류전동기는 유도전동기, 동기형전동기, 직권전동기로 나눌 수 있다.

전기기기에 일반적으로 쓰이고 있는 대부분의 전동기는 교류전동기이며 교류가 직류보다 전원사용이 편리하고, 고전압, 대전류를 사용하는 큰 동력의 전동기도 동작시킬 수 있고, 구조가 간단하여 경제성이 높고 직류전동기보다 내압이 좋아 고장이 드물다는 장점 때문이다. 또한 교류전동기는 브러시와 정류자를 가지지 않는 특성이 있다.

■ 직 · 교류 겸용 전동기(universal motors)

단순히 계자권선을 전기자와 직렬로 연결한 형태의 직류전동기이다. 전동기를 직류전원에 가동할 경우에는 회전자와 계자전류의 위상이 일치되어야 하고, 구조는 직류전동기와 같이 회전하는 전기자가 정류자와 브러시에 연결되어 있어야 한다.

기동 토크가 크며 회전속도가 빠른 특징이 있어 드릴 엔진이나 원심분리기와 같이 회전속도가 빠르고 조절이 가능한 장비에 널리 사용되고 있다.

직류에서 전동기를 사용하다가 교류로 전원을 바꿀 때는 저항이나 유도체에 의한 전류를 조절하기 위하여 사용 전에 전동기의 계자권선의 연결을 다시 하여야 한다.

단 | 원 | 평 | 가 | 문 | 제

1. 교류전동기에서 단상유도 전동기의 종류가 아닌 것은?

   ① 반발기동형유도전동기　② 콘덴서기동형유도전동기
   ③ 분상기동형유도전동기　④ 차동복권전동기

2. 동력용 전동기의 특성이 잘못 연결된 것은 ?

   ① 유도전동기 : 구조가 간단하고 견고하다.
   ② 직류전동기 : 속도조정으로 전력손실이 없다.
   ③ 동기전동기 : 역률조정을 임의로 한다.
   ④ 정류자전동기 : 광범위하게 속도제한이 가능하다

3. 권선형 유도 전동기의 장 · 단점에 대한 항목이 아닌 것은?

   ① 2차 저항기를 사용하므로 2차 저항으로 임의의 최대, 최소 토크를 선택할 수 있다.
   ② 운전시 손실이 크고 효율이 나쁘다.
   ③ 감속시 효율이 매우 떨어지며 외부 2차 저항에서 큰 손실이 발생한다.
   ④ 가속시 효율이 매우 떨어지며 외부 2차 저항에서 큰 손실이 발생한다.

4. 전기 에너지를 기계적 에너지로 변환하는 전기기기는?

   ① 변압기　② 계전기　③ 전동기　④ 코일

5. 교류전동기와 달리 직류전동기만이 가지고 있는 것은?

   ① 정류자　② 정류자와 브러시　③ 브러시　④ 코일

| 정답 | 1.④ 2.② 3.④ 4.③ 5.②

제4장
소방방범 방재설비

우리가 살아가면서 얼마든지 겪을 수 있는 화재위험성에 대한 화재경보설비를 설명하였으며, 자동화재 탐지설비의 구성요소와 감지기의 종류, 발신기의 설치기준 등을 통하여 화재재난을 사전에 예방하고, 후속조치가 원활히 진행될 수 있도록 개념정리와 실습과제를 구성해 보았다.

01 자동화재 탐지설비

학습목표

- 경보설비와 감지기의 개념을 이해한다.
- 각각의 감지기의 장단점을 비교 설명 할 수 있다.
- 자동화재 탐지설비의 작동 원리를 알 수 있다.

1. 자동화재 탐지설비의 구성

자동화재 탐지설비는 화재 초기에 발생하는 연기 및 열을 감지하여 이를 건축물내의 관계자에게 표시등, 벨, 사이렌 등의 전기적 신호를 통해 알려주는 설비로서 소방법에 의해 건물의 용도 및 규모에 따라 설치, 유지하도록 정해져 있다.

(1) 구성요소

목적에 따라 여러 가지 요소로 구성될 수 있으나 기본적인 요소는 화재를 초기단계에 자동적으로 감지하여 화재신호를 발생시키는 감지기, 화재를 발견한 사람의 수동조작에 의하여 화재신호를 발신하는 발신기, 감지기나 발신기로부터 발신되는 신호를 변환 또는 증폭하여 수신기에 전달해주는 중계기, 감지기나 발신기 또는 중계기로부터 받은 신호를 수신하여 화재발생 및 화재장소를 표시하거나 피난 및 소화활동 등의 필요한 신호를 전해주는 수신기, 화재의 발생을 경보해주는 음향장치(경종) 등으로 구성되어 있다.

① 감지기 : 화재 시 발생되는 열, 연기, 불꽃이나 연소생성물 등의 화재효과를 자동적으로 감지하여 화재신호를 발신하는 장치이다. 빛, 온도, 자기, 압력, 변위 등과 같은 정보입력을 계측, 제어 등 그 목적에 알맞은 전기신호로 변환하는 소자 또는 장치이다.

② 발신기 : 화재를 발견한 사람이 수동으로 스위치를 조작하여 화재신호를 수신기에 전달하기 위한 장치이다.

③ 중계기 : 감지기나 발신기의 작동에 의해 신호를 받아 수신기에 이들 신호를 전달하거나 각각의 감지기나 발신기의 신호를 회선마다 고유의 신호로 변환시켜 수신기에 전달하는 장치이다. 약해진 신호를 받아 증폭, 재송신하거나, 찌그러진 신호의 파형을 정형하고 타

이밍을 조정, 또는 재구성해 송신하는 장치이다.

④ 수신기 : 감지기나 발신기에서 신호를 직접 수신하거나, 수신된 신호를 중계기를 통하여 화재의 발생을 당해 특정 소방대상물의 관계자 및 거주인에게 통보 또는 통보와 동시에 자동소화설비의 제어신호를 송출하는 것이다. 외부로부터 신호를 받아 필요한 정보를 얻는 장치로써 일반적으로 무선 통신기이며 텔레비전 수상기 · 팩시밀리가 있다.

⑤ 음향장치 : 화재발생 시 발신기의 신호를 받아 화재의 발생을 음향으로 경보하여 주는 장치이다. 전기신호를 음파로 바꾸어 주는 장치로서 음향전자장치는 지연선을 구축하나 컴퓨터에서 나온 디지털 신호를 전화선으로 전송하기 위해서 전환시키는 데 이용된다.

⑥ 시각경보장치 : 화재발생 시 감지기 또는 발신기의 신호를 수신기로부터 받아 청각장애인들에게 화재의 발생을 점멸형태로 경보하여 주는 장치이다.

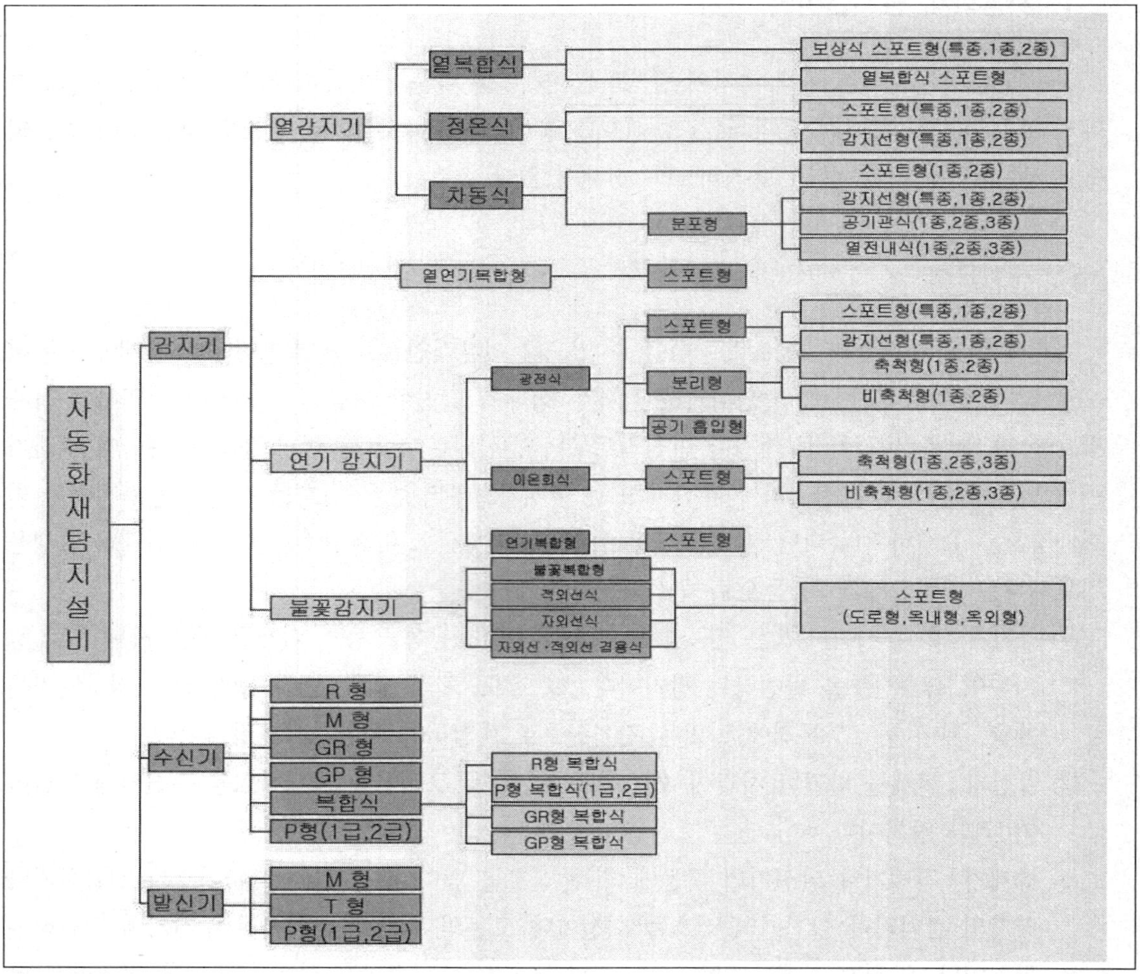

[그림 4-1] 자동화재 탐지설비의 구성도

⑦ 표시등 : 여러 가지 색깔이나 표지 기호, 글자 따위를 어둠 속에서도 쉽게 구별할 수 있게 만든 등이다. 비상구나 비상계단, 횡단보도 같은 곳에 설치한다.

⑧ 전원 : 구성부품에 연결되는 단자 및 회로를 포함하는 전기작동 동력원으로서 종속설비 구성부품에 연결되는 단자 및 회로를 포함하는 전기작동 동력원이다.

⑨ 배선 : 전력을 쓰기 위하여 전선을 끌어 장치하거나 여러 가지 전기장치를 전선으로 연결하는 작업이다. 이 설비는 감지 → 통보 → 소화의 기능으로 구성되어 있으며, 이 설비의 구성도는 [그림 4-1]과 같다.

(2) 설치대상

청소년시설 및 노인시설, 숙박시설, 의료시설, 터널 등 다양하며 면적과 특징에 따라 분류하여 설치한다(표 4-1).

〈표 4-1〉 설치대상 및 조건

설치대상	조 건
① 청소년시설 · 노인시설	연면적 400[m^2], 수용인원 100인 이상
② 근린생활시설 · 의료시설 ③ 숙박시설 · 의료시설 ④ 복합건축물	연면적 600[m^2] 이상
⑤ 일반목욕장 · 문화집회 및 운동시설 ⑥ 통신촬영시설 · 관광휴게시설 ⑦ 업무시설 · 판매시설 및 영업시설 ⑧ 운수자동차 관련 시설 · 공장 및 창고시설 ⑨ 지하가 · 공동주택	연면적 1,000[m^2] 이상
⑩ 교육연구시설 · 동식물 관련 시설 ⑪ 위생 등 관련 시설 · 교정시설	연면적 2,000[m^2] 이상
⑫ 터널	길이 1,000[m] 이상
⑬ 전부	지하구
⑭ 특수가연물 저장 · 취급	지정수량 500배 이상

2. 감지기의 분류

감지기는 화재로 발생되는 열 또는 연기를 이용하여 자동적으로 화재발생을 감지 후 수신기에 발신하는 것인데 일반적으로 열을 이용하는 것을 열감지기, 연기를 이용하는 것을 연기감지기라고 한다.

(1) 열감지기

감지기는 검출원리에 따라 열식과 연기식 및 화염식으로 대별하며, 열감지는 기능상 차동식, 정온식, 보상식으로 나눈다. 이용방법에 따라 스포트형(spot), 분포형으로 구분하며, 검출방법이나 소자 등에 따라 공기관식, 열전대식, 열반도체식으로 나눈다.

연기감지기는 공기 중의 연기 검출원리에 따라 이온화식, 광전식으로, 검출방법에 따라 축척형, 비축척형으로 구분한다. 광전식은 산란광식과 감광식이 있다. 감도에 따라 빠른 것에서부터 특종, 1종, 2종, 3종으로 구분한다. 기타 특수한 장소 및 환경에 적응시킨 방폭형, 방수형 등이 있으며, 폭발의 위험이 높은 장소에는 보다 신속한 감지를 위해 자외선(Ultraviolet : UV), 적외선(Infrared : IR) 등을 설치한다.

1) 차동식 감지기

온도상승 속도가 한도 이상으로 빠른 경우에 동작하는 감지기이다. 2개의 온도 센서를 조합시켜 한 쪽의 열시정수[12]를 크게 하고, 다른 한 쪽의 열시정수를 작게 해 놓고, 그 검출 온도차로부터 온도상승 속도를 검출하는 것과 금속 세관의 끝 부분에 작은 구멍을 내놓고, 서서히 온도가 상승하는 경우에는 내부의 공기압력이 상승하지 않지만, 온도가 급격히 상승할 때는 내부의 압력이 급증하여 전기접점을 닫게 된다.

① 차동식 분포형 감지기 : 넓은 범위에서의 열효과에 의하여 작동한다. 주위온도가 일정 온도 이상이 되었을 때 작동하는 것으로서 국소적인 열효과에 의해 작동하는 것이다. 온도가 급변하였을 때만 작동하고 온도상승률이 완만할 때는 작동하지 않으며, 감도에 따라 1종 및 2종으로 나뉘어 있고 구조 및 기능은 다음과 같다.

㉠ 공기관식 감지기 : 공기의 열팽창을 이용해서 다이어프램을 팽창시켜 [그림 4-2]와 같이 경보기를 작동시키는 방법이다.

ⓐ 구성요소 : 공기관(두께 0.3[mm] 이상, 바깥지름 1.9[mm] 이상) 다이어프램, 리크 구멍[13], 시험장치, 접점으로 구성되어 있다.

ⓑ 동작원리 : 화재발생 시 공기관 내의 공기가 팽창하여 다이어프램을 밀어 올려 접점을 붙게 함으로써 수신기에 신호를 보낸다. 완만한 온도의 상승은 팽창된 공기가 검출기의 리크 구멍으로 누설되기 때문에 접점을 접촉시키지 않는다.

ⓒ 공기관 상호간의 접속 : 슬리브에 삽입한 후 납땜한다.

---

12) **열시정수** : 어느 온도 스텝을 가했을 때의 서미스터 온도의 대수 시간변화를 지배하는 상수이다.
13) **리크 구멍** : 리크공 = 리크홀 = 리크밸브

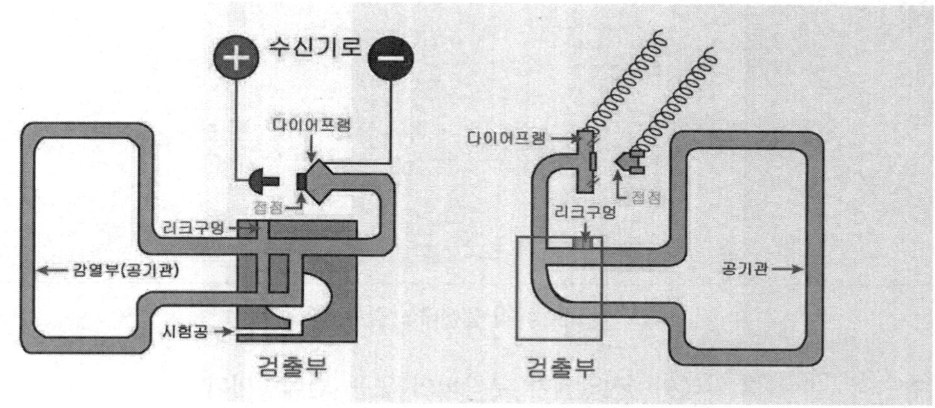

[그림 4-2] 공기관식 감지기

ⓓ 검출부와 공기관의 접속 : 공기관 접속단자에 삽입한 후 납땜한다.

ⓔ 고정방법 : [그림 4-3]과 같이 직선부분, 굴곡부분, 접속부분, 굴곡반경에 유의하여 설치한다.

- 직선부분 : 35[cm] 이내로 한다.
- 골곡부분 : 5[cm] 이내로 한다.
- 접속부분 : 5[cm] 이내로 한다.
- 골곡반경 : 5[cm] 이상으로 한다.

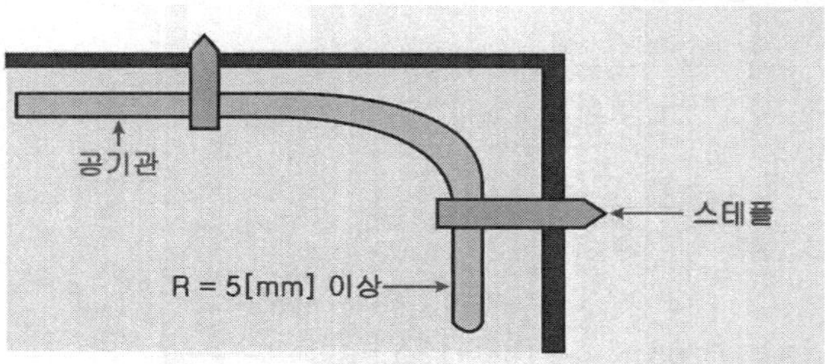

[그림 4-3] 공기관식 감지기의 곡률반경

㉡ 열전대식 : 서로 다른 종류의 금속 접합부에 온도차를 주면 기전력이 발생하는 원리를 이용한 방법이다(그림 4-4).

ⓐ 구성요소 : 열전대와 미터릴레이, 접속전선으로 구성되어 있다.

- 열전대 : 두 종류의 금속을 조합했을 때 접합 양단의 온도가 서로 다르면 이 두 금속 사이에 전류가 흐르는데 이 전류로 그 접점간의 온도차를 알 수 있으며 이 열전기의 현상을 이용하여 고열도의 온도를 측정하는 장치이다.

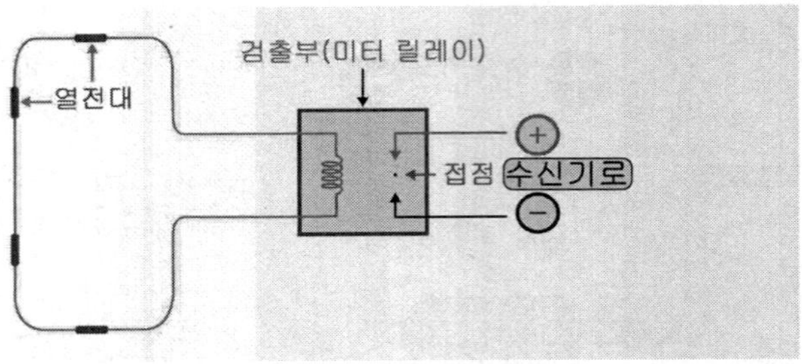

[그림 4-4] 열전대식 감지기의 구조

- 미터릴레이 : 전압계가 부착되어 있는 릴레이이다.
- 접속전선 : 측정단자에는 (+), (-)의 기호가 들어 있다.

ⓑ 동작원리 : 화재발생 시 열전대부가 가열되면 열기전력이 발생하여 미터릴레이에 전류가 흘러 접점을 붙게 함으로써 수신기에 신호를 보낸다.

ⓒ 열전대부의 접속 : 슬리브에 삽입한 후 압착한다.

ⓓ 고정방법 : 메신저와이어(messenger wire)[14] 사용시 30[cm] 이내이다.

㉢ 열반도체식 : 열기전력을 발생하는 열반도체소자, 열을 유효하게 받는 부분인 수열판과 열반도체소자와 역방향의 열기전력을 발생하는 부분인 동니켈선, 미터 릴레이로 구성되어 있다(그림 4-5).

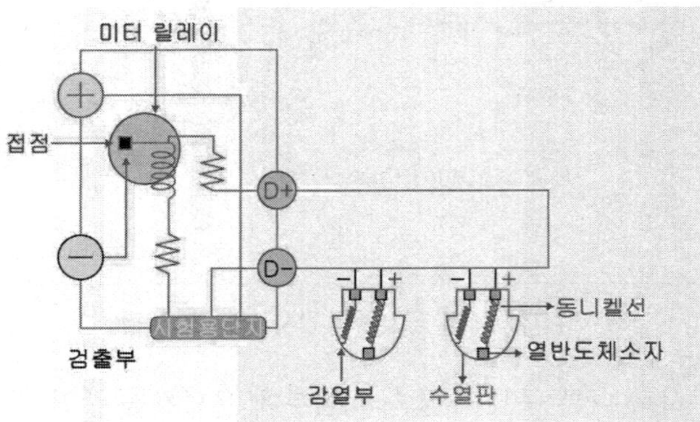

[그림 4-5] 열반도체식 감지기의 구조

ⓐ 구성요소 : 열반도체소자와 수열판, 미터릴레이, 동니켈선으로 구성되어 있다.

- 열반도체소자 : 열기전력을 발생하는 부분이다.

14) 메신저와이어 : 열전대가 늘어지지 않도록 고정시키기 위한 철선

- 수열판 : 열을 유효하게 받는 부분이다.
- 미터릴레이 : 전압계가 부착되어 있는 릴레이이다.
- 동니켈선 : 열반도체소자와 역방향의 열기전력을 발생하는 부분이다(차동식 스포트형 감지기의 리크공과 같은 역할을 한다).

ⓑ 동작원리 : 화재발생 시 수열판이 가열되면 열반도체 소자에 열기전력이 발생하여 미터릴레이를 작동시켜 수신기에 신호를 보낸다.

참고 공기관식 차동식 분포형 감지기

① 작동개시시간이 허용범위보다 늦게 되는 경우
  ㉠ 감지기의 리크 저항(leak resistance)이 기준값 이하일 때
  ㉡ 검출부 내의 다이어프램이 부식되어 표면에 구멍이 발생하였을 때
② 작동개시시간이 허용범위보다 빨리 되는 경우
  ㉠ 감지기의 리크 저항이 기준치 이상일 때
  ㉡ 감지기의 리크 구멍이 이물질 등에 의해 막히게 되었을 때

② 차동식 스포트형 감지기 : 일국소에서의 열효과에 의하여 작동한다. 주위 온도가 일정 온도 이상이 되었을 때 작동하는 것으로서 국소적인 열효과에 의해 작동하는 것이다. 감도에 따라 1종 및 2종으로 나뉘어 있으며 구조 및 기능은 다음과 같다.

㉠ 공기의 팽창을 이용한 것 : 감열실, 다이어프램, 리크 구멍(공), 접점, 작동표시장치로 구성되어 있으며 화재 시 갑자기 온도가 상승하게 되면 감열부의 공기가 팽창하여 다이어프램을 밀어올려 접점을 붙게 함으로써 수신기에 신호를 보낸다.

난방 등에 의한 실내 온도의 완만한 온도상승에 대해서는 리크 구멍의 작용에 의해 외부 압력과 균형을 유지하면서 접점이 닿지 않게 되어 있다.

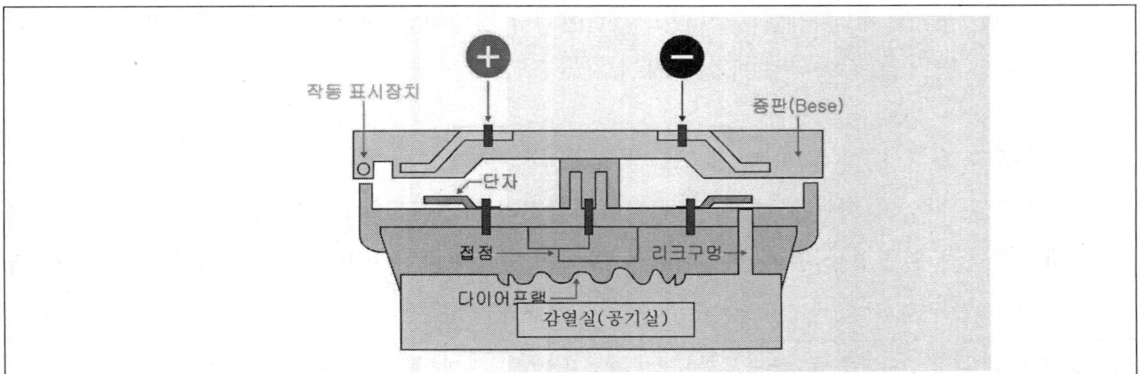

[그림 4-6] 공기의 팽창을 이용한 것

ⓐ 구성요소 : 감열실, 다이어프램, 리크 구멍[15], 접점, 작동표시장치가 있다(그림 4-6).

ⓑ 동작원리 : 화재발생 시 감열부의 공기가 팽창하여 다이어프램을 밀어 올려 접점을 붙게 함으로써 수신기에 신호를 보낸다.

㉡ 열기전력을 이용한 것 : 두 종류의 도체(또는 반도체)를 양쪽으로 접합시키고 양 접합부위 온도가 다르면 금속 사이에 기전력이 생겨 전류가 흐르는데, 이때 온도차에 의해 전압이 발생되어 전류를 흐르게 하는 힘을 열기전력이라 한다(그림 4-7).

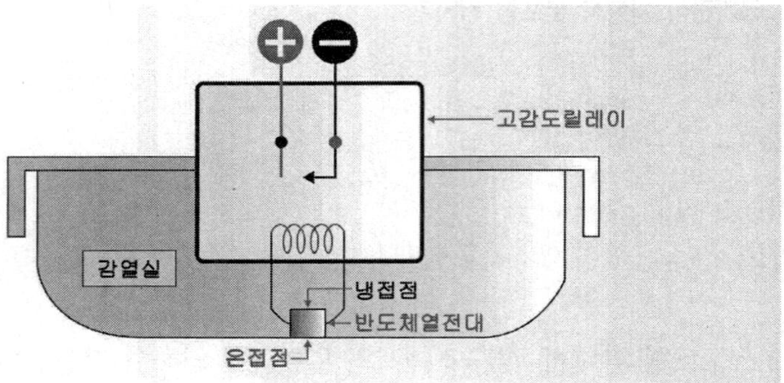

[그림 4-7] 열기전력을 이용한 것

ⓐ 구성요소 : 감염실과 반도체열전대, 고감도 릴레이가 있다.

- 감열실 : 실내의 온도, 습도, 환기, 기류 및 청정 등을 함께 조절하여 실내의 사용목적에 알맞은 상태로 유지시키는 것이다.
- 반도체 열전대 : 서로 다른 종류의 금속을 접속한 것으로 열전효과를 일으키는 금속선이다. 열전기쌍 혹은 열전쌍이라고도 한다.
- 고감도 릴레이 : 미소한 전압으로도 동작하는 계전기이다.

ⓑ 동작원리 : 화재발생 시 반도체열전대가 가열되면 열기전력이 발생하여 고감도 릴레이[16]를 작동시켜 수신기에 신호를 보낸다.

2) 정온식 감지기

일정 온도 이상이 되었을 때 작동하는 화재감지기로 스포트형과 감지선형이 있다. 스포트형은 바이메탈의 열변형을 이용하여 접점을 움직여 발신하는 것이며, 감지선형은 플라스틱을 경

15) **리크 구멍** : 감지기의 오동작을 방지하며, 리크 구멍이 이물질 등에 의해 막히게 되면 오동작이 발생하여 비화재보의 원인이 된다.

16) **고감도 릴레이** : 미소한 전압으로도 동작하는 계전기이다.

계로 하여 2개의 피아노선을 감지선으로 화재발생 시 플라스틱이 녹아 피아노선을 접촉시켜서 발신하는 형식이다.

① 정온식 스포트형 감지기 : 한정된 장소의 주위온도가 일정한 온도 이상으로 되었을 때 작동하는 것으로서 바이메탈의 활곡 · 반전을 이용한 것, 금속의 팽창계수차를 이용한 것, 액체(기체)의 팽창을 이용한 것, 가용절연물을 이용한 것, 감열반도체 소자를 이용한 것 등이 있다. 외관이 전선으로 되어 있는 것도 있다.

㉠ 바이메탈의 활곡 · 반전을 이용한 것 : 한정된 장소의 주위온도가 일정한 온도 이상으로 되었을 때 작동하는 것으로서 금속의 팽창을 이용한 것이다.

ⓐ 바이메탈[17]의 활곡 · 반전을 이용한다.

ⓑ 금속의 팽창계수차를 이용한다.

ⓒ 액체(기체)의 팽창을 이용한다.

ⓓ 가용절연물을 이용한다.

ⓔ 감열반도체 소자를 이용한다.

바이메탈이 열을 받아 [그림 4-8]과 같이 활모양으로 휘면서 접점을 닿게 하는 것이다.

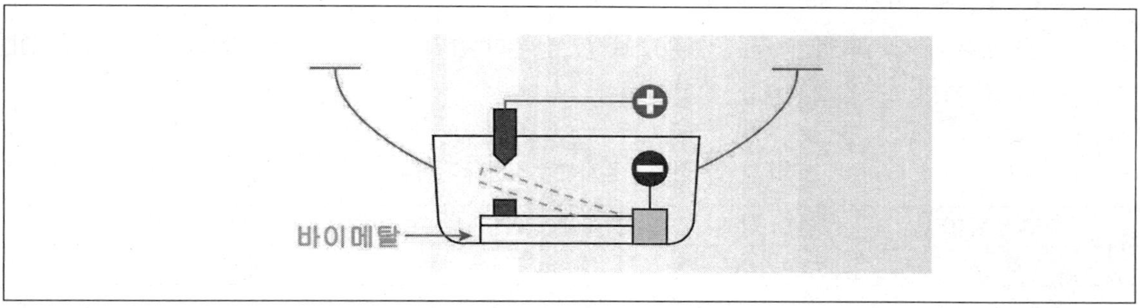

[그림 4-8] 바이메탈의 활곡 · 반전을 이용한 것

㉡ 금속의 팽창계수차를 이용한 것 : 팽창계수의 서로 다른 두 금속을 각각 내부와 외부에 설치하여 온도변화 시 각 금속 내의 선팽창의 차에 의해 접점을 이룰 수 있도록 하는 것이다.

㉢ 액체(기체)의 팽창을 이용한 것 : 수열체인 반전판이 열을 일정 온도에 달하면 반전판 안의 액체가 기화되면서 팽창하여 그 힘에 의해 반전하게 됨으로써 접점을 붙이는 방식이다.

② 정온식 감지선형 감지기 : 일국소의 주위온도가 일정한 온도 이상이 되는 경우에 작동하는 것으로서 외관이 전선(방수, 방진)으로 되어 있는 화재감지기의 일종이다. 소방 대상물에서

17) 바이메탈 : 팽창계수가 다른 금속을 서로 붙여서 열에 의해 어느 한쪽으로 휘어지게 만든 것이다.

발생될 수 있는 화재 또는 국부 과열 등의 정확한 과열지점을 조기 감지하여 정확한 화재 경보를 함으로써 화재의 확산방지와 인명의 피해방지 및 시설물 보호 등 화재의 위험을 미연에 방지할 수 있는 화재감지기이다.

㉠ 동작원리 : 화재 혹은 과열 시 열 또는 화염으로 인해 열가소성의 물질이 녹으면서 꼬여있는 강철선이 복원력으로 쇼트 상태가 되는데 이로 인해 두 도선 간에 전류가 흐르며, 이 때 고유저항값이 발생되므로 저항으로 인해 정온식 감지선형 감지기와 연결되어 있는 수신기의 회로에 전압이 집중되어 감지기 회로가 작동되어 경보가 울린다. 또한 수신기는 저항값에 의해 몇 [m] 지점의 어느 회로, 어느 지점에서 열 또는 화재가 일어났는지 정확하게 알려줌으로서 감시자가 쉽고 정확한 지점을 확인할 수 있는 감지 시스템이다.

㉡ 고정방법 : 직선부분, 단자부분, 굴곡부분, 굴곡반경에 유의하여 설치한다.

ⓐ 직선부분 : 50[cm] 이내

ⓑ 단자부분 : 10[cm] 이내

ⓒ 굴곡부분 : 10[cm] 이내

ⓓ 굴곡반경 : 5[cm] 이상

㉢ 정온식 감지선형 감지기의 온도표시 : 정온식 감지선형 감지기는 작동온도에 따라 〈표 4-2〉와 같이 색상으로 구분한다.

〈표 4-2〉 정온식 감지선형 감지기의 작동온도

공칭작동온도	80[℃] 이하	80[℃] 이상~120[℃] 이하	120[℃] 이상
색 상	백 색	청 색	적 색

참고 접속방법

① 공기관식 감지기
㉠ 공기관의 상호접속 : 슬리브를 이용하여 접속한 후 납땜한다.
㉡ 검출부와 공기관의 접속 : 공기관 접속단자에 공기관을 삽입하고 납땜한다.
② 열전대식 · 열반도체식 감지기 : 슬리브에 삽입한 후 압착한다.
③ 정온식 감지선형 감지기 : 단자를 이용하여 접속한다.

3) 보상식 감지기

차동식과 정온식의 2가지 성능을 갖고 있는 화재감지기이며, 주위의 온도가 변함에 따라 감지 양상이 달라지는 구조이다. 차동계 작동은 공기실이 급격한 온도변화로 내부공기가 팽창하여 다이어프램을 들어올려 접점을 닫는 것이고, 정온계 작동은 바이메탈이 변형됨에 따라 다이어프램을 들어올려 접점을 닫는 것이다.

① 보상식 스포트형 감지기 : 차동식 스포트형 감지기와 정온식 스포트형 감지기의 성능을 겸한 것으로 차동식 스포트형 감지기는 [그림 4-9]와 같고 정온식 스포트형 감지기의 한 기능이 작동되면 작동신호를 [그림 4-10]과 같이 발하는 것이다.

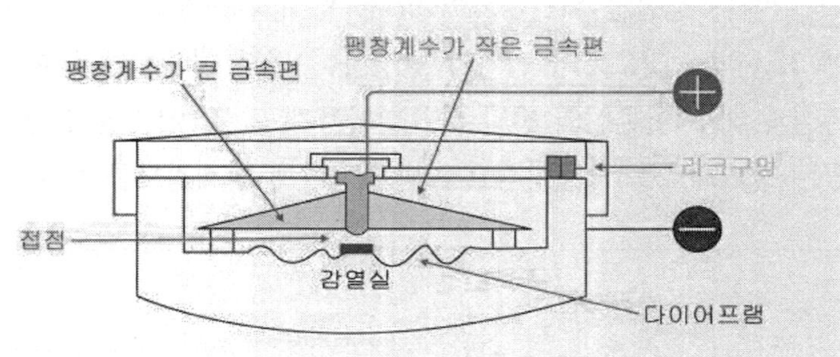

[그림 4-9] 보상식 스포트형 감지기의 구조

㉠ 차동식으로 동작 : 화재발생 시 주위의 온도가 급격히 상승하면 다이어프램을 밀어올려 수신기에 신호를 보낸다.

㉡ 정온식으로 동작 : 화재발생 시 일정 온도 이상이 되면 팽창률이 큰 금속이 활곡 또는 반전하여 수신기에 신호를 보낸다.

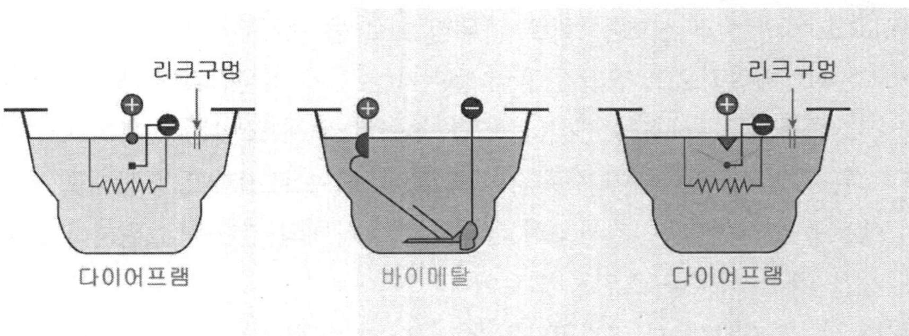

[그림 4-10] 스포트형 감지기의 종류

(2) 연기감지기

화재발생에 의한 연기를 감지하여 화재의 발생 이전에 보다 빨리 사고를 발견하는 화재감지기의 일종이다. 이온식과 광식이 있으며, 이온식은 연소생성 입자를 이온 전류의 변화로 포착하는 것이고, 광식은 연기에 의해 광속의 변화로 감지하는 것이다.

1) 이온화식 연기감지기

이온전류가 변화하여 작동한다. 연기가 흘러들어가는 외부 이온실과 밀폐된 내부 이온실이 있으며, 2개의 이온실은 직렬로 연결되어 있고, 감시상태에서는 내부 이온실의 (+)극과 외부 이온실의 (-)극 사이에는 정전압이 인가되어 있다. 주위의 공기가 일정한 농도의 연기를 포함하게 되는 경우에 작동하는 것으로서 연기가 발생하여 외부 이온실에 들어가면 이온전류가 감소하여 외부 이온실과 내부 이온실의 전압비가 변화하게 되고, 이러한 전압차를 증폭시켜 감지기에 편성되어 있는 전기회로를 작동시킴으로써 수신기에 화재경보를 보내는 것이다(그림 4-11).

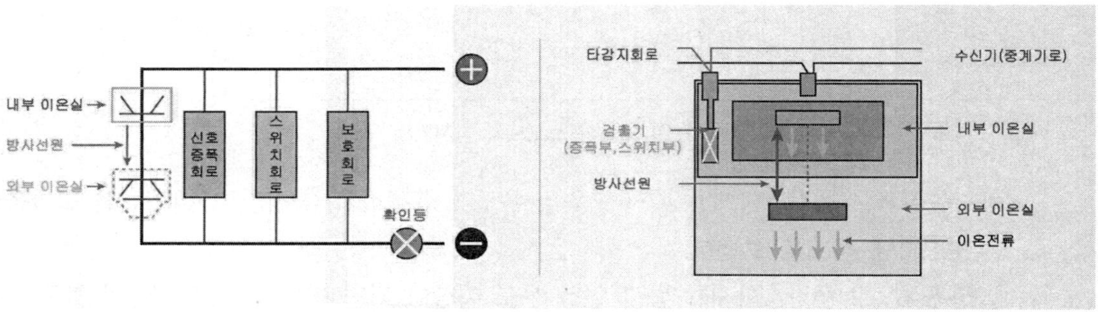

[그림 4-11] 이온화식 감지기의 구조

① 구성요소 : 이온실과 신호증폭회로, 스위칭 회로 등으로 구성되어 있다.
  ㉠ 이온실 : 일반적으로 연기가 흘러 들어가는 외부 이온실과 밀폐된 내부 이온실이 있다.
  ㉡ 신호증폭회로 : 신호의 세기(전력)를 높이기 위해 쓰이는 전기회로이다.
  ㉢ 스위칭 회로 : 컴퓨터에 사용되는 회로의 일종으로 0과 1의 상태를 발생시켜 2진법의 정보를 표현한다. 여기서 0의 상태와 1의 상태의 전환을 스위치라고 하고, 이러한 기능을 가진 회로를 스위칭 회로이다.

② 동작원리 : 화재발생 시 연기입자의 침입으로 이온전류의 흐름이 저항을 받아 이온전류가 작아지면 이것을 검출부, 증폭부, 스위칭 회로에 전달하여 수신기에 신호를 보낸다.

참고 **이온화식 연기감지기**

① 방사성동위원소 : 아메리슘 241(Am^{241}), 95(Am^{95}), 라듐(RA)
② 방사선 : α선

2) 광전식 연기감지기

광량의 변화로 작동한다. 산란광 방식이 쓰이며 [그림 4-12]와 같이 주위의 빛을 완전히 차단시키고, 연기만 진입하도록 한 암상자 내의 한쪽에서 광원 램프의 광원을 한 방향으로 모아 비추어 주고, 이 광속의 산란공을 받는 방향에 수광소자가 설치되어서 밀폐된 상자 안의 공기가 깨끗할 때에는 그 산란이 없으므로 수광소자는 빛을 전혀 받지 않고 아무런 변화도 생기지 않지만, 화재 시 감지기 주위의 공기가 일정한 농도의 연기를 포함하게 되는 경우 연기가 암상자에 유입되면 연기입자가 광속에 의하여 산란반사를 일으키고, 수광소자는 산란광의 일부를 받아 수광량의 변화를 검출하여 설정값 이상이면 화재신호를 보낸다.

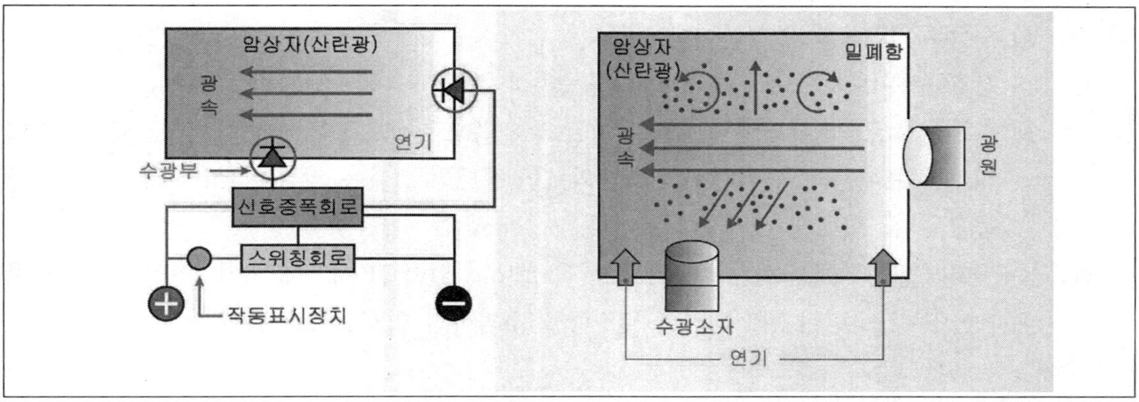

[그림 4-12] 광전식 스포트형 감지기

① 구성요소 : 발광부와 수광부, 차광판 등으로 구성되어 있다.
   ㉠ 발광부 : 빛을 내는 부분이다.
   ㉡ 수광부 : 빛을 받는 부분이다.
   ㉢ 차광판 : 빛을 차단하는 기계적인 장치로서 암실 입구, 송풍기 등에 설치된다.
   ㉣ 신호증폭회로 : 신호의 세기(전력)를 높이기 위해 쓰이는 전기회로이다.
   ㉤ 스위칭 회로 : 컴퓨터에 사용되는 회로의 일종으로 0과 1의 상태를 발생시켜 2진법의 정보를 표현한다. 여기서 0의 상태와 1의 상태의 전환을 스위치라고 하고, 이러한 기능을 가진 회로를 스위칭 회로이다.
② 동작원리 : 화재발생 시 연기입자의 침입으로 광반사가 일어나 광전소자의 저항이 변화하면 이것을 수신기에 전달하여 신호를 보낸다.

3) 광전식 분리형 감지기

광범위한 연기의 누적에 의한 광전소자의 수광량변화(수광량감소)에 의해 작동한다(그림 4-13).

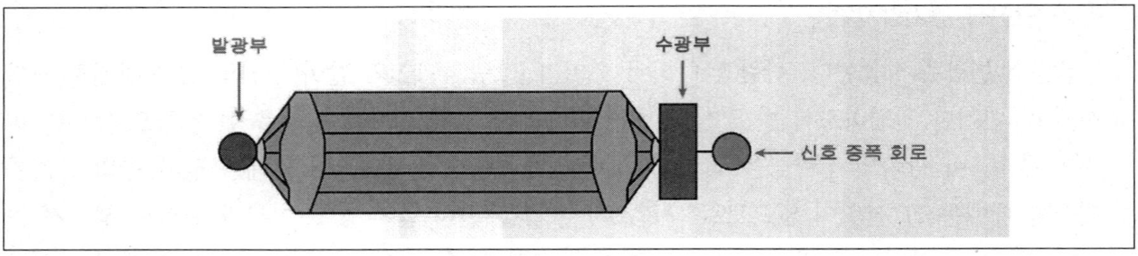

[그림 4-13] 광전식 분리형 감지기

① 구성요소 : 발광부와 수광부, 신호증폭회로 등으로 구성되어 있다.
   ㉠ 발광부 : 빛을 내는 부분이다.
   ㉡ 수광부 : 빛을 받는 부분이다.
   ㉢ 신호증폭회로 : 신호의 세기(전력)를 높이기 위해 쓰이는 전기회로이다.
   ㉣ 스위칭 회로 : 컴퓨터에 사용되는 회로의 일종으로 0과 1의 상태를 발생시켜 2진법의 정보를 표현한다. 여기서 0의 상태와 1의 상태의 전환을 스위치라고 하고, 이러한 기능을 가진 회로가 스위칭 회로이다.
② 동작원리 : 발광부에서 상시 수광부로 빛을 보내고 있어 그 사이에 연기가 광도의 축을 방해하는 경우, 광량이 감소되면서 일정량을 초과하면 화재신호를 발한다.

4) 공기흡입형 감지기

공기흡입형 감지기(air sampling smoke detector)는 각종 장비나 전력선 등이 과부하 또는 접촉불량으로 절연물질이 녹거나 열화될 때 발생하는 아주 미세한 연기를 화재발생 전 단계에서 강제 포집 분석하여 경보하는 장치이다(그림 4-14).

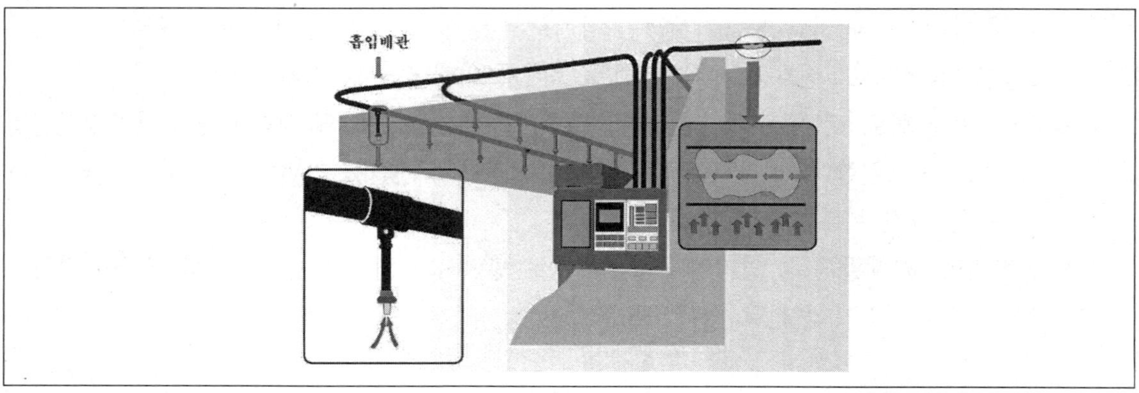

[그림 4-14] 공기흡입형 감지기의 구성

① 구성요소 : 흡입배관과 공기흡입펌프, 감지부 등으로 구성되어 있다.

㉠ 흡입배관 : 흡입배관 연결부에는 펌프 가동 시 공기가 유입되지 않도록 설치할 때 확인해야 한다. 또한 설치 시 흡입배관은 짧게 펌프보다 높을수록 흡입이 용이하다.

㉡ 공기흡입 펌프(aspirator) : 밸브 장치를 작동시켜 용기 속에 공기를 외부로 유출시켜 용기 속에 진공상태가 되도록 하는 장치이다.

㉢ 감지부 : 온도(열)를 감지할 수 있는 곳에 위치해야 한다.

㉣ 계측제어 : 온도나 연기를 측정하여 시스템을 제어를 하는 장치이다.

㉤ 필터 : 액체나 기체 속의 이물질을 걸러내는 장치이다.

② 동작원리 : 흡입용 팬 또는 펌프가 흡입배관을 통하여 경계구역 내의 공기를 흡입하고 흡입한 공기 중에 함유된 연소생성물을 분석하여 화재를 감지한다.

③ 형식 : 공기흡입형 감지기에는 다신호식 감지기와 아날로그식 감지기로 나누어진다.

㉠ 다신호식 감지기 : 일정시간 간격을 두고 각각 다른 2개 이상의 화재신호를 발한다.

㉡ 아날로그식 감지기 : 주위의 온도 또는 연기 양의 변화에 따라 각각 다른 전류값 또는 전압값 등의 출력을 발한다.

(3) 열복합형 감지기

정온식과 차동식의 복합감지기로 정온식은 정확한 온도변화를 감지하는 충격방지 서미스터를 사용하여 순간적인 온도정보를 수신기에 제공하며, 차동식은 분당 15[℃]의 온도변화를 감지하는 차동식 방식으로 화재를 감지하면서 화재 단정온도(65[℃])에 도달하면 화재신호를 발하는 보상식 감지기이다.

(4) 불꽃감지기

불꽃에서 방사되는 불꽃의 변화가 일정량이상 되었을 때 작동하는 것으로서 일국소의 불꽃에 의한 수광소자의 수광량 변화에 의하여 작동하는 감지기이다. 종류로는 자외선식 감지기(UV), 적외선식 감지기(IR)가 있다.

① 자외선식(ultraviolet-type) 감지기 : 자외선 영역(0.1~0.35[μm]) 중 화재 시 0.18~0.26[μm]의 파장에서 강한 에너지 레벨이 되며 이를 검출하여 그 검출신호를 화재신호로 발한다.

② 적외선식(infrared-type) 감지기 : 적외선 영역(0.76~220[μm]) 중 화재 시에는 4.35[μm]에서 강한 에너지 레벨이 되며 이 파장을 검출하여 이를 화재신호로 발한다.

3. 감지기의 설치기준

감지기는 설치기준에 따라 설치해야 한다. 다만, 교차회로방식에 사용되는 감지기, 급속한 연소확대가 우려되는 장소에 사용되는 감지기 및 축적기능이 있는 수신기에 연결하여 사용하는 감지기는 축적기능이 없는 것으로 설치해야 한다.

감지기는 환기구 등으로부터 1.5[m] 이상 떨어진 위치에 설치(차동식 분포형 제외)하고, 정온식 또는 보상식 감지기는 공칭작동온도 또는 정온점이 평상시 최고온도보다 20[℃] 이상 높은 장소에 설치한다(그림 4-15).

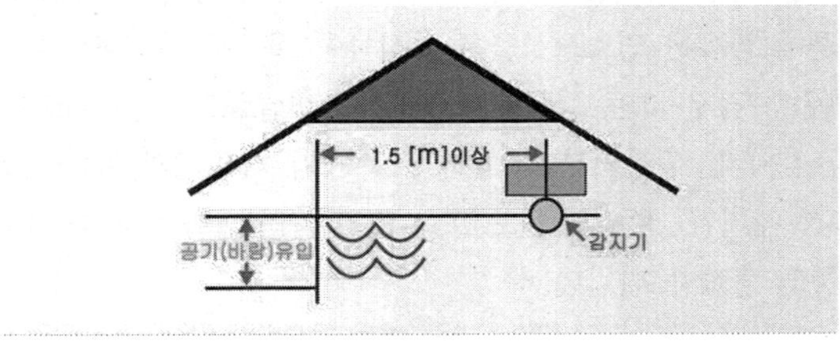

[그림 4-15] 감지기의 설치기준

스포트형 감지기는 45[°] 이상 경사지지 않도록 설치하고, 차동식 분포형 감지기의 검출부는 5[°] 이상 경사되지 않도록 하고, 공기관은 감지구역의 부착면의 각 면에서 1.5[m] 이내의 부분에 설치한다(그림 4-16).

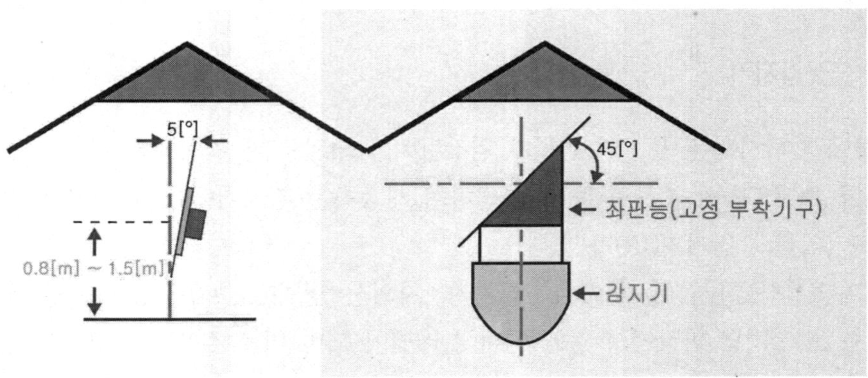

(a) 차동식 분포형 감지기 (b) 스포트형 감지기

[그림 4-16] 검출부 및 감지기의 설치기준

(1) 연기감지기의 설치

15[m] 이상의 계단 및 경사로, 파이프덕트 등에는 수직거리 15[m]마다 30[m] 이상의 복도에는 보행거리 30[m]마다 바닥에서 천정의 높이가 15[m] 이상 20[m] 미만인 장소 등에 설치한다.

1) 부착높이(NFSC 203⑦)

기준에 맞춰 설치를 해야 한다(표 4-3).

〈표 4-3〉 부착높이에 따른 감지기의 종류

부착높이	감지기의 종류
4[m] 미만	• 차동식(스포트형, 분포형) • 보상식 스포트형 • 정온식(스포트형, 감지선형) • 이온화식 또는 광전식(스포트형, 분리형, 공기흡입형) • 열복합형 • 열연기복합형 • 불꽃감지기
4~8[m] 미만	• 차동식(스포트형, 분포형) • 보상식 스포트형 • 정온식(스포트형, 감지선형) 특종 또는 1종 • 이온화식 1종 또는 2종 • 광전식(스포트형, 분리형, 공기흡입형) 1종 또는 2종 • 열복합형 • 열연기복합형 • 불꽃감지기
8~15[m] 미만	• 차동식 분포형 • 이온화식 1종 또는 2종 • 광전식(스포트형, 분리형, 공기흡입형) 1종 또는 2종 • 불꽃감지기
15~20[m] 미만	• 이온화식 1종 • 광전식(스포트형, 분리형, 공기흡입형) 1종 • 불꽃감지기
20[m] 이상	• 불꽃감지기 • 광전식(분리형, 공기흡입형) 중 아날로그 방식

2) 연기감지기의 설치장소(NFSC 203⑦)

교차회로방식에 다른 감지기가 설치된 장소 또는 제1항 단서규정에 따른 감지기가 설치된 장소에는 설치하지 않는다.

참고

지하층 · 무창층 등으로서 환기가 잘되지 않거나 실내면적이 40[m²] 미만인 장소, 감지기의 부착면과 실내바닥과의 거리가 2.3[m] 이하인 곳으로서 일시적으로 발생한 열 · 연기 또는 먼지 등으로 인하여 화재신호를 발신할 우려가 있는 장소의 적응감지기의 종류는 다음과 같다.

① 불꽃감지기 : 화재에 의해 발생한 적외선, 자외선, 또는 이와 유사한 방사열이나 불꽃의 흔들림 등의 특정한 파장으로 화재를 감지하는 기기이다.
② 정온식 감지선형 감지기 : 여러 종류의 물리량을 검출하고 계측하는 기능을 갖춘 소자로서 센서라고도 한다. 출력신호는 원격조작이 쉽고, 증폭과 축적이 쉬운 전기신호를 주로 사용한다.
③ 분포형 감지기 : 서로 모이는 경향이 없는 것을 기회적 분포형 감지기, 서로 경쟁이 심한 것을 균등분포 감지기라고 한다.
④ 복합형 감지기 : 독립된 둘 이상의 것이 모여서 하나의 기능을 발휘할 때의 감지기이다.
⑤ 광전식 분리형 감지기 : 빛을 분리하여 이용하는 감지기이다.
⑥ 아날로그 방식의 감지기 : 어떤 수치를 길이, 각도 또는 전류라고 하는 연속된 물리량으로 나타내는 감지기이다.
⑦ 다신호 방식의 감지기 : 여러 개의 신호가 조합하여 나타내는 감지기이다.

〈표 4-4〉 바닥면적에 따른 감지기의 종류

(단위 : [m²])

부착높이 및 소방대상물의 구분		감지기의 종류				
		차동식 · 보상식 스포트형		정온식 스포트형		
		1종	2종	특종	1종	2종
4[m] 미만	내화구조	90	70	70	60	20
	기타 구조	50	40	40	30	15
4[m] 이상 8[m] 미만	내화구조	45	35	35	30	설치 불가능
	기타 구조	30	25	25	15	

참고 **축적기능이 없는 감지기**

① 교차회로 방식에 사용되는 감지기
② 급속한 연소확대가 우려되는 장소에 사용되는 감지기
③ 축적기능이 있는 수신기에 연결하여 사용하는 감지기

3) 연기감지기 설치 장소

① 계단 · 경사로 및 에스컬레이터 경사로
② 복도(30[m] 미만의 것을 제외한다)
③ 엘리베이터 승강로(권상기실이 있는 경우에는 권상기실) · 린넨슈트 · 파이프 및 덕트 기타 이와 유사한 장소
④ 천장 또는 반자의 높이가 15[m] 미만의 장소
⑤ 다음 각 목의 어느 하나에 해당하는 특정소방대상물의 취침 · 숙박 · 입원 등 이와 유사한 용도로 사용되는 거실
  ㉠ 공동주택 · 오피스텔 · 숙박시설 · 노유자시설 · 수련시설
  ㉡ 교육연구시설 중 합숙소
  ㉢ 의료시설, 근린생활시설 중 입원실이 있는 의원 · 조산원
  ㉣ 교정 및 군사시설
  ㉤ 근린생활시설 중 고시원

(2) 감지기의 종류에 따른 설치기준

1) 공기관식 차동식 분포형 감지기의 설치기준(NFSC 203⑦)

① 공기관의 노출부분은 감지구역마다 20[m] 이상이 되도록 설치한다.

② 공기관과 감지구역의 각 변과의 수평거리는 1.5[m] 이하가 되도록 한다.
③ 공기관 상호간의 거리는 6[m](내화구조는 9[m]) 이하가 되도록 한다.
④ 하나의 검출부에 접속하는 공기관의 길이는 20[m] 이상 100[m] 이하가 되도록 한다.
⑤ 검출부는 5[°] 이상 경사되지 않도록 한다.
⑥ 검출부는 바닥으로부터 0.8~1.5[m] 이하의 위치에 설치한다.
⑦ 공기관은 도중에서 분기하지 않도록 한다.

참고 경사제한각도

① 차동식 분포형 감지기 : 5[°] 이상 이어야 한다.
② 스포트형 감지기 : 45[°] 이상 이어야 한다.

2) 열전대식 감지기의 설치기준(NFSC 203⑦)

차동식 스포트형, 보상식 스포트형, 정온식 스포트형 감지기는 부착높이에 맞춰 설치를 해야 한다.
① 하나의 검출부에 접속하는 열전대부는 4~20개 이하로 할 것(단, 주소형 열전대식 감지기는 제외)
② 바닥면적은 내화구조와 기타 구조로 분류하여 〈표 4-5〉와 같이 설치한다.

〈표 4-5〉 열전대식 감지기의 설치기준

분 류	바닥면적	설치개수
내화구조	22[m^2]	4개 이상[m^2]
기타 구조	18[m^2]	4개 이상[m^2]

3) 열반도체식 감지기의 설치기준(NFSC 203⑦)

① 하나의 검출기에 접속하는 감지부는 2~15개 이하가 되도록 한다.
② 바닥면적은 열반도체식 감지기의 설치기 기준은 〈표 4-6〉과 같다.

〈표 4-6〉 열반도체식 감지기의 설치기준

부착높이 및 소방대상물의 구분		감지기의 종류	
		1종	2종
8[m] 미만	내화구조	65[m^2]	36[m^2]
	기타 구조	40	23
8~15[m] 미만	내화구조	50	36
	기타 구조	30	23

③ 연기감지기의 설치기준(NFSC 203⑦)

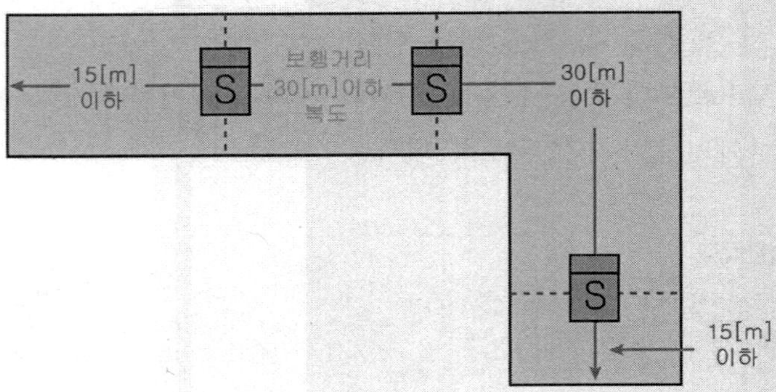

[그림 4-17] 연기감지기의 설치

㉠ 복도 및 통로는 보행거리 30[m](3종은 20[m])마다 1개 이상으로 한다.
㉡ 계단 및 경사로는 수직거리 15[m](3종은 10[m])마다 1개 이상으로 한다.
㉢ 천장 또는 반자가 낮은 실내 또는 좁은 실내는 출입구의 가까운 부분에 설치한다.
㉣ 천장 또는 반자 부근에 배기구가 있는 경우에는 그 부근에 설치한다.
㉤ 감지기는 벽 또는 보로부터 0.6[m] 이상 떨어진 곳에 설치한다.
㉥ 바닥면적은 연기감지기는 1종 및 2종, 3종이 있다(표 4-7).
㉦ 연기감지기는 실내로의 공기유입구로부터 1.5[m] 이상 떨어진 위치에 설치해야 한다.
㉧ 연기감지기는 천장 또는 반자의 옥내에 면하는 부분에 설치해야 한다.

〈표 4-7〉 연기감지기의 종류

(단위 : m^2)

부착높이	감지기의 종류	
	1종 및 2종	3종
4[m] 미만	150	50
4~20[m] 미만	75	설치불가능

4) 정온식 감지선형 감지기의 설치기준(NFSC 203⑦)

① 정온식 감지선형 감지기의 거리기준(표 4-8)
② 감지선형 감지기의 굴곡반경 : 5[cm] 이상으로 한다.
③ 단자부와 마감 고정금구와의 설치간격 : 10[cm] 이내로 한다.

④ 보조선이나 고정금구를 사용하여 감지선이 늘어지지 않도록 설치한다.

〈표 4-8〉 정온식 감지기의 설치기준

수평거리 \ 종별	1종		2종	
	내화구조	기타 구조	내화구조	기타 구조
감지기와 감지구역의 각 부분과의 수평거리	4.5[m] 이하	3[m] 이하	3[m] 이하	1[m] 이하

⑤ 케이블트레이에 감지기를 설치하는 경우에는 케이블트레이 받침대에 마감금구를 사용하여 설치한다.
⑥ 지하구나 창고의 천장 등에 지지물이 적당하지 않는 장소에서는 보조선을 설치하고 그 보조선에 설치한다.
⑦ 분전반 내부에 설치하는 경우 접착제를 이용하여 돌기를 바닥에 고정시키고 그 곳에 감지기를 설치한다.

5) 불꽃감지기의 설치기준(NFSC 203⑦)

① 공칭감시거리 · 공칭시야각을 〈표 4-9〉에 나타내었다.

〈표 4-9〉 불꽃감지기의 설치기준

조 건	공칭감시거리	공칭시야각
20[m] 미만의 장소에 적합한 것	1[m] 간격	5[°] 간격
20[m] 이상의 장소에 적합한 것	5[m] 간격	

② 감지기는 공칭감시거리와 공칭시야각을 기준으로 감시구역이 모두 포용될 수 있도록 설치한다.
③ 감지기는 화재감지를 유효하게 감지할 수 있는 모서리 또는 벽 등에 설치한다.
④ 감지기를 천장에 설치하는 경우에는 감지기는 바닥을 향하여 설치한다.
⑤ 수분이 많이 발생할 우려가 있는 장소에는 방수형으로 설치한다.

6) 아날로그 방식의 감지기 설치기준(NFSC 203⑦)

공칭감지온도범위 및 공칭감지농도범위에 적합한 장소에 설치한다.

7) 다신호방식의 감지기 설치기준(NFSC 203⑦)

화재신호를 발신하는 감도에 적합한 장소에 설치한다.

8) 광전식 분리형 감지기의 설치기준(NFSC 203⑦)

① 감지기의 수광면은 햇빛을 직접 받지 않도록 설치한다.
② 광축은 나란한 벽으로부터 0.6[m] 이상 이격하여 설치한다.
③ 감지기의 발광부와 수광부는 설치된 뒷벽으로부터 1[m] 이내 위치에 설치한다.
④ 광축의 높이는 천장 등 높이의 80[%] 이상 이격하여 설치한다.
⑤ 감지기의 광축의 길이는 공칭감시거리 범위 이내로 한다.

참고

아날로그식 분리형 광전식 감지기의 공칭감시거리 : 5~100[m] 이하로 하여 5[m] 간격으로 한다.

9) 특수한 장소에 설치하는 감지기(NFSC 203⑦)(표 4-10)

〈표 4-10〉 특수장소에 설치하는 감지기

장 소	적응감지기
화학공장 · 격납고 · 제련소	• 광전식 분리형 감지기 • 불꽃감지기
전산실 · 반도체 공장	광전식 공기흡입형 감지기

10) 감지기의 설치 제외 장소(NFSC 203⑦)

부착면의 높이가 20[m] 이상인 장소이어야 하고, 외부 기류의 유통으로 화재를 유효하게 감지하기 어려운 장소, 연기감지기의 경우 분진, 수증기, 부식성 가스발생 및 정상 시 연기 체류 장소, 실내용적이 20[m^3] 이하인 소규모의 장소 등에는 감지기의 설치가 완화된다.

① 천장 또는 반자의 높이가 20[m] 이상인 장소이어야 한다(단, 행정안전부장관이 정하여 고시하는 장소 제외).
② 헛간 등 외부와 기류가 통하는 장소로서 감지기에 의하여 화재발생을 유효하게 감지할 수 없는 장소이어야 한다.
③ 부식성 가스가 체류하는 장소이어야 한다.
④ 고온도 및 저온도로서 감지기의 기능이 정지되기 쉽거나 감지기의 유지관리가 어려운 장소이어야 한다.
⑤ 목욕실 · 화장실, 기타 이와 유사한 장소이어야 한다.
⑥ 파이프덕트 등 그 밖의 이와 비슷한 것으로서 2개층마다 방화구획된 것이나 수평 단면적이 5[m^2] 이하인 것으로 한다.

⑦ 먼지 · 가루 또는 수증기가 다량으로 체류하는 장소 또는 주방 등 상시에 연기가 발생하는 장소이어야 한다(단, 연기감지기만 적용).

⑧ 실내용적이 20[m^3] 이하인 장소이어야 한다.

⑨ 프레스공장 · 주조공장 등 화재발생의 위험이 적은 장소로서 감지기의 유지관리가 어려운 장소이어야 한다.

참고 **지하구 · 터널에 설치하는 감지기**

먼지 · 습기 등의 영향을 받지 아니하고 발화지점을 확인할 수 있는 감지기

⑩ 감지기의 설치완화 장소 : 감지기 종별로는 차동식 · 보상식 스포트형과 정온식 스포트형이 있다(표 4-11).

〈표 4-11〉 감지기 종별에 따른 경계면적

(단위 : [m^2])

부착높이 및 소방대상물의 구분		감지기의 종별				
		치동식 · 보상식 스포트형		정온식 스포트형		
		1종	2종	특종	1종	2종
4[m] 미만	내화구조	90	70	70	60	20
	기타 구조	50	40	40	30	15
4[m] 이상 8[m] 미만	내화구조	45	35	35	30	설치 불가능
	기타 구조	30	25	25	15	

(2) 감지기의 기능시험

1) 차동식 분포형 감지기

차동식 분포형 감지기(공기관식)의 기능시험에는 감지기의 작동 공기압에 상당하는 공기량을 테스트펌프를 이용하여 불어 넣어 작동할 때까지의 시간이 지정값이 맞는지를 확인하기 위한 펌프 시험, 감지기가 작동할 때부터 정지할 때까지의 시간이 정상인지를 확인하기 위한 작동계속시험, 공기관의 연결 접속을 끝낸 경우 유통불량을 조사하기 위한 유통시험, 감지기의 접점간격이 적정한지를 확인하기 위한 접점수고시험이 있다(그림 4-18).

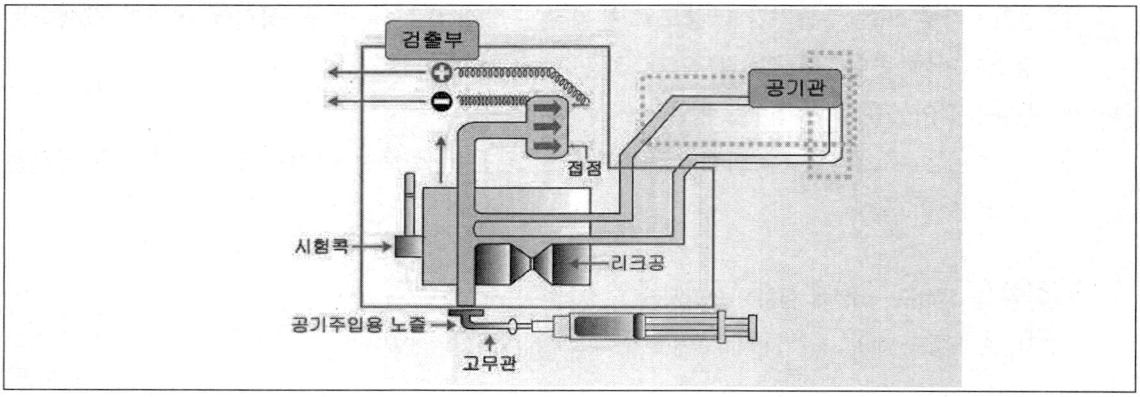

[그림 4-18] 펌프시험

2) 차동식 분포형 감지기에는 공기관식, 열전대식

① 공기관식 : 펌프시험, 작동계속시험, 유통시험, 접점수고시험

㉠ 펌프시험 : 감지기의 작동공기압에 상당하는 공기량을 테스트펌프에 의해 불어 넣어 작동할 때까지의 시간이 지정값인가를 확인하기 위한 시험이다.

㉡ 작동계속시험 : 감지기가 작동을 개시한 때부터 작동 정지할 때까지의 시간을 측정하여 감지기의 작동의 계속이 정상인가를 확인하기 위한 시험이다.

㉢ 유통시험 : 공기관인 새거나, 깨지거나, 줄어들었는지의 여부 및 공기관의 길이를 확인하기 위한 시험이다.

㉣ 접점수고시험 : 접점수고값이 적정값을 보유하고 있는지를 확인하기 위한 시험(접점수고값이 규정값 이상이면 감지기의 작동이 늦어진다.

② 열전대식 : 화재작동시험, 합성저항시험이 있다.

연소시험에는 감지기를 작동시키지 않고 행하는 시험과 감지기를 작동시키고 행하는 시험이 있다.

3) 스포트형 감지기

가열시험은 감지기를 가열한 경우 감지기가 정상적으로 작동하는가를 확인한다.

4) 정온식 감지선형 감지기

합성저항시험은 감지기의 단선유무를 확인한다.

5) 연기감지기

가연시험은 가연시험기에 의해 가연한 경우 동작유무를 확인한다.

4. 수신기

건물의 필요한 장소에 감지기 및 발신기를 시설하여 이곳에서 통보하는 신호에 의하여 화재가 발생하는 것을 경보하며, 발생구역을 지구별로 된 표시 램프로 점등하고 동시에 각 릴레이가 동작하여 경보 벨을 울리거나 기타 동작을 진행한다.

(1) P형 수신기

감지기 또는 발신기(M형 발신기를 제외한다)로부터 발하여지는 신호를 직접 또는 중계기를 통하여 공통신호로서 수신하여 화재의 발생을 해당 건물의 관계자에게 경보해주는 것이다.

1) P형 1급 수신기

화재표시, 경종 등의 작동시험장치, 수신기와 감지기 등과의 사이에 외부회로의 도통시험장치, 상용전원과 예비전원의 자동절환장치, 예비전원의 양부시험장치, 발신기 등과 연락할 수 있는 전화연결장치 등의 구조와 기능으로 되어 있다(표 4-12).

〈표 4-12〉 P형 1급 수신기의 구조와 기능

구 조	기 능
화재표시 작동시험장치	화재 또는 재난이 일어날 경우를 대비한 시험가동장치
수신기와 감지기 사이의 도통시험장치	수신기와 감자기 사이의 전류나 전하가 형성되는 시험장치
상용전원과 예비전원의 자동절환장치	주전원에 교류전원을 사용하는 경우 정전 시에는 자동적으로 예비전원으로 절환, 정전복구 시에는 자동으로 주전원으로 복구되는 장치
예비전원 양부시험장치	예비전원을 상용화하기 전에 사용하는 시험장치
전화연결장치	통신망이 확립되어 전화나 회선 등으로 연락 가능한 장치

2) P형 2급 수신기

화재표시의 기능시험장치, 상용전원과 예비전원의 자동절환장치, 예비전원의 기능시험장치 등의 구조와 기능으로 되어 있다(표 4-13).

〈표 4-13〉 P형 2급 수신기의 구조과 기능

구 조	기 능
화재표시 기능시험장치	5회선 이하로 화재 또는 재난이 일어날 경우를 대비한 시험가동 장치
상용전원과 예비전원의 자동절환장치	주전원에 교류전원을 사용하는 경우 정전 시에는 자동적으로 예비전원으로 절환, 정전복구 시에는 자동으로 주전원으로 복구되는 장치
예비전원 기능시험장치	5회선 이하로 예비전원을 상용화하기 전에 사용하는 시험장치

(2) R형 수신기

감지기 또는 발신기(M형 발신기를 제외한다)에서 보내는 접점신호를 중계기를 사용하여 고유신호로 전환하여 수신기에 전달하는 방식과 통신신호를 발신을 해 주소형 감지기를 사용하여 직접 고유신호를 수신기에 전달하는 방식이 있다. 화재신호를 수신했을 때 기록하는 부호를 보면 알 수 있도록 되어 있으며 이를 건물 등의 소방관계자에게 통보하는 기기이다.

1) 구조와 기능

화재표시등의 작동시험장치, 수신기와 중계기 사이의 도통시험장치, 상용전원과 예비전원의 자동절환장치, 예비전원의 양부시험장치 등의 구조와 기능으로 되어 있다(표 4-14).

〈표 4-14〉 R형 수신기의 구조와 기능

구 조	기 능
화재표시 작동시험장치	화재 또는 재난이 일어날 경우를 대비한 시험가동장치
수신기와 중계기 사이의 도통시험장치	수신기와 중계기 사이의 단선이나 단락 도통시험장치
상용전원과 예비전원의 자동절환장치	주전원에 교류전원을 사용하는 경우 정전 시에는 자동적으로 예비전원으로 절환, 정전복구 시에는 자동으로 주전원으로 복구되는 장치
예비전원 양부시험장치	예비전원을 상용화하기 전에 사용하는 시험장치

2) 특 징

고유의 신호는 주로 시분할방식의 다중통신방식을 이용하고 있기 때문에 한 쌍의 전송로로 각 경계구역마다 고유의 신호로 된 여러 경계구역의 신호를 제공할 수 있어서 P형 수신기에 비하여 회선수를 줄일 수 있을 뿐만 아니라 건물의 증·개축 등 경계구역이 증가되는 경우에도 중계기의 증설 내지는 회로수의 증대 등에 대응하여 간편하게 회로를 추가시킬 수 있는 장점이 있다. 따라서 선로가 많이 소요되고 회로의 추가가 필요한 현대의 건축물에서는 P형 수신기보다 R형 수신기를 사용하고 있다. P형 수신기와 R형 수신기를 비교하면 〈표 4-15〉와 같다.

〈표 4-15〉 P형 수신기와 R형 수신기의 비교

구 분	P형 수신기	R형 수신기
시스템의 구성	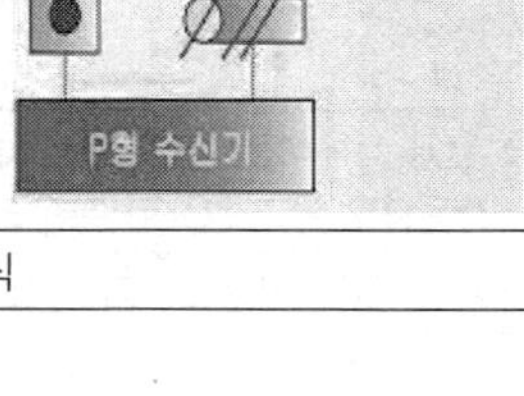	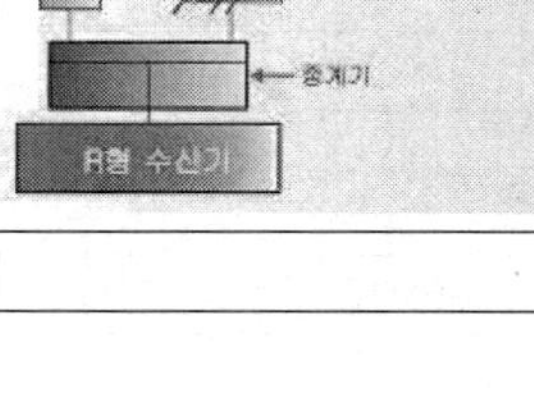
신호전송방식	1 : 1 접점방식	다중전송방식

구 분	P형 수신기	R형 수신기
신호의 종류	공통신호	고유신호
화재표시기구	램프(lamp)	액정표시장치(LCD)
자기진단기능	없음	있음
선로수	많이 필요하다.	적게 필요하다.
기기비용	적게 소모	많이 소모
배관배선공사	선로수가 많이 소요되므로 복잡하다.	선로수가 적게 소요되므로 간단하다.
유지관리	선로수가 많고 수신기에 자기 진단기능이 없으므로 어렵다.	선로수가 적고 자기진단기능에 의해 고장발생을 자동으로 경보·표시하므로 쉽다.
수신반가격	기능이 단순하므로 가격이 싸다.	효율적인 감지·제어를 위해 여러 기능이 추가되어 있어서 가격이 비싸다.
화재표시방식	창구식, 지도식	창구식, 지도식, CRT식, 디지털식

(3) 수신기의 적합기준(NFSC 203⑤)

자동화재탐지설비의 수신기는 자동화재탐지설비의 화재안전기준(NFSC 203) 제5조 1항 각 호의 기준에 적합한 것으로 설치해야 한다.

① 당해 소방대상물의 경계구역을 각각 표시할 수 있는 회선 수 이상의 수신기를 설치한다.

② 4층 이상의 소방대상물에는 발신기와 전화통화가 가능한 수신기를 설치한다.

③ 당해 소방대상물에 가스누설탐지설비가 설치된 경우에는 가스누설탐지설비로부터 가스누설신호를 수신하여 가스누설경보를 할 수 있는 수신기를 설치한다(가스누설탐지설비의 수신부를 별도로 설치한 경우는 제외).

참고 축적형 수신기의 설치장소

① 지하층·무창층으로 환기가 잘 되지 않는 장소
② 실내 면적이 40[m^2] 미만인 장소
③ 감지기의 부착면과 실내 바닥의 사이가 2.3[m] 이하인 장소

(4) 자동화재탐지설비의 수신기의 설치기준(NFSC 203⑤)

자동화재탐지설비의 수신기는 자동화재탐지설비의 화재안전기준(NFSC 203) 제5조 3항 각 호의 기준에 따라 설치해야 한다.

① 수위실 등 상시 사람이 근무하는 장소에 설치한다(단, 사람이 상시 근무하는 장소가 없는 경우에는 관계인이 쉽게 접근할 수 있고 관리가 용이한 장소에 설치할 수 있다).

② 수신기가 설치된 장소에는 경계구역 일람도를 비치한다(단, 모든 수신기와 연결되어 각 수신기의 상황을 감시하고 제어할 수 있는 수신기, 즉 주수신기를 설치한 경우에는 주수신기를 제외한 기타 수신기는 그러지 아니한다).

③ 수신기의 음향기구는 그 음량 및 음색이 다른 기기의 소음 등과 명확히 구별될 수 있는 것으로 한다.

④ 수신기는 감지기·중계기 또는 발신기가 작동하는 경계구역을 표시할 수 있는 것으로 한다.

⑤ 화재·가스 전기 등에 대한 종합방재반을 설치한 경우에는 해당 조작반에 수신기의 작동과 연동하여 감지기·중계기 또는 발신기가 작동하는 경계구역을 표시할 수 있는 것으로 한다.

⑥ 하나의 경계구역은 하나의 표시등 또는 하나의 문자로 표시되도록 한다.

⑦ 수신기의 조작 스위치는 바닥으로부터의 높이가 0.8[m] 이상 1.5[m] 이하인 장소에 설치한다.

⑧ 하나의 소방대상물에 2개 이상의 수신기를 설치하는 경우에는 수신기를 상호간 연동하여 화재발생 상황을 각 수신기마다 확인할 수 있도록 한다.

참고 **M형 수신기의 특징**

각 발신기에 이르는 외부배선의 회로저항 및 절연저항을 측정할 수 있는 장치가 있어야 한다.

(5) P형 1급 수신기의 고장진단

소방시설을 설치하는 가장 중요한 이유는 재앙과 같은 화재로부터 보호하고 화재로 인한 경제적 손실이 너무 크기 때문에 소방시설은 화재 시 신속히 작동하여 화재를 예방하고, 생명과 재산을 보호해야 한다. 소방시설도 기계 또는 전자장비이므로 자주 사용하고 점검을 해주어야 필요시 제역할을 할 수가 있다. 수신기의 고장증상과 예상되는 원인 및 점검방법은 〈표 4-16〉과 같다.

〈표 4-16〉 수신기의 고장진단

고장증상	예상원인	점검방법
상용전원 감시등 소등	① 정전	상용전원 확인
	② 퓨즈 단선	전원 스위치를 끄고 퓨즈 교체
	③ 입력전원 전원선 불량	외부전원선 점검
	④ 전원회로부 훼손	트랜스 2차측 24[V] AC 및 다이오드 출력 24[V] DC 확인
예비전원 감시등 소등	① 퓨즈 단선	확인교체
	② 충전불량	충전전압 확인
	③ 배터리소켓 접속불량	배터리 감시표시등의 점등확인
	④ 장기간 정전으로 인한 배터리의 완전방전	소켓 단자확인

(6) 수신기의 시험

수신기시험(성능시험)에는 화재표시작동시험과 회로도통시험, 공통선시험 등이 있다.

1) 화재표시작동시험

① 시험방법
  ㉠ 회로선택 스위치로서 실행하는 시험 : 동작시험 스위치를 눌러서 스위치 주의 등의 점등을 확인한 후 회로선택 스위치를 차례로 회전시켜 1회로마다 화재발생 시의 작동시험을 행한다.
  ㉡ 감지기 또는 발신기의 작동시험과 함께 행하는 방법 : 감지기 또는 발신기를 차례로 작동시켜 경계구역과 지구표시등과의 접속상태를 확인한다.

② 가부판정의 기준 : 각 릴레이(relay)의 작동, 화재표시등, 지구표시등 그 밖의 표시장치의 점등(램프의 단선도 함께 확인할 것), 음향장치 작동확인, 감지기회로 또는 부속기기 회로와의 연결접속이 정상인 것으로 한다.

2) 회로도통시험

① 시험방법 : 감지기회로의 단선의 유무와 기기 등의 접속상황을 확인하기 위해서 다음과 같은 시험을 행한다.
  ㉠ 도통시험 스위치를 누른다.
  ㉡ 회로선택 스위치를 차례로 회전시킨다.
  ㉢ 각 회선별로 전압계의 전압을 확인한다(단, 발광다이오드로 그 정상유무를 표시하는 것은 발광다이오드의 점등유무를 확인한다).
  ㉣ 종단저항 등의 접속상황을 조사한다.

② 가부판정의 기준 : 각 회선의 전압계의 지시값 또는 발광다이오드(LED)의 점등유무 상황이 정상인 것으로 한다.

3) 공통선시험(단, 7회선 이하는 제외)

① 시험방법 : 공통선이 담당하고 있는 경계구역의 적정여부를 확인한다.
  ㉠ 수신기 내 접속단자의 회로공통선을 1선 제거한다.
  ㉡ 회로도통시험의 예에 따라 도통시험 스위치를 누르고, 회로선택 스위치를 차례로 회전시킨다.
  ㉢ 전압계 또는 발광다이오드를 확인하여 단선을 지시한 경계구역의 회선수를 조사한다.

② 가부판정의 기준 : 공통선이 담당하고 있는 경계구역수가 7 이하인 것으로 한다.

(7) 예비전원시험

① 시험방법 : 상용전원 및 비상전원이 사고 등으로 정전된 경우, 자동적으로 예비전원으로 절환되며, 또한 정전복구 시에 자동적으로 상용전원으로 절환되는지의 여부를 확인한다.
  ㉠ 예비전원시험 스위치를 누른다.
  ㉡ 전압계의 지시값이 지정값의 범위 내에 있는 것으로 한다(단, 발광다이오드로 그 정상 유무를 표시하는 것은 발광다이오드의 정상점등 유무를 확인한다).
  ㉢ 교류전원을 개로하고 자동절환 릴레이의 작동상황을 조사한다.

② 가부판정의 기준 : 예비전원의 전압, 용량, 절환상황 및 복구작동이 정상으로 한다.

(8) 동작동시험(단, 1회선은 제외)

① 시험방법 : 감지기가 동시에 수회선 작동하더라도 수신기의 기능에 이상이 없는가의 여부를 확인한다.
  ㉠ 주전원에 의해 행한다.
  ㉡ 각 회선의 화재작동을 복구시키는 일이 없이 5회선(5회선 미만은 전 회선)을 동시에 작동시킨다.
  ㉢ ㉡의 경우 주음향장치 및 지구음향장치를 작동시킨다.
  ㉣ 부수신기와 표시기를 함께 하는 것에 있어서는 이 모두를 작동상태로 하고 행한다.

② 가부판정의 기준 : 각 회선을 동시에 작동시켰을 때 수신기, 부수신기, 표시기, 음향장치 등의 기능에 이상이 없고, 또한 화재 시 작동을 정확하게 계속하는 것이다.

(9) 회로저항시험

감지기회로의 선로저항값이 수신기의 기능에 이상을 가져오는지 여부를 확인한다.

(10) 저전압시험

정격전압의 80[%] 이하로 시험한다.

참고 저전압시험

수신기에 내장하는 음향장치는 사용전압의 최소 80[%]인 전압에서 소리를 내어야 한다.

(11) 비상전원시험

비상전원으로 축전지설비를 사용하여 시험한다.

(12) 수신기의 절연저항시험

① 사용기기 : 직류 250[V]급 메거(Megger)를 사용한다.
② 측정방법
  ㉠ 기기 부착 전 : 배선 상호간
  ㉡ 기기 부착 후 : 배선과 대지 사이
③ 판정기준 : 1경계구역마다 0.1[MΩ] 이상이어야 한다.

참고 수신기의 절연저항시험

① 절연된 충전부와 외함간 : 직류 500[V] 절연저항계, 5[MΩ] 이상
② 교류입력측과 외함간 : 직류 500[V] 절연저항계, 20[MΩ] 이상
③ 절연된 선로간 : 직류 500[V] 절연저항계, 20[MΩ] 이상

(13) P형 2급 1회선용 수신기에 없어도 되는 것

① 화재표시등 : 화재발생 시 작동되는 상태나 과정을 나타낸다.
② 예비전원 양부시험장치 : 정류기의 직류측에 자동복귀형 스위치를 설치하고 그 스위치의 조작에 의해 예비전원으로 전환한 다음 예비전원의 최대소비전류에 상당하는 부하를 예비전원에 가하는 경우에 그 단자전압을 측정할 수 있어야 한다.
③ 상용전원과 예비전원의 자동절환장치이다.

5. 발신기 · 중계기 · 경보장치 등

자동화재탐지설비는 감지기와 수신기 외에 발신기, 중계기, 경보장치 등으로 이루어져 있다. 발신기는 누름식의 P형과 전화식의 T형이 있는데, 방수의 유무에 따라 옥내형과 옥외형으로 나누어지기도 한다. 중계기는 감지기 또는 발신기로부터 신호를 받아 수신기로 발신하고, 소화설비 · 제연설비 등 방재를 위한 설비의 제어신호를 수신하며 중계하는 것이다. 경보장치는 감지기나 발신기가 작동되어 수신기가 신호를 받게 되면, 수신기의 출력신호를 받아 화재의 발생을 병원 건물 내의 사람들에게 알리기 위한 음향장치와 청각장애인을 위한 시각경보기가 있다.

(1) P형 1급 발신기

P형 1급 수신기 또는 R형 수신기에 접촉하여 사용하는 것으로서 발신자가 발신한 것을 확인할 수 있는 응답확인 램프가 있고, 수신기와 발신기가 상호간 연락할 수 있는 전화장치를 지니고 있으며 또한 부속장치로서 순회용의 스위치를 지니고 있는 것도 있다.

1) 구성요소

P형 1급 발신기는 보호판, 스위치, 전화잭, 응답확인 램프, 외함, 명판으로 구성되며, [그림 4-19]와 같다.

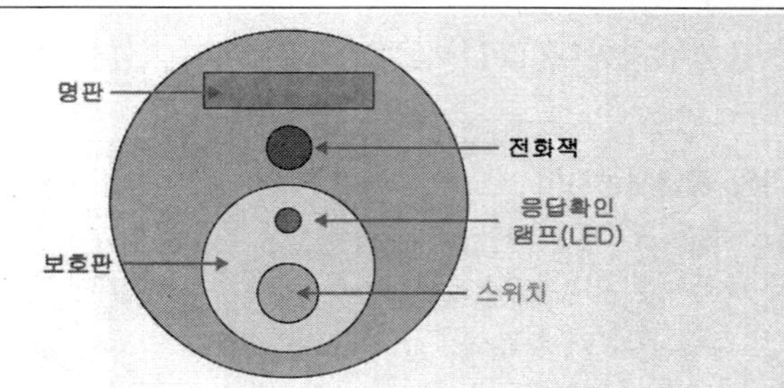

[그림 4-19] P형 1급 발신기

① 보호판 : 스위치를 보호하기 위한 것이다.
② 스위치 : 수신기에 화재신호를 발신할 때 사용하는 것이다.
③ 전화잭 : 수신기가 설치된 수신기와 상호연락을 위하여 휴대용 수화기를 삽입한다.
④ 응답확인 램프 : 응답에 한하여 발광하는 장치이다.
⑤ 외함 : 케이스 또는 물체표면을 둘러싸는 부분이다.
⑥ 명판 : 기계류나 금속류에 일련번호나 고유이름을 부착하는 일종의 이름판이다.

참고 P형 1급 수동발신기의 외형(그림 4-20)

① 응답 램프 : 발신기의 신호가 수신기에 전달되었는가를 확인하여 주는 램프이다.
② 발신기 스위치 : 수동조작에 의하여 수신기에 화재신호를 발신하는 장치이다.
③ 전화잭 : 수신기와 상호연락의 필요성이 있을 때 전화기를 사용하여 통화할 수 있는 잭이다.
④ 투명 플라스틱 보호판 : 스위치를 보호하기 위한 것이다.

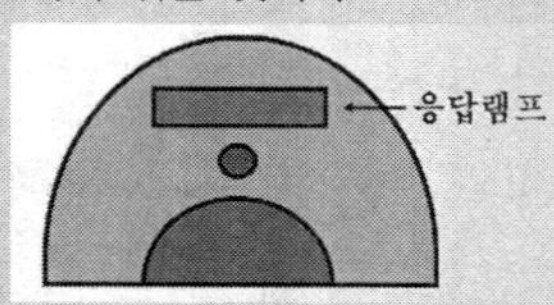

[그림 4-20] P형 1급 수동발신기

2) P형 1급 수동발신기의 내부회로(응답선, 지구접점)(그림 4-21)

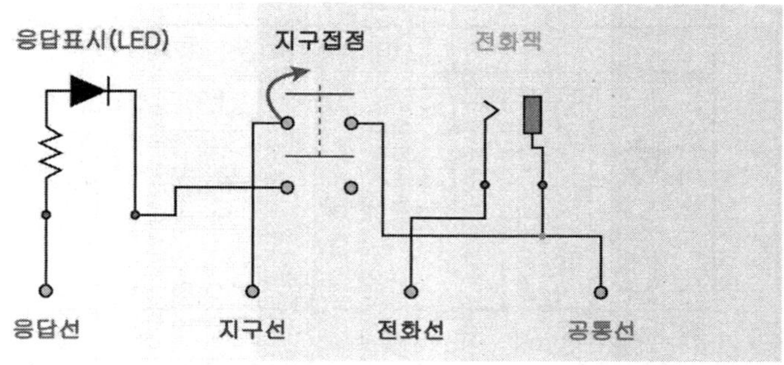

[그림 4-21] P형 1급 수동발신기의 내부회로

3) P형 1급 수동발신기와 수신기간의 결선(발신기, 수신기)(그림 4-22)

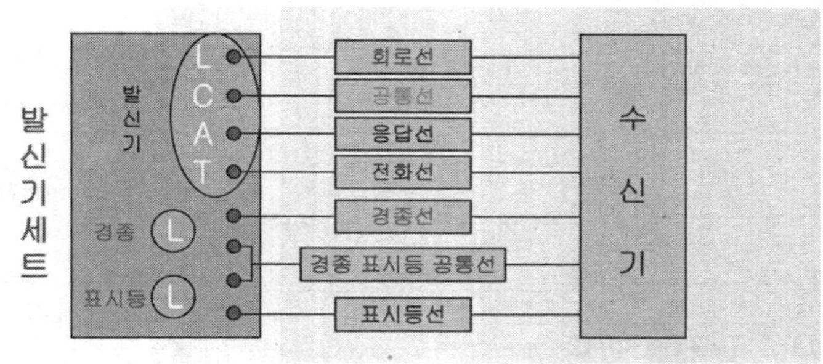

[그림 4-22] P형 1급 수동발신기와 수신기간의 결선

4) P형 1급 수동발신기와 수신기간의 결선(발신기와 수신기의 선로도)(그림 4-23)

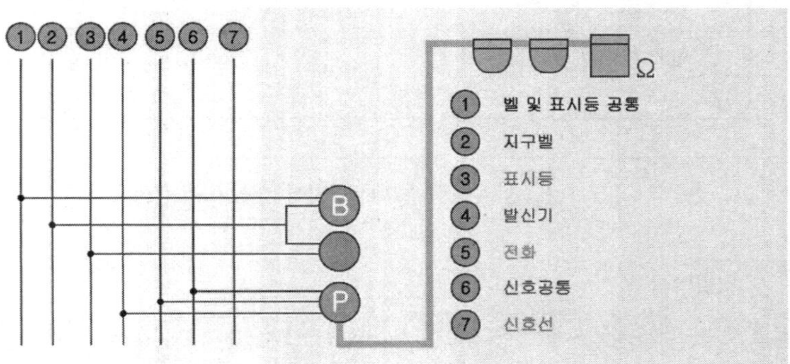

[그림 4-23] P형 1급 수동발신기와 수신기간의 결선(발신기와 수신기의 선로도)

5) P형 1급 발신기 셋의 결선(그림 4-24)

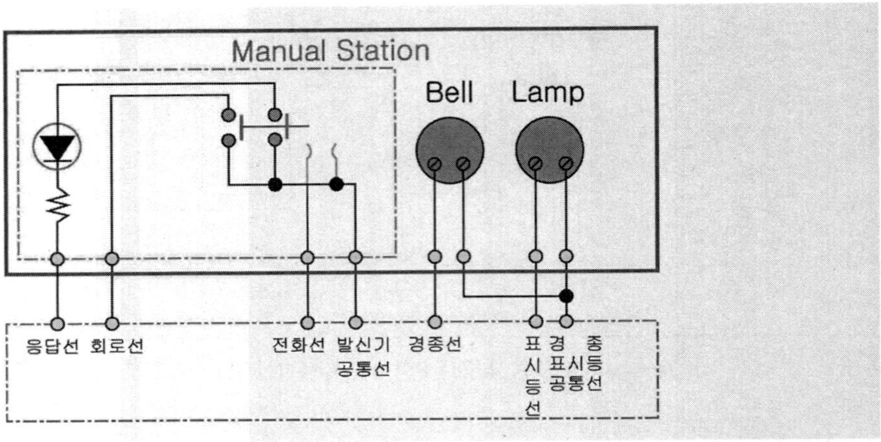

[그림 4-24] P형 1급 발신기셋의 결선도

6) 일체경보방식 수신기 결선(그림 4-25)

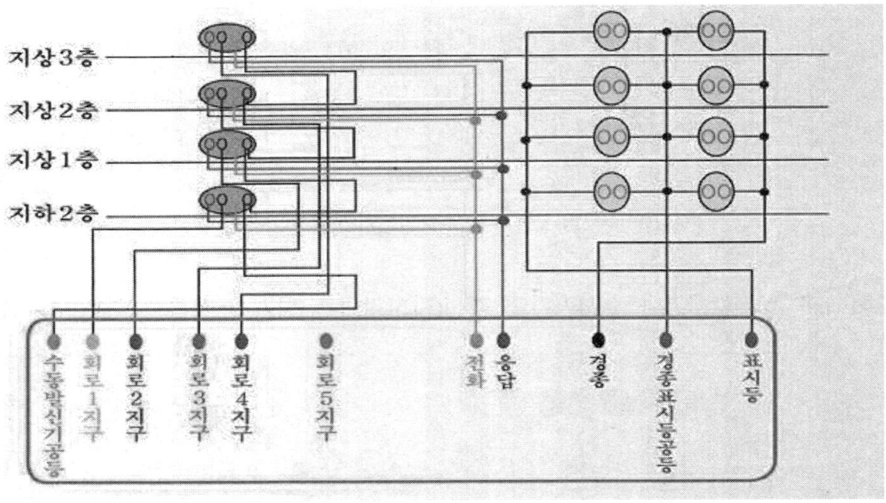

[그림 4-25] 일체경보방식 수신기의 결선도

참고 **경보방식**

① 직상층 우선경보(명동) 방식 : 5층(지하층 제외) 이상으로 연면적 3000[m^2]를 초과하는 소방대상물에 시행하는 방법이다.

② 일체경보(명동)방식 : 직상층 우선경보방식에 합당하지 않을 때 시행하는 방법이다.

7) 수신기 결선(그림 4-26)

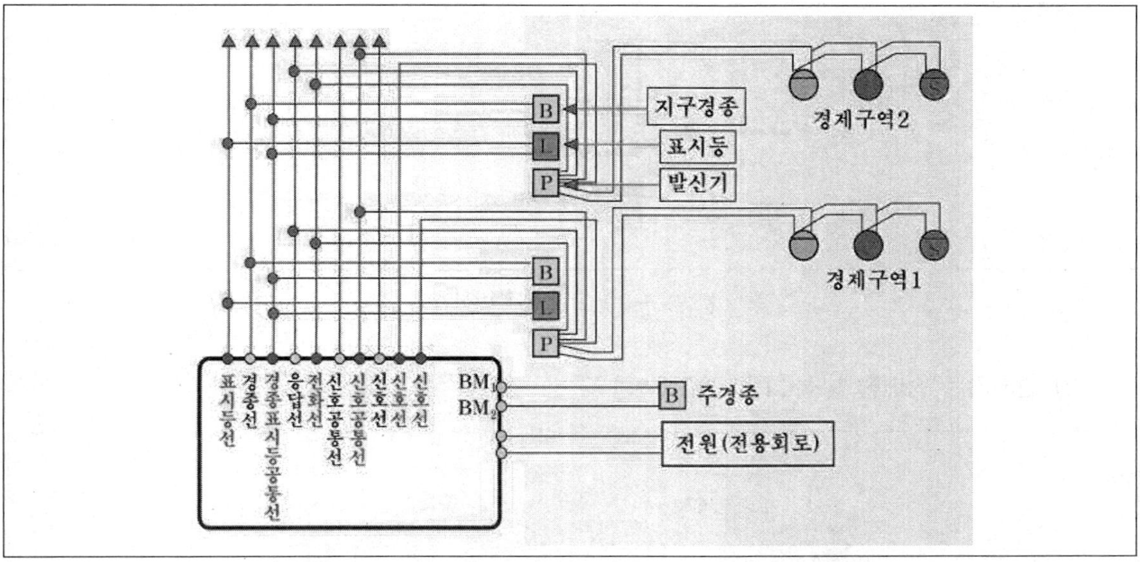

[그림 4-26] 수신기 결선도

참고 **발신기 셋**

발신기 셋은 기본적으로 7선으로 배선됨이 원칙이다. 회로선(신호선, 표시선, 지구선), 공통선, 응답실, 전화선, 경종선, 표시등선, 경종 · 표시등 공통선 등이 있다.

(2) P형 2급 발신기

P형 2급 수신기에 연결해서 사용되는 것으로 푸시버튼 기능만을 가지고 있다.

1) 구성요소

P형 2급 발신기는 보호판, 스위치, 외함, 명판으로 구성된다(그림 4-27).

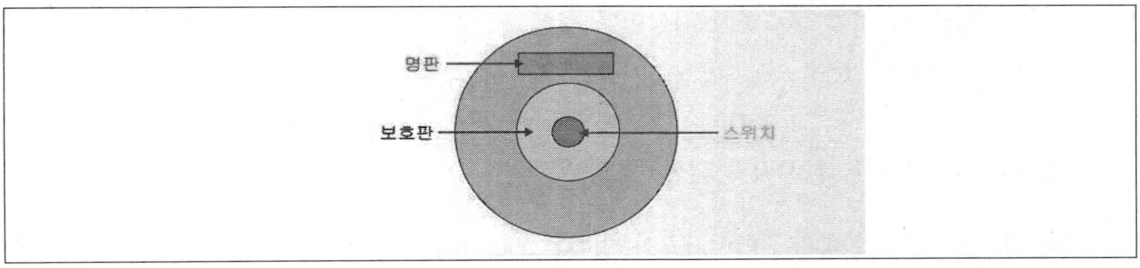

[그림 4-27] P형 2급 발신기

2) P형 2급 발신기 결선(그림 4-28)

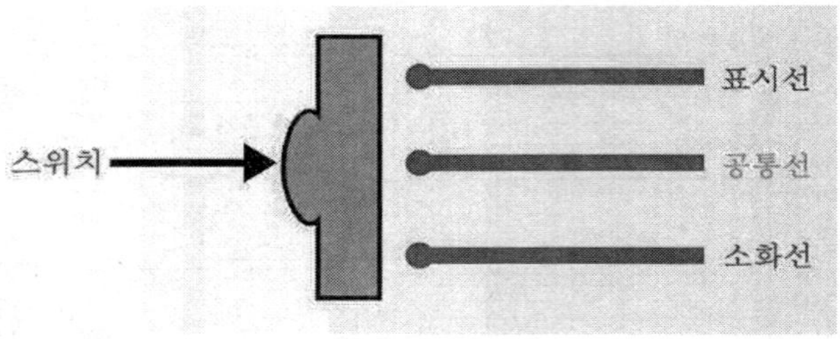

[그림 4-28] P형 2급 발신기

3) 감지기는 송배전 방식(그림 4-29)

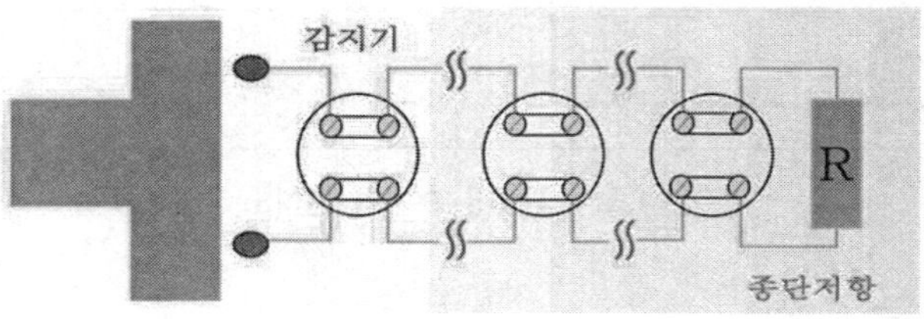

[그림 4-29] 송배전 방식 감지기

(3) P형 1급 발신기와 P형 2급 발신기의 비교설명

1) P형 1급 발신기

① P형 1급 수신기 또는 R형 수신기에 연결하여 사용한다.
② 스위치, 전화잭, 응답 램프가 있다.

2) P형 2급 발신기

① P형 2급 수신기에 연결하여 사용한다.
② 스위치 기능만 있다.

(4) 수신기 · 발신기 · 감지기의 배선기호의 의미

수신기 · 발신기 · 감지기의 배선기호와 명칭은 〈표 4-17〉과 같다.

〈표 4-17〉 배선기호와 명칭

명 칭	기 호	원 어	동일한 명칭
회로선	L	Line	• 지구선 • 신호선 • 표시선 • 감지기선
	N	Number	
공통선	C	Common	• 지구공통선 • 신호공통선 • 회로공통선 • 감지기공통선 • 발신기공통선
응답선	A	Answer	• 발신기선 • 발신기응답선 • 응답확인선 • 확인선
전화선	T	Telephone	–
경종선	BL	Bell Line	벨선
표시등선	PL	Pilot Lamp	–
경종공통선	BC	Bell Common	벨 공통선
경종표시등 공통선	특별한 기호가 없음		

(5) 자동화재탐지설비의 발신기 설치기준(NFSC 203⑨)

자동화재탐지설비의 수신기는 자동화재탐지설비의 화재안전기준(NFSC 203) 제9조 1항 각 호의 기준에 따라 설치해야 한다. 다만, 지하구의 경우에는 발신기를 설치하지 아니할 수 있다.

① 조작이 쉬운 장소에 설치하고, 스위치는 바닥으로부터 0.8[m] 이상 1.5[m] 이하의 높이에 설치해야 한다.

② 소방대상물의 층마다 설치하되, 해당 소방대상물의 각 부분으로부터 하나의 발신기까지의 수평거리가 25[m] 이하가 되도록 할 것. 다만, 복도 또는 별도로 구획된 실로서 보행거리가 40[m] 이상일 경우에는 추가로 설치해야 한다.

③ 제2호의 규정에도 불구하고 제2호의 기준을 초과하는 경우로서 기둥 또는 벽이 설치되지 아니한 대형공간의 경우 발신기는 설치 대상 장소의 가장 가까운 장소의 벽 또는 기둥 등에 설치해야 한다.

(6) 자동화재탐지설비의 중계기 설치기준(NFSC 203⑥)

자동화재 탐지설비의 수신기는 자동화재탐지설비의 화재안전기준(NFSC 203) 제6조 각 호의 기준에 따라 설치해야 한다.

① 수신기에서 직접 감지기회로의 도통시험을 하지 않은 것을 수신기와 감지기 사이에 설치해야 한다.

② 조작 및 점검에 편리하고 화재 및 침수 등의 재해로 인한 피해를 받을 우려가 없는 장소에

설치해야 한다.

③ 수신기에 따라 감시되지 않는 배선을 통하여 전력을 공급받는 것에 있어서는 전원입력측의 배선에 과전류차단기를 설치하고 해당 전원의 정전이 즉시 수신기에 표시되는 것으로 하며, 상용전원 및 예비전원의 시험을 할 수 있도록 해야 한다.

(7) 자동화재탐지설비의 음향장치 설치기준(NFSC 203⑧)

자동화재탐지설비의 음향장치는 자동화재탐지설비의 화재안전기준(NFSC 203) 제8조 1항 각 호의 기준에 따라 설치해야 한다.

① 주음향장치는 수신기의 내부 또는 그 직근에 설치해야 한다.

② 5층(지하층 제외) 이상으로서 연면적이 3,000[m^2]를 초과하는 소방대상물 또는 그 부분에 있어서는 2층 이상의 층에서 발화한 때에는 발화층 및 그 직상층에 한하여, 1층에서 발화한 때에는 발화층 · 그 직상층 및 지하층에 한하여, 지하층에서 발화한 때에는 발화층 · 그 직상층 및 기타의 지하층에 한하여 경보를 발할 수 있도록 해야 한다(그림 4-30).

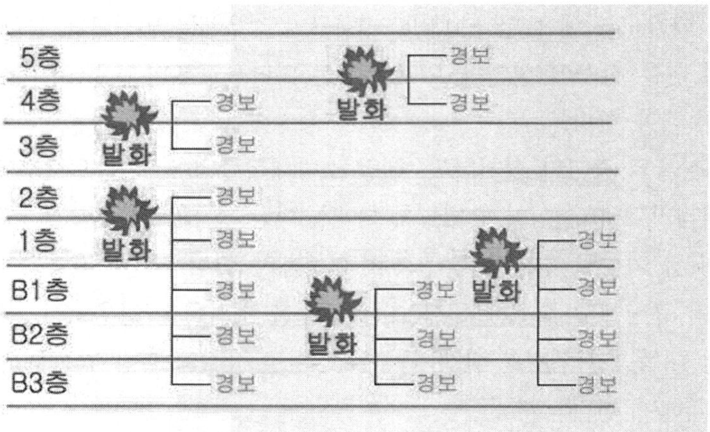

[그림 4-30] 우선경보(구분명동)방식 음향장치의 경보

③ 지구음향장치는 소방대상물의 층마다 설치하되, 해당 소방대상물의 각 부분으로부터 하나의 음향장치까지의 수평거리가 25[m] 이하가 되도록 하고, 해당 층의 각 부분에 유효하게 경보를 발할 수 있도록 설치해야 한다. 다만, 비상방송설비의 화재안전기준(NFSC 202) 규정에 적합한 방송설비를 자동화재탐지설비의 감지기와 연동하여 작동하도록 설치한 경우에는 지구음향장치를 설치하지 않을 수 있다(표 4-18).

〈표 4-18〉 음향장치의 경보

발화층	경보층
2층 이상 발화	• 발화층 • 직상층
1층 발화	• 발화층 • 직상층 • 지하층
지하층 발화	• 발화층 • 직상층 • 기타의 지하층

④ 제3호의 규정에도 불구하고 제2호의 기준을 초과하는 경우로서 기둥 또는 벽이 설치되지 않은 대형 공간의 경우 지구음향장치는 설치대상 장소의 가장 가까운 장소의 벽 또는 기둥 등에 설치해야 한다.

참고 성능기준

(1) 정격전압의 80[%] 전압에서 음향을 발할 수 있는 것으로 해야 한다.
(2) 음량은 부착된 음향장치의 중심으로부터 1[m] 떨어진 위치에서 90[dB] 이상이 되는 것으로 해야 한다.
(3) 감지기 및 발신기의 작동과 연동하여 작동할 수 있는 것으로 해야 한다.

(8) 청각장애인용 시각경보장치의 설치기준(NFSC 203⑧)

자동화재탐지설비의 음향장치는 자동화재탐지설비의 화재안전기준(NFSC 203) 제8조 2항에 따라 한국소방검정공사 또는 법 제42조에 따라 성능시험업무에서 검증받은 것으로서 각 호의 기준에 따라 설치해야 한다.

① 복도 · 통로 · 청각장애인용 객실 및 공용으로 사용하는 거실(로비, 회의실, 강의실, 식당, 휴게실 등)에 설치하며, 각 부분으로부터 유효하게 경보를 발할 수 있는 위치에 설치해야 한다.

② 공연장 · 집회장 · 관람장 또는 이와 유사한 장소에 설치하는 경우에는 시선이 집중되는 무대부분 등에 설치해야 한다.

③ 설치높이는 바닥으로부터 2[m] 이상 2.5[m] 이하의 장소에 설치할 것. 다만, 천장의 높이가 2[m] 이하인 경우에는 천장으로부터 0.15[m] 이내의 장소에 설치해야 한다.

④ 시각경보장치의 광원은 전용의 축전지설비에 의하여 점등되도록 할 것. 다만, 시각경보기에 작동전원을 공급할 수 있도록 형식승인을 얻은 수신기를 설치한 경우에는 상관없다.

참고 수신기 설치

하나의 소방대상물에 2 이상의 수신기가 설치된 경우는 어느 수신기에서도 지구음향장치 및 시각경보장치를 작동할 수 있도록 해야 한다.

(9) 자동화재탐지설비의 고장원인

자동화재탐지설비의 고장원인으로는 비화재보가 발생할 수 있는 원인과 동작하지 않는 경우의 원인 등이 있다.

1) 비화재보가 발생할 수 있는 원인

① 표시회로의 절연불량 등으로 고장의 원인이 될 수 있다.
② 감지기의 기능불량 등으로 고장의 원인이 될 수 있다.
③ 수신기의 기능불량 등으로 고장의 원인이 될 수 있다.
④ 감지기가 설치되어 있는 장소의 온도변화가 급격하면 고장의 원인이 될 수 있다.

2) 동작하지 않는 경우의 원인

① 전원의 고장으로 동작하지 않는 경우의 원인이 될 수 있다.
② 전기회로의 접촉불량으로 동작하지 않는 경우의 원인이 될 수 있다.
③ 전기회로의 단선으로 동작하지 않는 경우의 원인이 될 수 있다.
④ 릴레이 · 감지기 등의 접점불량으로 동작하지 않는 경우의 원인이 될 수 있다.
⑤ 감지기의 기능불량으로 동작하지 않는 경우의 원인이 될 수 있다.

(10) 자동화재탐지설비의 유지관리사항

① 수신기가 있는 장소에는 경계구역 일람도를 비치하였는가 여부
② 수신기 부근에 조작성 지장을 주는 장애물은 없는가 여부
③ 수신기 조작부의 스위치는 정상위치에 있는가 여부
④ 감지기는 유효하게 화재발생을 감지할 수 있도록 설치되었는가 여부
⑤ 연기감지기는 출입구 부분이나 흡입구가 있는 실내 부근에 설치되어 있는가 여부
⑥ 발신기의 상단에 표시등은 점등되어 있는가 여부
⑦ 비상전원이 방전되고 있지 않는가 여부

02 자동화재 속보설비

학습목표

- 자동화재 속보설비 개념을 이해한다.
- 자동화재 속보설비의 설치기준을 이해한다.
- 전자의 기본원리를 이해한다.

1. 자동화재 속보설비의 원리

자동화재 속보설비는 소방대상물에 화재발생 시 자동 또는 수동으로 화재의 발생을 소방관서에 통보하는 설비이다. 자동적으로 동작 시에는 감지기에서 감지된 화재신호를 수신기에서 수신하여 20초 이내에 오보 또는 화재연기를 판별한 후 자동화재 속보설비에 접속된 상용 전화선로를 차단함과 동시에 소방관서에 자동적으로 3회 이상 반복하여 신고하면 모든 동작을 마치게 된다.

(1) 자동화재 속보설비의 설치대상

자동화재 속보설비는 소방시설 설치 · 유지 및 안전관리에 관한 법률 시행령에 따라 규모 · 용도 및 수용인원 등을 고려하여 갖추어야 하며 그 내용은 다음과 같다.

① 업무시설, 공장, 창고시설, 교정 및 군사시설 중 국방 · 군사시설, 발전시설(사람이 근무하지 않는 시간에는 무인경비 시스템으로 관리하는 시설만 해당한다)로서 바닥면적이 1,500[m^2] 이상인 층이 있는 것

② 노유자 생활시설

③ ②항에 해당하지 않는 노유자시설로서 바닥면적이 500[m^2] 이상

④ 수련시설(숙박시설이 있는 건축물만 해당)로서 바닥면적이 500[m^2] 이상

⑤ 문화재보호법 제23조에 따라 국보 또는 보물로 지정된 목조건축물

⑥ ①항부터 ⑤항까지에 해당하지 않는 특정소방대상물 중 층수가 30층 이상

(2) 자동화재 속보설비의 종류

자동화재속보기는 기능에 따라 A형 속보기와 B형 속보기로 분류된다.

1) A형 속보기

P형 수신기, R형 수신기로부터 발하는 화재의 신호를 수신하여 20초 이내에 소방 관서에 통보하고 소방대상물의 위치를 3회 이상 소방관서에 자동적으로 통보하는 기능을 가진 속보기(지구등이 없는 구조)이다.

2) B형 속보기

P형 수신기, R형 수신기와 A형 화재속보기의 성능을 복합한 것으로 감지기 또는 발신기에 의해 발하는 신호나 중계기를 통해 송신된 신호를 소방대상물의 관계자에게 통보하고 20초 이내에 3회 이상 소방대상물의 위치를 소방관서에 자동적으로 통보하는 기능을 가진 속보기(지구등이 있는 구조)이다.

(3) 자동화재 속보설비의 기능

자동화재 속보설비의 일반적인 기능은 다음과 같다.

① 자동화재탐지설비로부터 작동신호를 수신하였을 20초 이내에 소방관서에 자동적으로 신호를 발하여 통보하되 3회 이상 속보할 수 있어야 한다.

② 전원이 정지한 경우에는 자동으로 예비전원으로 전환되고, 주전원이 정상상태로 복귀한 경우에는 자동적으로 예비전원에서 주전원으로 전환되어야 한다.

③ 예비전원은 자동적으로 충전되어야 하며 자동 과충전 방지장치가 있어야 한다.

④ 자동화재탐지설비로부터 화재신호를 수신하였을 경우 자동적으로 적색 화재표시등이 점등되고 음향장치로 화재를 경보해야 하며, 화재표시 및 경보는 수동으로 복구 및 정지시키지 않는 한 지속되어야 한다.

⑤ 예비전원을 병렬로 접속하는 경우에는 역충전방지 등의 조치를 해야 한다.

⑥ 예비전원은 감시상태를 60분간 지속한 후 10분 이상 작동(화재속보 후 화재표시 및 경보를 10분간 유지하는 것)이 지속될 수 있는 용량이어야 한다.

㉠ 속보기의 예비전원은 원통 밀폐형 니켈카드뮴 축전지 또는 무보수 밀폐형 연축전지로서 그 용량은 감시상태를 60분간 계속한 후, 10분 이상 계속하여 통보할 수 있는 것이어야 한다.

㉡ 전기적 기구에 의한 자동방전방지장치를 설치해야 한다.

㉢ 예비전원을 병렬로 접속하는 경우는 역충전방지 등의 조치를 강구해야 한다.

㉣ 원통형 니켈카드뮴 축전지의 충전시험 및 방전시험은 완전방전상태를 기준하여 시작한다.

(4) 자동화재 속보설비의 설치기준(NFSC 204④)

자동화재 속보설비는 자동화재 속보설비의 화재안전기준(NFSC 204) 제4조 1항 각 호의 기준에 따라 설치해야 한다.

① 자동화재탐지설비와 연동으로 작동하여 자동적으로 화재발생상황을 소방관서에 전달되는 것으로 해야 한다.

② 스위치는 바닥으로부터 0.8[m] 이상 1.5[m] 이하의 높이에 설치하고 보기 쉬운 곳에 스위치임을 표시한 표지를 해야 한다.

③ 속보기는 소방관서에 통신망으로 통보하도록 하며, 데이터 또는 코드 전송방식을 부가적으로 설치할 수 있다(단, 데이터 및 코드 전송방식의 기준은 소방방재청장이 정한다).

④ 문화재에 설치하는 자동화재 속보설비는 제1호의 기준에도 불구하고 속보기에 감지기를 직접 연결하는 방식(자동화재탐지설비 1개의 경계구역에 한한다)으로 할 수 있다.

⑤ 속보기는 소방용 기계·기구의 형식승인 등에 관한 규칙 제31조 및 별표 14 제22호에 적합한 것으로 설치해야 한다.

참고 예외사항

자동화재 속보설비의 설치 제외 : 관계인이 24시간 상시 근무하고 있는 경우이다. 다만, 노유자 생활시설과 층수가 30층 이상(공동주택은 제외)의 특정소방대상물에 있어서는 그렇지 않다.

(5) 속보기의 기능시험

속보기의 시험은 특별히 규정된 경우를 제외하고는 실온이 5[℃] 이상 35[℃] 이하이고, 상대습도가 45[%] 이상 85[%] 이하의 상태에서 실시한다.

시험에는 주위온도시험, 반복시험, 절연저항시험, 절연내력시험, 충격전압시험이 있으며, 각 시험의 내용은 다음과 같다.

1) 주위온도시험

속보기는 영하 10±2 [℃] 및 50±2 [℃]에서 각각 12시간 이상 방치한 후 1시간 이상 실온에서 방치한 다음 기능시험을 실시하는 경우 기능에 이상이 없어야 한다.

2) 반복시험

속보기는 정격전압에서 1,000회의 화재작동을 반복 실시하는 경우 그 구조 또는 기능에 이상이 생기지 않아야 한다.

3) 절연저항시험

① 절연된 충전부와 외함간의 절연저항 : 직류 500[V]의 절연저항계로 측정한 값이 5[MΩ](교류입력측과 외함간에는 20[MΩ]) 이상이어야 한다.

② 절연된 선로간의 절연저항 : 직류 500[V]의 절연저항계로 측정한 값이 20[MΩ] 이상이어야 한다.

③ 교류입력측과 외함간 : 직류 500[V] 절연저항계로 20[MΩ] 이상이어야 한다.

4) 절연내력시험

자동화재 속보설비의 속보기의 성능인증 및 제품검사의 기술기준 제10조의 규정에 의한 시험부의 절연내력은 60[Hz]의 정현파에 가까운 실효전압 500[V](정격전압이 60[V]를 초과하고 150[V]이하인 것은 1,000[V], 정격전압이 150[V]를 초과하는 것은 그 정격전압에 2를 곱하여 1000을 더한 값)이 교류전압을 가하는 시험에서 1분간 견디는 것이어야 하며, 기능에 이상이 생기지 않아야 한다.

5) 충격전압시험

속보기는 전류를 통한 상태에서 다음 각 호의 시험을 15초간 실시하는 경우 잘못 작동하거나 기능에 이상이 생기지 않아야 한다.

① 내부저항 50[Ω]인 전원에서 500[V]의 전압을 펄스폭 1[μs], 반복주기 100[Hz]로 가하는 시험이다.

② 내부저항 50[Ω]인 전원에서 500[V]의 전압을 펄스폭 0.1[μs], 반복주기 100[Hz]로 가하는 시험이다.

참고 표시등의 색 및 변압기

(1) 표시등의 색

① 자동화재 속보설비 : 적색 ② 누전경보기 : 적색 ③ 가스누설경보기 : 황색

(2) 변압기

① 정격 1차 전압 : 300[V] 이하로 한다.

② 변압기의 외함 : 접지단자를 설치해야 한다.

③ 용량 : 최대사용전류에 연속하여 견딜 수 있는 크기 이상이어야 한다.

03 비상경보설비 및 병원 비상방송설비

학습목표

- 비상경보설비와 비상방송설비의 개념을 이해한다.
- 경보형 감지기를 설치할 수 있다.
- 음향장치의 구조를 알 수 있다.

1. 비상경보설비 및 단독경보형 감지기

비상경보설비는 자동화재탐지설비에 의해서 감지된 화재의 발생이나 상황을 소방대상물 내에 있는 사람들에게 경보하여 초기 소화활동을 용이하게 함은 물론 피난 등을 신속하게 하기 위해 설치하는 것이다. 단독경보형 감지기는 화재발생상황을 단독으로 감지하여 자체에 내장된 음향장치로 경보하는 감지기로 화재경보기 내부에 9[V]의 직류전원이 내장되어 전원을 공급하고 화재가 발생하면 자체에서 경보를 발할 수 있어 화재의 발생을 신속히 알 수 있다.

(1) 비상벨 또는 자동식 사이렌 설비의 설치기준(NFSC 201④)

비상벨 또는 자동식 사이렌 설비는 비상경보설비의 화재안전기준(NFSC 201) 제4조의 기준에 따라 설치해야 하고, 부식성 가스 또는 습기 등으로 인하여 부식의 우려가 없는 장소에 설치해야 한다.

1) 음향장치

지구음향장치는 소방대상물의 층마다 설치하되 해당 소방대상물의 각 부분으로부터 하나의 음향장치까지의 수평거리가 25[m] 이하가 되도록 하고, 해당 층의 각 부분에 유효하게 경보를 발할 수 있도록 설치해야 한다. 다만, 비상방송설비의 화재안전기준(NFSC 202)에 적합한 방송설비를 비상벨설비 또는 자동식 사이렌 설비와 연동하여 작동하도록 설치한 경우에는 지구음향장치를 설치하지 않을 수 있다. 음향장치는 정격전압의 80[%] 전압에서 음향을 발할 수 있도록 해야 하며, 음량은 부착된 음향장치의 중심으로부터 1[m] 떨어진 위치에서 90[dB] 이상이 되는 것으로 해야 한다.

2) 발신기

발신기는 비상경보설비의 화재안전기준(NFSC 201) 제4조 5항 각 호의 기준에 따라 설치해야 한다. 다만, 지하구의 경우에는 발신기를 설치하지 않을 수 있다.

① 조작이 쉬운 장소에 설치하고, 조작 스위치는 바닥으로부터 0.8[m] 이상 1.5[m] 이하의 높이에 설치해야 한다.

② 소방대상물의 층마다 설치하되 해당 소방대상물의 각 부분으로부터 하나의 발신기까지의 수평거리가 25[m] 이하가 되도록 해야 한다. 다만, 복도 또는 별도로 구획된 실로서 보행거리가 40[m] 이상일 경우에는 추가로 설치해야 한다.

③ 발신기의 위치표시등은 함의 상부에 설치하되 그 불빛은 부착면으로부터 15[°] 이상의 범위 안에서 부착지점으로부터 10[m] 이내의 어느 곳에서도 쉽게 식별할 수 있는 적색등으로 해야 한다.

3) 상용전원

비상벨설비 또는 자동식 사이렌 설비의 상용전원은 비상경보설비의 화재안전기준(NFSC201) 제4조 6항 각 호의 기준에 따라 설치해야 한다.

① 전원은 전기가 정상적으로 공급되는 축전지 또는 교류전압의 옥내 간선으로 하고 전원까지의 배선은 전용으로 한다.

② 개폐기에는 “비상벨설비 또는 자동식사이렌설비용”이라고 표지를 해야 한다.

(2) 단독경보형 감지기의 설치기준(NFSC 201⑤)

단독경보형 감지기는 비상경보설비의 화재안전기준(NFSC 201) 제5조의 기준에 따라 설치해야 한다.

① 각 실(이웃하는 실내의 바닥면적이 각각 30[m^2] 미만이고 벽체의 상부의 전부 또는 일부가 개방되어 이웃하는 실내와 공기가 상호 유통되는 경우에는 이를 1개의 실로 본다)마다 설치하되, 바닥면적이 150[m^2]를 초과하는 경우에는 150[m^2]마다 1개 이상 설치해야 한다.

② 최상층의 계단실의 천장(외기가 상통하는 계단실의 경우를 제외)에 설치해야 한다.

③ 건전지를 주전원으로 사용하는 단독경보형 감지기는 정상적인 작동상태를 유지할 수 있도록 건전지를 교환해야 한다.

④ 상용전원을 주전원으로 사용하는 단독경보형 감지기의 2차 전지는 법 제39조 규정에 따른 성능시험에 합격한 것을 사용해야 한다.

2. 비상방송설비

비상방송설비는 비상벨, 자동식 사이렌, 방송설비에 의해 건물 내의 전 구역에 화재발생을 알리는 설비이다. 각 층에 설치된 푸시버튼 스위치, 비상전화 등의 기동장치조작 또는 자동화재탐지설비와의 연동에 의해 비상벨, 스피커에 의해 화재발생을 알린다.

(1) 비상방송설비의 작동흐름도

화재를 발견한 사람이 기동장치를 조작하여 증폭기의 전원이 자동적으로 투입되거나 또는 병원 내 자동화재탐지설비의 감지기가 작동하여 수신기에서 화재신호를 수신할 경우 자동 또는 수동으로 증폭기의 전원이 투입되게 하여 조작장치의 마이크로폰이나 화재 시에 행하는 비상경보의 방송내용을 미리 녹음한 테이프 레코더를 조작하여 스피커를 통하여 음성이나 비상경보의 방송을 행한다(그림 4-31).

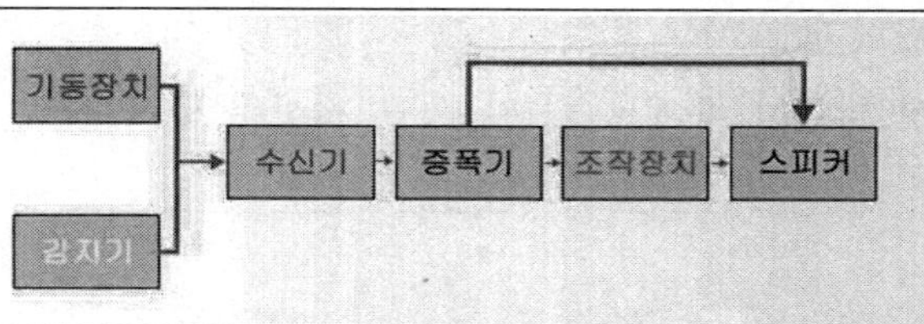

[그림 4-31] 비상방송설비의 작동흐름도

(2) 비상방송설비의 설치기준(NFSC 202④)

비상방송설비는 비상방송설비의 화재안전기준(NFSC 202) 제4조 각 호의 기준에 따라 설치해야 한다. 이 경우 엘리베이터 내부에는 별도의 음향장치를 설치할 수 있다(그림 4-32, 4-33).

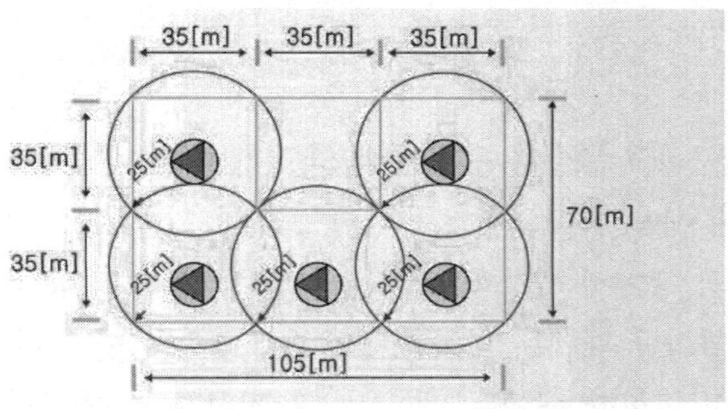

[그림 4-32] 확성기의 수평거리

① 확성기의 음성입력은 3[W](실내에 설치하는 것에 있어서는 1[W]) 이상이어야 한다.

② 확성기는 각 층마다 설치하되 그 층의 각 부분으로부터 하나의 확성기까지의 수평거리가 25[m] 이하가 되도록 하고, 해당 층의 각 부분에 유효하게 경보를 발할 수 있도록 설치해야 한다.

③ 음량조정기를 설치하는 경우 음량조정기의 배선은 3선식으로 해야 한다.

④ 조작부의 조작스위치는 바닥으로부터 0.8[m]이상 1.5[m]이하의 높이에 설치해야 한다.

⑤ 조작부는 기동장치의 작동과 연동하여 해당 기동장치가 작동한 층 또는 구역을 표시할 수 있는 것으로 해야 한다.

⑥ 증폭기 및 조작부는 수위실 등 상시 사람이 근무하는 장소로서 점검이 편리하고 방화상 유효한 곳에 설치해야 한다.

⑦ 층수가 5층 이상으로서 연면적이 3,000[m^2]를 초과하는 특정소방대상물은 다음 각 목에 따라 경보를 발할 수 있도록 해야 한다.

㉠ 2층 이상의 층에서 발화한 때에는 발화층 및 그 직상층에 경보를 발할 것

㉡ 1층에서 발화한 때에는 발화층·그 직상층 및 지하층에 경보를 발할 것

㉢ 지하층에서 발화한 때에는 발화층·그 직상층 및 기타의 지하층에 경보를 발할 것

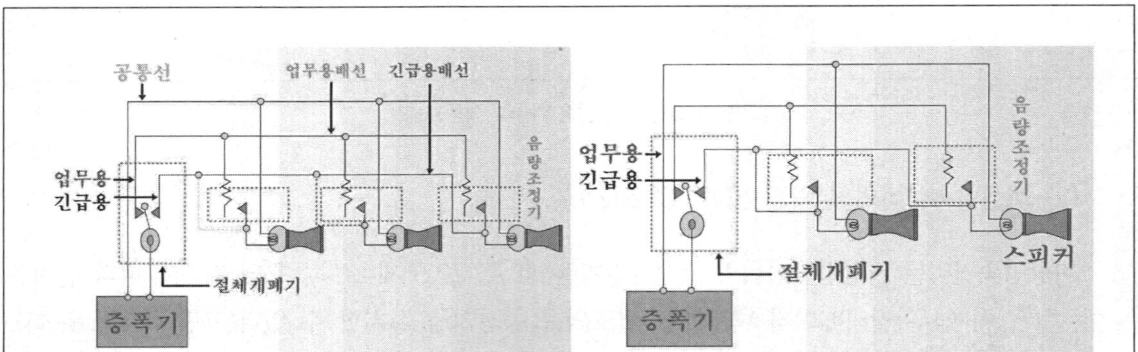

[그림 4-33] 확성기의 수평거리

⑧ 제7호에도 불구하고 층수가 30층 이상의 특정소방대상물은 다음 각 목에 따라 경보를 발할 수 있도록 해야 한다.

㉠ 2층 이상의 층에서 발화한 때에는 발화층 및 그 직상 4개층에 경보를 발할 것

㉡ 1층에서 발화한 때에는 발화층·그 직상 4개층 및 지하층에 경보를 발할 것

㉢ 지하층에서 발화한 때에는 발화층·그 직상층 및 기타의 지하층에 경보를 발할 것

⑨ 다른 방송설비와 공용하는 것에 있어서는 화재 시 비상경보외의 방송을 차단할 수 있는

구조로 해야 한다.

⑩ 다른 전기회로에 따라 유도장애가 생기지 않도록 해야 한다.

⑪ 하나의 특정소방대상물에 2개 이상의 조작부가 설치되어 있는 때에는 각각의 조작부가 있는 장소 상호간에 동시통화가 가능한 설비를 설치하고, 어느 조작부에서도 해당 특정소방대상물의 전 구역에 방송을 할 수 있도록 해야 한다.

⑫ 기동장치에 따른 화재신고를 수신한 후 필요한 음량으로 화재발생상황 및 피난에 유효한 방송이 자동으로 개시될 때까지의 소요시간은 10초 이하로 해야 한다.

참고 **음향장치의 구조 및 성능기준**

① 정격전압의 80[%] 전압에서 음향을 발할 수 있는 것으로 해야 한다.
② 자동 화재탐지설비의 작동과 연동하여 작동할 수 있는 것으로 해야 한다.

⑬ 면제대상은 비상방송설비를 설치해야 할 특정소방대상물에 자동화재탐지설비 또는 비상경보설비와 동등 이상의 음향을 발하는 장치를 부설한 방송설비를 화재안전기준에 적합하게 설치한 경우에는 그 설비의 유효범위 안에서 설치가 면제된다(그림 4-34).

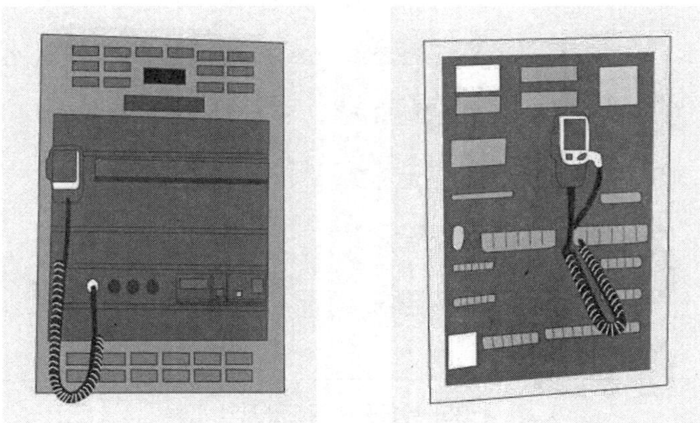

[그림 4-34] 비상방송설비

04 유도등 및 비상용 콘센트 설비

학습목표

- 유도등 및 비상용 콘센트 설비의 개념을 이해한다.
- 유도등 및 유도표지의 종류를 알 수 있다.
- 유도등의 색깔 표시 방법을 알 수 있다.

1. 유도등 설비

화재 기타 비상 시에 병원 건물 내에 거주하는 사람들을 안전한 곳에 피난하도록 유도하기 위한 조명설비이며, 정상상태에서는 상용전원에 의해 점등되고 상용전원이 정전되더라도 즉시 점등될 수 있도록 반드시 비상전원을 부설해야 한다(그림 4-35).

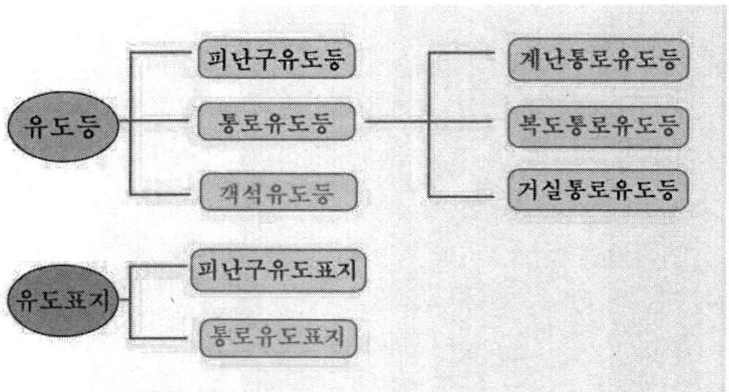

[그림 4-35] 유도등과 유도표지의 종류

(1) 유도등 및 유도표지의 종류(NFSC 203④)

유도등은 비상시 또는 화재발생 시에 피난로를 지시해 주고 최소한의 밝기를 제공해 주는 등기구로서 설치장소에 따라 피난구 유도등, 통로유도등, 객석유도등이 있다. 유도표지에는 전원인입이 되어 있지 않고, 유도등을 설치하기 어려운 곳에 설치하는 것으로 대게 노후 건물에 설치한다. 유도표지의 종류에는 피난구 유도표지와 통로 유도표지가 있다. 소방대상물의 용도별로 설치해야 할 유도등 및 유도표지는 그에 적응하는 종류의 것으로 설치해야 한다(표 4-19).

〈표 4-19〉 유도등 및 유도표지의 종류

설치장소	유도등 및 유도표지의 종류
① 공연장 · 집회장 · 관람장 · 운동시설	• 대형 피난구 유도등 • 통로유도등 • 객석유도등
② 위락시설 · 판매시설 및 영업시설 · 관광숙박시설 · 의료시설 · 통신촬영시설 · 전시장 · 지하상가 · 지하철역사	• 대형 피난구 유도등 • 통로유도등
③ 일반숙박시설 · 오피스텔 또는 가목 및 나목 외의 지하층 · 무창층 및 11층 이상의 부분	• 중형 피난구 유도등 • 통로유도등
④ 근린생활시설(주택용도 제외) · 노유자시설 · 업무시설 · 종교집회장 · 교육연구시설 · 공장 · 창고시설 · 교정시설 · 기숙사 · 자동차정비공장 · 자동차운전학원 및 정비학원 · 가목부터 다목 외의 다중이용업소	• 소형 피난구 유도등 • 통로유도등
⑤ 그 밖의 것	• 피난구 유도표지 • 통로유도표지

참고 피난구 유도등 설치

소방서장은 소방대상물의 위치구조 및 설비의 상황을 판단하여 대형 피난구 유도등을 설치해야 할 소방대상물에 중형 피난구 유도등 또는 소형 피난구 유도등을 설치하게 할 수 있고, 중형 피난구 유도등을 설치해야 할 소방대상물에 소형 피난구도 유도등을 설치하게 할 수 있다.

(2) 피난구 유도등의 설치장소(NFSC 303⑤)

피난구 유도등은 유도등 및 유도표지의 화재안전기준(NFSC 303) 제5조 1항 각 호의 장소에 설치해야 한다.

① 옥내로부터 직접 지상으로 통하는 출입구 및 그 부속실의 출입구에 [그림 4-36]과 같이 설치한다.

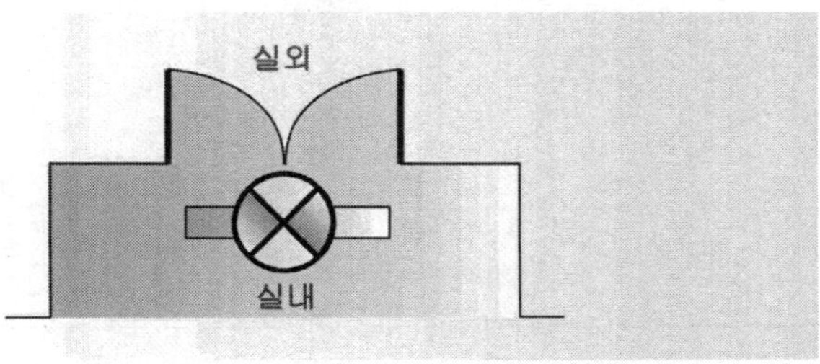

[그림 4-36] 부속실의 출입구

② 직통계단 · 직통계단의 계단실 및 그 부속실의 출입구에 [그림 4-37]과 같이 설치한다.

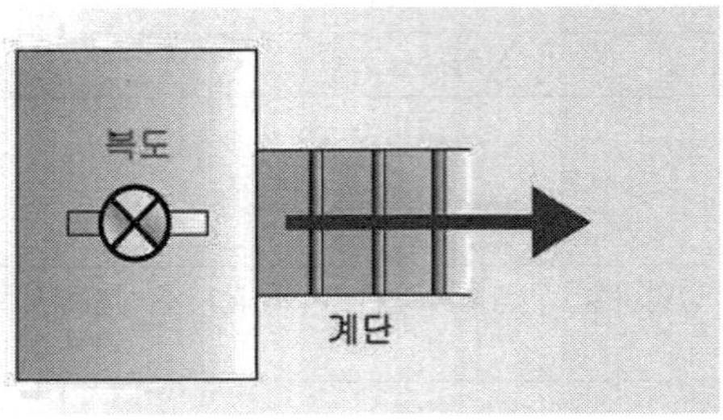

[그림 4-37] 계단실 출입구

③ 제1호 및 제2호에 따른 출입구에 이르는 복도 또는 통로로 통하는 출입구에 [그림 4-38]과 같이 설치한다.

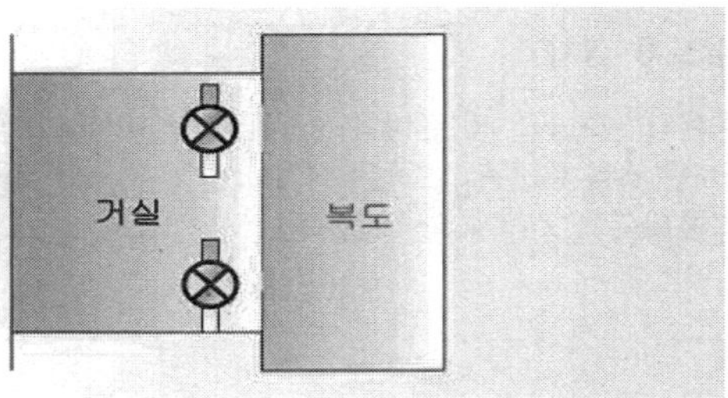

[그림 4-38] 복도 또는 통로 출입구

④ 안전구획된 거실로 통하는 출입구에 [그림 4-39]와 같이 설치한다.

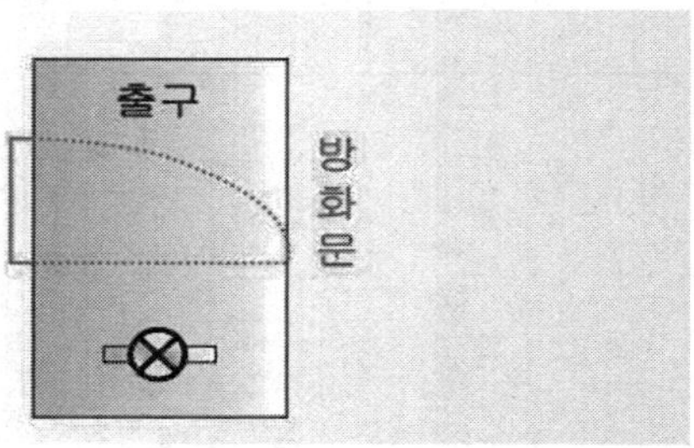

[그림 4-39] 안전구획된 거실로 통하는 출입구

(3) 통로유도등의 설치기준(NFSC 303⑤)

통로유도등은 소방대상물의 각 거실과 그로부터 지상에 이르는 복도 또는 계단의 통로에 유도등 및 유도표지의 화재안전기준(NFSC 303) 제5조 1항 각 호의 기준에 따라 설치해야 한다.

① 복도 통로유도등의 설치기준 : 복도 통로유도등[18]은 다음 각 항목의 기준에 따라 설치해야 한다.

㉠ 복도에 설치해야 한다.

㉡ 구부러진 모퉁이 및 보행거리 20[m]마다 설치해야 한다.

㉢ 바닥으로부터 높이 1[m] 이하의 위치에 설치해야 한다(다만, 지하층 또는 무창층의 용도가 도매시장 · 소매시장 · 여객자동차 터미널 · 지하역사 또는 지하상가인 경우에는 복도 · 통로 중앙부분의 바닥에 설치).

㉣ 바닥에 설치하는 통로유도등은 하중에 따라 파괴되지 않는 강도의 것으로 한다.

② 거실 통로유도등의 설치기준 : 거실 통로유도등[19]은 다음 각 항목의 기준에 따라 설치해야 한다.

㉠ 거실의 통로에 설치해야 한다(다만, 거실의 통로가 벽체 등으로 구획된 경우에는 복도 통로유도등을 설치).

㉡ 구부러진 모퉁이 및 보행거리 20[m]마다 설치해야 한다.

㉢ 바닥으로부터 높이 1.5[m]이상의 위치에 설치해야 한다(다만, 거실통로에 기둥이 설치된 경우에는 기둥부분의 바닥으로부터 높이 1.5[m] 이하의 위치에 설치할 수 있다).

③ 계단 통로유도등의 설치기준 : 계단 통로유도등은 다음 각 항목의 기준에 따라 설치해야 한다(그림 4-39).

㉠ 각 층의 경사로참 또는 계단참마다(1개층에 경사로참 또는 계단참이 2 이상 있는 경우에는 2개의 계단참마다)설치해야 한다.

㉡ 바닥으로부터 높이 1[m] 이하의 위치에 설치해야 한다.

참고 **조명도**

(1) 통로유도등 : 1[lx] 이상 (2) 비상조명등 : 1[lx] 이상 (3) 객석유도등 : 0.2[lx] 이상

④ 통행에 지장이 없도록 설치해야 한다.

---

18) **복도 통로유도등** : 피난통로가 되는 복도에 설치하는 통로유도등으로서 피난구의 방향을 명시하는 것이다.

19) **거실 통로유도등** : 거주, 집무, 작업, 집회, 오락 그 밖에 이와 유사한 목적을 위하여 계속적으로 사용하는 거실, 주차장 등 개방된 통로에 설치하는 유도등으로 피난의 방향을 명시한다.

⑤ 주위에 이와 유사한 등화광고물 · 게시물 등을 설치하지 않아야 한다 : 조도는 통로유도등의 바로 밑의 바닥으로부터 수평으로 0.5[m] 떨어진 지점에서 측정하여 1[lx] 이상(바닥에 매설한 것에 있어서는 통로유도등의 직상부 1[m]의 높이에서 측정하여 1[lx] 이상)이어야 한다. 통로유도등은 [그림 4-40]과 같이 백색바탕에 녹색으로 피난방향을 표시한 등으로 해야 한다. 다만, 계단에 설치하는 것에 있어서는 피난의 방향을 표시하지 않을 수 있다.

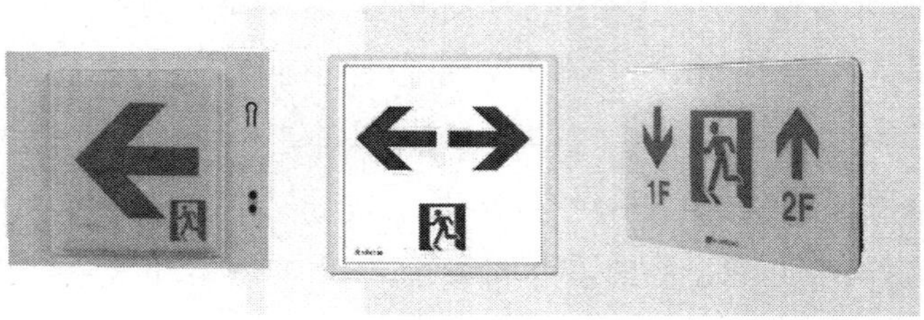

[그림 4-40] 통로 유도등

(4) 통로유도등의 조도

통로유도등의 조도는 지상노출 시와 바닥매설 시에 따라 다르게 설치한다.

① 지상노출 시 : 통로유도 등의 바닥 밑의 바닥으로부터 수평으로 0.5[m] 떨어진 지점에서 1[lx] 이상

② 바닥매설 시 : 통로유도 등의 직상부 1[m]의 높이에서 측정하여 1[lx] 이상

(5) 유도등의 색깔 표시방법

유도등의 색깔은 복도 통로유도등과 피난구 유도등으로 분류하여 표시한다.

① 복도 통로유도등 : 백색바탕에 녹색문자

② 피난구 유도등 : 녹색바탕에 백색문자

(6) 객석유도등의 설치기준(NFSC 303⑦)

객석유도등은 유도등 및 유도표지의 화재안전기준(NFSC 303) 제7조의 기준에 따라 설치해야 한다.

① 객석유도등은 객석의 통로, 바닥 또는 벽에 설치해야 한다.

② 객석 내의 통로가 경사로 또는 수평로로 되어 있는 부분에 있어서는 식 (4-1)과 같이 산출한 수(소수점 이하의 수는 1로 본다)의 유도등을 설치하고, 바닥의 중심선 0.5[m] 높이에서 측정하여 0.2[lx] 이상이어야 한다.

$$\text{설치개수} = \frac{\text{객석통로의 직선부분의 길이}}{4} - 1 \qquad (4\text{-}1)$$

③ 객석 내의 통로가 옥외 또는 이와 유사한 부분에 있는 경우에는 해당 통로 전체에 미칠 수 있는 수의 유도등을 설치하되, 그 조도는 통로바닥의 중심선 0.5[m] 높이에서 측정하여 0.2[lx] 이상이 되어야 한다.

(7) 유도표지의 설치기준(NFSC 303⑧)

유도표지는 유도등 및 유도표지의 화재안전기준(NFSC 303) 제8조 1항 각 호의 기준에 따라 설치해야 한다. 다만, 피난방향을 표시하는 통로유도등을 설치한 부분에 있어서는 유도표지를 설치하지 않을 수 있다.

① 계단에 설치하는 것을 제외하고는 각 층마다 복도 및 통로의 각 부분으로부터 하나의 유도표지까지의 보행거리가 15[m] 이하가 되는 곳과 구부러진 모퉁이의 벽에 설치해야 한다.

② 피난구 유도표지는 출입구 상단에 설치하고, 통로유도표지는 바닥으로부터 높이 1[m] 이하의 위치에 설치해야 한다.

③ 주위에는 이와 유사한 등화·광고물·게시물 등을 설치하지 않아야 한다.

④ 유도표지는 부착판 등을 사용하여 쉽게 떨어지지 않도록 설치해야 한다.

⑤ 축광방식의 유도표지는 외광 또는 조명장치에 의하여 상시 조명이 제공되거나 비상조명등에 의한 조명이 제공되도록 설치해야 한다.

참고 설치거리 및 설치높이

(1) 설치거리
① 복도 통로유도등 : 구부러진 모퉁이 및 보행거리 20[m]마다 설치한다.
② 거실 통로유도등 : 구부러진 모퉁이 및 보행거리 20[m]마다 설치한다.
③ 계단 통로유도등 : 각 층의 경사로 또는 계단마다 설치한다.

(2) 설치높이
① 피난구 유도등 : 피난구의 바닥으로부터 높이 1.5[m] 이상
② 계단 통로유도등·복도 통로유도등 : 바닥으로부터 높이 1[m] 이하
③ 유도표지 : 바닥으로부터 높이 1.5[m] 이하

⑥ 소방법에 의한 유도표지의 설치기준(NFSC 303⑧)(표 4-20)

〈표 4-20〉 유도표지의 설치기준

피난구 유도표지	통로 유도표지
출입구 상단에 설치	바닥에서 1.5[m] 이하의 높이에 설치

(8) 유도표지의 적합기준(NFSC 303⑧)

유도표지는 유도등 및 유도표지의 화재안전기준(NFSC 303) 제8조 3항 각 호의 기준에 적합한 것이어야 한다.

① 방사성물질을 사용하는 유도표지는 쉽게 파괴되지 않은 재질로 처리해야 한다.

② 유도표지는 주위 조도 0[lx]에서 60분간 발광 후 직선거리 20[m] 떨어진 위치에서 보통 시력으로 유도표지가 있다는 것이 식별되어야 하고, 3[m] 거리에서 표시면의 문자 또는 화살표 등을 쉽게 식별할 수 있는 것으로 해야 한다.

③ 유도표지의 표시면은 쉽게 변형·변질 또는 변색되지 않아야 한다.

④ 유도표지의 표지면의 휘도는 주위 조도 0[lx]에서 60분간 발광 후 7[mcd/m^2] 이상으로 해야 한다.

⑤ 유도표지의 크기는 〈표 4-21〉에 기준에 따른다.

〈표 4-21〉 유도표지의 크기

종 류	가로 길이	세로 길이
피난구 유도표지	360[mm] 이상	120[mm] 이상
복도 통로유도표지	250[mm] 이상	85[mm] 이상

(9) 유도등의 전원

유도등의 전원은 유도등 및 유도표지의 화재안전기준(NFSC 303) 제9조 기준에 적합하게 설치해야 한다.

① 평상시에 사용하기 위한 유도등의 전원은 축전지 또는 교류전압의 옥내간선으로 하고, 전원까지의 배선은 전용으로 해야 한다.

② 상용전원 정전 시에 사용되는 비상전원은 다음 항목의 기준에 적합하게 설치해야 한다.

㉠ 축전지로 해야 한다.

㉡ 유도등을 20분 이상 유효하게 작동시킬 수 있는 용량으로 해야 한다. (다만, 다음 각

목의 소방대상물의 경우에는 그 부분에서 피난층에 이르는 부분의 유도등을 60분 이상 유효하게 작동시킬 수 있는 용량으로 해야 한다.)

ⓐ 지하층을 제외한 층수가 11층 이상의 층

ⓑ 지하층 또는 무창층으로서 용도가 도매시장 · 소매시장 · 여객자동차 터미널 · 지하역사 또는 지하상가

㉢ 유도등의 인입선과 옥내배선은 직접 연결해야 한다.

㉣ 유도등은 전기회로에 점멸기를 설치하지 아니하고 항상 점등상태를 유지해야 한다.

㉤ 바닥으로부터 0.8~1.5[m] 이하의 높이에 설치해야 한다.

㉥ 어둠속에서 위치를 확인할 수 있도록 해야 한다.

㉦ 사용 시 자동으로 점등되는 구조이어야 한다.

㉧ 외함은 난연성능이 있어야 한다.

㉨ 건전지를 사용하는 경우에는 방전방지조치를 해야 하고, 충전식 배터리의 경우에는 상시 충전되도록 해야 한다.

③ 배선은 전기사업법 제67조에서 정한 것 외에 다음 각 호의 기준에 따라야 한다.

㉠ 유도등의 인입선과 옥내배선은 직접 연결해야 한다.

㉡ 유도등은 전기회로에 점멸기를 설치하지 않고 항상 점등상태를 유지해야 한다(다만, 소방대상물 또는 그 부분에 사람이 없거나 다음 각 목의 어느 하나에 해당하는 장소로서 3선식 배선에 따라 상시 충전되는 구조인 경우에는 그러하지 않는다).

ⓐ 외부광(光)에 따라 피난구 또는 피난방향을 쉽게 식별할 수 있는 장소

ⓑ 공연장, 암실(暗室) 등으로서 어두워야 할 필요가 있는 장소

ⓒ 소방대상물의 관계인 또는 종사원이 주로 사용하는 장소

(10) 휴대용 비상조명등의 설치 제외 장소(NFSC 304⑤)

지상 1층 또는 피난층으로서 복도 · 통로 또는 창문 등의 개구부를 통하여 피난이 용이한 경우이어야 한다.

(11) 옥내배선기호

옥내배선기호는 유도등과 비상조명으로 〈표 4-22〉와 같이 분류하여 표시한다.

〈표 4-22〉 옥내배선기호

<table>
<tr><th colspan="2">명 칭</th><th>그림 기호</th><th colspan="2">적 요</th></tr>
<tr><td rowspan="3">유도등</td><td>백열등</td><td></td><td>객석유도등</td><td></td></tr>
<tr><td rowspan="2">형광등</td><td rowspan="2"></td><td>통로유도등(중형)</td><td>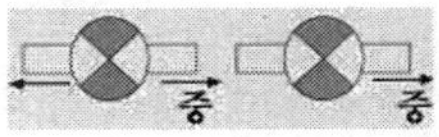</td></tr>
<tr><td>비상용 조명과 겸용</td><td></td></tr>
<tr><td rowspan="2">비상용 조명</td><td>백열등</td><td></td><td>일반용 조명 형광등에 조립하는 경우</td><td></td></tr>
<tr><td>형광등</td><td></td><td>통로유도등과 겸용</td><td></td></tr>
</table>

2. 비상 콘센트 설비

화재가 발생하면 건물 내의 전원이 대부분 차단되므로 출동한 소방대의 소화활동장비에 전원을 공급하기 위해서 이동용 자가발전기를 사용하거나, 외부로부터 전선릴을 이용하여 전원을 사용해야 하는데, 건물내부로 접근이 용이치 않은 고층건물이나 지하층은 전원공급에 많은 어려움이 있다.

그래서 일정한 규모 이상의 건물에는 화재발생 시 소화활동에 필요한 전원을 전용으로 공급받을 수 있는 설비를 설치하도록 하고 있는데 이를 비상 콘센트 설비라고 한다.

(1) 비상 콘센트 설비의 구성도

비상 콘센트 설비는 일반전원이 차단되더라도 비상 콘센트에 공급되는 전원에 영향을 최소화할 수 있도록 분기하고, 전원에서 비상 콘센트까지는 전용배선으로 하고, 배선은 내화배선과 내열배선으로 설치하도록 하고 있다 또한 각 콘센트마다 배선용 차단기를 설치해야 한다(그림 4-41).

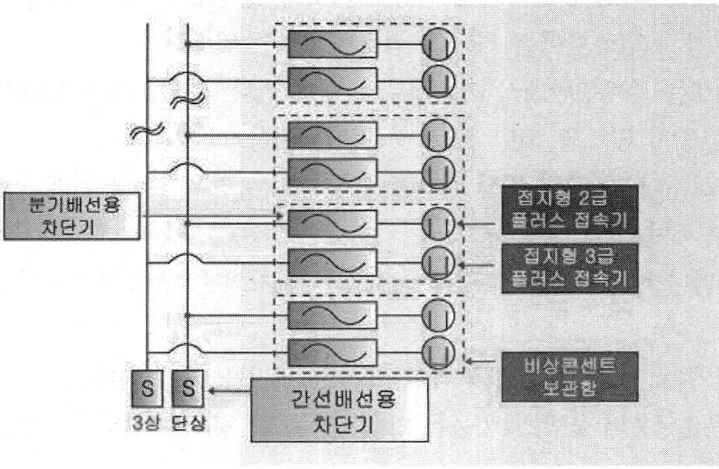

[그림 4-41] 비상콘센트설비의 구성도

(2) 소방법의 비상 콘센트 설비(NFSC 504④)

비상 콘센트 설비는 비상 콘센트 설비의 화재안전기준(NFSC 504) 제2조 기준에 적합하게 설치해야 한다(표 4-23).

〈표 4-23〉 3상 교류와 단상 교류의 구분

구 분	전 압	용 량	플러그 접속기
3상 교류	380[V]	3[kVA] 이상	접지형 3극
단상 교류	220[V]	1.5[kVA] 이상	접지형 2극

① 비상 콘센트 설비의 전원회로는 3상 교류 380[V]인 것과 단상 교류 220[V]인 것으로서, 그 공급용량은 3상 교류의 경우 3[kVA] 이상인 것과 단상 교류의 경우 1.5[kVA] 이상인 것으로 해야 한다(그림 4-42).

[그림 4-42] 접지 2극 플러그접속기와 접지 3극 플러그접속기

② 전원회로는 각 층에 있어서 2 이상이 되도록 설치해야 한다. 다만, 설치해야 할 층의 비상 콘센트가 1개인 때에는 하나의 회로로 할 수 있다.
③ 전원회로는 주배전반에서 전용회로로 해야 한다. 다만, 다른 설비의 회로의 사고에 따른 영향을 받지 않도록 되어 있는 것은 예외이다.
④ 전원으로부터 각 층의 비상 콘센트에 분기되는 경우에는 분기배선용 차단기를 보호함 안에 설치해야 한다.
⑤ 콘센트마다 배선용 차단기(KS C 8321)를 설치해야 하며, 충전부가 노출되지 않도록 해야 한다.
⑥ 개폐기에는 "비상 콘센트"[20]라고 표시한 표지를 해야 한다.
⑦ 비상 콘센트용의 풀박스[21] 등은 방청도장을 한 것으로서 두께 1.6[mm] 이상의 철판으로 해야 한다.
⑧ 하나의 전용회로에 설치하는 비상 콘센트는 10개 이하로 해야 한다. 이 경우 전선의 용량은 각 비상 콘센트(비상 콘센트가 3개 이상인 경우에는 3개)의 공급용량을 합한 용량 이상의 것으로 해야 한다(표 4-24).
⑨ 플러그 접속기의 칼받이 접지극에는 제3종 접지공사(E_3)를 해야 한다.
⑩ 절연저항은 전원부와 외함 사이를 직류 500[V] 절연저항계로 측정하여 20[MΩ] 이상이어야 한다.
⑪ 바닥으로부터 1~1.5[m] 이하의 높이에 설치해야 한다.
⑫ 전원회로는 주배전반에서 전용회로로 하며 배선의 종류는 내화배선이어야 한다.

〈표 4-24〉 비상 콘센트 설치 개수

설치하는 비상 콘센트 수량	전선의 용량산정 시 적용 하는 비상 콘센트 수량	전선의 용량[kVA]	
		단상	3상
1	1개 이상	1.5 이상	3.0 이상
2	2개 이상	3.0 이상	6.0 이상
3~10	3개 이상	4.5 이상	9.0 이상

(3) 비상 콘센트 설비의 설치대상

비상 콘센트 설비를 설치해야 하는 특정소방대상물(위험물 저장 및 처리시설 중 가스 시설

20) 비상 콘센트(emergency consent system) : 화재 시 소방대의 조명용 또는 소화활동상 필요한 장비의 전원설비이다.
21) 풀박스(pull box) : 배관이 긴 곳 또는 굴곡부분이 많은 곳에서 시공을 용이하게 하기 위하여 배선도중에 사용하여 전선을 끌어들이기 위한 박스이다.

또는 지하구는 제외한다)은 다음 항목과 같다.

① 지하층을 포함하는 층수가 11층 이상인 특정소방대상물의 경우에는 11층 이상의 층
② 지하층의 층수가 3개층 이상이고 지하층의 바닥면적의 합계가 1000[m^2] 이상인 것은 지하층의 전층
③ 지하가 중 터널로서 길이가 500[m] 이상인 것

(4) 비상 콘센트의 설치기준(NFSC 504④)

비상 콘센트는 비상 콘센트 설비의 화재안전기준(NFSC 504) 제4조 5항 각 호의 기준에 따라 설치해야 한다.

① 바닥으로부터 높이 0.8[m] 이상 1.5[m]이하의 위치에 설치해야 한다.
② 비상 콘센트의 배치는 아파트 또는 바닥면적이 1,000[m^2] 미만인 층에 있어서는 계단의 출입구(계단의 부속실을 포함하며 계단이 2개 이상 있는 경우에는 그 중 1개의 계단)로부터 5[m] 이내에, 바닥면적 1,000[m^2] 이상인 층(아파트를 제외)에 있어서는 각 계단의 출입구 또는 계단부속실의 출입구(계단의 부속실을 포함하며 계단이 3개 이상 있는 층의 경우에는 그중 2개의 계단이다)로부터 5[m] 이내에 설치하되, 그 비상 콘센트로부터 그 층의 각 부분까지의 거리가 기준을 초과하는 경우에는 그 기준 이하가 되도록 비상 콘센트를 추가하여 설치해야 한다(표 4-25).

〈표 4-25〉 비상 콘센트의 추가 설치거리

조 건	설치거리
지하상가 또는 지하층의 바닥면적의 합계가 3,000[m^2] 이상	수평거리 25[m] 이하
기 타	수평거리 50[m] 이하
터 널	주행방향의 측벽길이 50[m] 이하

(5) 비상 콘센트 설비의 전원부와 외함 사이의 절연저항 및 절연내력

비상 콘센트 설비의 전원부와 외함 사이의 절연저항 및 절연내력은 다음 각 호의 기준에 적합해야 한다.

1) 절연저항

절연저항은 전원부와 외함 사이를 500[V] 절연저항계로 측정할 때 20[MΩ] 이상이어야 한다.

2) 절연내력시험(NFSC 504④)

전원부와 외함 사이에 정격전압이 150[V] 이하인 경우에는 1,000[V]의 실효전압을 정격전압이 150[V] 이상인 경우에는 그 정격전압에 2를 곱하여 1,000을 더한 실효전압을 가하는 시험에서 1분 이상 견디는 것으로 해야 한다.

(6) 비상 콘센트 보호함의 시설기준(NFSC 504⑤)

비상 콘센트를 보호하기 위하여 비상 콘센트 설비의 화재안전기준(NFSC 504) 제5조 각 호의 기준에 따라 설치해야 한다. [그림 4-43]은 비상 콘센트 보호함의 사진이다.

① 보호함에는 쉽게 개폐할 수 있는 문을 설치해야 한다.

② 보호함 표면에 "비상 콘센트"라고 표시한 표지를 부착해야 한다.

③ 보호함 상부에 적색의 표시등을 설치해야 한다(다만, 비상 콘센트의 보호함을 옥내 소화전함 등과 접속하여 설치하는 경우에는 옥내 소화전함 등의 표시등과 겸용할 수 있다.

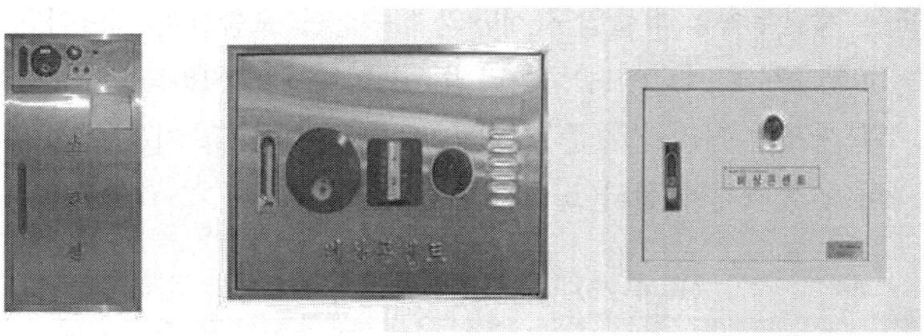

[그림 4-43] 비상콘센트 보호함

(7) 비상 콘센트의 배치(NFSC 504④)

비상 콘센트의 배치는 아파트나 바닥면적 1,000[m^2] 미만 층과 바닥면적 1,000[m^2] 이상 층으로 분류하여 배치한다(표 4-26).

〈표 4-26〉 비상 콘센트의 배치

조 건	배 치
• 아파트 • 바닥면적 1,000[m^2] 미만 층	계단의 출입구로부터 5[m] 이내
바닥면적 1,000[m^2] 이상 층	• 각 계단의 출입구로부터 5[m] 이내 • 계단부속실의 출입구로부터 5[m] 이내

(8) 비상 콘센트 설비의 비상전원(NFSC 504④)

지하층을 제외한 층수가 7층 이상으로서 연면적이 2,000[m^2] 이상이거나 지하층의 바닥면적의 합계가 3,000[m^2] 이상인 소방대상물의 비상 콘센트 설비에는 자가발전기설비 또는 비상전원수전설비를 비상전원으로 설치해야 한다(단, 2 이상의 변전소에서 전력을 동시에 공급받을 수 있거나 하나의 변전소로부터 전력의 공급이 중단되는 때에는 자동으로 다른 변전소로부터 전력을 공급받을 수 있도록 상용전원을 설치한 경우에는 비상전원을 설치하지 않을 수 있다).

참고 **비상전원용량**

비상 콘센트 설비의 비상전원용량 : 20분 이상

(9) 비상 콘센트 설비의 상용전원회로의 배선(NFSC 504④)

① 저압수전인 경우에는 인입개폐기의 직후에서 분기하여 [그림 4-44]와 같이 전용 배선으로 해야 한다.

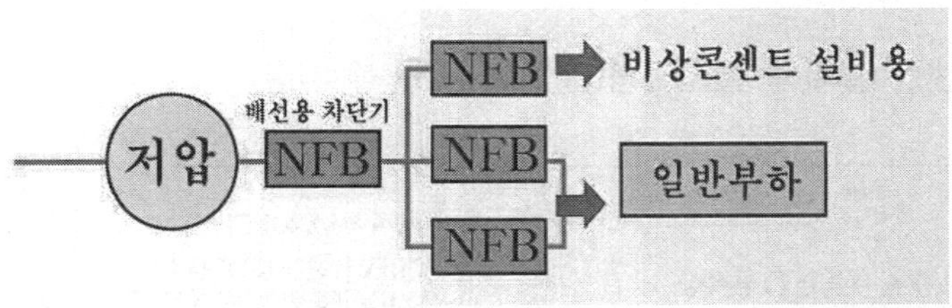

[그림 4-44] 상용전원회로의 배선

② 특별고압수전 또는 고압수전인 경우에는 전력용 변압기 2차측의 주차단기 1차측 또는 2차측에서 분기하여 [그림 4-45]와 같이 전용 배선으로 해야 한다.

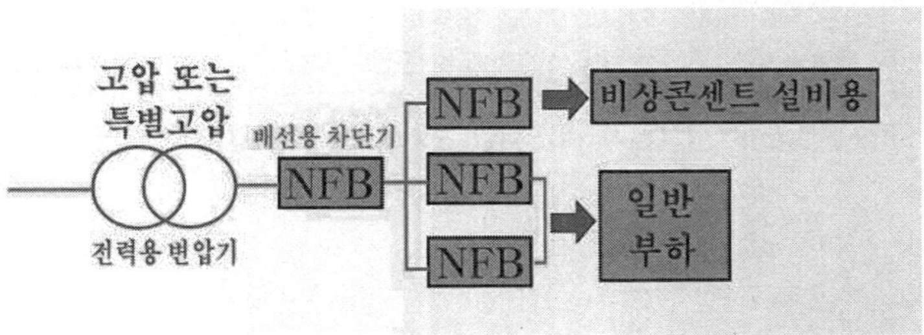

[그림 4-45] 고압 또는 특별고압 회로 배선

(10) 전선의 종류

전선의 종류에는 절연전선, 케이블 등이 있다. 비닐절연전선은 주로 전기기기 배선에 쓰이는 전선으로 도체가 유연한 절연전선이다. 케이블은 장기간 사용하여도 내마모성과 내후성이 우수하여 저압회로에 널리 사용된다. 옥외용 비닐절연전선은 저압 가공전선로에 사용되며, 전기용 경동선을 도체로 하여 PVC로 피복한 절연전선으로 종전의 면절연전선보다 내구성이 우수하다(표 4-27).

〈표 4-27〉 전선의 종류

약 호	명 칭	최고허용온도
IV	600[V] 비닐절연전선	60[℃]
OW	옥외용 비닐절연전선	
DV	인입용 비닐절연전선	
HIV	600[V] 2종 비닐절연전선	75[℃]
CV	가교폴리에틸렌 절연비닐 외장케이블	90[℃]
MI	미네랄 인슐레이션 케이블	
IH	하이퍼론 절연전선	95[℃]

(11) 비상 콘센트 설비의 설치요령(그림 4-46)

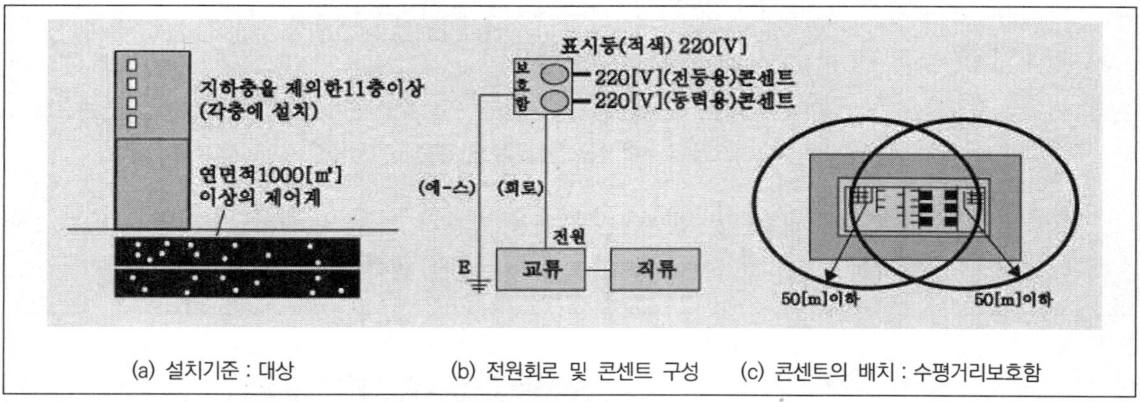

[그림 4-46] 비상 콘센트 설비의 설치

05 방범방재설비 소방실습

학습목표

- 소방배선도를 구상할 수 있다.
- 경보방식의 작동실습을 이해할 수 있다.
- 계통도 및 음향 장치를 알 수 있다.

1. 소방배선도

우선경보방식실습(1)

우선경보방식과 다이오드
① 의료우선경보방식 : 화재시 안전하고 신속한 인명의 대피를 위하여 화재가 발생한 층과 인근 층부터 경보하는 방식
② 다이오드(Diode) : 2개의 단자를 갖는 단방형성 전자소자

[주의] 우선경보방식 : 지하층은 매우 위험하여 일제경보방식과 같이 경보하여야 하므로 주의하여 배선하여야 한다.

문제1 다음 주어진 지하 5층인 건물에 발화층 및 직상층 의료우선경보방식에 의하여 경보하고자 한다. 다이오드 4개를 추가로 사용하여 완성하시오.

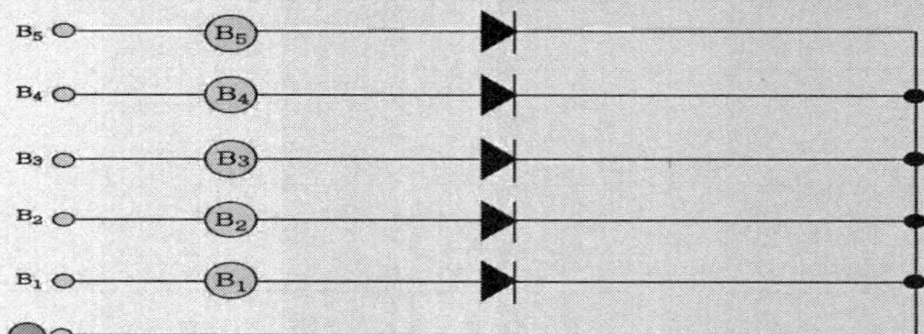

해설

위와같이 결선하면 각 층마다 별도로 경보를 하게 되는 의료우선경보방식(발화층 및 직상층 우선경보방식)의 결선도가 된다.

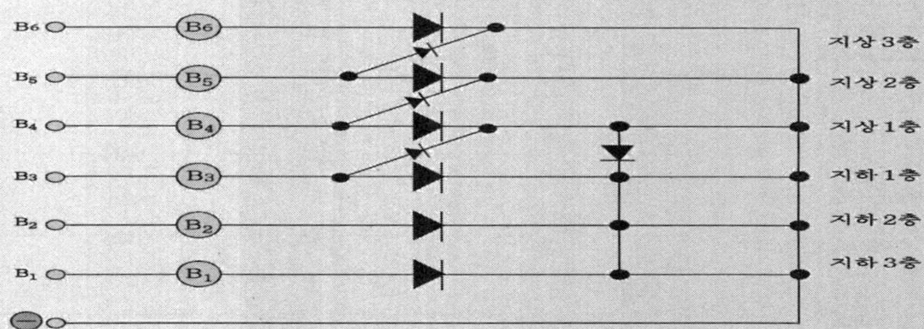

[그림 4-47] 우선경보방식실습(1)

1. 소방배선도

우선경보방식실습(2)

우선경보방식과 다이오드
① 우선경보방식 : 화재시 안전하고 신속한 인명의 대피를 위하여 화재가 발생한 층과 인근 층부터 경보하는 방식
② 다이오드(Diode) : 2개의 단자를 갖는 단방향성 전자소자

[주의] 우선경보방식 : 지하층은 매우 위험하여 일제경보방식과 같이 경보하여야 하므로 주의하여 배선하여야 한다.

문제2 다음 그림에 다이오드(Diode) 4개를 추가하여 직상층 우선경보방식의 배선을 완성하시오.

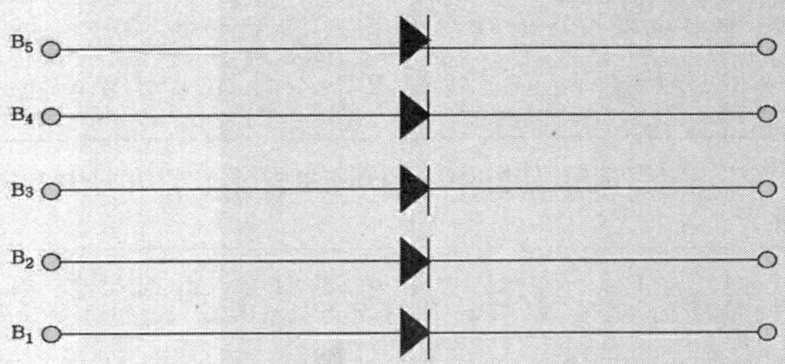

해설

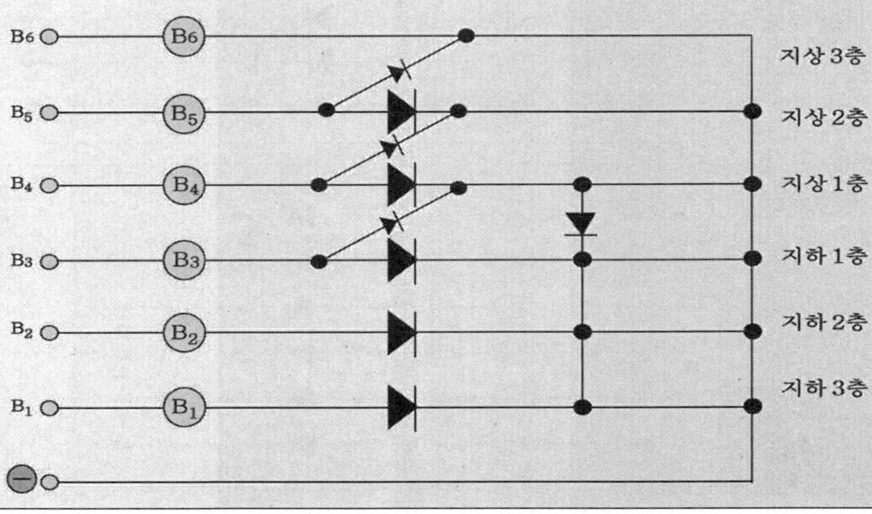

[그림 4-48] 우선경보방식실습(2)

1. 소방배선도

교차회로방식실습(1)

교차회로방식 적용설비
① 분말소화설비 ② 이산화탄소 소화설비
③ 할로겐화합물 소화설비 ④ 준비작동식 스프링클러설비
⑤ 일제살수식 스프링클러설비 ⑥ 청정소화약제 소화설비

[주의] 자동화재탐지설비의 감지기배선은 송배전식으로 배선하여야 하므로 신중히 배선하여야 한다.

문제3 다음 그림과 같이 자동화재탐지설비의 감지기를 배선하였을 경우 잘못된 점을 지적하여 옳게 도면을 그리고 그 이유는 무엇인지 설명하시오.

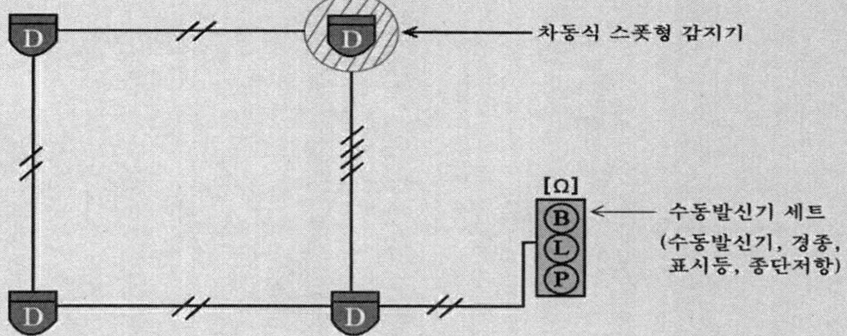

해설

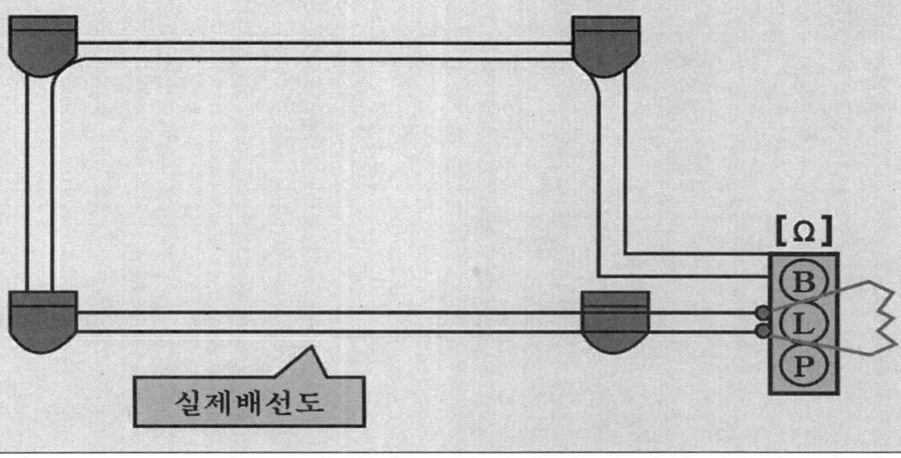

[그림 4-49] 교차회로방식실습(1)

1. 소방배선도

공기관식 차동식 분포형 감지기 설치실습 (1)

① 송배전식 : 도통시험을 용이하게 하기위해 배선의 도중에서 분기하지 않는 방식
② 교차회로방식 : 하나의 방호구역 내에 2개 이상의 화재감지기 회로를 설치하고 인접한 2개 이상의 화재감지기가 동시에 감지 되는 때에 설비가 작동되도록 하는 방식

[주의] 자동화재탐지설비의 감지기배선은 송배전식으로 배선하여야 하므로 신중히 배선하여야 한다.

문제4 공기관식 차동식 분포형 감지기의 설치도면이다. 잘못된 부분을 수정하여 전체도면을 올바르게 작성하시오.(단, ① 하나의 공기관의 총 길이는 52[m]이다. ② 전체의 경계구역을 1경계구역으로 한다. ③ 본건물은 내화구조이다.)

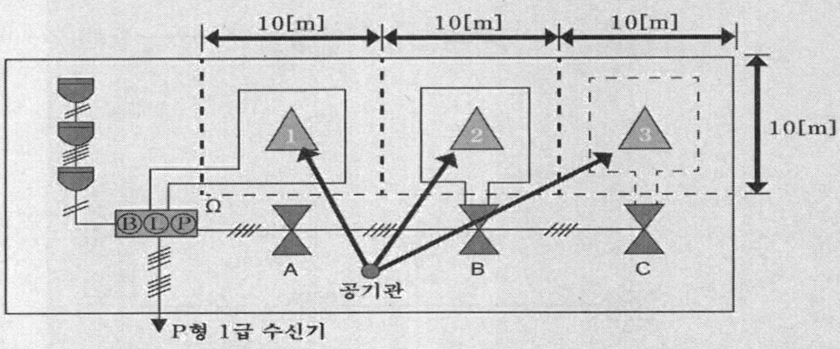

해설

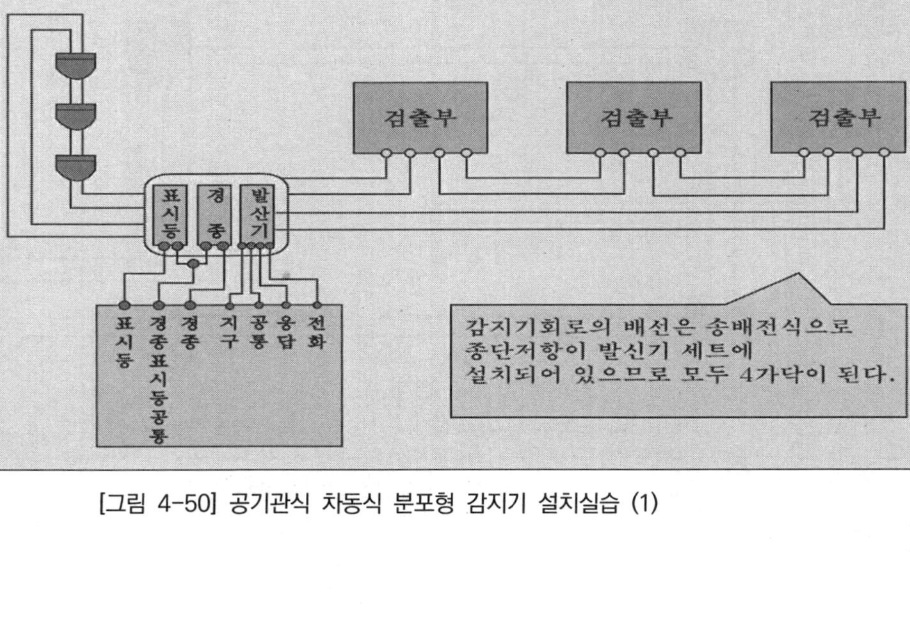

[그림 4-50] 공기관식 차동식 분포형 감지기 설치실습 (1)

1. 소방배선도

일제경보방식 결선실습(1)

결선시 수동발신기 공통선을 특히 유의하여 결선할 것.
수동발신기 공통선은 송배전식(Two wire detector)방식으로 배선하여야 하므로 반드시 해설과 같이 결선하여야 한다.

[주의] 지상3층이며, 2500[m^2]로 우선경보방식의 두 가지 조건을 모두 만족하지 못하므로 일제경보방식에 의해 배선하여야 한다.

문제5 P형 1급 5회로 수신기와 수동발신기, 경종, 표시등 사이를 결선하시오.
(단, 방호대상물은 2500[㎡]인 지하1층, 지하3층 건물임)

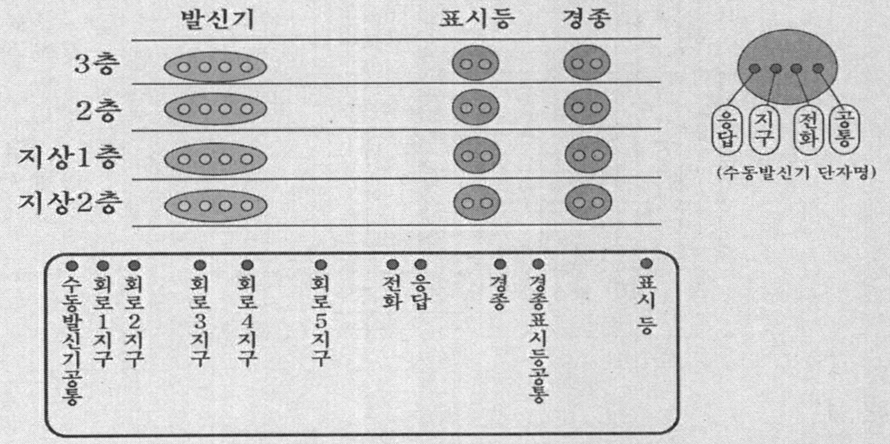

해설

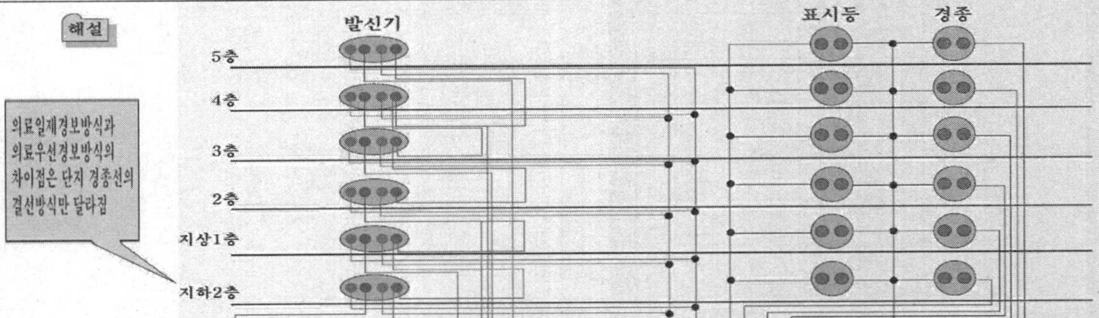

[그림 4-51] 일제경보방식 결선실습(1)

1. 소방배선도

일제경보방식 결선실습(2)

P형 1급 수신기가 사용되는 소방대상물

– 4층 이상의 소방대상물 –

문제6 그림은 P형 1급 수신기의 결선도이다. ① ~ ⑤의 배선의 종류를 완성하시오.

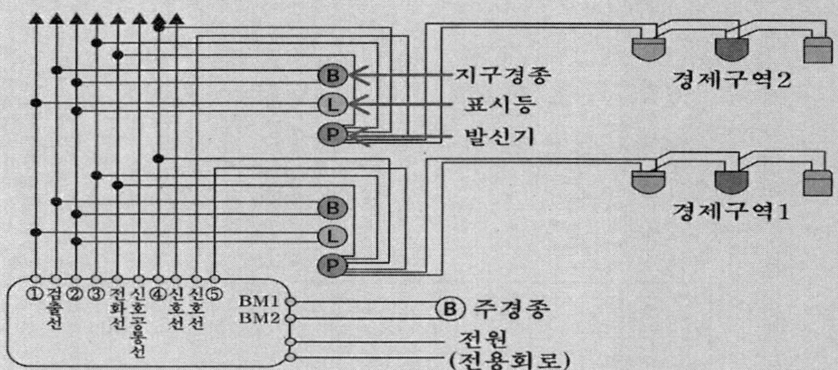

해설

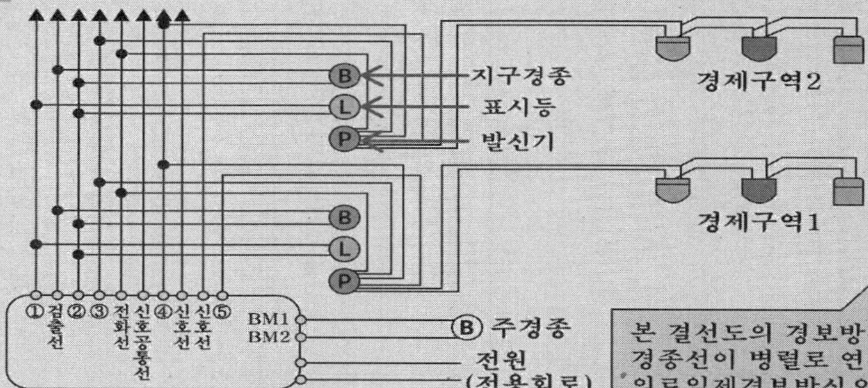

본 결선도의 경보방식은 경종선이 병렬로 연결된 의료일제경보방식으로서 완성된 결선도로 표현하면 다음과 같다.

[그림 4-52] 일제경보방식 결선실습(2)

1. 소방배선도

속보 Set의 결선도 및 계통도(1)

경종선이 각 회로마다 공통으로 배선되어 있으므로 의료일제경보방식(의료일제명동방식)이다.

문제7 자동화재탐지설비의 속보 SET의 결선도 및 계통도이다. ① ~ ⑦의 각 선의 명칭은?

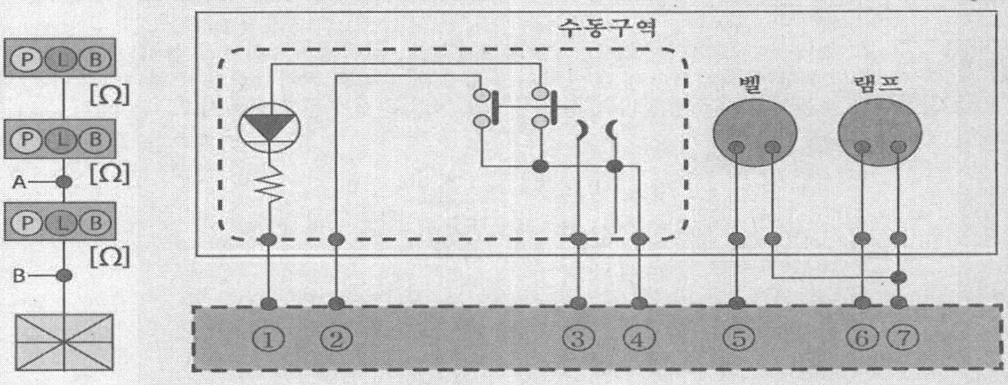

해설

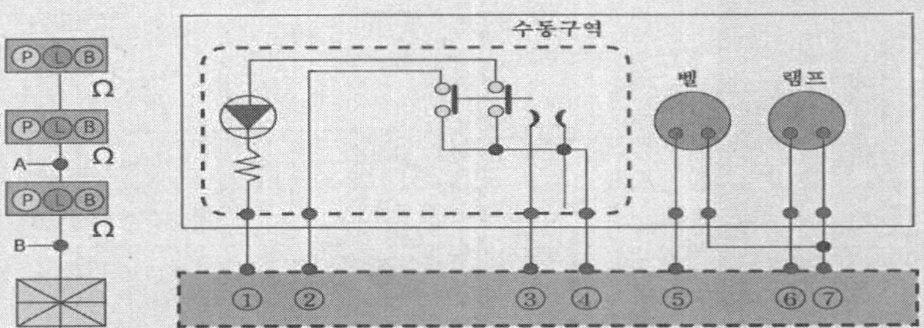

기호	내역	용도
A	28C(HIV 1.6 - 9)	회로선 2, 발신기공통선 1, 경종선 2, 경종 ?, 표시등공통선 1, 응답선 1 전화선 1, 표시등선 1
B	28C(HIV 1·6 - 11)	회로선 3, 발신기공통선 1, 경종선 3, 경종 ?, 표시등공통선 1, 응답선 1 전화선 1, 표시등선 1

[그림 4-53] 속보 Set의 결선도 및 계통도(1)

1. 소방배선도

소방설비 간선계통도(1)

R형 수신기와 중계기를 이해하고 의료소방설비 간선계통도를 이해할 수 있어야 한다.

[주의] R형 수신기는 지상1층에 설치하며, R형 수신기 1대에는 R형 중계기 10대를 연결할 수 있으며, R형 중계기와 수신기 간의 선로는 신호선 2선, 전화선 2선, 전원선 2선을 연결하며 이 선들은 층간 중계기의 증가에 따라 회선이 증가하지 않는다.

문제8 각 층에 수동발신기 1회로, 알람벨브 1회로, 제연댐퍼 1회로가 설치되고 있고 층별 R형 중계기가 1대씩 설치되고 있는 지상 6층 지하 1층은 소화대상물이 있다. 이 건물의 의료소방설비 간선계통도를 그리고 선수를 표시하시오.

[범례]
알람밸브 :
R형수신기 :
제연댐퍼 :
R형수신기 :
R형수신기 :
사이렌 :

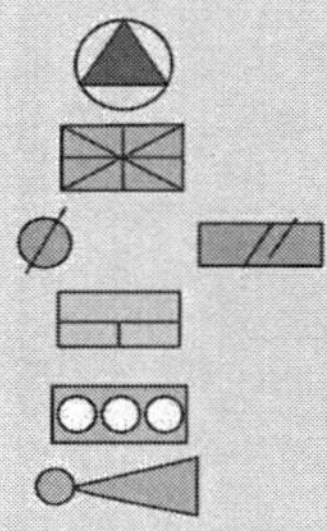

해설

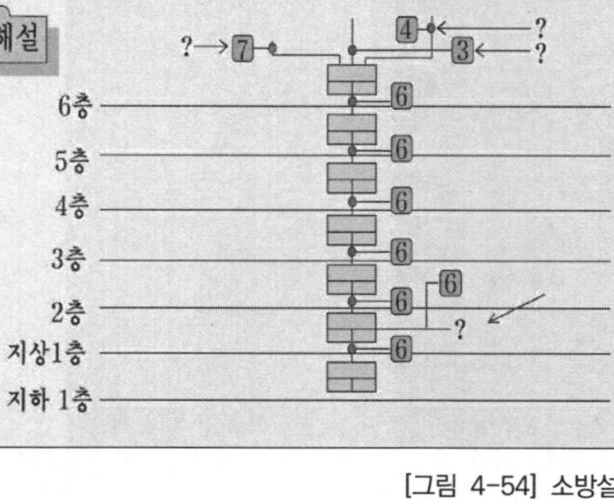

가닥수	용도
3	유수검지스위치, 사이렌, 공통
4	전원 + -, 기동스위치, 기동표시 등
6	신호선 2개, 전화선 2개, 전원선 2개
7	지구선, 발신기공통선, 경종선, 경종표시등공통선 응답선, 전화선, 표시등선

[그림 4-54] 소방설비 간선계통도(1)

2. 스퀀스제어	유접점논리회로실습(1)

(1) 그림과 같은 타이밍으로 입력이 주어졌을 때 램프 L_1 L_2의 상태를 타임차트를 그리시오.
(2) 이런 동작을 하는 회로를 무슨 회로라 하는가?
(3) 릴레이 X_1 의 b접점과 릴레이 X_2 의 b접점은 어떤 관계에 있는 접점이라 할 수 있는가?

문제9 그림과 같은 유접점 논리회로를 보고 다음 각 물음에 답하시오.

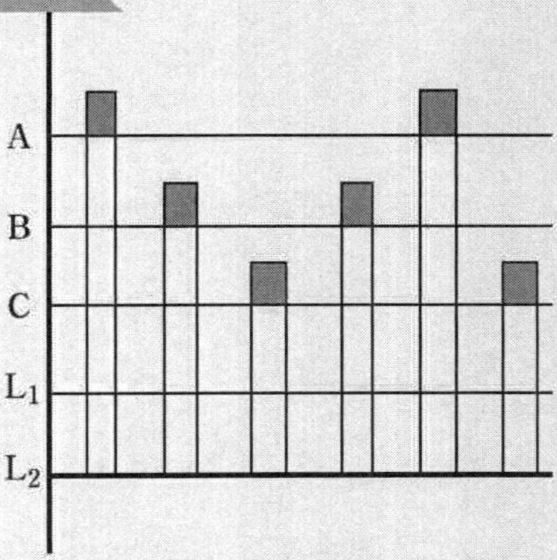

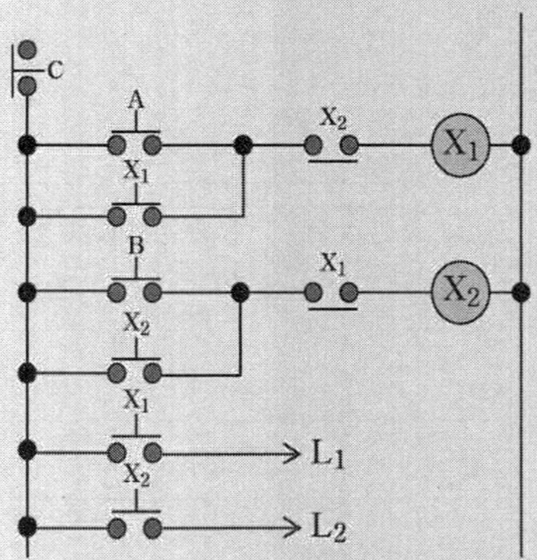

해설

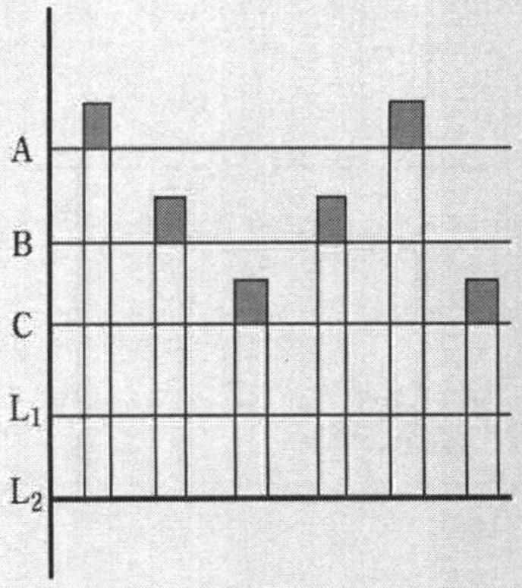

① 타임차트(Time Chart) : 시퀀스 회로의 동작상태가 시간의 흐름에 따라 변화되는 상태를 나타낸 표
② 인터록회로(Interlock Circuit) : 한 동작이 진행되고 있을 때 다른 동작이 진행되지 못하도록 구상한 회로
③릴레이(Relay) : 전자력에 의해 접점을 개폐하는 기능을 가진 장치로서 "계전기" 라고도 한다.

[그림 4-55] 유접점논리회로실습(1)

2. 스퀀스제어

유접점논리회로실습(2)

그림과 같은 시퀀스회로에서 X접점이 닫혀서 폐회로가 될 때 타이머 T_1(설정시간t_1) T_2 (설정시간:T_2), 릴레이 R, 신호등 RL에 대한 타임차트를 완성하시오.

(단, 설정시간 이외의 시간지연은 없다.)

문제10

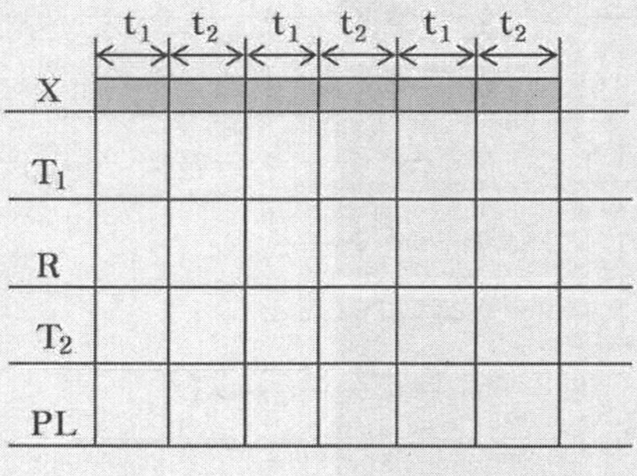

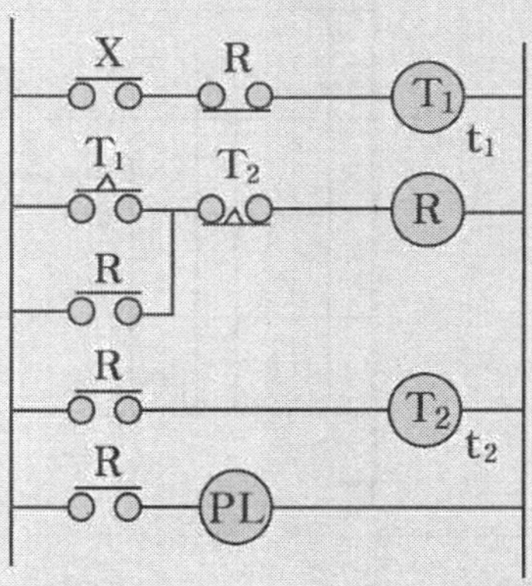

해설

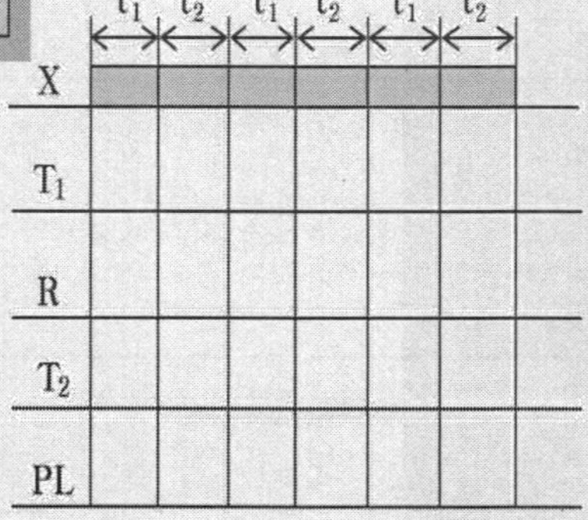

① 타임차트(Time Chart) : 시퀀스 회로의 동작상태가 시간의 흐름에 따라 변화되는 상태를 나타낸 표
② 인터록회로(Interlock Circuit) : 한 동작이 진행되고 있을 때 다른 동작이 진행되지 못하도록 구상한 회로
③릴레이(Relay) : 전자력에 의해 접점을 개폐하는 기능을 가진 장치로서 "계전기" 라고도 부른다.

[그림 4-56] 유접점논리회로실습(2)

2. 스퀀스제어

지구음향장치실습(1)

문제11 비상방송을 할 때에는 자동화재탐지설비의 지구음향장치의 작동을 정지시킬 수 있는 미완성 결선도를 완성하시오.

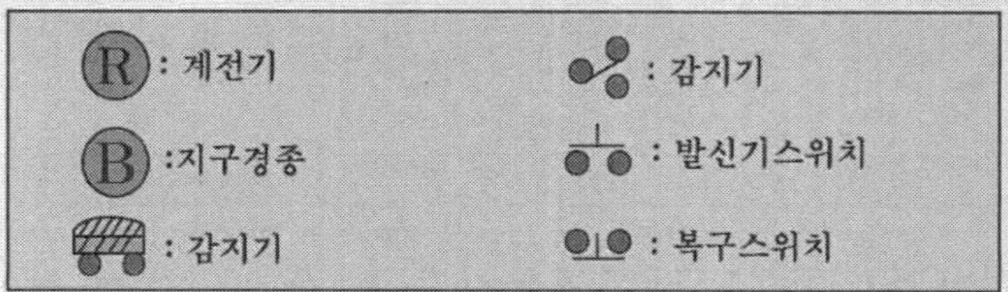

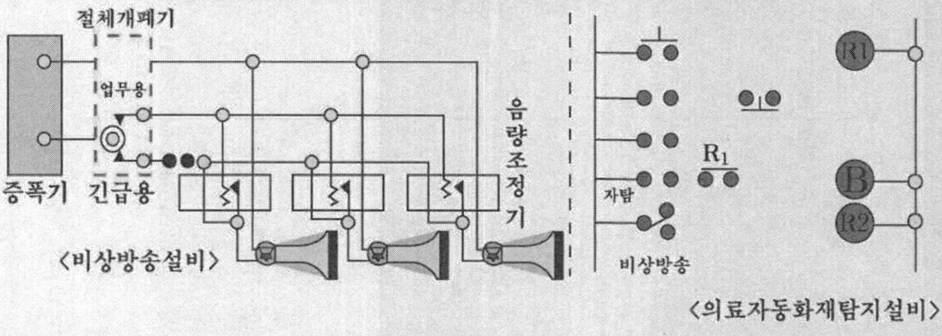

해설

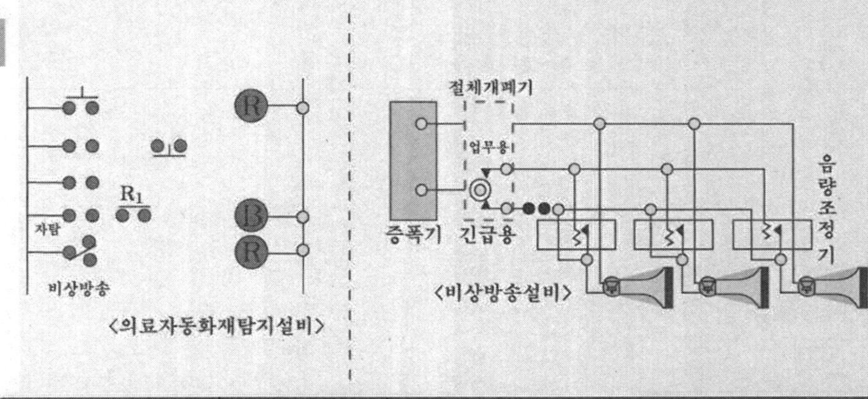

수동조작에 의한 발신기스위치를 누르거나 화재에 의하여 감지기가 작동되면 릴레이 R_1이 여자되어 자기유지되며 R_1 a접점에 의한 지구경종이 된다. 절환스위치를 비상방송쪽으로 이동하면 릴레이 R_2가 여자되고 R_2 b접점에 의하여 지구경종이 작동을 정지하며, 비상방송설비에 있는 R_2 a접점이 폐로되어 비상시에 방송을 할 수 있다.

[그림 4-57] 지구음향장치실습(1)

2. 스퀀스제어

지구음향장치실습(2)

수동조작에 의한 발신기스위치를 누르거나 화재에 의하여 감지기가 작동되면 릴레이 R_1이 여자되어 자기유지되며 R_1 a접점에 의한 지구경종이 된다. 절환스위치를 비상방송쪽으로 이동하면 릴레이 R_2가 여자되고 R_2 b접점에 의하여 지구경종이 작동을 정지하며, 비상방송설비에 있는 R_2 a접점이 폐로되어 비상시에 방송을 할 수 있다.

문제12 **회로는 소방펌프용 3상 유도전동기의 Y-△ 시동정지 회로이다. 회로를 보고 다음 각 물음에 답하시오.**

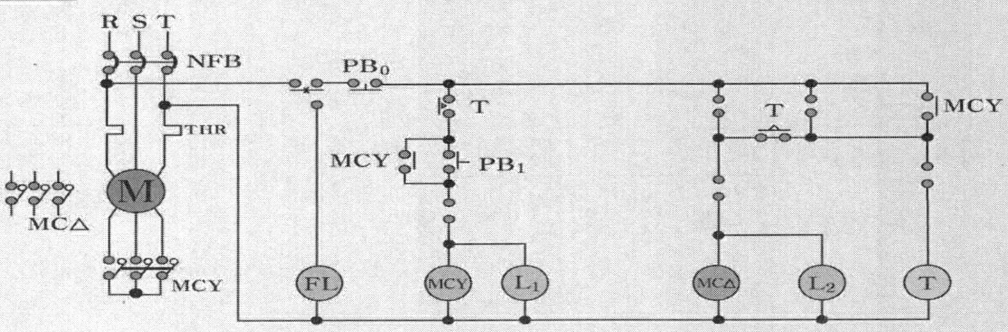

(1) 미완성된 Y- 결선을 완성하시오.
(2) 미완성된 스퀀스회로를 완성하시오.

해설

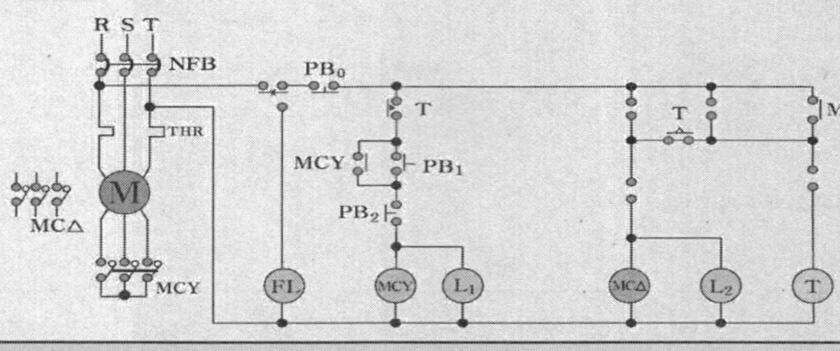

동작설명
① 배선용 차단기 NFB를 ON 하면 전원이 투입된다.
② 푸시버튼스위치 PB_1을 누르면 전자개폐기 코일 MCY에 전류가 흘러 주접점 MCY가 닫히고 전동기가 Y결선으로 기동하는 동시에 표시등 L_1이 점등되고 MCY 보조접점에 의해 타이머가 T가 통전되고 자기유지된다.
③ 타이머의 설정시간 후 한시 a접점, b접점이 동작하면 MCY소자, L_1소등 그리고 MCY주접점이 열리며 전자개폐기 MC△에 전류가 흘러 주접점MC△가 닫히고 전동기는 △결선으로 운전한다. 이와 동시에 표시등 L_2가 점등되고 타이머 T는 소자된다.
④ 푸시버튼 스위치 PB_0를 누르면 MC△가 소자디어 전동기는 정지한다. 또한 L_2도 소등된다.
⑤ 운전중 과부하가 걸리면 THR이 작동하여 전동기는 정지하고 고장표시등 FL이 점등된다.

[그림 4-58] 지구음향장치실습(2)

1. 소방배선도/화재감지회로(1)

1. 소방배선도	화재감지회로(1)

기구배치 및 배관도

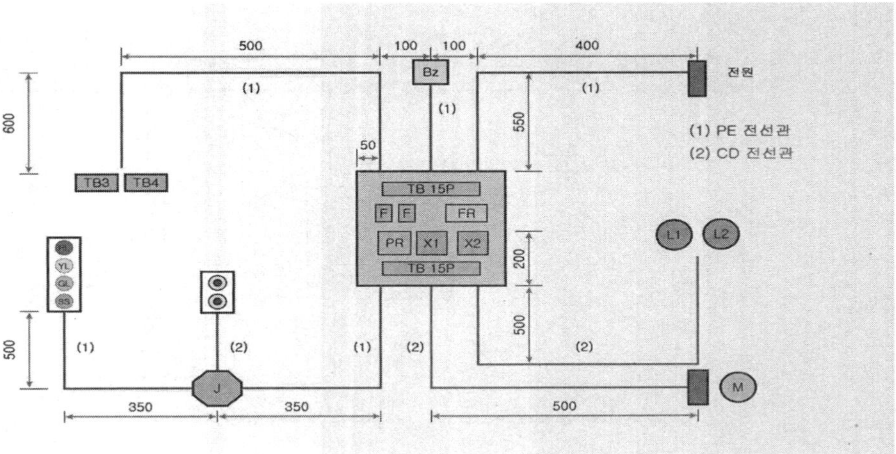

동작회로도

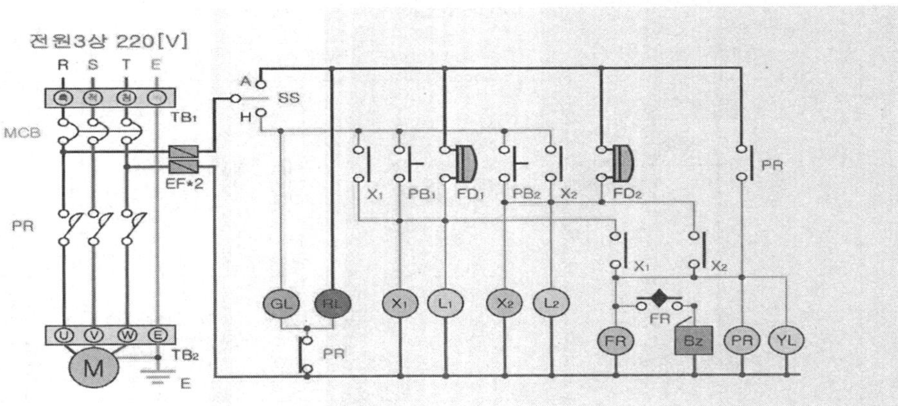

[동작설명]

① 전원투입 시 〉 셀렉터 스위치 A(자동)위치, RL점등
② FD동작 〉 L1점등, X1동작, FR동작, FR의 한시접점 동작 BZ단속음 발생, PR동작(전동기운전), YL점등, RL소등
③ FD2동작 〉 L2점등, X2동작, FR동작, FR의 한시접점 동작 BZ단속음 발생, PR동작(전동기운전), YL점등, RL소등
④ 셀렉터 스위치 H(수동)위치, GL점등
⑤ B1동작 〉 L1점등 X1동작, FR동작, FR의 한시접점 동작 BZ단속음 발생, PR동작(전동기운전), YL점등, GL소등
⑥ B2동작 〉 L2점등, X2동작, FR동작, FR의 한시접점 동작 BZ단속음 발생, PR동작(전동기운전), YL점등, RL소등

[그림 4-59] 소방배선도/화재감지회로(1)

2. 소방배선도/화재감지회로(2)

1. 소방배선도	화재감지회로(2)

기구배치 및 배관도

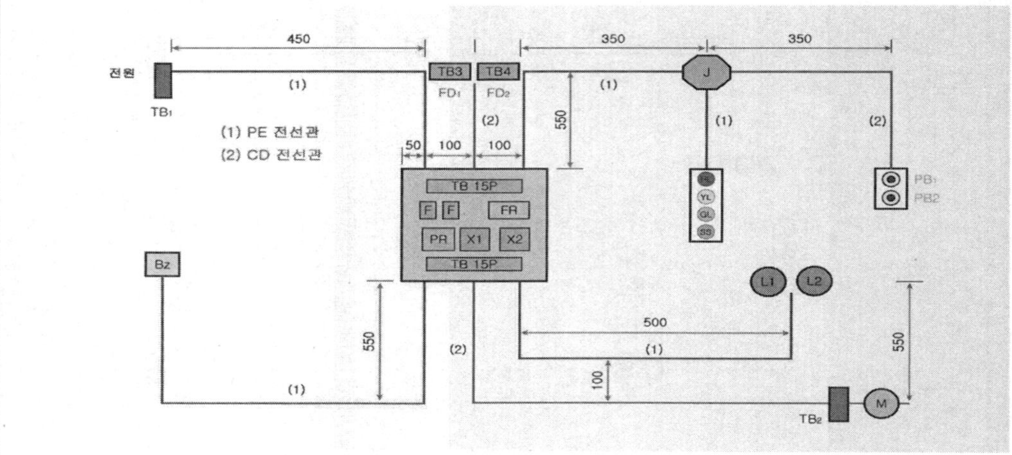

동작회로도

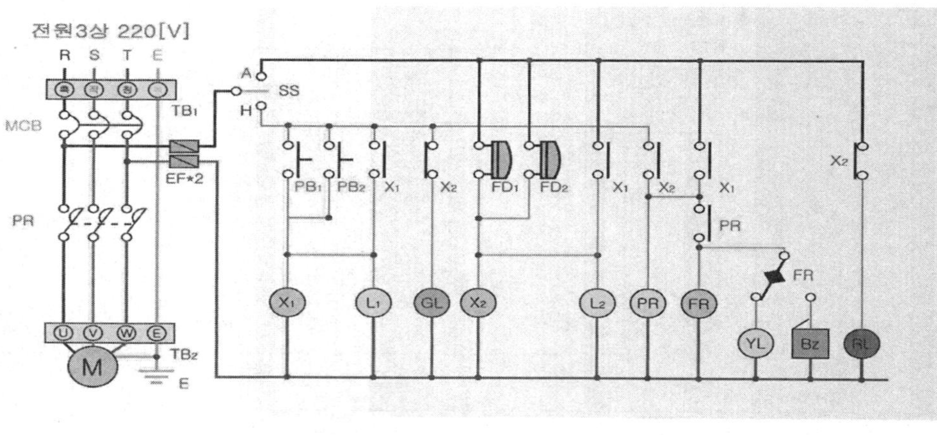

[동작설명]

① 전원투입 시 〉 셀렉터 스위치 A(자동)위치, RL점등
② FD1동작 〉 L2점등, X2동작, RL소등, PR동작(전동기운전), FR동작, FR의 한시접점 동작 YL과 BZ교대점멸
③ FD2동작 〉 L2점등, X2동작, RL소등, PR동작(전동기운전), FR동작, FR의 한시접점 동작 YL과 BZ교대점멸
④ 셀렉터 스위치 H(수동)위치, GL점등
⑤ B1동작 〉 X1동작, L1점등, GL소등, PR동작(전동기운전), FR동작, FR의 한시접점 동작 YL과 BZ교대점멸
⑥ B2동작 〉 X1동작, L1점등, GL소등, PR동작(전동기운전), FR동작, FR의 한시접점 동작 YL과 BZ교대점멸

[그림 4-60] 소방배선도/화재감지회로(2)

3. 소방배선도/화재감지회로(3)

1. 소방배선도	화재감지회로(3)

기구배치 및 배관도

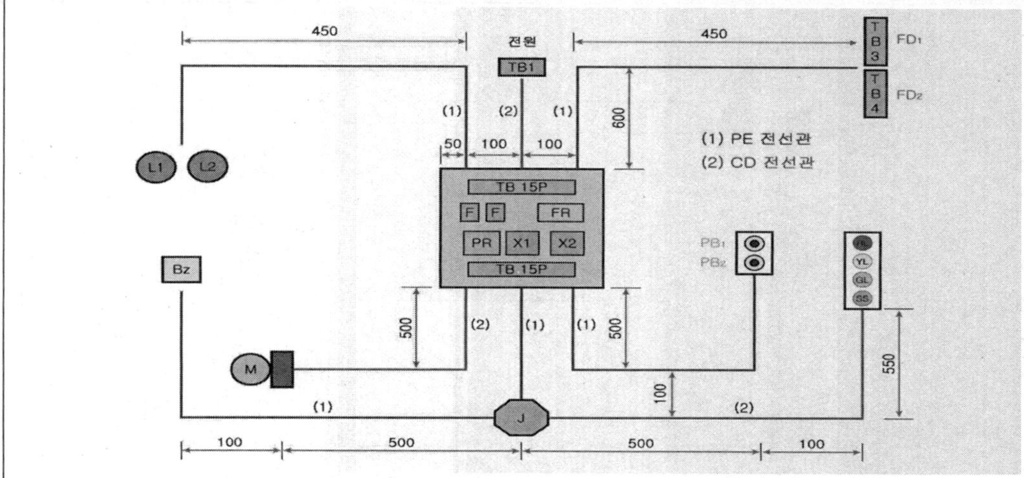

동작회로도

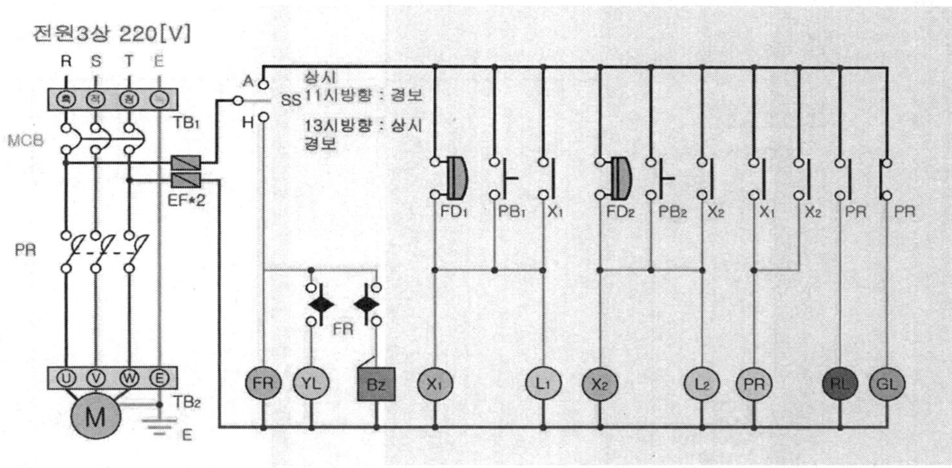

[동작설명]

① 전원투입 시 〉 셀렉터 스위치 상시위치, GL점등
② B1동작 〉 X1동작, X1의 a접점동작, L1점등, PR동작, M(전동기)동작, RL점등
③ B2동작 〉 X2동작, X2의 a접점동작, L2점등, PR동작, M(전동기)동작, RL점등
④ FD1동작 〉 X1동작, X1의 a접점동작, L1점등, PR동작, M(전동기)동작, RL점등
⑤ FD2동작 〉 X2동작, X2의 a접점동작, L2점등, PR동작, M(전동기)동작, RL점등
⑥ 셀렉터 스위치 경보위치 〉 FR동작, FR의 한시접점 동작, YL과 BZ 교대점멸

[그림 4-61] 소방배선도/화재감지회로(3)

4. 소방배선도/화재감지회로(4)

<table>
<tr><th colspan="2">1. 소방배선도</th><th>화재감지회로(4)</th></tr>
<tr><td>기구배치 및 배관도</td><td colspan="2">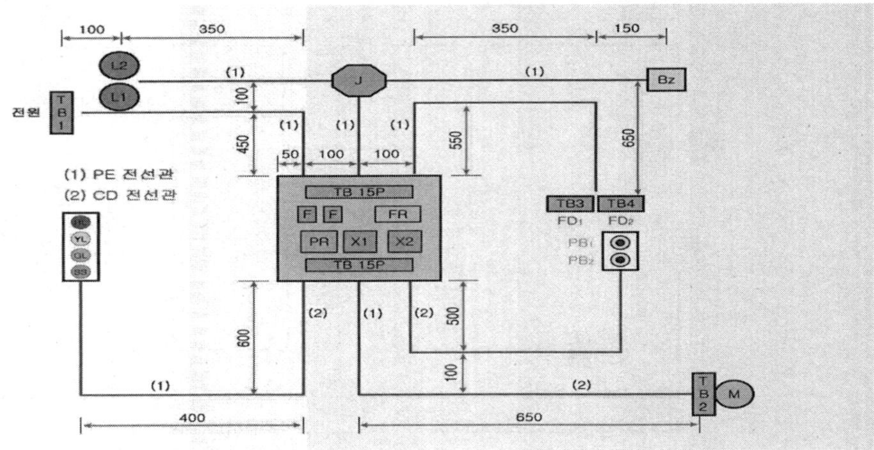
</td></tr>
<tr><td>동작회로도</td><td colspan="2">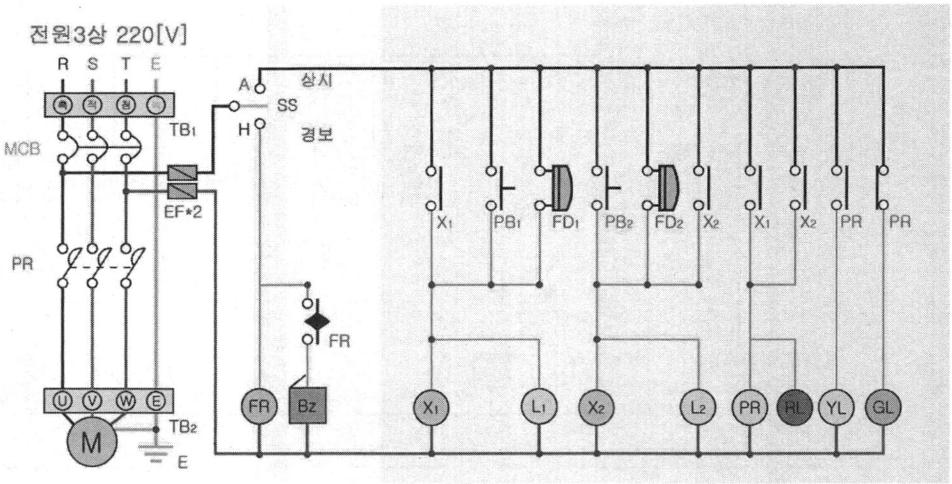
</td></tr>
<tr><td>동작설명을하시오</td><td colspan="2"></td></tr>
</table>

[그림 4-62] 소방배선도/화재감지회로(4)

학 | 습 | 정 | 리

■ 자동화재탐지설비의 구성 요소

① 감지기 : 빛, 온도, 자기, 압력, 변위 등과 같은 정보 입력을 계측, 제어 등 그 목적에 알맞은 전기 신호로 변환하는 소자 또는 장치이다.

② 수신기 : 외부로부터 신호를 받아 필요한 정보를 얻는 장치로써 일반적으로 무선 통신기를 이르며, 텔레비전 수상기 · 팩시밀리가 있다.

③ 발신기 : 신호를 보내는 기계 장치이다.

④ 중계기 : 약해진 신호를 받아 증폭, 재송신하거나, 찌그러진 신호의 파형을 정형하고 타이밍을 조정, 또는 재구성하여 송신하는 장치이다.

⑤ 음향장치 : 전기신호를 음파로 바꾸어 주는 장치로서 음향전자장치는 지연선을 구축하나 컴퓨터에서 나온 디지털 신호를 전화선으로 전송하기 위해서 전환시키는데 이용된다.

⑥ 표시등 : 여러 가지 색깔이나 표지 기호, 글자 따위를 어둠 속에서도 쉽게 알아볼 수 있게 만든 등. 비상구나 비상계단, 횡단보도 같은 곳에 설치한다.

⑦ 전원 : 구성부품에 연결되는 단자 및 회로를 포함하는 전기작동 동력원으로서 종속설비 구성부품에 연결되는 단자 및 회로를 포함하는 전기작동 동력원이다.

⑧ 배선 : 전력을 쓰기 위하여 전선을 끌어 장치하거나 여러 가지 전기 장치를 전선으로 연결하는 작업이다.

■ 감지기 종별에 따른 분류

① 차동식분포형 감지기 : 넓은 범위에서의 열효과에 의하여 작동한다.

② 차동식스포트형 감지기 : 일국소에서의 열효과에 의하여 작동한다.

③ 이온화식연기감지기 : 이온전류가 변화하여 작동한다.

④ 광전식 연기감지기 : 광량의 변화로 작동한다.

⑤ 보상식스포트형 감지기 : 차동식+정온식을 겸용한 것으로 한 가지 기능이 작동되면 신호를 발한다.

⑥ 열복합형 감지기 : 차동식+정온식을 겸용한 것으로 두 가지 기능이 동시에 작동되면 신호를 발한다.

⑦ 정온식 감지선형 감지기 : 외관이 전선으로 되어 있는 것이다.

■ 자동화재탐지설비의 발신기 설치기준(NFSC 203 ⑨)

① 조작이 쉬운 장소에 설치하고 스위치는 바닥으로부터 0.8~1.5[m] 이하의 높이에 설치 해야 한다.

② 소방대상물의 층마다 설치하되, 당해 소방대상물의 각 부분으로부터 하나의 발신기까지의 수평거리가 25[m] 이하(지하가 중 터널의 경우에는 주행방향의 측벽길이 50[m] 이내)가 되도록 할 것. 다만, 복도 또는 별도로 구획된 실로서 보행거리가 40[m] 이상일 경우에는 추가로 설치하여야 한다.

■ 유도등의 전원의 분류와 정의

① 상용전원 : 평상시에 사용하기 위한 전원으로 교류전압 옥내간선 등이 있다.

② 비상전원 : 상용전원 정전시에 사용되는 축전지가 있다.

③ 유도등의 인입선과 옥내배선은 직접 연결해야한다.

④ 유도등은 전기회로에 점멸기를 설치하지 아니하고 항상 점등상태를 유지해야 한다.

⑤ 바닥으로부터 0.8～1.5[m] 이하의 높이에 설치해야 한다.

⑥ 어둠속에서 위치를 확인할 수 있도록 해야 한다.

⑦ 사용시 자동으로 점등되는 구조이어야 한다.

⑧ 외함은 난연성능이 있어야 한다.

단 | 원 | 평 | 가 | 문 | 제

1. 자동화재탐지설비의 구성 요소에 대한 설명이 아닌 것은?

   ① 감지기 : 빛, 온도, 자기, 압력, 변위 등과 같은 정보 입력을 계측, 제어 등 그 목적에 알맞은 전기 신호로 변환하는 소자 또는 장치이다.
   ② 발신기 : 외부로부터 신호를 받아 필요한 정보를 얻는 장치로써 일반적으로 무선 통신기를 이르며, 텔레비전 수상기 · 팩시밀리가 있다.
   ③ 중계기 : 약해진 신호를 받아 증폭, 재송신하거나, 찌그러진 신호의 파형을 정형하고 타이밍을 조정, 또는 재구성하여 송신하는 장치이다.
   ④ 배선 : 전력을 쓰기 위하여 전선을 끌어 장치하거나 여러 가지 전기 장치를 전선으로 연결하는 작업이다.

2. 감지기 종별에 따른 분류에서 "차동식 + 정온식을 겸용한 것으로 두 가지 기능이 동시에 작동되면 신호를 발하는 것"은?

   ① 차동식분포형 감지기　② 차동식스포트형 감지기
   ③ 이온화식연기감지기　④ 보상식스포트형 감지기

3. 유도등의 전원의 분류에 포함되지 않는 것은?

   ① 점멸기　② 상용전원　③ 비상전원　④ 유도등

4. 음향장치의 경보에서 지하층 발화에만 속하는 것은?

   ① 지하층　② 발화층　③ 직상층　④ 기타의 지하층

5. 비상콘센트의 설치개수의 문제이다. 전선의 용량[kVA]이 단상이고, 수량이 1개 이상 일 때, 단상의 개수는 몇 개 인가?

   ① 0.5 이상　② 1.5 이상　③ 2 이상　④ 2.5 이상

| 정답 | 1.② 2.④ 3.① 4.④ 5.②

제5장

정보통신설비

통합배선 시스템에 의한 설계를 할 경우, 편리함과 경제성을 한눈에 알 수 있도록 구성하였으며 정의 및 특성에 대해서도 이해한다. 정보통신설비의 원칙 색깔정하는 법, 통합배선시스템을 다루면서 구체적으로 배선 시스템을 습득할 수 있다.

01 정보통신 개요

학습목표

- 정보통신 개요에 대해 알 수 있다.
- 정보통신의 구성을 알 수 있다.
- 정보통신 시스템의 특징을 알 수 있다.

1. 정보화 사회

미국의 미래학자 앨빈 토플러는 사회를 '제1의 물결' '제2의 물결' '제3의 물결'로 구분하였다.

처음 농경 기술을 발견하여 농사를 짓고 살았던 수 천 년 동안의 농업 시대를 '제1의 물결'로, 산업 혁명 후 약 300년 동안 진행된 산업 시대를 '제2의 물결'이라고 정의하였고, 과학 기술의 발전으로 이전 시대보다 훨씬 빠른 속도로 변화하고 있는 변혁기의 현대를 '제3의 물결'로 정의하였다.

㉮ 정보혁명 : 공업을 주체로 발전해 온 공업사회에서 벗어나 정보산업을 주체로 하며 다양한 정보의 생산과 전달을 중심으로 전개되는 사회이다.

컴퓨터와 통신이 결합하여 정보의 처리, 전달 및 보관능력 등을 통해 정보의 가치가 물질이나 에너지 못지않게 증대되는 사회를 정보화 사회라 한다. 정보화 사회의 발전과 정보가치와의 관계는 [그림 5-1]과 같다.

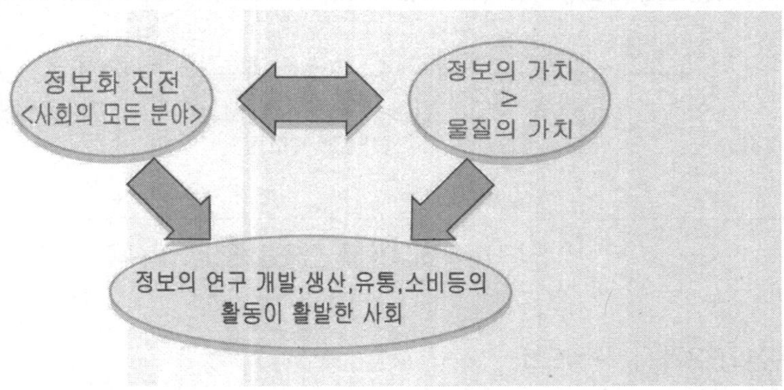

[그림 5-1] 정보화 사회의 특징

2. 정보통신의 정의

(1) 자료와 정보

① 자료(data) : 있는 그대로의 사실, 즉 가공되지 않은 사실 및 수치이며, 어떤 현상을 나타내고 있지만 그것을 필요로 하는 사람에게 별다른 의미가 없는 상태로 되어 있는 것이다.

② 정보(information) : 자료를 처리(data processing)하여 의미를 부여할 수 있도록 재가공하는 것이다(그림 5-2). 즉 가공되지 않은 상태의 원유가 자료(data)라면 이 원유에서 연료나 화학섬유를 추출해낸 것을 정보(information)라고 할 수 있다.

[그림 5-2] 자료와 정보

(2) 통 신

송신자와 수신자 사이에서 음성이나 문자, 영상과 같은 정보들을 주고 받는 행위이다. 통신의 종류 중 하나인 전화통신의 개념도는 [그림 5-3]과 같다.

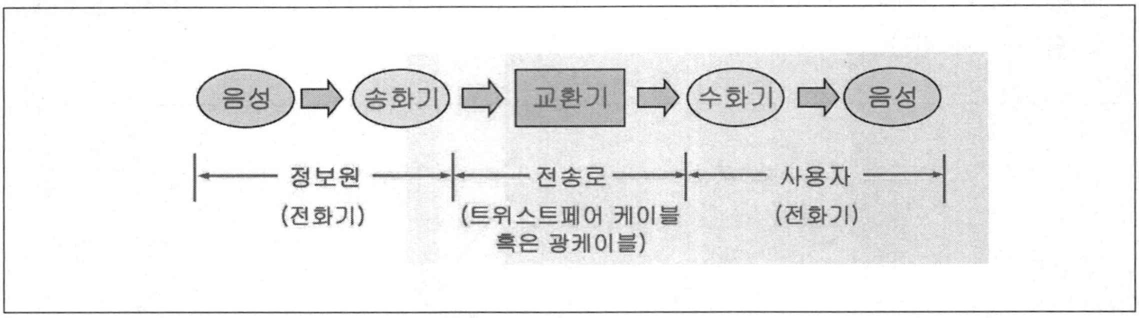

[그림 5-3] 전화를 이용한 통신의 모식도

(3) 통신의 3가지 구성요소

통신은 전달하고자 하는 정보와 신호를 나타내는 정보원과 전파 수단인 전달매체, 정보를 전달받는 사용자를 포함해 3가지 요소로 구성된다. 통신의 구성은 [그림 5-4]와 같다.

① 정보원(source) : 전달하고자 하는 정보의 생성 및 송신을 담당하고, 전송신호를 전송매체에 적합한 형태로 변환하는 과정(변조)이 필요하다.
② 전달매체(channel, media) : 변형된 정보신호를 전파하는 수단, 즉 정보전달의 통로이다.
③ 사용자(user) : 정보가 전달되어 도착하는 장소(sink), 즉 정보의 수신자이다. 전송된 신호를 수신자가 이해할 수 있는 형태로 변환하는 과정(복조)이 필요하다.

[그림 5-4] 통신의 3가지 구성요소

3. 정보통신의 구성

(1) 정보통신

전기통신회선에 문자, 부호, 영상, 음향 등 정보를 저장, 처리하는 장치와 그에 부속되는 입·출력 장치 또는 기타의 기기를 접속하여 정보를 송신, 수신 처리하는 전기통신이다.

① 좁은 의미 : 송신자와 수신자가 서로 연결되어 필요한 정보를 교환하는 것이다(전기통신).
② 넓은 의미(최근) : 정보의 생산, 저장이나 가공처리, 상용통신, 방송통신, 탐지통신, 사람과 사람의 통신, 사람과 기계의 통신, 기계와 기계의 통신 등의 '의미가 담겨 있는 신호', 즉 정보를 상대방에게 전달하는 것이다.

(2) 정보통신의 기본구성

컴퓨터와 원격지에 있는 단말장치 또는 컴퓨터와의 사이를 통신회선으로 상호 접속하여 정보처리를 하는 시스템으로 구성요소는 크게 데이터 전송계와 데이터 처리계로 나눈다.

① 데이터 전송계 : 단말장치와 데이터 전송회선(신호변환장치, 통신회선), 통신제어장치로 이루어진다.
② 데이터 처리계 : 컴퓨터(중앙처리장치, 주변장치)로 이루어져 있으며 [그림 5-5]와 같다.

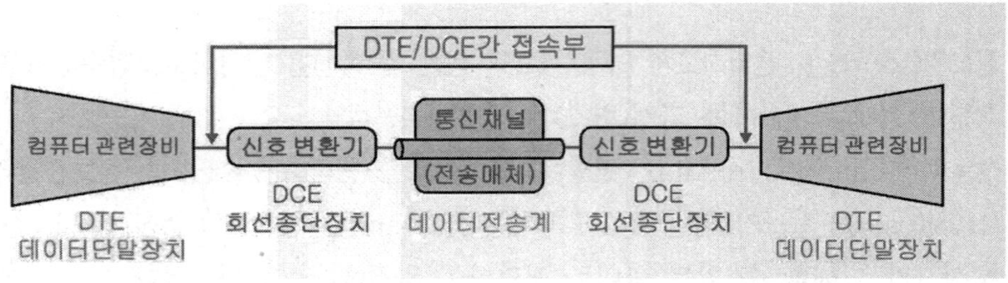

[그림 5-5] DTE/DCE의 모식도

1) 데이터 단말장치

DTE(Data Terminal Equipment : 데이터 단말장치) : 통신 제어 기능을 위해 마련된 자료의 공급, 회수 기능 또는 앞의 두 가지 기능을 모두 포함하는 장비로서 통신로의 시작과 끝부분에 위치한다.

㉮ 컴퓨터가 모뎀을 통해 전화선에 연결되어 있을 경우 모뎀은 데이터 통신장치(DCE)에 해당하고, 컴퓨터는 데이터 단말장치에 해당한다.

2) 데이터 단말장치/DCE 접속부

DTE/DCE Interface*(접속규격)는 DTE(Date Terminal Equipment)와 DCE(Data Circuit Terminating Equipment) 사이의 물리적 접속규격을 정의하고 조금 더 나가면 단말장치와 호스트 컴퓨터 사이에서 데이터를 원활히 교환할 수 있게 해주는 프로토콜(Protocol)까지 정의한다.

3) 회선종단장치

DCE(Data Circuit-termination Equipment : 회선 종단장치) : 데이터 단말장치(DTE)가 데이터 회선을 통해 통신할 수 있도록 회선을 연결하고 유지하는 작업 등을 실시하는 장치이다.

---

* 단말장치(DTE)의 접속규격(Interface) : 통신망을 구성함에 있어서 매우 중요하다. 물리적 장치의 규격을 정의하기도 하지만 논리적으로 보면 통신을 원활하게 통신규약(Protocol)까지도 정의한다. 특히 DTE/DCE 사이의 인터페이스에 대한 기준이 없었다면 세계 각국의 통신장비 생산업자들은 각자 독자적인 방식으로 DTE/DCE를 생산하게 될 것이다. 세계 각국의 생산업체들이 서로 다른 회사에서 생산된 장비들을 연결할 때 매우 혼란스럽게 될 것이다.

4) 통신제어장치

CCU(Communication Control Unit : 통신제어장치) : 데이터 전송회선과 컴퓨터 사이를 결합하고, 다수의 이용자에게 온라인 실시간 능력을 부여하며 통신회선과 중앙처리장치를 결합하여 데이터의 교통을 제어하는 역할을 한다.

4. 정보통신 시스템의 특징

정보통신 시스템은 크게 정보 처리 시스템과 정보 전송 시스템으로 나누어지며 유, 무선 선로를 사용하는 통신으로 〈표 5-1〉과 같은 여러 가지 특징을 가지고 있다.

〈표 5-1〉 정보통신 시스템의 특징

정보통신 시스템의 특징	정보통신 시스템의 특징의 해설
공간과 시간의 극복	온라인 컴퓨터 서버 - 단말장치(Server-client)를 이용한다.
대형 컴퓨터의 공동 이용	복수개의 단말장치에서 대형 컴퓨터를 사용할 수 있다.
대용량 파일의 공동 이용	파일 자원의 유효이용, 보수 및 개발비용 절감 효과를 가질 수 있다.
분산처리 방법 활용	네트워크로 연결하여 서로 통신을 수행하면서 각각 맡은 일들을 처리하는 방법으로 폭넓은 자료의 이용이 가능하며, 높은 처리능력을 가진다.

02 정보신호

학습목표

- 정보신호의 종류에 대해 알 수 있다.
- 정보신호의 형태 및 특성을 알 수 있다.
- 정보의 표현 및 신호처리 방법을 알 수 있다.

1. 정보신호의 종류

정보신호(Information Signal)의 종류로는 아날로그 신호(Analog signal)와 디지털 신호(Digital signal)가 있으며 이 두 개의 파형은 [그림 5-6]과 같다.

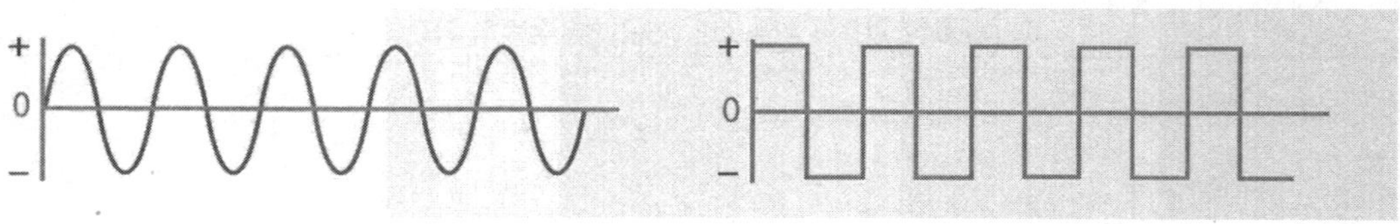

(a) 아날로그 신호 (b) 디지털 신호

[그림 5-6] 디지털 신호와 아날로그 신호의 비교

(1) 아날로그 정보

연속적(continuous)인 값을 가지는 정보이며, 시시각각으로 그 값이 연속적으로 변하는 정보이다. 아날로그 정보와 디지털 정보는 [그림 5-7]과 같다.

① 전압과 전류가 시간에 의존하여 연속적으로 변화하는 물리량에 대한 표현이다.
② 음성과 같은 연속적인 변이형태 또는 센서에 의해 감지되는 생체신호 등과 같이 연속적인 값이다.
③ 아날로그 신호는 여러 개의 정현파로 이루어져 있다.

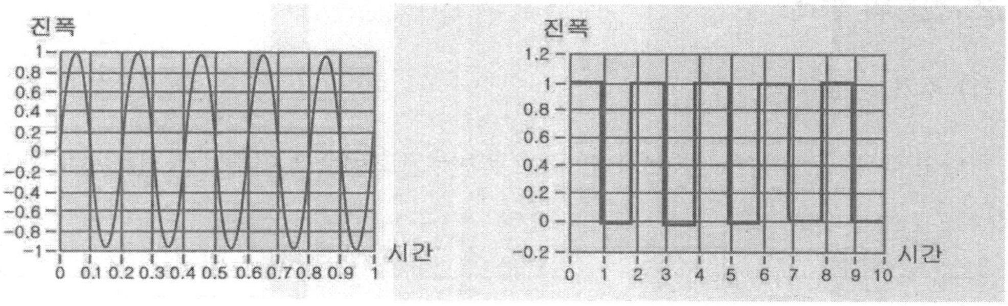

(a) 아날로그 정보　　(b) 디지털 정보

[그림 5-7] 아날로그 정보와 디지털 정보

(2) 디지털 정보

시간에 따라 이산적 [문자에 의한 데이터의 표현으로 각각의 문자 또는 문자의 집합이 다수의 선택 가능한 것 중의 하나를 지정하는 것(discrete)]으로 변화하는 정보이며, 아날로그 정보를 부호화(coding) 및 압축처리를 통해 디지털 신호로 변환하여 한 지점에서 다른 지점으로 전송할 수 있다. 디지털 신호는 0과 1로 구성되는 이산적인 데이터 값이다.

(3) 아날로그신호와 디지털 정보

온도, 습도, 속도, 소리, 빛과 같은 물리적인 양을 전기·전자적으로 측정하기 위하여 트랜스듀서를 이용해 전기·전자적 신호로 변환하면 원래의 물리적인 양과 연속적인 값을 갖는데, 이러한 전기·전자적 신호를 아날로그 신호라고 한다. 디지털 신호는 두 레벨의 0.1의 신호 값만을 갖는다. 아날로그 정보와 디지털 정보는 [그림 5-8]과 같다.

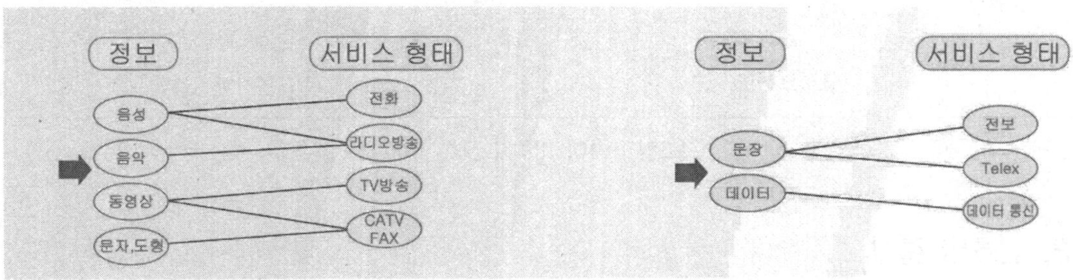

(a) 아날로그 정보신호　　(b) 디지털 정보신호

[그림 5-8] 아날로그 정보와 디지털 정보

2. 신호의 형태

(1) 주기 신호

하나의 주파수로 구성된 신호로서 연속적으로 반복된 패턴으로 이루어진 신호이며 [그림 5-9]와 같다.

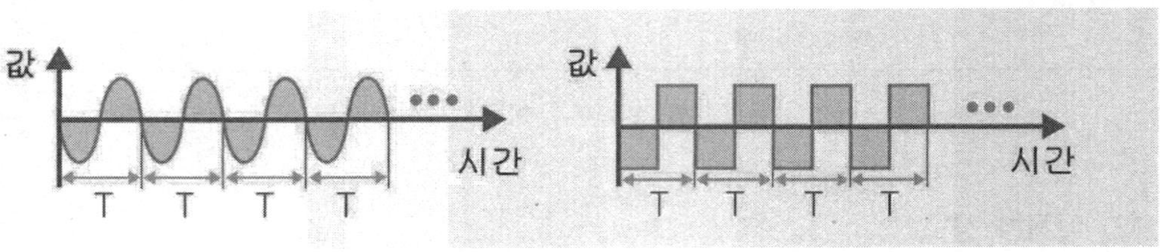

(a) 아날로그 신호 (b) 디지털 신호

[그림 5-9] 주기신호

(2) 비주기 신호

주기적 신호와는 반대로 시간이 지나는 동안 동일하게 반복되는 사이클이나 패턴 없이 불규칙하게 계속 변하는 신호이며 [그림 5-10]과 같다.

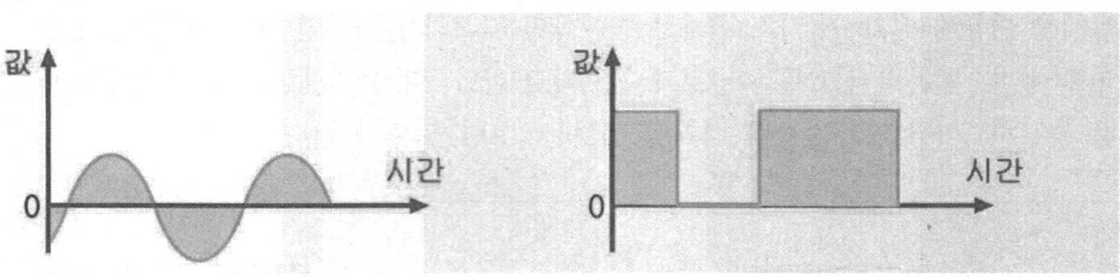

(a) 아날로그 신호 (b) 디지털 신호

[그림 5-10] 비주기 신호

3. 신호의 특성

아날로그 신호는 진폭, 위상, 주파수 특성을 가진다.

① 진폭 : 신호의 진폭은 임의의 점에서 신호가 가지는 값으로 신호의 크기를 나타낸다.

② 주기 및 주파수

㉠ 주기 : 신호가 한 사이클을 이루는 데 걸리는 시간으로 단위는 초(Sec)이다.

㉡ 주파수 : 1초당 발생되는 신호 주기의 수이며, 시간에 대한 변화율로서 초당 반복되는 패턴의 회수이다. 단위는 [Hz](Hertz)로 나타낸다.

㉢ 주파수와 주기 : 역의 관계에 있고 식 (5-1)과 같다(T : 시간, f : 주파수).

$$T = 1/f,\ f = 1/T \qquad (5\text{-}1)$$

③ 위상 : 진동이나 파동과 같은 주기적으로 반복되는 현상에 대해 어떤 지점에서의 변화의 상태로 파형의 상대적인 위치이다.

4. 정보의 표현

신호별 정보와 서비스의 형태는 [그림 5-11]과 같이 크게 아날로그 신호와 디지털 신호로 구분한다.

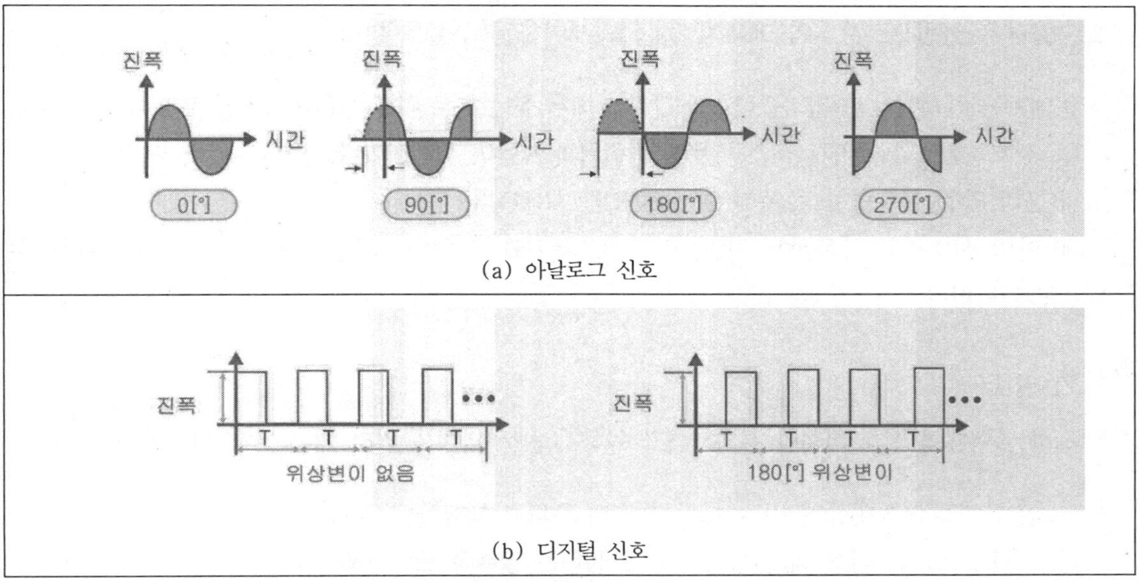

[그림 5-11] 신호의 위상 특성

(1) 기본적인 정보표현의 형태

음성, 자료, 정지화상, 동영상 서비스 등으로 표현된다.

(2) 멀티미디어 서비스

음성, 영상, 문자 등의 서비스들이 통합적인 환경에서 동시에 제공될 수 있다.

5. 신호처리 방법

신호처리는 신호가 포함하고 있는 정보를 좀 더 효율적으로 전달하기 위해 신호에 가하는 인위적인 조작이다.

(1) 아날로그 신호처리

1) 증 폭

어떤 파형의 진폭 변화를 확대하는 것으로, 전압 증폭, 전류 증폭, 전력 증폭 등이 있다. 어느 것이나 출력쪽이 입력보다 큰 에너지를 갖는데, 이것은 따로 준비한 전원에서 공급되는 것으로, 입력은 전원으로부터의 에너지 공급을 제어하는 구실을 한다.

① 증폭 : 센서에서 출력되는 신호의 크기가 매우 작은 경우 이를 적절한 크기로 확대하는 것이다.
② 신호 : 신호의 크기가 작기 때문에 증폭기의 사용이 필수적이다.
③ 신호의 증폭 : 연산 증폭기(OP-AMP)가 사용된다.
④ 단일 신호원을 증폭하는 단일입력 신호증폭기와 두 입력 신호원의 차이를 증폭하는 차동증폭기가 있다.

2) 필 터

원하는 형태의 신호 파형만 통과시키고 원하지 않는 파형을 걸러 내는 전자 회로의 하나이다.

① 신호 : 그 측정대상에 따라 매우 다양한 주파수 특성을 가진다.
② 주파수 영역 : 신호 해석에 기반을 둔 필터는 필수적으로 사용된다.
③ 필터 : 능동소자나 수동소자를 사용한 전자회로로써 구현된다.
④ 필터의 종류 : 그림 5-12와 같이 4가지로 분류할 수 있다.

㉠ 저역통과필터(Low-pass filter) : 고주파 차단 필터이며 연산 증폭기에 대하여 [R]은 직렬로, 커패시터 [C]는 병렬로 구성 R L->C 가장 간단한 형태로 구현되어 모든 필터의 기본형으로 쓰인다. 주어진 차단 주파수보다 낮은 주파수 대역은 통과시키고, 이보다 높은 주파수 대역은 감쇠시킨다. 전원부에서 저주파 ripple을 제거하기 위한 용도 및 고주파 spurious 제거, 고주파 억제와 각종 검파등 전 분야에 걸쳐 사용되는 필터이다.

㉡ 고역통과필터(high-pass filter) : 주어진 차단주파수보다 높은 주파수 대역은 통과시키고, 이보다 낮은 주파수 대역은 감쇠시킨다.

㉢ 대역통과필터(band-pass filter) : 수신기에서 특정 범위의 주파수에 존재하는 신호는 통과시키고 이 범위를 벗어난 신호는 제거하는 필터이다.

㉣ 대역제거필터(band-reject filter) : 차단 주파수가 0도 아니고, 또 무한대도 아닌 단일의 감쇠 영역을 갖는 필터이다.

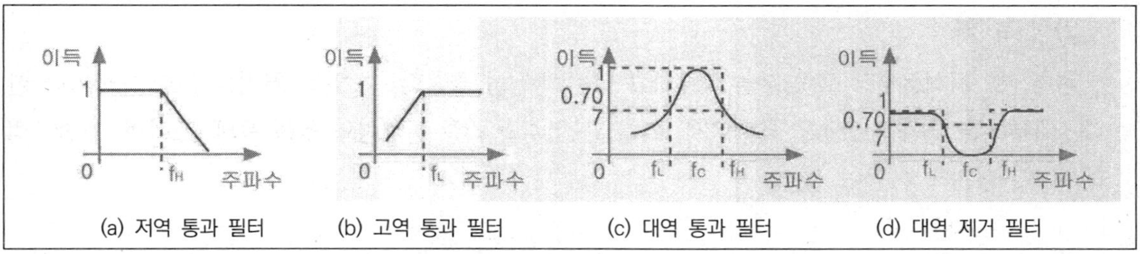

[그림 5-12] 필터의 종류 및 대역특성

3) 연 산

한 개 또는 그 이상의 신호들에 대하여 가산, 감산, 미분, 적분 등의 수학적 연산을 아날로그 신호에 대하여 수행한다.

4) 변조 및 복조

아날로그 신호의 유무선 통신에서 많이 사용되고 있는 신호처리방법으로 전달하고자 하는 아날로그 신호를 전송 시스템의 특성에 맞도록 변환하는 변조와 수신측에서 다시 원래의 전달신호로 재생시키는 복조 등이 있다.

(2) 디지털 신호처리

신호처리를 컴퓨터나 전용하드웨어를 이용하여 디지털 형식으로 처리하는 기술을 디지털 신호처리(Digital Signal Processing : DSP)라 한다.

아날로그 신호 처리 시스템은 열잡음, 외부 유도잡음 그리고 주위온도에 대한 불안정성 등을 가지나 디지털 신호처리는 적응처리, 비선형 처리 등이 가능하며 신호처리를 소프트웨어로 기술되기 때문에 간단히 변경할 수도 있고 같은 회로를 여러 개 만들 때 동일한 특성을 가진 제품을 만들 수 있다. 또한 온도변화, 경년변화 등의 염려가 없고 안정성이 향상된다.

최근에는 반도체 집적기술과 디지털 컴퓨터의 발전으로 이러한 문제를 대부분 해결하게 되었다.

앞으로는 아날로그 신호처리를 이용하는 모든 분야가 디지털 신호처리 시스템으로 대체 사용될 것이다.

1) 신호 복원

측정신호에서 잡음과 같은 불필요한 성분을 제거하여 신호 본래의 형태를 복구하기 위한 신호 복원(signal restoration)을 할 수 있다. 잡음 제거를 목적으로 하는 필터링 처리가 있다.

2) 신호 해석

관측신호 자체로부터 그 성분을 기술하고 있는 특징을 추출할 수 있는 처리를 신호 해석이라 한다. 대부분은 통계적 요소의 추출로서, 확률밀도함수와 각종 통계량의 추정 등에 쓰이며. 스펙트럼 해석이나 상관해석 등이 있다.

3) 시스템 추정

관측신호는 자신을 만들어 내는 시스템의 상태를 반영하는 것으로 신호처리에 의해 그 시스템의 구조 혹은 특성을 파악할 수 있는 처리를 시스템 추정이라 하는데, 시스템 제어의 기본 기술로 사용된다. 스펙트럼 해석이나 필터 처리 분야에서 관측신호의 생성모델을 추정하는 경우에 자주 이용된다.

4) 정보 추출

관측신호에 포함되어 있는 정보를 추출하거나, 혹은 전처리에서 신호를 사용하기 편리한 형태로 변환하는 것은 신호처리의 중요한 분야이다. 이러한 정보 추출을 목적으로 하는 처리는 패턴 인식이나 특징 요소의 추정 등에 이용된다.

5) 신호의 합성 및 부호화

앞에서 열거한 처리들은 기본적으로 주어진 관측신호의 분석이 중심이지만, 반대로 기호 혹은 요소들로부터 신호를 합성하는 처리, 즉 신호의 합성도 신호처리의 중요한 분야이다.

㉺ 음성이나 영상의 합성을 들 수 있다.

6. 디지털 신호처리의 장 · 단점

센서의 전기적 출력을 필요에 따라 적절하게 처리 증폭 혹은 감쇄과정을 통하여 신호의 크기를 조정해 여파기(필터, filter)를 통하여 신호의 주파수성분을 선택한다.

(1) 디지털 신호처리의 장점

디지털 신호처리의 최대의 장점은 유한하다는 것*이며 이것은 동시에 단점이 된다.

① 유한개의 샘플을 취하여 수치화한 디지털 데이터들은 전송과 조작이 용이하다.
② 데이터 전송 신뢰도가 높고 정보량이 적어 더 빠르게 전송이 가능하다.
③ 독립적인 데이터 조작이 가능하며 세부적인 신호처리가 가능하다.
④ 완벽한 신호의 복조가 가능하며 손실이 적다.

(2) 디지털 신호처리의 단점

① 기존의 신호를 유한개의 샘플들로 나누어서 이를 수치화 했으므로 기존의 정보를 완벽하게 포함하지 못한다.
② 샘플링 비율을 높임으로써 해결할 수 있지만 처리 데이터가 증가한다.
③ 기존의 아날로그 신호를 완벽하게 재생하지는 못한다.
④ 충분치 못한 샘플링은 주파수의 겹침(aliasing)을 발생시킨다.

7. 신호처리에 사용되는 기법

신호가 가지고 있는 정보 또는 파라미터**를 연산이나 알고리즘을 적용한 기법이다.

(1) 컨볼루션

일반적인 선형 시스템 물론 인과성도 보장되고, 그 동작특성이 다른 시스템에 대해 독립적인 시스템의 입력 값과 출력 값의 관계를 표현하기 위한 기본적인 개념이며 식 (5-2)와 같다.

---

* 디지털 신호처리의 최대의 장점 : 아날로그에서는 정보가 연속적으로 들어오지만 디지털에서는 여러 갈래로 끊어서 보내는 것을 '유한하다' 라고 한다.

** 파라미터 : 사용자가 원하는 방식으로 자료를 처리하기 위하여 명령어를 입력할 때 추가를 하거나 변경하는 수치 정보

$$y(t) = (X * h)(t) = \int_{a}^{b} x(\tau)h(t-\tau)d\tau \qquad (5\text{-}2)$$

(2) 푸리에 변환

푸리에 변환(fourier transform) : 시간의 함수로 표현되어 있는 함수를 주파수 영역에 있는 함수로 다시 표현하기 위해 사용되는 기본적인 연산이며 식 (5-3)과 같다.

$$X(j\omega) = \int_{-\infty}^{\infty} x(t)e^{-j\omega t}dt \qquad (5\text{-}3)$$

(3) 라플라스 변환

라플라스 변환(laplace transform) : 일반화된 푸리에 변환으로 시간영역의 함수를 복소 주파수 영역에서 해석하기 위한 연산이며 식 (5-4)와 같다.

$$X(s) = \mathcal{L}\{f(t)\} = \int_{\infty}^{\infty} x(t)e^{-st}dt \qquad (5\text{-}4)$$

(4) 보드선도

보드선도(Bode plots) : 계측 시스템의 크기(Magnitude) - 주파수(Frequencye), 위상(Phas) - 주파수(Frequency) 특성 그래프이다.

Y축의 그래프는 데시벨(dB)로 표현하고, 위상은 라디안(Radians)값으로 표현하고, 주파수 축은 로그(Log) 스케일로 표현한다.

8. 신호의 물리적 의미

정보의 전달에 있어 시간과 거리의 제한에서 벗어날 수 있도록 가장 빠른 전자기파를 사용하여 실어 나른다. 전자기파의 전파 원리는 다음과 같다.

① 전기장과 자기장이 서로 수직방향으로 상호작용으로 전파되는 원리이다. 진행방향은 [그림 5-13]과 같다.

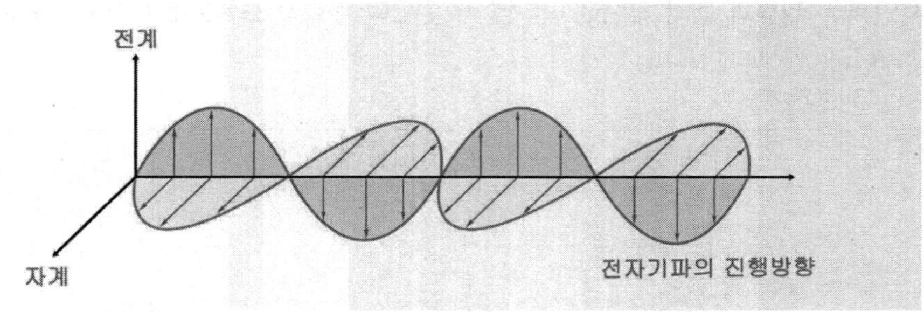

[그림 5-13] 전자기파의 전파 원리

② 패러데이의 법칙(Faraday's law) : 자기장이 변화하는 공간에서 전기장이 유도된다. 이때 발생하는 유도기전력(Electro Motive Force : EMP)의 크기는 자기장의 변화율에 비례하고 유도된 전기장의 방향은 변화하는 자기장의 방향에 수직이다.

③ 맥스웰(Maxwell) 방정식 : 전자기 현상의 대칭성을 생각하고, 전계가 시간적으로 변하여도 자계가 발생한다는 전자기 현상을 이론적으로 유도하였다.

9. 신호의 분석

분석 기기에서 얻는 전기적 신호를 수치로 나타내는 일련의 작업이다.

(1) 전자기파를 사용하는 이유

① 전파 가능/메시지를 실어나를 수 있는 에너지(광자)를 가진다.

② 물질(매질)이 없더라도 파동을 전파시킬 수 있다.

③ 소리 에너지는 공기 중에서 열로 소멸된다.

(2) 사인파의 특징

① 파형을 수학적으로 표현할 경우에 많이 사용한다. 모든 주기신호는 사인(Sine)파의 합으로 나타낼 수 있으며, 일정한 파동의 형태이다. 또한 왜곡에 의한 파형의 변화가 없으며, 삼각 함수 및 지수함수로 표현이 가능하다.

② 사인파를 합성하여 여러 가지 복잡한 파형이 표현 가능하다.

㉮ 푸리에(Fourier) 정리 : 모든 주기신호는 그 파형의 기본 주파수(Fundamental frequency)를 갖는 파형과 기본 주파수의 정수배 주파수를 갖는 파형들의 합으로 표현될 수 있다.

③ 사인파는 파형과 벡터 값으로 나타낼 수 있으며 수학적 표현으로 [그림 5-14]와 같이 나타낼 수 있다.

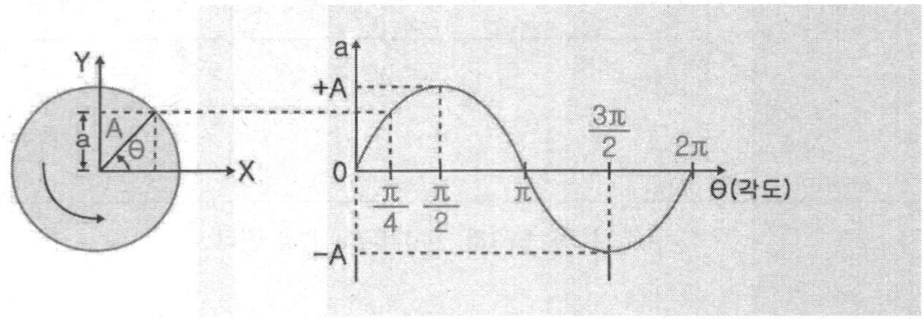

[그림 5-14] Sine (사인)파의 시간 영역과 주파수 영역

㉠ 수학적 표현 : $a = A \sin\theta$

㉡ 주기(T : Period) : 원주를 한 바퀴 도는 데 걸리는 시간 [sec]

㉢ 주파수(F : Frequency) : 주기의 역수, 1초에 회전한 회전수

㉣ 진폭(A : Amplitude) : 신호의 강도, 사인파의 최대값

㉤ 위상(θ : Phase) : 신호주기상의 시간경과에 따르는 위치

㉥ 라디안(Rad : Radian) : 주상에서 회전의 정도를 표현 : $\omega = 2\pi f$, 식 (5-5)와 같다.

$$a(t) = A\sin(\omega t) = A\sin(2\pi f t) \quad (5\text{-}5)$$

㉦ 위상을 포함한 사인파의 일반적인 형태는 식 (5-6)과 같다.

$$a(t) = A\sin(\omega t + \theta) = A\sin(2\pi f t + \theta) \quad (5\text{-}6)$$

(3) 신호를 보는 관점

① 시간적 관점 : 시간에 따른 신호(시간에 따라 변하는 에너지의 변동)의 변화를 파악하는 것이다.

② 주파수 영역 관점 : 그 신호에 존재하는 주파수 요소를 기준으로 신호를 표현하는 것이다. Sine(사인)파의 시간 영역과 주파수 영역은 [그림 5-15]와 같다.

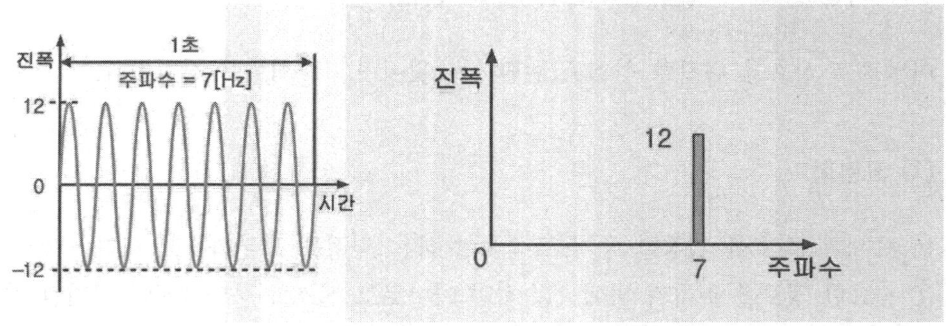

(a) 시간 영역 (b) 주파수 영역

[그림 5-15] Sine(사인)파의 시간 영역과 주파수 영역에서의 표현

10. 신호변환과정

최대값, 파형, 타이밍 등 하나 또는 그 이상의 신호 특성을 변경하는 과정이다.

① 변환하는 아날로그량의 본질적 내용은 달라지지 않은 채 디지털로 바꾸는 전자적 처리 과정이다.

② 아날로그를 디지털로 변환하는 이유는 디지털 신호들이 아날로그 신호보다 명확하고 규칙적이며, 무질서한 잡음을 구분하는 전자회로를 쉽게 만들 수 있어서 더 효율적이기 때문이다.

③ 연속변화량의 아날로그 신호를 받아 이산적*으로 부호화된 신호로 변환시키는 장치를 아날로그-디지털 변환기(Analog to Digital Converter : ADC 또는 AD변환기)라고 한다. 그리고 디지털 신호를 아날로그 신호로 변환하는 장치를 디지털-아날로그 변환기라 한다.

④ 아날로그 신호에서 디지털 신호로의 신호변환 과정은 표본화 → 양자화 → 부호화 순서를 거친다. 전형적인 신호처리 과정은 [그림 5-16]과 같다.

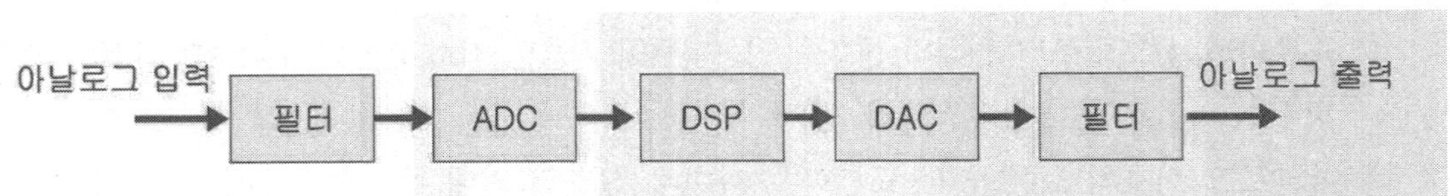

[그림 5-16] 전형적인 신호처리 과정

* 이산적 : 연속적인 값을 단속적인 값으로 나타내는 것. 디지털에서는 1,0으로 처리할 수 있는 데이터 값으로 나누는 것이다.

11. 아날로그-디지털 신호변환(A/D 변환)

아날로그 신호를 디지털 신호로 변환하는 것이며, 그 회로나 장치이다.

(1) 표본화

PCM*에서 신호를 일정한 주기로 샘플링 하는 과정을 표본화라고 한다.

① 필요한 정보를 취하기 위해 연속적인 아날로그 신호를 불연속적인 디지털 신호로 바꾸는 과정이며, 원 신호를 시간 축 상에서 일정한 주기로 추출하는 것이다.

② 표본화(sampling) : 추출된 신호의 진폭을 표본 값이라 하며, 이 표본 값은 일정한 간격으로 추출되는데 이 간격을 표본 간격(sampling inverter)이라 한다.

③ 연속적으로 변하는 아날로그 신호를 불연속적인 디지털 신호로 바꾸어 전송함에 있어 그 파형을 모두 전송할 필요는 없다.

④ 아날로그 신호의 본래의 특성을 잃어버리지 않는 범위에서 필요한 정보만을 효율적으로 추출하여 전송해야 한다.

(2) 샤논(Shannon)의 표본화 정리

어떤 신호의 최고 주파수의 2배 이상의 속도로 균일한 간격의 표본화를 실시하면, 표본화 된 데이터는 원래의 신호가 가진 모든 정보를 포함하는 것이다.

① 표본화된 신호에서 원래의 신호를 왜곡 없이 복원하기 위해서는 신호의 최고 주파수(Full frequency : Fm)와 표본화 주파수(Sampling frequency : Fs)와의 관계는 식 (5-7)과 같다.

$$f_s \geq 2 \cdot f_m \left(where\ f_s = \frac{1}{T_s} \right) \tag{5-7}$$

② 표본화된 신호로부터 원래의 신호로 정상복원이 가능한 최소 샘플링 주파수를 나이퀴스트 주파수(Nyquist frequency)**라 한다.

③ 아날로그 신호의 표본화 시 표본화 주파수가 신호의 최대 주파수의 2배 보다 작거나 필터링이 부적절한 경우에는 인접한 주파수 스펙트럼이 겹쳐 생기는 신호왜곡현상인 에일리어싱

---

* PCM(Pulse Code Modulation) : 아날로그 신호를 디지털 신호로 변환하여 전송하는 방식이다.

** 나이퀴스트 주파수(Nyquist frequency) : 아날로그 신호를 디지털 신호로 변환하기 위해 표본화하는 경우 표본화된 부호 신호를 정확하게 아날로그 신호로 재생하기 위한 표본화한 주파수이다.

(Aliansing)이 발생한다. 에일리어싱 현상은 [그림 5-17]과 같다.

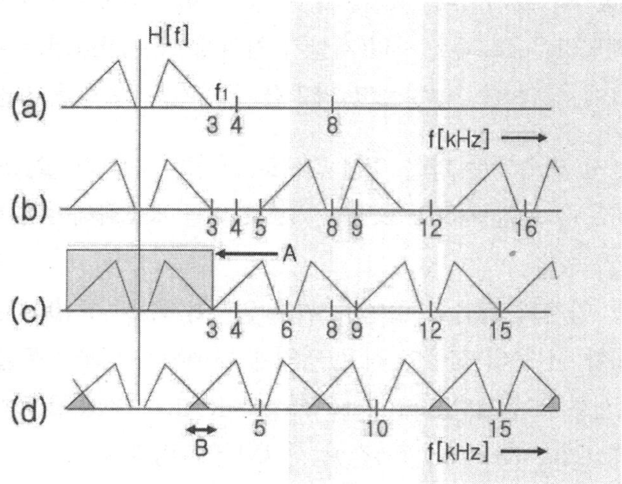

[그림 5-17] 에일리어싱 현상

> ※ 에어리언싱의 입력 신호를 표본화하는 경우, 최소의 표본화는 신호에 포함되는 최고 유효 주파수의 2배 이상이어야 한다. 만일 2배 이하의 빈도로 표본화되면 표본화된 신호의 스펙트럼은 입력 신호의 스펙트럼 상에 그 고스트(ghost)를 중첩하여 필터 기타로 고스트를 제거할 수가 없는데 이것을 에일리어싱 또는 주파수의 겹침이라고 한다.

(3) 양자화

표본화된 PAM* 신호를 진폭 영역에서 이산적인 값으로 변환하는 것이다.

① 표본화된 신호의 크기들을 이산적으로 단계화하는 과정이다.

② A/D변환 과정의 핵심은 연속적인 신호를 일정한 시간단위로 쪼개고 각 시간 단위에서의 신호의 크기 또한 정해진 단계만큼 계단화시키는 것이다.

③ 연속적인 신호를 단계화하면서 어느 정도 오차가 발생하는데, 이러한 원신호와 양자화 신호와의 오차를 양자화 오차라고 한다.

④ 원신호의 왜곡을 막기 위해선 신호의 성질과 상태에 따라서 양자화하는 디지털 레벨의 수를 조절함으로써 적절한 수준의 양자와 에러를 유지해야 한다.

---

* PAM(Pulse Amplitude Modulation) : 아날로그 신호를 샘플링(Sampling)한 값에 따라 펄스 열의 진폭 크기로 변화시키는 펄스 변조 방식이다.

(4) 양자화 오차

양자화를 할 때 생기는 오차이다. 아날로그 량을 디지털 양으로 변환할 때에 보통은 양자화 오차가 생기면, 디지털양은 그 최소 자리(계산기 처리에서는 1[bit]비트에 대응)까지 밖에 분해 능력이 없으므로 그에 상당하는 아날로그 양만큼의 양자화 오차를 가진다.

① 양자화 과정에서 연속되는 양을 이산 값으로 근사화 시킬 때 발생하는 오차이다.

② 디지털화에 따르는 품질 저하의 요인이 되므로 이를 최소화해야 한다.

③ 양자화 잡음제거 방법

㉠ 선형양자화 : 양자화 잡음을 줄이기 위해 양자화 폭을 일정하게 고정하는 방법이다.

㉡ 비선형 양자화 : 신호의 진폭이 작은 영역에 대해서는 양자화 폭을 넓게 하는 방법으로 전체에 대한 신호 대 잡음비(Signal-to-Noise Ratio : SNR)를 개선하는 양자화 방법이다. 양자화 오차(Quantization Error)는 [그림 5-18]과 같다.

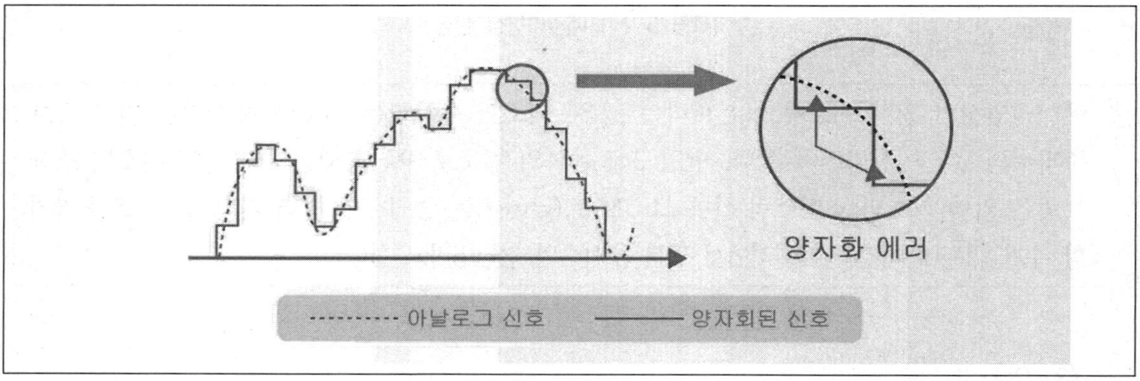

[그림 5-18] 양자화 오차

(5) 부호화

PCM* 통신 방식에서 압축을 받아 양자화 스텝으로 판독된 아날로그 신호를 몇 개의 단위 펄스의 유, 무선 조합으로 된 신호이다. 디지털 부호로 변환하는 작업이다.

① 양자화 된 신호들은 전송시 잡음에 매우 민감하므로 전송 및 처리에 적합하도록 2진 데이터로 변환하는 과정이다.

② 부호화(Coding)에 있어서 대부분 2진 펄스의 형태가 전송 및 재생에 용이하다.

---

* PCM(Pulse Code Modulation) : 송신측에서 아날로그 파형을 디지털화하여 전송하고 수신측에서는 그것을 다시 아날로그화 해서 그 정보를 전송하는 방식이다.

12. 디지털-아날로그 신호변환(D/A 변환)

디지털 신호를 아날로그 신호로 변환하는 것이다. 그 회로나 장치를 D/A 인버터라고 한다.

① A/D 변환의 역과정으로 디지털 신호를 다시 아날로그 신호로 변환하는 과정이다. A/D 변환 과정은 [그림 5-19]와 같다.

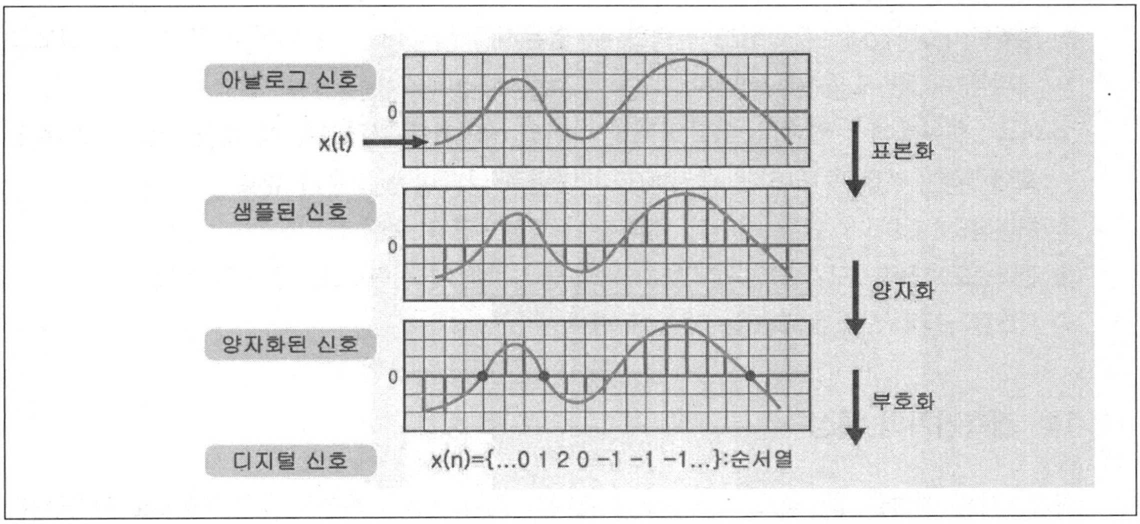

[그림 5-19] A/D 변환 과정

② 불연속적으로 표시된 디지털 신호를 일정한 시간간격으로 값을 갖도록 해주어 아날로그 신호로 변환시킨다.

③ 변환된 신호는 계단 형태의 신호로 나타나므로 저역통과필터를 적용하여 진폭에 관한 연속적인 형태로 바꾸어 준다. D/A 변환 과정은 [그림 5-20]과 같다.

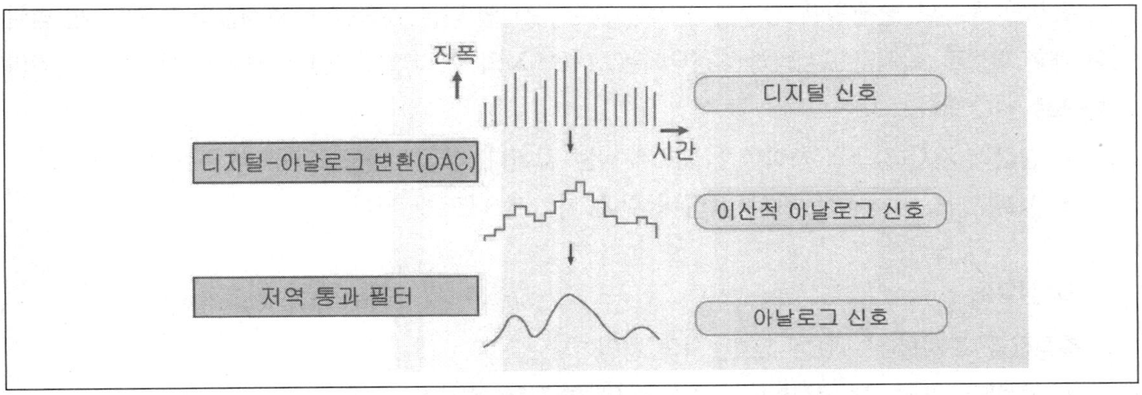

[그림 5-20] D/A 변환 과정

13. 신호 변환의 필요조건

신호의 특성과 신호처리 시스템의 응용목적에 따라 변환 시스템에 대한 요구조건들도 바뀌게 되는데, 신호 변환 시스템을 구성할 때 다음 6가지 사항들을 고려해야 된다.

① 표본화 주파수 : 표본화 과정에서 표본을 얻어 내는 빈도이며 연속 시간 신호로부터 주기적으로 표본을 얻어 낼 때 표본 추출 주기의 역수이다.

② 정확도 : 측정값이 어느 정도 신뢰할 수 있는지를 나타내는 것 이며 오차의 대소 정도를 나타내며 정밀도와는 구별된다. 그렇기 때문에 정확도가 높아야 한다.

③ 이득 : 제어계에서 입력 신호로 일정한 사인의 정현파를 가하였을 때 출력 신호의 입력 신호에 대한 진폭의 비이다. 데시벨(dB) 단위로 나타내는 경우가 많다.

④ 처리속도 : CPU가 단위 시간당 처리할 수 있는 명령 수이다.

⑤ 전력소모 : 전력소모가 크면 유지비가 많이 들기 때문에 전력소모는 적어야 한다.

⑥ 시스템 크기 : 시스템 크기는 작아야 한다.

14. 계측기기의 특성

계측기기의 성능을 정량적으로 나타내기 위해서 기기의 정적 특성과 동적 특성으로 평가한다.

(1) 정적 특성

직류입력 또는 매우 낮은 주파수 성분의 입력에 대한 성능이다.

1) 정확도

오차의 종류나 발생원에 상관하지 않는 모든 오차의 양을 측정한다. 측정값의 퍼센트, 전 범위에 대한 퍼센트, 디지털 표시방법인 경우에는 표시 숫자의 수, 아날로그인 경우에는 가장 작은 간격의 반으로 나타낸다.

① 참값과 지시 값과의 차이를 참값으로 나눈 값이다.

② 정확도(accuracy)는 지시 값의 범위에 따라서 다르게 된다.

2) 정밀도

측정값을 표시할 수 있는 유효숫자의 범위이다.

① 고정밀도의 측정 : 고정확도의 측정을 의미하지는 않는다.

② 정밀도(precession) : 참값과의 비교가 되지 않는다.

3) 해상도

화상이 어느 정도 세밀하게 재현되는지를 나타내는 정도이다.

① 측정할 수 있는 최소의 증감치, 혹은 감별해 낼 수 있는 최소량이다.

② 거의 같은 값을 갖는 양이 구별할 수 있는 정도이다.

4) 재현성

변함없는 입력 신호에 의해 반복적인 처리를 수행할 때 그 장치의 변화를 최소화하는 기능으로서 오류의 발생률로 표현하기도 한다.

① 일정 기간 동안에 동일한 입력에 대해 같은 출력을 제공할 수 있는 기기의 능력정도이며 식 (5-8)과 같다.

$$\text{재현성} = \frac{\text{표준화}}{\text{평균값}} \times 100[\%] \tag{5-8}$$

② 재현성 : 정확성을 의미하지는 않는다.

5) 정적 감도

입력의 증·감과 출력의 변화를 측정하여 기울기로 표시한 증감의 비를 나타낸다.

① 입력의 증·감에 대한 출력의 증·감의 비이다.

② 입력변수를 정상 작동 구간 내에서 변화시키면서 출력의 변화를 측정하여 그린 교정곡선(calibration curve)상의 기울기로 표시한다.

③ 입·출력간의 관계를 회귀직선(regression line)으로 나타낼 때 기울기에 해당하는 것이 감도가 된다.

④ 입·출력 데이터가 직선인 경우 이 직선의 기울기(m)와 y축의 절편(Intercept, b)은 식 (5-9~11)과 같다.

$$m = \frac{n\Sigma x_d y - (\Sigma x_d)(\Sigma y)}{n\Sigma x_d^2 - (\Sigma x_d)^2} \tag{5-9}$$

$$b = \frac{(\Sigma y)(\Sigma x_d^2) - (\Sigma x_d y)(\Sigma x_d)}{n\Sigma x_d^2 - (\Sigma x_d)^2} \tag{5-10}$$

$$y = m x_d + b \tag{5-11}$$

6) 영점 표류

온도의 변화에 의하여 계측기의 영점이 변화하는 것이다.

① 교정 곡선 상에서의 모든 출력 값이 동일한 양만큼 증가 혹은 감소하는 현상이다.

② 영점 표류(zero drift)에 영향을 주는 것은 생산 공정 중에서 잘못 조정된 경우, 주위 온도의 변화, 히스테리, 진동, 충격, 원하지 않는 방법으로부터의 힘에 대한 감도 등이 있다.

예) 심전도 전극에서의 직류 오프셋 전압의 변동은 영점 표류이다.

7) 감도표류

온도는 스프링상수를 변화시켜 하중에 대한 감도를 변화시키는데 이 영향을 감도표류(sensitive drift) 또는 눈금자표류(scale-factor drift)라 한다.

① 방해 입력이나 변형입력들의 영향으로 교정곡선의 기울기가 변하는 현상이다.

② 감도 표류(sensitivity drift) : 생산 공정상의 허용범위, 전원의 변도, 비선형성, 주위 온도와 압력의 변화 등에 기인한다.

예) 심전도 증폭기에서 직류 전압의 변동 또는 주위 온도의 변화에 의한 전압이득의 변화는 감도표류이다.

8) 직선성, 선형성

① 직선성 : 두 함수 사이의 상관관계가 비례하는 성질. 전기 신호의 전송계에서는 입 · 출력의 진폭 레벨이 비례 관계에 있는지를 평가하는데 이용된다.

② 선형성 : 어떠한 양의 변화가 다른 양에 비례적인 변화를 가져올 때 그 두 양 사이의 관계이다.

③ 시스템이나 소자가 다음과 같은 특성을 가질 때 선형적(linearity)이라고 한다.

㉠ 입력 x_1에 대한 출력은 y_1, 입력 x_2에 대한 출력은 y_2일 때(조건 1)

㉡ 입력 $x_1 + x_2$에 대한 출력이 $y_1 + y_2$이고, (조건 2) 입력 Kx_1에 대한 출력은 Ky_1이다.

㉢ 교정 곡선이 완전한 직선이면 선형성이 만족된다. 그러나 높은 정확성이 필수조건은 아니다.

9) 입력범위

측정이 가능한 측정대상의 양적 범위이다.

① 입력범위(input range) : 주어진 조건을 만족시킬 수 있는 최대한의 입력크기와 최소한의 입력크기 사이의 차이이다.

② 최대 동작 범위 : 기기에 손상을 주지 않는 최대의 입력전압을 가리킨다.

③ 이 범위의 위쪽 부분에서는 비선형적일 가능성이 보다 크게 나타난다.

10) 입력 임피던스

공학 분야의 센서나 기기들은 비전기적인 양을 전압이나 전류로 변환하는 것이기 때문에 일반화시킨 입력 임피던스*(input impedance)의 개념을 사용한다.

① 일반화된 입력 임피던스 Z_x는 식 (5-12)와 같다.

$$Z_x = \frac{X_{d1}}{X_{d2}} \tag{5-12}$$

X_{d1} : 작용입력변수(Effort input variable) : Voltage(전압), Force(전력), Pressure(압력)

X_{d2} : 유동입력변수(Flow input variable) : Current(전류), Velocity(속도), Flow(흐름)

② 전력 P는 측정 매질을 통과하는 시간에 따른 에너지의 전달률이며, 식 (5-13)과 같다.

$$P = X_{d1} \times X_{d2} = \frac{X_{d1}^2}{Z_x} = Z_x\ X_{d2}^2 \tag{5-13}$$

③ P의 값을 최소화시키기 위하여 작용변수 X_{d1}을 측정할 때 일반적인 입력 임피던스를 최대로 한다.

(2) 비선형성 특성

입 · 출력 특성이 직선에서 벗어나는 모든 경우가 비선형성**에 해당한다.

---

* 입력임피던스 : 시스템이 측정대상에 미치는 영향. 통상 [Ω]으로 표기하며 클수록 이상적이다.

** 비선형성 : 입력에 대한 응답이 선형으로(이론적으로) 되지 않는 현상이다.

㉠ 예로 용수철에서 당기는 길이와 진폭 간에 관계를 수식으로 나타낼 수 있다. 용수철을 완전히 확 잡아당기면 용수철의 한계를 넘어서서 진동이 일어나지 않는 현상이다.

① 포화*(saturation) : 일정 크기의 이상 혹은 이하의 입력에 대해서는 출력이 무한대로 증가 혹은 감소한다.

② 브레이크다운**(breakdown) : 한계 이상 혹은 이하의 입력에 대해서는 출력이 무한대로 증가 혹은 감소한다.

③ 불감대***(dead zone) : 입력의 일정 범위내에서는 출력이 반응하지 않는다.

④ 뱅뱅(bang-bang) : 특정 입력에서 출력이 일정량 jump하게 된다.

⑤ 히스테리시스****(hysteresis) : 입력의 크기 변화의 방향(증가방향 혹은 감소방향)에 따라 출력의 크기가 다르다.

(3) 동적 특성

연속적인 시스템에서 동적 입력과 동적 출력을 관계시켜서 나타내기 위해서는 미분방정식 또는 적분방정식들이 요구되며, 고정상수를 갖는 선형적인 상미분 방정식*****으로 나타낼 수 있으며 식 (5-14)와 같다.

$$a_n \frac{d^n y}{dt^n} + \cdots + a_1 \frac{dy}{dt} + a_0 y(t) = b_m \frac{d^m x}{dt^m} + \cdots b_1 \frac{dx}{dt} + b_0 x(t) \qquad (5\text{-}14)$$

미분동작자를 이용하여 $D^k \equiv \frac{d^k(t)}{dt^k}$ 는 식 (5-15)와 같다.

$$(a_n D^n + \cdots + a_1 D + a_0) y(t) = (b_m D^m + \cdots + b_1 D + b_0) x(t) \qquad (5\text{-}15)$$

① 전달함수(transfer functions) : 선형 시스템 또는 기기에서 전달함수는 입력 신호와 출력신호와의 관계를 수학적으로 나타낸다.

㉠ 동작전달함수(operational transfer function) : 측정량이 변동할 때의 계측기의 지시 측정을 위한 입력 신호와 출력신호의 관계는 식 (5-16)과 같다.

---

* 포화 : 어떤 양이 일정한 값까지 증가하나 그 이상은 증가하지 않는 현상이다.

** 브레이크다운 : 절연물의 내부를 통과하는 방전이 생겼기 때문에 절연 저항이 저하하고 이상 전류가 흐르는 현상이다.

*** 불감대 : 프로세스나 계측, 제어 시스템이나 장치는 어느 크기의 입력 변화를 주면 이 입력 변화에 따라 출력의 변화가 있는데, 이 입력 변화량이 아주 작아져 어떤 변화량 이하에서는 출력에 아무런 변화를 보이지 않는 대역이 있다. 이러한 출력 측의 변화량이 전혀 감지할 수 없게 되는 입력 변화량의 유한 범위이다.

**** 히스테리시스 : 측정에 의하여 생기는 동일측정량에 대한 출력 혹은 지시의 차로서 나타나는 현상이다.

***** 상미분 방정식 : 미분 방정식(Differential Equation)의 일종, 변수가 하나만(상미분만) 포함하는 미분 방정식이다.

$$H(D) = \frac{y(D)}{x(D)} = \frac{b_m D^m + b_1 D + b_0}{a_n D^n + a_1 D + a_0} \tag{5-16}$$

㉡ 주파수 전달함수(frequency transfer function) : 어떤 요소에 가한 정현파* 입력 신호로 그 출력 신호를 나눈 값으로, jω의 함수로 나타낸다. 입·출력 신호는 정현파이고, 회전 벡터이므로 이 값은 jω의 함수가 된다. 이 함수의 절대값은 입·출력 신호 진폭의 비가 된다. 위상각은 입력 신호에 대한 출력 신호의 지연을 나타낸다.

ⓐ 주파수 응답을 나타내는 식 (5-17)과 같다.

$$H(j\omega) = \frac{Y(j\omega)}{X(j\omega)} = \frac{b_m (j\omega)^m + b_1 (j\omega) + b_0}{a_n (j\omega)^n + a_1 (j\omega) + a_0} \tag{5-17}$$

ⓑ 출력의 크기에 대한 입력의 크기의 비를 갖고, 출력의 위상과 입력의 위상 차이를 위상으로 갖는 복소수의 양이다.

ⓒ 주파수 전달함수 입력은 식 (5-18)과 같다.

$$x(t) = A_x \sin(\omega t) \tag{5-18}$$

ⓓ 주파수 전달함수 출력은 식 (5-19)와 같다.

$$y(t) = B(\omega) \sin[\omega t + \phi(\omega)] \tag{5-19}$$

② 0차 기기(zero-order instrument)는 식 (5-20)과 같다.

$$a_0 y(t) = b_0 x(t) \text{ and } \frac{y(D)}{x(D)} = \frac{Y(j\omega)}{X(j\omega)} = \frac{b_0}{a_0} = K = \text{static sensitivity} \tag{5-20}$$

㉠ 0차 시스템 : 출력이 모든 주파수의 범위에서 입력에 비례한다.

㉡ 진폭과 위상의 왜곡이 없기 때문에 이상적인 동적 성질을 갖고 있다.

㉢ 선형 가변저항기는 0차 기기의 좋은 예이다.

---

* 정현파(사인파) : 파장의 형태는 고주파가 없기 때문에 교류파형의 기본적인 형태.

③ 1차 기기(first-order instrument) : 한 개의 에너지 저장소자를 갖고 있는 경우에는 미분방정식에서 $y(t)$의 1차 미분이 필요로 하게 되고 식 (5-21~23)과 같다.

$$a_1 \frac{dy(t)}{dt} + a_0 y(t) = b_0 x(t) \text{ or } (\tau D + 1) y(t) = K x(t) \tag{5-21}$$

$$K = \frac{b_0}{a_0} = \text{Static sensitivity(정지감도)} \tag{5-22}$$

$$\tau = \frac{a_1}{a_0} = \text{Time constant(시정수)} \tag{5-23}$$

㉠ 시정수(time constant) : Unit step response가 지수함수 적으로 변화할 때 $y(t)$로부터 예상되는 $xm(t)$가 최종치의 63[%](=1 - 1/e)에 이르는 시간이다.

㉡ Unit step response : $x(t)$가 순간적으로 일정량만큼 변화하여 변화상태를 유지할 때 얻어지는 $y(t)$로부터 예상되는 $xm(t)$의 변화이다.

㉢ RC로 구성된 저역 필터 (1차기기의 예)는 [그림 5-21]과 같다.

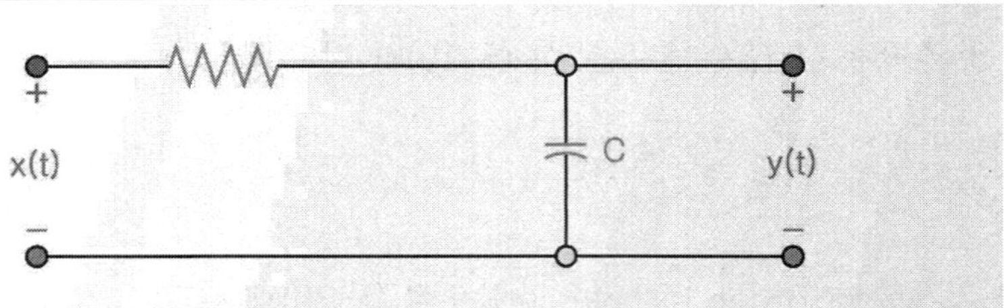

[그림 5-21] RC로 구성된 저역 필터

④ 2차 기기(second-order instrument) : 동적 반응을 나타내는데 2차 미분방정식이 요구되며 많은 기기들이 2차 또는 그 이상의 차수를 갖는 저역 통과 시스템이며 식 (5-24)와 같다.

$$\begin{aligned} a_2 &= \frac{d^2 y(t)}{dt^2} + a_1 \frac{dy(t)}{dt} + a_0 y(t) \\ &= b_0 x(t) \text{ or } \frac{D^2}{\omega_n^2} + \frac{2\zeta D}{\omega_n} + 1 y(t) = K x(t) \end{aligned} \tag{5-24}$$

㉠ $K = \frac{b_0}{a_0}$: (정지 감도로 출력단위 나누기 : 입력단위의 단위를 가짐)

㉡ $\omega_n = \sqrt{\frac{a_0}{a_2}}$: (미제동 고유주파수, rad/s)

㉢ $\zeta = \frac{a_1}{2\sqrt{a_0 a_2}}$: (단위가 없는 제동비율)

ⓐ 동작 전달함수는 식 (5-25)와 같다.

$$\frac{y(D)}{x(D)} = \frac{K}{\frac{D^2}{\omega_n^2} + \frac{2\zeta D}{\omega_n} + 1} \tag{5-25}$$

ⓑ 주파수 전달함수는 어떤 요소에 가한 정현파 입력 신호로 그 출력 신호를 나눈 값으로, jω의 함수로 식 (5-26)과 같다.

$$\begin{aligned} \frac{Y(j\omega)}{x(j\omega)} &= \frac{K}{(j\omega/\omega_n)^2 + (2\zeta j\omega/\omega_n) + 1} \\ &= \frac{K}{\sqrt{[1-(\omega/\omega_n)^2]^2 + 4\zeta^2\omega^2/\omega_m^2}} \angle \varnothing = \arctan\left(\frac{2\zeta}{\omega/\omega_n - \omega_n/\omega}\right) \end{aligned} \tag{5-26}$$

03 정보신호 처리기술

학습목표

- PCM의 특징과 과정에 대해 알 수 있다.
- 변조의 종류와 디지털 변 · 복조에 대하여 알 수 있다.
- 다중화방식에 대하여 알 수 있다.

1. PCM

(1) 펄스 부호변조(PCM)

PCM(Pulse Code Modulation)은 신호를 표본화한 뒤 얻어진 PAM(Pulse Amplitude Modulation) 신호를 양자화하여 양자화된 값을 기저대역신호(baseband signal)로 변조하는 방식이다. 즉 원래의 정보는 표본화된 후 양자화가 되고, 다시 몇 [bit]비트의 코드워드(code word)로 부호화(encoding)되며, 기저대역에서의 전송을 위하여 코드워드는 다시 펄스 파형으로 변환되는 것이다. 현재 변조방식 중 가장 우수한 특성이 있다. 표본화의 과정은 [그림 5-22]와 같다.

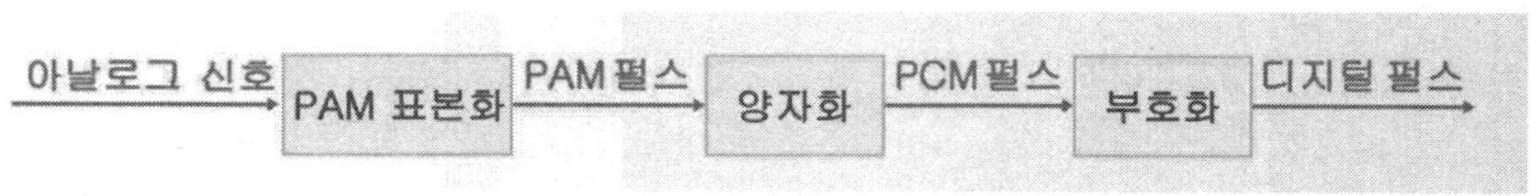

[그림 5-22] 표본화 과정

(2) PCM의 특징

① 전송로에 존재하는 잡음, 누화 등의 각종 방해잡음에 강하므로 저질의 전송로에도 사용할 수 있다. 즉 신호 대 잡음비(Signal to Noise Ration : S/N)가 양호하며 디지털 전송에 가장 적합하다.

② 전송로에 의한 레벨 변동이 적으며, 점유주파수 대역폭이 넓고, PCM 특유의 잡음이 있다.

2. PCM 과정

(1) 표본화

PCM에서 신호를 일정한 주기로 샘플링 하는 과정을 표본화라고 한다. 표본화는 복원시 품질을 좌우하므로 표본화 주기 선정에 주의가 필요하다.

1) 샤논(Shannon)의 표본화 정리

전송하려는 연속신호 $x(t)$의 최고 주파수가 f_{max}일 때 표본화(sampling) 주파수 f_s를 f_{max}의 2배 이상으로 설정하여 샘플링하면 본래의 연속신호 $x(t)$를 복원할 수 있는 것을 표본화 정리라 한다.

① 표본화는 아날로그 신호로부터 일정주기로 그 순간의 진폭을 끌어내는 조작 이다.

② $f_s \geqq 2f_{max}$[Hz] : Nyquist 주파수(표본화 주파수)

③ $T_s \leqq \frac{1}{2f_{max}}$[sec] : Nyquist 주기(표본화 주기)

④ $f_s = \frac{1}{T_s}$: (T_s : 샘플링 주기, f_s : 샘플링 주파수)

2) 표본화 주파수

표본화 주파수의 물리적 의미는 초당 샘플(sample)수, 즉 $\frac{샘플수}{sec}$ 또는 초당 프레임(frame)수, 즉 $\frac{프레임수}{sec}$이며 표본화 주파수가 높다는 것은 초당 샘플수가 많다는 것이며, 표본화를 위해 자르는 주파수, 주기를 표본화 주기라 한다. 이는 전송하려는 정보의 양이 많아져 채널 용량이 커지게 된다. 이러한 특성을 통해 음성신호를 표본화하면 [그림 5-23]과 같다.

3) 에일리어싱(Aliasing) 오차

스펙트럼이 겹쳐지므로 발생되는 오차로 표본화율이 Nyquist 주파수보다 작은 경우에 일어난다. 즉 표본화율 이상으로 표본화되지 않을 때 주기는 $2f_{max}$보다 작아지므로 스펙트럼이 중첩하여 원래의 스펙트럼에 왜곡을 유발시키는 현상이다.

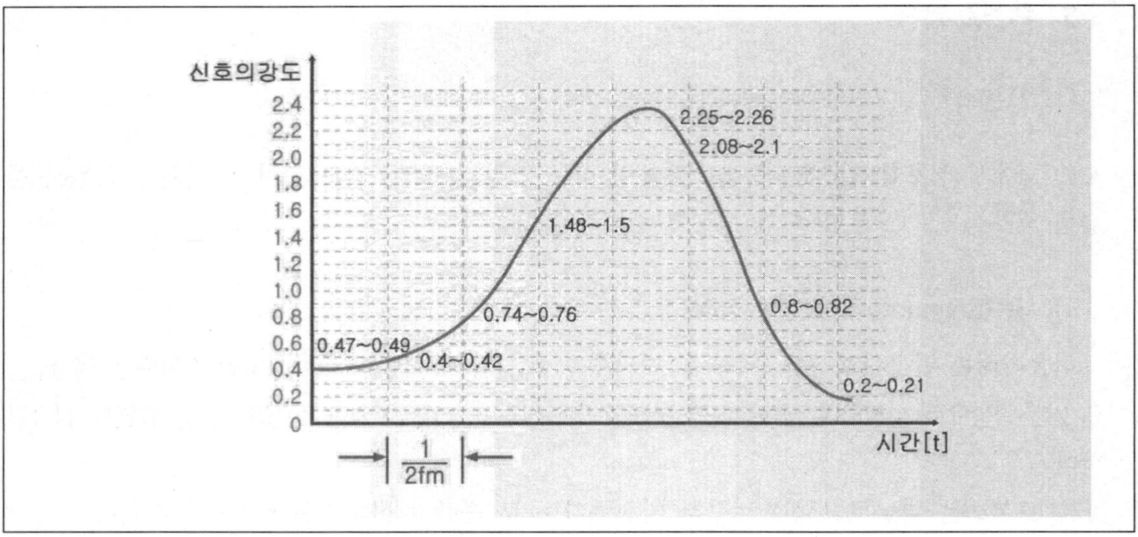

[그림 5-23] 음성신호의 표본화

(2) 양자화

아날로그 신호(이산신호)를 PAM으로 변환하는 과정, 즉 표본화 단계를 통한 PAM의 진폭을 디지털 양으로 변환하기 위하여 계단모양의 근사파형으로 만드는 것을 양자화(Quantization : 이산신호의 디지털화)라 한다.

1) 양자화 폭

양자화 폭은 신호를 몇 비트[bit]를 2진수로 표현하는가에 따라 결정된다.

$M = 2^n$에서 n은 사용 비트[bit]수이고 3개의 비트를 사용하면 8개의 양자화 스텝(Step)을, 8개의 비트[bit]를 사용하면 256개의 양자화 스텝을 만들 수 있다. 즉 3개의 비트[bit]를 사용하면 8개의 양자화 스텝을 얻을 수 있고 순시 진폭값을 이 8가지 양자화 스텝 중 어느 하나에 대응시키게 된다.

2) 양자화의 방법

라운딩(rounding : 사사오입)과 트렁케이션(truncation : 잘라버림)*의 방법이 있으며, [그림 5-24]는 라운딩 기법의 양자화를 나타낸 것으로, 표본화된 신호의 진폭값을 반올림하여 양자화 값으로 표현하는 방법이다.

---

* 트렁케이션(truncation : 잘라버림) : 문자나 숫자의 시작 또는 끝을 지정한 기준에 따라 잘라 내는 것.

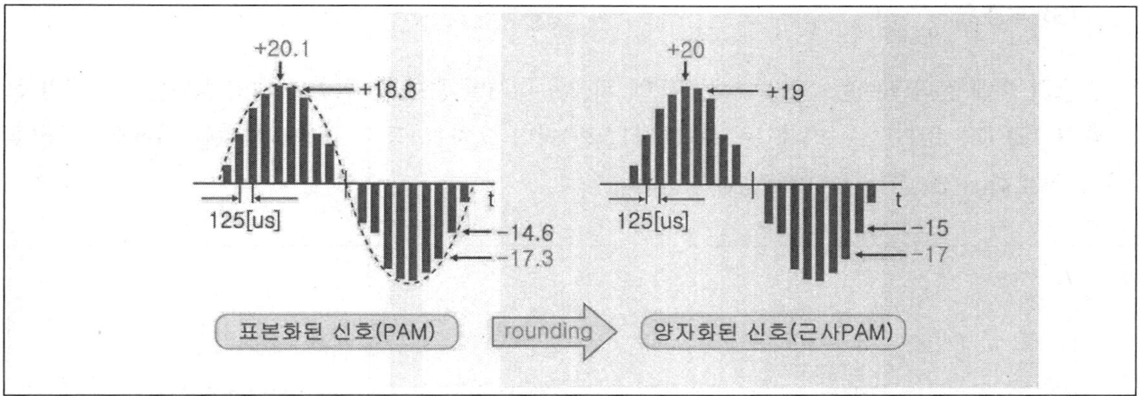

[그림 5-24] 신호의 양자화 방법 중 라운딩 기법

3) 양자화 잡음

신호를 양자화하는 과정에서 필연적으로 발생하는 오차(잡음)이다.

양자화 폭의 크기에 따라 오차의 크기가 변화하게 되는데, 잡음을 줄이기 위해 양자화 폭을 줄이면 양자화 스텝수(계단)가 많아지므로 양자화 오차는 줄어들지만 데이터가 많아지기 때문에 하드웨어 규모가 커지게 되는 단점이 있다. 아날로그 신호가 표본화 양자화 과정을 거친 파형의 오차는 [그림 5-25]와 같다.

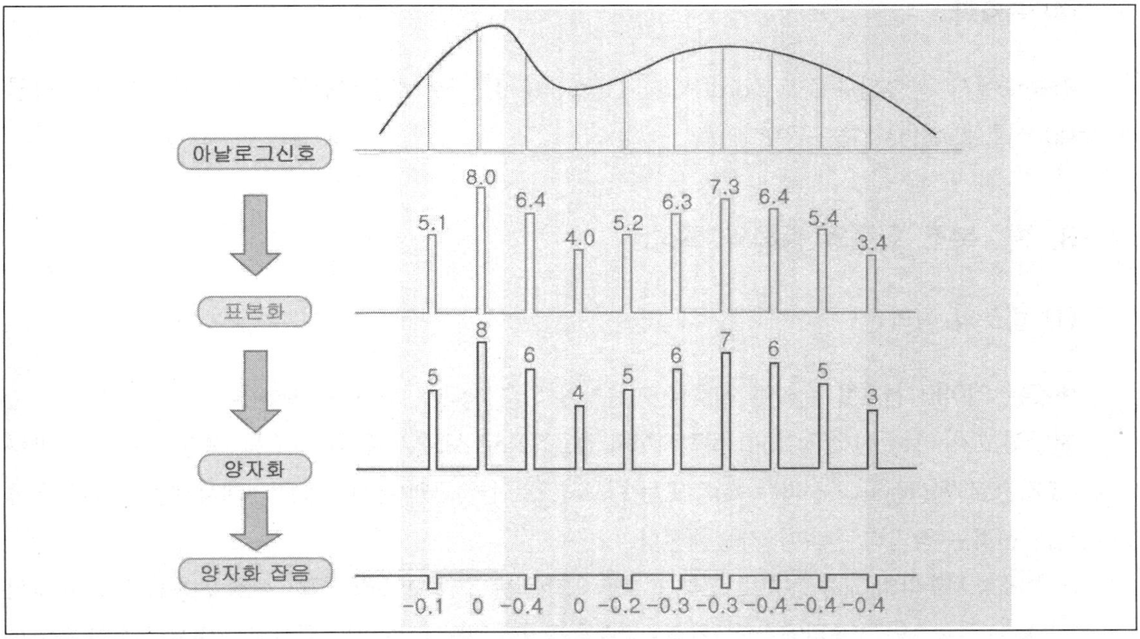

[그림 5-25] 양자화 잡음

(3) 부호화

공기 중에 전파되는 음성정보나 컴퓨터에 저장된 디지털 정보 등 여러 형태의 정보를 전자적인 신호인 1과 0의 조합으로 변환하는 과정(A/D변환)이며 오차가 적은 그레이 부호를 사용한다. 신호의 부호화(digital)는 [그림 5-26]과 같다.

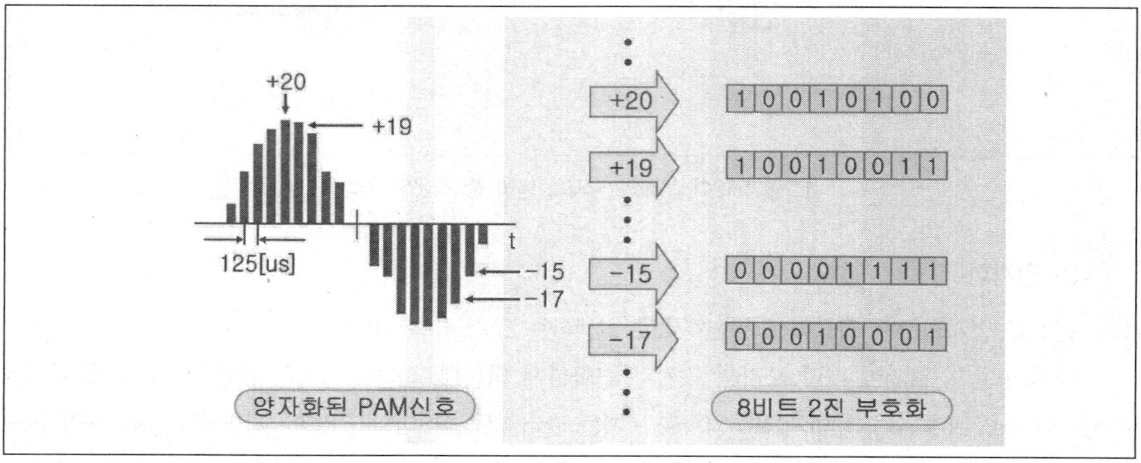

[그림 5-26] 신호의 부호화

(4) 복호화

전송로에서 전송된 PCM word(PCM Language)를 PAM(순시진폭값의 신호, 즉 표본화된 상태) 신호로 복원시키는 것이다.

3. 변 · 복조 회로의 종류와 특성

(1) 변조의 정의

변조는 데이터 신호를 캐리어 신호를 이용하여 다른 형태로 바꾸는 과정이다.

전달하고자 하는 신호(정보)를 목적지까지 효율적으로 보내기 위해 신호를 적합한 형태로 바꾸는 조작으로 음성신호나 전파는 흡수 또는 반사되므로 원격과의 통신이 불가능해지지만, 주파수가 높아지면 전파는 장거리 전송이 가능해진다.

① 변조 : 저주파의 교류 신호로 교류 신호를 제어하는 것을 변조라 하며, 신호 전송을 위해 비교적 높은 주파수인 반송파에 낮은 가청주파수를 포함시키는 과정이며, 통신에 있어서 전송하려는 정

보(음성, 컴퓨터 의 데이터 등)를 전기적인 신호를 변환한 다음 변환된 신호를 그대로 보내지 않고 높은 주파수(반송파)의 정현파의 진폭, 주파수, 위상 등으로 변조(피변조파)하여 원신호를 변화시켜 보내는 과정을 변조라 한다.

② 높은 주파수로 변조를 수행하는 회로를 변조기라 한다.

③ 반송파 : 라디오나 텔레비전을 비롯하여 무선통신에서 정보를 실어 보내는 고주파의 사인(sine)파 또는 펄스(pulse)파 이며, 변조에 사용되고 있는 고주파 신호로 음성 신호파를 운반하는 역할을 한다.

④ 신호파 : 신호를 포함하는 전자파나 음파 등의 반송파를 변조하는 파로 저주파이다.

(2) 변조를 하는 이유

변조는 정보의 장거리 전송과 잡음 방지를 주목적으로 신호 전송의 고품질화를 돕는다.

① 장거리 전송 : 정보신호를 반송파에 실어 보냄으로써 장거리 전송이 가능하게 된다.

② 안테나의 제작문제를 해결 : 음성신호를 그대로 전송하려면 파장이 너무 길어 송·수신 안테나 제작이 곤란하기 때문에 변조를 한다(주파수가 높아질수록 안테나는 짧아지고 $[\frac{\lambda}{2}]$, 실용성은 높아진다).

③ FDM(Frequency Division Multiplexing : 주파수 분할 다중화) : 주파수가 높아지면 대역폭이 넓어지게 되는데 이 넓어진 대역폭을 분할 사용하는 것이 유리하기 때문에 변조 후 다중화가 필요하다.

④ 부수적인 장점 : 잡음과 간섭이 제거되어 S/N비가 향상되며, 회로소자가 단순화되고 시스템이 소형화된다.

⑤ 잡음방지 : 주파수를 높이면 혼입되는 잡음의 영향을 줄일 수 있다. 또한 S/N(Signal to noise ratio)비를 개선할 수 있다.

⑥ 폭주하는 통신용량을 감당 : 가능한 채널용량을 크게 하여 특정 주파수에 동시에 여러 개의 신호를 보내면 특정한 사람이 수신 가능하여 주파수 다중화로 채널 효율이 좋아진다.

⑦ 신호의 간섭을 적게 하기 위해 대역폭이 중심 주파수와 비교해서 좁아지는 협 대역폭을 가질 수 있다.

(3) 복조의 정의

송신단에서 변조(modulation)된 신호를 다시 수신단에서 원래 신호로 돌리는 과정이다.

① 복조(demodulation)는 변조된 반송파(피변조파)를 수신하여 이것에 포함된 반송파를 제거하고 원래의 신호인 저주파인 신호파만을 분리해 내는 과정을 복조, 또는 검파(detector)라 한다.

② 복조의 과정을 수행하는 회로를 복조기(demodulator)라 한다.

③ 피변조파 : 신호파+반송파로 반송파에 신호파를 가하면 그 반송파의 주파수나 위상이 변화하여 변조가 된 파형을 피변조파라 한다.

(4) 변조방식의 분류

변조(modulation)는 전송하고자 하는 신호(정보)를 주어진 통신로에 적합하도록 처리하는 과정이다. 일반적인 통신방식의 계통도는 [그림 5-27]과 같다.

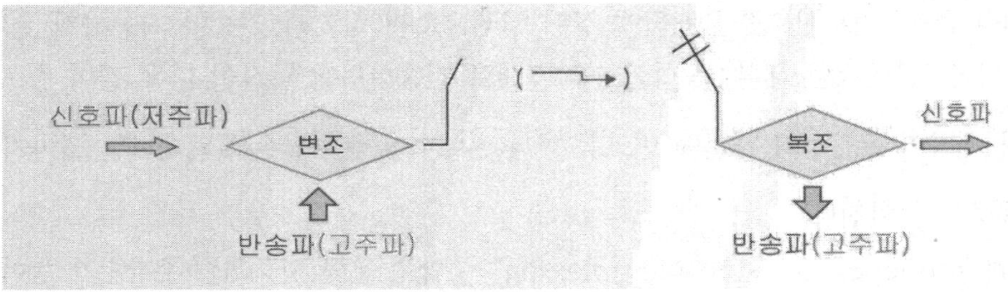

[그림 5-27] 일반적인 통신방식의 계통도

① 진폭변조(Amplitude Modulation : AM) : 신호파의 진폭에 의해서 반송파의 진폭이 변하는 방식이다.

② 주파수변조(Frequency Modulation : FM) : 반송파 주파수를 신호파의 세기에 따라 변화시키는 방식이다.

③ 위상변조(Phase Modulation : PM) : 반송파의 위상을 신호파의 세기에 따라 변화시키는 방식이다.

④ 펄스 진폭변조(Pulse Amplitude Modulation : PAM) : 펄스의 주기폭은 일정하고 펄스의 진폭을 신호파의 크기에 비례하여 변화시키는 방식이다.

⑤ 펄스 폭변조(Pulse Wide Modulation : PWM) : 펄스의 주기진폭은 일정하고 펄스의 폭[(+)반주기]을 신호파의 크기에 비례하여 변화시키는 방식이다.

⑥ 펄스 주파수변조(Pulse Frequency Modulation : PFM) : 펄스의 진폭과 폭은 일정하고 펄스의 반복 주파수를 신호에 따라서 변화시키는 방식이다.

⑦ 펄스 위치변조(Pulse Position Modulation : PPM) : 펄스의 진폭과 폭은 일정하고 그 시간 축상의 위치를 입력신호의 크기에 비례하여 변화시키는 방식이다.

⑧ 펄스 부호변조(Pulse Code Modulation : PCM) : 표본화된 펄스 신호를 양자화하여 이것을 2진화 펄스를 써서 부호로 하는 방식으로 현재 변조방식 중 가장 우수한 특성이 있다.

⑨ 펄스 부변조(Pulse Number Modulation : PNM) : 변조 신호파의 진폭에 따라 반송파의 진폭이나 폭이 일정한 단위 펄스를 일정한 시간 내에 그 수를 변화시켜 변조하는 방식이다.

⑩ 펄스 변조(Pulse Modulation : PM) : 펄스파 신호를 원래의 신호모양에 따라서 조작하는 방식이다. 변조방식의 분류는 〈표 5-2〉와 같다.

〈표 5-2〉 변조방식의 분류

<table>
<tr><td rowspan="11">변 조</td><td rowspan="3">연속파변조
(아날로그)</td><td colspan="2">진폭변조</td><td>AM</td></tr>
<tr><td rowspan="2">각변조</td><td>주파수변조</td><td>FM</td></tr>
<tr><td>위상변조</td><td>PM</td></tr>
<tr><td rowspan="8">펄스 변조</td><td rowspan="4">연속 레벨 변조</td><td>펄스 진폭변조</td><td>PAM</td></tr>
<tr><td>펄스 폭변조</td><td>PWM</td></tr>
<tr><td>펄스 위치변조</td><td>PPM</td></tr>
<tr><td>펄스 주파수변조</td><td>PFM</td></tr>
<tr><td rowspan="4">불연속 레벨 변조
(디지털변조)</td><td>펄스 부호변조</td><td>PCM</td></tr>
<tr><td>펄스 부변조</td><td>PNM</td></tr>
<tr><td>적응 델타 변조</td><td>ADM</td></tr>
<tr><td>델타 변조</td><td>DM</td></tr>
</table>

(5) 변조방식

변조방식은 진폭변조, 주파수변조, 위상변조로 크게 나눌 수 있다.
사인파의 반송하는 방식은 식 (5-27)과 같고 분류도 표시하였다.

$$V_c(t) = V_c\cos(\omega_c t + \theta) \tag{5-27}$$

↑ ↑ ↑

진폭변조 주파수변조 위상변조

① V_c : 반송파의 진폭(최대값)으로 진폭이 변화하는 경우를 진폭변조(AM)라 한다.

② ω_c : 반송파의 각 주파수($2\pi fc$)로 주파수 f_c가 변화하는 경우를 주파수변조(FM)라 한다.

③ θ : 반송파의 위상으로 θ가 변화하는 경우를 위상변조(PM)라 한다.

④ 주파수변조와 위상변조는 서로 밀접한 관계를 가지고 있어서 각변조(angle modulation)라 한다.

4. 진폭변조와 복조

송신하고자 하는 정보(변조신호)를 가지고 반송파의 진폭을 변화시켜 전송하는 것을 진폭 변조(AM)라 하고 복조는 송신단에서 변조(Modulation)된 신호를 다시 수신단에서 원래 신호로 돌리는 과정이다.

(1) 진폭변조

송신하고자 하는 정보(변조신호)를 가지고 반송파의 진폭을 변화시켜 전송하는 것이고 주파수변조(FM) 방식은 송신하고자 하는 정보(변조신호)를 가지고 반송파의 진폭을 변화시켜 전송하는 것이다.

① 신호파의 진폭에 의해서 반송파의 진폭이 변하는 방식이다.

진폭변조 회로도는 [그림 5-28]과 같다.

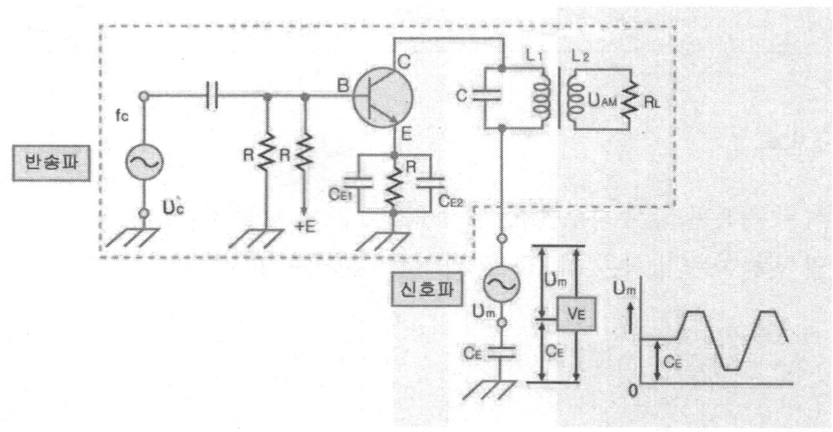

[그림 5-28] 진폭 변조회로

여기서 f_c : 반송파 주파수, $f_c + f_s$: 상측파 성분, $f_c - f_s$: 하측파 성분

㉠ 신호파(signal wave) : 신호를 포함하는 전자파나 음파 등의 반송파를 변조하는 파는 식 (5-28)과 같다.

$$i_s = I_s \cos w_s t v_s = V_s \cos 2\pi f_s t, \quad V_m(t) = V_m \cos \rho t \tag{5-28}$$

㉡ 반송파(carrier wave)는 라디오나 텔레비젼을 비롯하여 무선통신에서 정보를 실어보내는 사인파 & 펄스파는 식 (5-29)와 같다.

$$\begin{gathered} i_c = I_c \cos w_c t,\ v_c = V_c \cos 2\pi f_c t \\ Vm(t) = V_C \cos(w_C t + \phi) \end{gathered} \tag{5-29}$$

여기서 I_s, V_s : 신호파의 최대값, I_C, V_C : 반송파의 최대값, f_s : 신호파의 주파수, fc : 반송파 주파수

㉢ 피변조파(i_{AM})는 식 (5-30)과 같다.

$$i_{AM} = I_S \cos\omega_s t \cdot I_C \cos\omega_s t$$

$$(\therefore A\cos a \cdot B\cos\beta = \frac{1}{2}AB[\cos(a+\beta) + \cos(a-\beta))$$

$$= I_c \cdot \cos\omega_C t + \frac{mI_C}{2}\cos(\omega_{C+}\omega_S)t + \frac{mI_C}{2}\cos(\omega_C - \omega_S)t \tag{5-30}$$

↑ 반송파 (Carrier) ↑ 상측파대 (Upper side band) ↑ 하측파대 (Lower side band)

ⓐ 신호주파수 w_s로 변조*시킴으로써 반송주파수 w_C를 $w_C \pm w_s$의 매우 높은 주파수로 이동이 가능하다.

ⓑ 측파대 : 반송파를 변조할 때 반송파의 양쪽에 발생하는 전파의 주파수 성분이다.

ⓒ 상측파대 : 신호파의 스펙트럼을 그대로 높은 주파수대로 이동 시킨 것 이다.

ⓓ 하측파대 : 신호파의 스펙트럼을 반전하여 낮은 주파수대로 이동시킨 것이다.

---

* 변조 : 조작에 의해 신호를 임의의 다른 주파수 대역 주파수를 편이시킬 수 있다.

㉣ 변조도(Modulation Index : m)

신호파의 진폭과 반송파의 진폭비로서 일반적으로 [%]로 나타내며 식 (5-31)과 같다.

$$m = \frac{I_S}{I_C}, \quad I_C : \text{반송파 진폭}, \quad I_S : \text{신호파 진폭} \tag{5-31}$$

ⓐ $m = 1$일 때 : 100[%]변조라 하고 이 변조의 반송파 점유전력은 전 전력의 2/3이며 나머지 1/3의 전력이 상 · 하측파대가 점유하는 전력이 된다.

ⓑ m 〈 1일 때 : 신호파의 세기가 작아진다.

ⓒ m 〉1일 때 : 포락선은 신호파(변조파)의 진폭이 일그러짐(왜곡)이 생기는 과변조현상이 나타난다. 변조도 m은 1 이하로 제한하여야 한다.

㉤ 점유 주파수 대역폭은 식 (5-32)와 같다.

$$\mathrm{BW} = 2fs \tag{5-32}$$

㉥ 진폭변조파*는 $V_m(t)$에 의해서 V_C를 변화시키는 방식이므로 진폭변조파 $v_{\mathrm{AM}}(t)$는 식 (5-33)과 같다.

$$\begin{aligned} v_{\mathrm{AM}}(t) &= (V_C + V_m \cos \rho t) \cos(\omega_C t + \phi_0) \\ &= V_C(1 + m \cos \rho t) \cos(\omega_C t + \phi_0) \end{aligned} \tag{5-33}$$

$m = V_m / V_C$이며 이 m을 변조도(modulation degree)라고 한다.

(2) 과변조**의 특성

고조파가 발생하여 음성파(진폭)가 일그러짐이 생기고, 저주파 출력이 커지고, 주파수 대역이 넓어지며, 다른 통신기기에 혼선을 야기하고 변조기의 과부하의 원인이 된다. 진폭변조 그래프는 [그림 5-29]와 같다.

---

* 진폭변조파 : 반송파의 진폭을 신호파의 순간 진폭에 따라서 변화시키는 변조 방식이다.

** 과변조 : 반송파 송출형 진폭 변조에서 변조도가 100[%]를 초과한 상태이다. 일반적으로 정격을 초과한 변조 신호 입력이 가해진 상태이다. 과변조가 생기면 일그러짐이 생겨 측파대가 넓어져 결국 다른 통신에 방해를 주게 된다. 주파수 변조나 위상 변조에서는 이러한 현상이 일어나지 않는다.

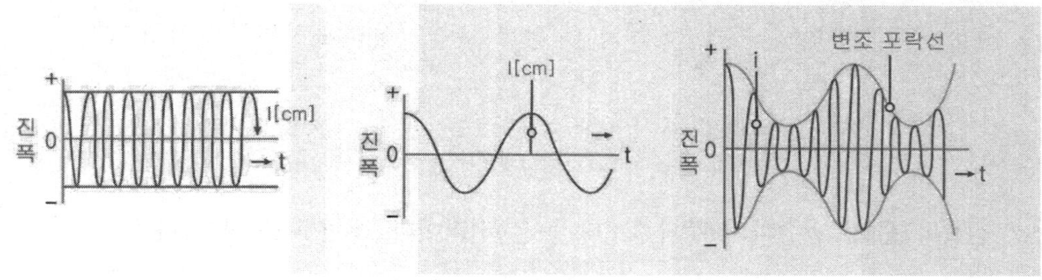

(a) 반송파 (b) 신호파 (c) 피변조파

[그림 5-29] 진폭변조 그래프

(3) 주파수 스펙트럼

신호를 주파수 영역의 모든 성분들을 사용하여 표현하는 것을 그 신호의 주파수 스펙트럼이라고 한다. 피변조파의 주파수 스펙트럼은 [그림 5-30]과 같다.

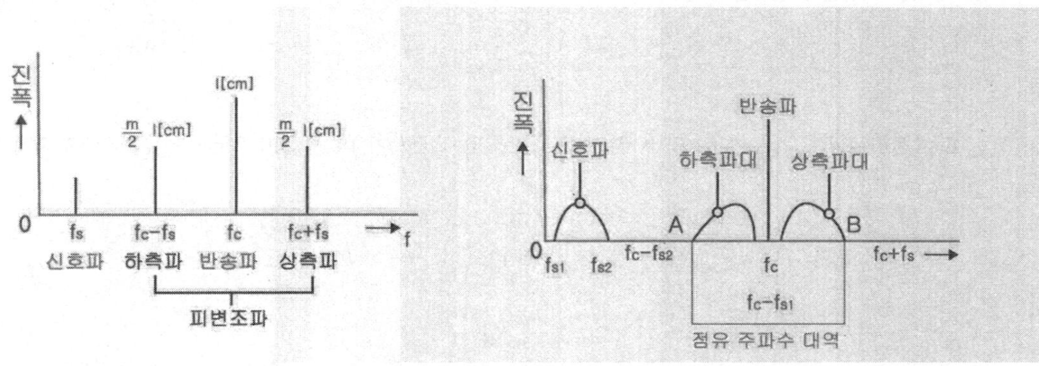

(a) 주파수 스펙트럼 (b) 주파수 대역

[그림 5-30] 피변조파의 주파수 스펙트럼

(4) 피변조파의 전력(P_M)

반송파가 신호파에 의해 변조되어 모양이 달라진 것이며, 변조의 방식에 따라 그 형태는 다르나, 반송파 성분이나 신호파 성분, 고조파 성분의 전력을 지칭한다.

① 반송파 전력 : 변조가 없는 상태에서 주파수 1주기 동안에 송신기에서 안테나계의 급전선에 공급되는 평균 전력이다. 식 (5-34)와 같다.

$$(\text{반송파전력}) = \left(\frac{\text{반송파진폭}}{\sqrt{2}}\right)^2 \times \text{저항} = \frac{1}{2}(\text{상측파전력})^2 \times \text{저항}[\text{W}]$$
$$(P_C) = \left(\frac{I_C}{\sqrt{2}}\right)^2 \times R = \frac{1}{2} I_C{}^2 \times R[\text{W}] \tag{5-34}$$

② 상측파 전력 : 반송파의 주파수보다 높은 전력이다. 식 (5-35)와 같다.

$$(\text{상측파전력}) = \left(\frac{\text{변조도} \times \text{반송파진폭}}{\sqrt[2]{2}}\right)^2 \times \text{저항}$$
$$(P_V) = \left(\frac{m \cdot I_C}{\sqrt[2]{2}}\right)^2 \times R = \frac{1}{8} I_C{}^2 \times R = \left(\frac{1}{2} \times I_C{}^2 \times R\right) \times \frac{m^2}{4} = \frac{1}{4} m^2 = \frac{1}{4} m^2 \times P_C[\text{W}] \tag{5-35}$$

③ 하측파 전력 : 반송파의 주파수보다 낮은 전력이다. 식 (5-36)과 같다.

$$(\text{하측파전력}) = \left(\frac{\text{변조도} \times \text{반송파진폭}}{2\sqrt{2}}\right)^2 \times \text{저항}$$
$$(P_L) = \left(\frac{m \times I_C}{2\sqrt{2}}\right)^2 \times R = \frac{1}{8} I_C^2 \times R = \left(\frac{1}{2} \times I_C^2 \times R\right) \times \frac{m^2}{4} = \frac{1}{4} m^2 \times P_C[\text{W}] \tag{5-36}$$

④ 피변조파 전력(P_M) = 반송파 전력(P_C) + 상측파 전력(P_V) + 하측파 전력(P_L)은 식 (5-37)과 같다.

$$\text{피변조파전력} = \text{반송파전력} + \frac{m^2}{4} \times \text{반송파전력} + \frac{m^2}{4} \times \text{반송파전력}$$
$$= \text{반송파전력}\left(1 + \frac{m^2}{2}\right)[W]$$
$$P_M = P_C + \frac{m^2}{4} P_C + \frac{m^2}{4} P_C = P_C\left(1 + \frac{m^2}{2}\right)[\text{W}] \tag{5-37}$$

⑤ 반송파와 측파대*의 전력비는 식 (5-38)과 같다.

반송파전력 : 상측파전력 : 하측파전력 $= 1 : \frac{m^2}{4} : \frac{m^2}{4}$

$$P_C : P_H : P_L = 1 : \frac{m^2}{4} : \frac{m^2}{4} \tag{5-38}$$

* 측파대 : 변조로 생기는 스펙트럼 중에서 반송 주파수의 위쪽 또는 아래쪽에 나타나는 부분의 주파수대이다.

반송파와 측파대 간의 전력비교는 〈표 5-3〉과 같다.

〈표 5-3〉 반송파와 측파대간의 전력비교

구 분	반송파	상측파	하측파
전력	P_C	$\frac{m^2}{4}P_C$	$\frac{m^2}{4}P_C$
100[%]변조시	1	$\frac{1}{4}$	$\frac{1}{4}$

⑥ 효율(η) : 반송파로 전송되는 전력은 손실전력으로 나타내고, 양측파대로 전송되는 전력은 복사전력을 나타내며, 공급전력에 대한 복사전력의 비를 효율로 나타낸다. 이 효율을 변조도를 이용하여 나타내면 식 (5-39)와 같다.

$$\eta = \frac{\text{측파대전력}}{\text{파의전전력 (반송파 + 측파대)}} = \frac{m^2}{2 + m^2} \tag{5-39}$$

m=1일 때 $\eta = \frac{1}{3}$이다. 따라서 AM파의 최대효율 $\eta = 33.3[\%]$가 된다. 약 67[%]의 전력이 손실되므로 전력효율은 낮은 편이다.

5. 여러가지 AM방식

AM파의 주파수 스펙트럼에 정보를 포함하고 있는 것은 반송파가 아니고 측파대 성분이다. 정보를 보낸다는 관점에서 보면 3개의 성분을 모두 보낼 필요는 없다. 가장 적은 전력으로 정보를 전송하려면 한 쪽 측파대만 보내면 되는데 이 방식을 단측파대(Single Side Band : SSB)통신이라 하고 양측파대와 반송파 모두를 보내면 양측파대(Double Side Band : DSB)통신이라 하고, 반송파를 제거하고 양측파대만 보내면 반송파 억압양측파대(Suppressed Carrier Double Side Band : SCDSB) 통신방식이라 하며, Carrier와 측파대의 한쪽 일부를 억압시켜 전송하면 잔류측파대(Vestigial Side Band : VSB) 통신방식이라 한다. 여러가지 AM방식은 [그림 5-31]과 같다.

① 단측파대(SSB)파 : 반송파와 상측 또는 하측의 측파대 하나를 제거시키고 남은 측파대 하나만 전송하는 방식이다.

㉠ 링 변조회로의 출력에 상 · 하측파대 중에서 한쪽 측파대만을 통과(pass)하거나 소거(erase)하는 여과기(filter)를 부착하면 된다.

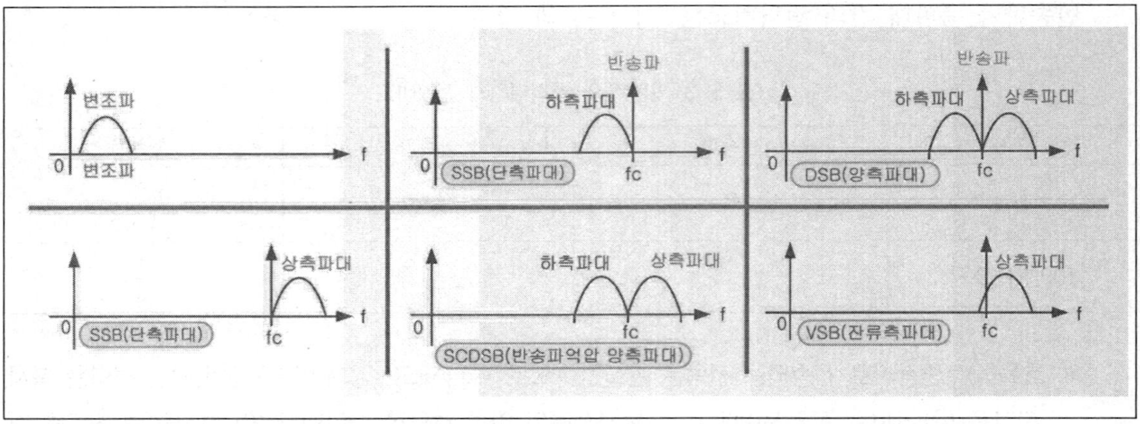

[그림 5-31] 여러 가지 AM방식

㉡ 단측파대의 특징

ⓐ DSB에 의해 점유주파수의 대역폭은 1/2 소비전력은 1/6이며, S/N비가 개선되므로 일반적으로 많이 이용된다.

ⓑ 선택성 Fanding이 DSB에 비하여 1/2이고, 송 · 수신장치가 소형 및 경량이지만 복잡하고 고가이다.

② 양측파대 통신방식(Uble Side Band : DSB) : 보통 AM이라 하고 반송파와 상 · 하측파대를 동시에 전송하는 방식이다.

6. 진폭 변조회로

진폭 변조는 방식에 따라 직선 변조와 비직선 변조로 구분한다.

① 직선 변조 : 반송파의 이득을 신호파에 따라 변화시키며, 비선형 특성을 이용할 필요가 없기 때문에 직선변조라 한다.

② 비직선 변조 : 신호파와 반송파의 합을 비직선 전달특성을 갖는 증폭기의 입력에 인가하는 방법을 이용한다.

③ 변조파를 입력위치에 따라 분류하면 컬렉터 변조, 이미터 변조, 베이스 변조가 있다.

㉠ 장점 : 회로구성이 간단하고 경제적이다.

㉡ 단점 : 전력효율이 좋지 않고 잡음에 약하다.

(1) 직선 변조회로*

증폭기의 거의 직선적인 이득특성을 이용하는 것으로 변조파를 입력하는 위치에 따라 분류하며, 컬렉터 변조, 이미터 변조, 베이스 변조가 있다.

1) 베이스 변조회로

변조 전력이 매우 적고 광대역에 이용되며, 컬렉터(collector) 변조에 비해 변조신호와 반송파 전압이 낮아 변조도를 크게 할 수 없고 직진성이 좋지 않기 때문에 변조왜곡이 나타나고 베이스 변조회로는 [그림 5-32]와 같다.

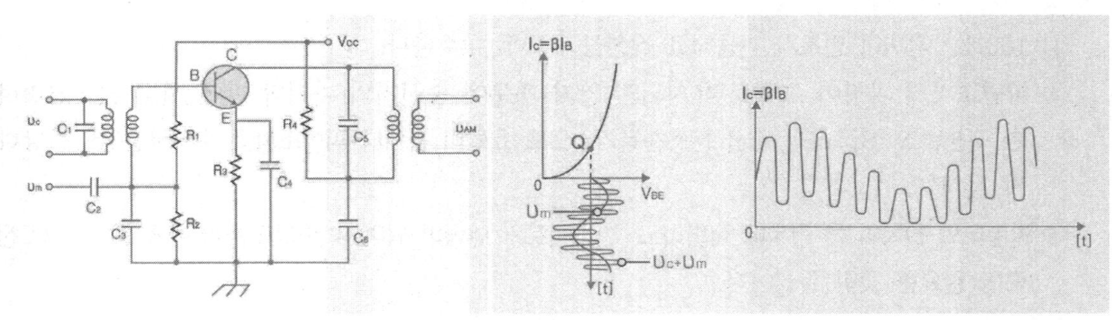

(a) 베이스 변조회로 (b) 부하직선 (c) 베이스 변조회로 파형

[그림 5-32] 베이스 변조회로와 베이스 변조회로의 파형

① 이미터가 바이패스되고 입력 측 베이스에 반송파와 신호파를 주입하는 회로를 베이스 변조회로라 한다.
② 베이스에 부(-)의 전압을 인가하면 제곱변조, C급 증폭으로 동작한 동조증폭기이다.
③ 반송파와 변조신호의 측파대 성분만 얻는 회로이다.
④ 베이스에 반송파와 신호파를 가한다.
⑤ 다이오드나 트랜지스터 등 비선형 소자를 이용한다.
⑥ 일그러짐이 컬렉터 변조회로보다 크고 효율도 나쁘다.

2) 컬렉터 변조회로

입력 측의 베이스에 반송파를 주입하고, 컬렉터 측에 변조신호(신호파)를 주입하고 컬렉터 동조회로에 출력단자를 연결하면 [그림 5-33]과 같이 컬렉터 변조회로가 된다.

* 직선 변조회로(대진폭 변조) : 반송파의 진폭이 큰 경우에 행하여지는 변조방식이다.

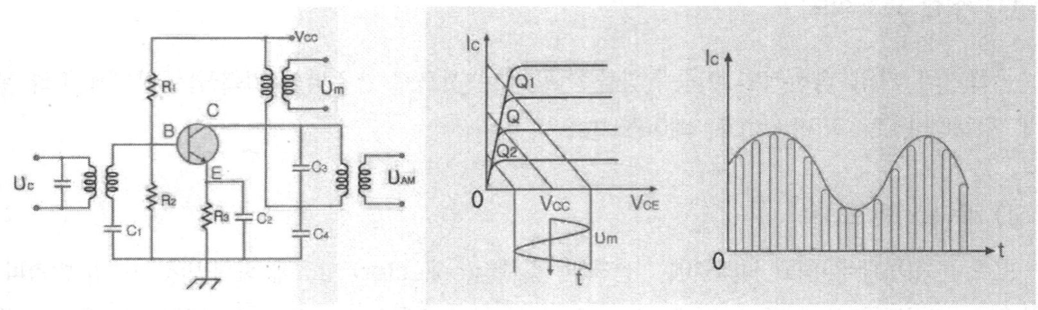

(a) 컬렉터 변조회로　　(b) 부하직선　　(c) 컬렉터 변조회로 파형

[그림 5-33] 컬렉터 변조회로의 부하직선과 파형

① 100[%] 가까이 변조가 가능하고 직선성이 매우 우수하다.

② 피변조파의 파형이 그대로 유지되지 않기 때문에 송신기의 마지막 단에 신호파를 입력하면 직선변조, B급 또는 C급 동조증폭기이므로 효율이 높으나 피변조파를 증폭하는 데 적당하지 못하다.

③ 반송파의 진폭이 큰 경우에 적합하고, 변조회로가 대형이 되며 피변조파 출력이 크고, 큰 변조전력이 필요한 것이 결점이다.

3) 이미터 변조회로

입력 측 베이스에 반송파를 주입하고, 변조신호를 이미터에 주입한 회로를 이미터 변조회로라 한다. 베이스 변조의 원리와 비슷하고, 베이스 변조에 비해 큰 변조전력을 필요로 하지만 직선성은 좋아진다. 이미터 변조회로는 [그림 5-34]와 같다.

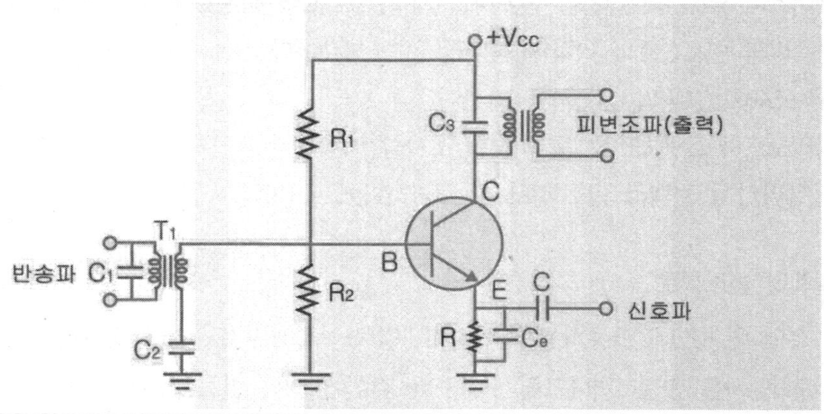

[그림 5-34] 이미터 변조회로

(2) 비직선변조

입 · 출력 특성이 비직선적인 소자의 입 · 출력에 반송파와 변조파의 합을 인가하여 진폭변조파를 얻은 방식을 비직선변조라 한다.

1) 제곱 변조회로

변조 출력이 입력의 제곱에 비례하는 진폭 변조 회로의 일종이다.

① 피변조파에 포함된 반송파를 제거하고 양측파대만을 이용하는 것으로 평형변조의 일종이다. 출력의 한 쪽 측파대만을 선택하여 필터를 부착해 단측파대 통신에 이용된다.

② AM파에서 반송파를 제외한 상 · 하 측파대($fc+fs$)만의 출력을 얻는다.

③ 입 · 출력특성이 비직선적인 특성을 가진 증폭기에 반송파와 신호파를 가해서 얻은 출력파형에서 저주파 성분은 제거하고 반송파 부근의 성분만으로 AM파를 얻는 방식이다.

④ 제곱 변조회로의 특징

㉠ 4개의 diode(다이오드) 특성을 이용하여 (+) 반주기 동안에는 D1, D4와 도통상태, (-) 반주기 동안에는 D2, D3가 도통되어 피변조파에서 반송파 성분을 제거하고 상 · 하측파대만 얻는다.

㉡ 신호 대 잡음비(S/N)가 매우 좋고, 송신기의 소비전력이 적으며, 무신호시 출력에 반송파가 나타나지 않으므로 일그러짐이 없다.

㉢ 단축파대(Single Side Band : SSB) 통신방식에 이용된다.

2) 평형 변조회로

피변조파 중에서 반송파는 제외하고 상 · 하 측파대만 얻는 변조회로를 평형변조라 하고 SSB파를 발생시킨다.

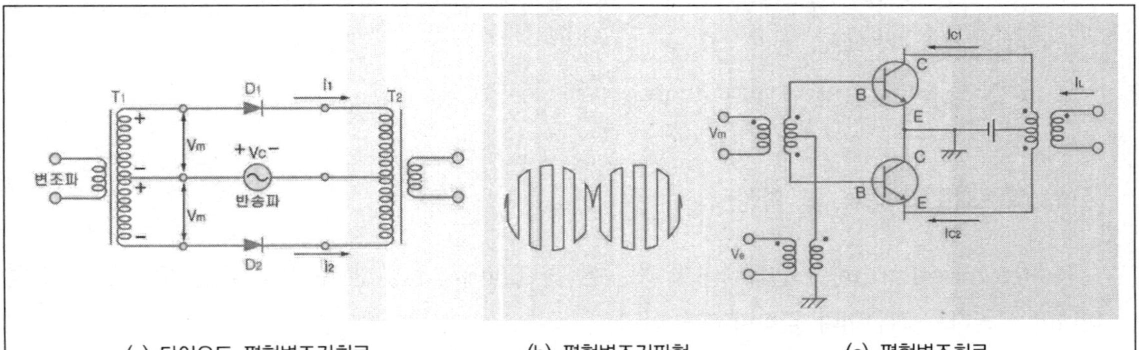

(a) 다이오드 평형변조기회로 (b) 평형변조기파형 (c) 평형변조회로

[그림 5-35] 다이오드를 이용한 평형변조기 및 평형변조회로

SSB파에서 출력 측에 반송파를 제거하는 데 이용한다. 평형 변조회로종류는 다이오드를 이용한 평형변조기, 트랜지스터를 이용한 평형변조기, 링(ring)변조기 등이 있다. 다이오드를 이용한 평형변조기 및 평형변조회로는 [그림 5-35]와 같다.

3) 링 변조회로

반송파를 입 · 출력 변압기의 중간탭에 인가하므로 출력 변압기의 2차 측에서는 반송파 성분은 제거되고 상측파대와 하측파대만을 얻는 회로이다. 링 변조회로는 [그림 5-36]과 같다.

① 단측파 통신에 이용되며, 소형이며, 경제적이다.

② 대역 필터회로를 사용하여 측파대만 포함한 진폭변조이다.

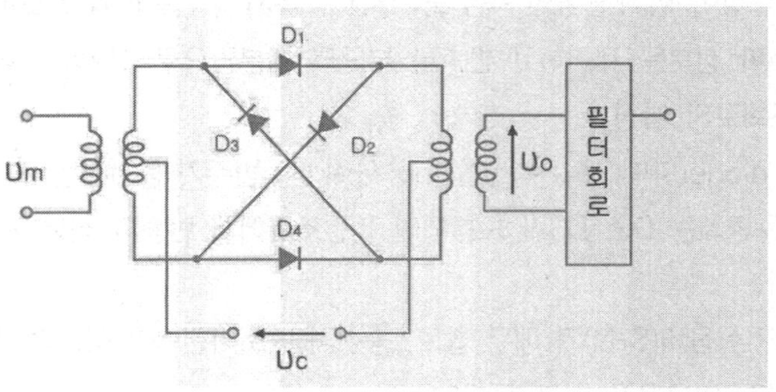

[그림 5-36] 링 변조회로

7. 진폭의 복조

송신하고자 하는 정보(변조신호)를 가지고 반송파의 진폭을 변화시켜 전송하는 것이다.

① 상 · 하측 2개의 측파대를 가지며 피변조파에 반송파 포함여부에 따라서 DSB-LS 및 DSB-SC로 구분한다.

② 통상 AM이라고 하면 DSB-LS이다.

(1) 복조회로의 종류 및 특성

복조(Demodulation)는 안테나에 유기된 진폭변조파에서 원래 변조신호를 추출하여 신호파를 얻어내어 복원하는 과정이며 검파라고도 한다.

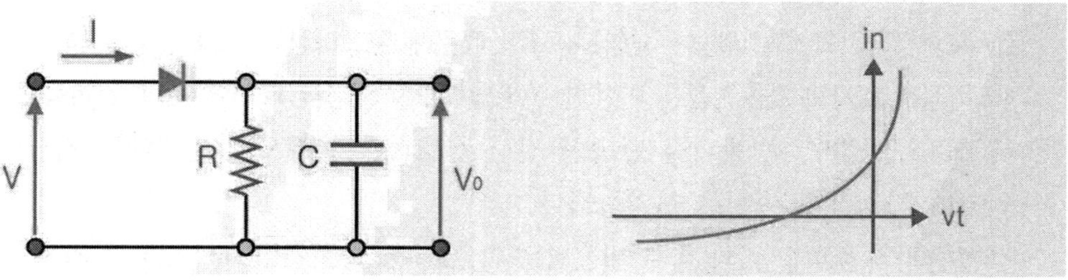

(a) 포락선 복조회로 (b) 자승검파회로

[그림 5-37] 포락선 복조회로 및 자승검파

① 포락선 검파(envelope detector) : 비동기 검파기로 사용되어 동기검파기인 정류검파기보다 효율이 좋고 구조가 간단하여 AM 피변조파 신호의 검파에 널리 사용된다. 포락선 복조회로는 [그림 5-37](a)와 같다.

㉠ AM파의 입력전압(V_i)이 가해지면 검파전류가 흘러 시정수(RC)가 반송파 주파수보다 크면 C가 충전 및 방전(R_c을 통하여)을 하여 출력은 피변조파의 포락선*을 재현하게 된다.

㉡ 입력전압의 피크가 증가할 때 출력전압이 입력전압의 포락선에 충실히 따르려면 시정수 RC를 크게 하여야 하며, 비직선에 의한 일그러짐이 작아야 한다. 정류능률, 검파효율을 식 (5-40), (5-41)과 같다.

$$\text{정류능률} = \frac{\text{출력전압의 진폭}}{\text{입력피변조파의 전압진폭}} \times 100\,[\%] \tag{5-40}$$

$$\text{검파효율} = \frac{\text{정류능률}}{\sqrt{2}} \tag{5-41}$$

㉢ Diagonal Clipping : 방전곡선의 기울기는 시정수 RC로 결정되지만 이 시정수가 지나치게 커서 검파출력이 입력신호의 변화를 따라가지 못하는 경우이다.

② 제곱 복조회로(자승검파) : 검파기의 동작특성이 [그림 5-37](b)와 같이 곡선인 경우 출력전류 I_o는 입력전압의 반송파 진폭의 제곱과 변조도의 곱에 비례하는 성분을 얻을 수 있는데

* 포락선(envelope) : 데이터 회선 단말 장치 교환기 사이의 통신 정보를 6[bit] 또는 8[Bit] 단위로 분할하고, 거기에 2[Bit]의 제어 [Bit]를 부가한 정보 단위이며 덧붙임이라고도 한다.

이와 같은 검파를 자승검파라 한다.

㉠ 자승검파기의 왜율(왜율 =m/4)이 크기 때문에 일그러짐이 크고 특수한 경우에만 사용한다.

㉡ 비직선 소자의 제곱특성을 이용한 복조방식으로 직선검파기에 비해 검파능률이 떨어진다.

③ 헤테로다인 검파* : 반송파를 단속한 전신 신호파를 보통으로 검파해도 직류의 단속만 얻어지며 가청음의 수신은 불가능하다.

㉠ 반송파의 주파수 f_c와 국부 발진회로 f_{LO}(Lo-cal Oscilator : LO)의 지속파를 반송파와 함께 비직선 회로에서 혼합하면 그 출력에 f_c와 f_{LO}의 차성분이 포함되므로 가청음의 전신신호가 얻어진다. 이와 같은 회로를 복조 헤테로다인 검파(heterodyne detector)라 한다(그림 5-38).

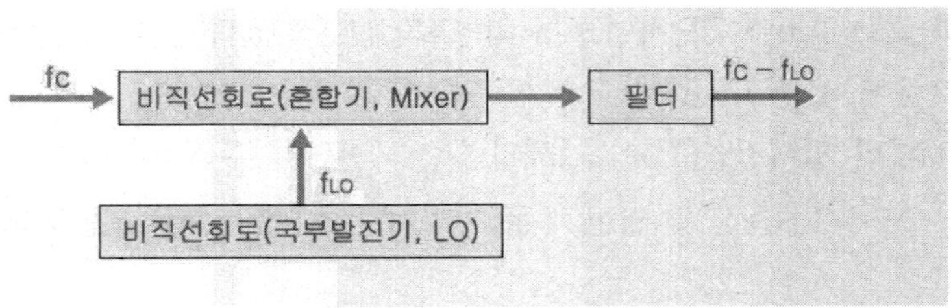

[그림 5-38] 헤테로다인 검파회로

㉡ $f_c - f_{\text{LO}}$의 차를 중간주파수(초가청주파수의 455[kHz]) 등을 선택하여 증폭하는 방식이다. 즉 국부발진회로(LO)와 혼합기(mixer)를 합한 것으로 이런 회로를 주파수 변환회로(컨버터)라 한다.

(2) 주파수 변조

진폭이 일정한 교류 신호의 주파수를 입력 신호의 변화에 맞추어 변화시키는 방식이다.

화상이나 음성 등의 전달하고자 하는 신호를 반송파에 담아 송신할 때, 반송파가 신호를 담는 방법에는 진폭변조와 주파수변조가 있다. 주파수변조는 반송파의 진폭은 일정하게 한 채로 신호를 주파수로 변환해 송신하는 방법이다.

① 주파수 변조(Frequency modulation : FM) : 전송하고자 하는 신호파의 세기에 따라 반송신호의 주파수를 변화시키는 방식이다. 장점은 잡음 및 혼성에 강하며, 단점은 넓은 대역폭이 필

---

* 헤테로다인검파(heterodyne detection) : 수신전파의 주파수를 일단 어떤 정해진 낮은 주파수로 변환한 후 복조하는 일이며, 헤테로다인 변환이라고도 한다.

요하므로 속도가 느리다. 주파수 변조회로는 [그림 5-39]와 같다.

㉠ FM 변조방식에는 협대역 FM방식과 광대역 FM방식이 있으며, AM과 달리 새로운 주파수 성분들이 발생하므로 AM은 선형 변조에 속하고 FM은 비선형 변조에 속한다.

㉡ 반송파를 $V_C = V_C \cos(\omega_C t + \theta)$라 하면 반송파의 진폭은 일정하게 하고 신호파의 진폭에 따라서 W_c가 변하는 변조방식을 FM변조라 한다.

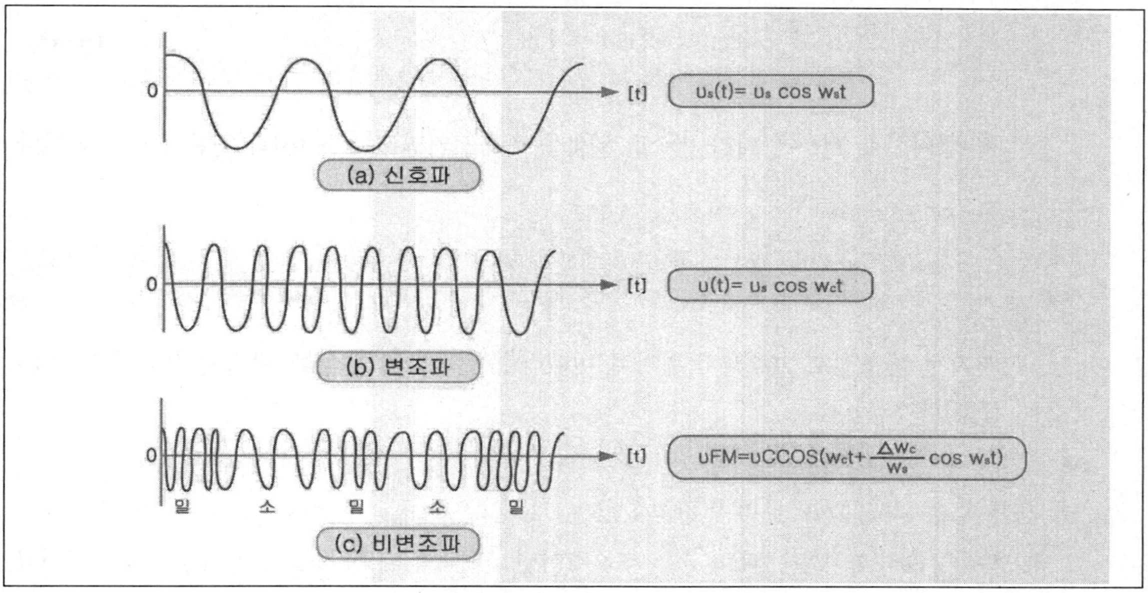

[그림 5-39] 주파수 변조회로

㉢ 진폭이 일정한 교류파형의 일반식 $v(t) = A\cos(t)$에서 $\theta(t)$는 순시위상각이므로 순시주파수를 $\theta(t)$로 적분하면 식 (5-42)와 같다.

$$\theta(t) = \omega_c t + \theta \tag{5-42}$$

이것을 일반식에 대입하면 식 (5-43)과 같다.

$$v(t) = A\cos(\omega_c t + \theta) \tag{5-43}$$

여기서 $\theta(t)$가 신호 $f(t)$에 정비례하므로 식 (5-44)와 같다.

$$\theta(t) = \omega_c t + \theta + \kappa f(t) \tag{5-44}$$

여기서 κ는 비례상수이다. 반송파 각주파수 ω_c인 파형으로 표시하면 식 (5-45)와 같은 위상변조가 된다.

$$v(t) = A\cos(\theta)[\omega_C t + \theta + \kappa f(t)] \tag{5-45}$$

즉 입력신호 $f(t)$에 따라 반송파 위상을 변화시키면 식 (5-46)과 같은 PM파가 된다.

$$v(t) = A\cos\theta(t) = A\cos\theta[\omega_C t + \theta + \kappa \int_0^t f(t)dt] \tag{5-46}$$

여기서 변조신호 $f(t)$의 적분치에 비례하여 반송파의 위상을 변화시키면 주파수변조(FM)파가 된다.

② 주파수 대역폭(BW_{FM})

$BW_{FM} = 2f_s(m_f + 1) = 2(\Delta f + f_s) = 2f_s \times m_f = 2\Delta f_s(m_f \gg 1$일 때

$\fallingdotseq 2 \times f_s(m_f \ll 1$일 때, $m_f < 0.5$이면 협대역 FM(Narrow Band FM)이고, $m_f \geq 0.5$이면 광대역 FM(Wide Band FM)이라 한다.

③ 최대 주파수편이

반송파 주파수 f_C 를 중심으로 변조에 의한 최대 주파수 변화분이다.

㉠ 일반통신 : $\Delta fc = \pm 15$[kHz]

㉡ TV 음성 : $\Delta fc = \pm 25$[kHz]

㉢ FM 방송 : $\Delta fc = \pm 75$[kHz]

④ 주파수 변조지수(m_f) : 최대 주파수편이 Δf_c에 반비례한다.

⑤ 주파수 변조의 특징

㉠ 매우 많은 측파대를 가지며, AM방식에 비해 잡음과 혼신의 방해가 적다.

㉡ 변조도가 클수록 일그러짐은 작아지고, S/N비가 개선된다.

⑥ S/N(signal-noise ratio)비

신호 전압(또는 신호 전류, 신호 전력)과 잡음 전압(또는 잡음 전류, 잡음 전력)과의 비이며, 주로 데시벨[㏈]로 나타낸다. S/N비 개선을 위해서 다음과 같은 방법을 취한다.

㉠ 변조도를 크게 한다.

㉡ 송신기 측에 변조파의 높은 주파수 성분을 저주파에 비해 [dB]을 크게 변조하는 방식인 Pre-Emphasis를 삽입한다.

㉢ 수신측에 복조한 다음 원신호를 회복하기 위해 적절히 고주파 성분의 진폭을 감쇄시키는 De-Emphasis를 삽입하면 잡음 특성이 개선된다.

㉣ 대역폭(B)은 넓고 최대 주파수편이(Δf_c)는 변조지수(m_f)에 비례한다.

(3) Pre - Emphasis와 De - Emphasis 회로

송신신호의 주파수 성분의 고주파수 대역을 강조해서 송출하는 회로로 S/N을 개선하기 위해 송신측에 Pre-Emphasis 회로를 삽입한다. Pre-Emphasis와 De - Emphasis 회로는 [그림 5-40]과 같다.

① Pre-emphasis : 주파수 변조 방식에 의한 통신에서는 신호 주파수가 높아짐에 따라서 복조 후의 S/N비가 나빠진다. 주파수에 비례하여 변조를 많이 함으로써 S/N비를 개선하기 위하여 송신측에서 베이스밴드 신호의 주파수의 높은 쪽을 특히 강조하는 방법이 쓰이는데 이 조작을 프리 엠퍼시스(Pre-emphasis)라고 한다.

② 수신측에서 반대의 조작을 하는 방법을 디엠퍼시스(De-emphasis)라고 한다.

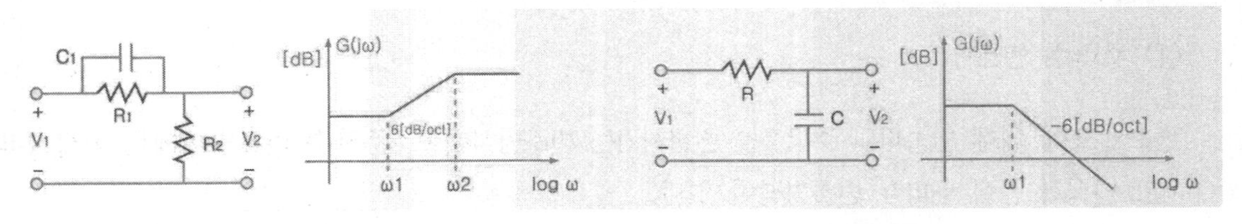

(a) 프리엠퍼시스 (b) 디엠퍼시스

[그림 5-40] Pre-Emphasis와 De-Emphasis 회로

(4) FM방식과 AM방식의 비교

① AM : 진폭변조는 전파에 소리를 실어 보낼 때 소리의 강약에 따라 전파의 진폭이 바뀌도록 하는 변조 방식이다.

② FM : 변조시 전파의 진폭은 변화시키지 않고 반송파의 주파수만 변화시키는 방식이다. FM방식과 AM방식의 비교를 〈표 5-4〉와 같다.

〈표 5-4〉 FM방식과 AM방식의 비교

구분 \ 방식	AM방식	FM방식
사용 주파수	좁은 대역폭으로 어느 주파수대에서도 사용 가능하다.	넓은 대역폭이 요구되어 초단파대 이상에서 사용가능하다.
스펙트럼	상하측파대 스펙트럼 모두 위상반전이 없다.	하측파대 스펙트럼의 180[°] 위상반전이 있다.
대역폭	$2m_f \quad (m_f \propto \frac{1}{\Delta f_c})$	$2(m_f + \Delta f)$
평균전력	$\left(1+\frac{m^2}{2}\right) \cdot P_C(P_C$: 반송파전력)	$\frac{A_C{}^2}{2}(A_C$: 반송파의 크기)
페이딩 영향	페이딩*의 영향을 받는다.	진폭제한기**를 사용하여 포락선을 유지하므로 페이딩의 영향을 받지 않는다.
송신기	• 소비전력이 크다. • 회로가 간단하다. • 과변조시 찌그러짐이 생긴다.	• 소비전력이 적다. • 과변조시 찌그러짐이 발생하지 않으므로 충실도가 높다.
수신기	• 이득이 낮아도 된다. • 회로가 간단하다. • 잡음 및 페이딩의 영향이 나타난다. • 고주파 및 중간주파 증폭기의 통과 대역폭이 작아도 된다. • 선택도가 좋다.	• 이득이 높아야 한다. • 회로가 복잡하다. • 잡음 및 페이딩의 영향이 나타나지 않는다. • 고주파 및 중간주파 증폭기의 통과대역폭이 커야 한다. • AM방식에 비해 선택도가 더 우수하다. • 체배단 수가 많아진다.

8. 주파수 변조회로

(1) 주파수 변조

변조신호에 의해 반송파의 주파수를 변화시키는 변조방식이고, 주파수 변조방법에는 직접 주파수 변조방식과 간접 주파수 변조방식이 있다.

1) 직접주파수 변조방식

발진 회로의 발진 주파수를 신호파의 진폭에 비례해서 직접 변화시키는 방법으로 특징은 다음과 같다.

① 반송파 발진기의 공진회로에 리액턴스 트랜지스터, 가변용량 다이오드 등을 사용하여 발진주파수를 변화시키는 방식으로 구조가 간단하고 주파수편이를 한 번에 쉽게 얻을 수 있다.

---

* 페이딩(Fading) : 먼 거리로부터의 전파를 수신하고 있을 때 수신 전계 강도가 수 초에서 수 분간의 간격으로 변동하는 현상이다.

** 진폭 제한기(Amplitude limiter) : 일정 레벨 이상으로 된 전압 파형 또는 전류 파형의 진폭을 제한하기 위한 장치이며, 주파수 변조파 등에서 입력 때의 혼신이나 잡음이 생긴 진폭 변조 성분을 제거, 제한하는데 사용

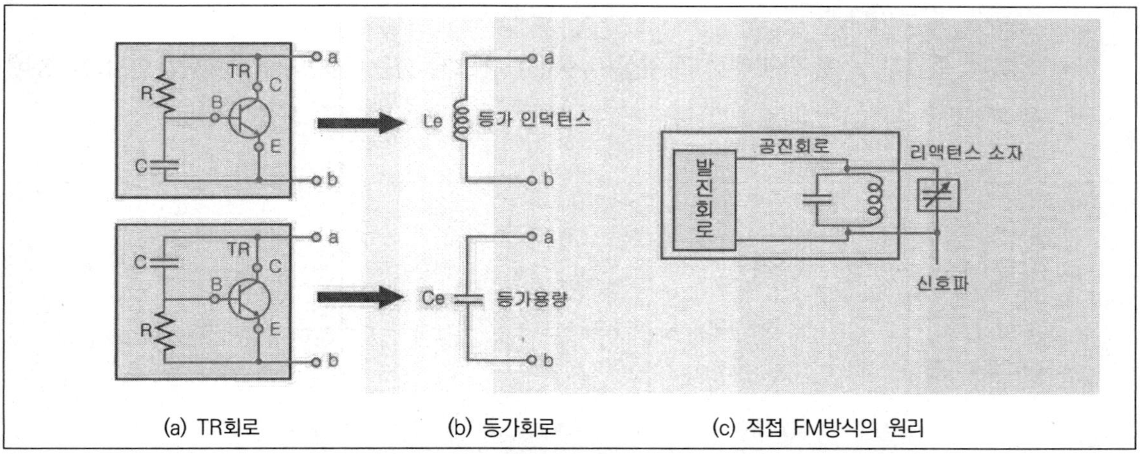

[그림 5-41] 직접 FM방식(리액턴스) 트랜지스터 회로

② 반송파를 신호파에 의해 직접 주파수를 변조하는 방식으로 자동주파수 제어(Automatic Frequency Control : AFC)회로가 필요하다.

③ 반송파 발진기의 공진회로에 등가 콘덴서 C 또는 인덕턴스 L을 접속하여 그 리액턴스를 신호파에 따라 변화시킴으로써 발진주파수 자체를 변화시키는 방식이다.

㉠ 리액턴스 트랜지스터에 의한 주파수 변조 : 트랜지스터를 하나의 리액턴스로 동작시켜 신호에 따라 발전주파수를 변화시키는 방식이다. 직접 FM방식(리액턴스) 트랜지스터 회로는 [그림 5-41]과 같다.

㉡ 가변용량 다이오드에 의한 주파수 변조

ⓐ 가변용량 다이오드 : 발진회로의 발진주파수를 결정하는 동조회로의 콘덴서 일부로서 사용하며 주파수 변조를 한 것이다.

ⓑ 바랙터 다이오드와 같이 역전압의 크기에 따라 다이오드의 등가용량이 변하는 방식이다.

㉢ 특징 : LC 발진기 사용으로 주파수 안정도가 나쁘고, 변조회로 구조가 간단하고, 큰 주파수편이를 쉽게 얻을 수 있어 채배기가 필요 없거나 적어도 된다.

2) 간접주파수 변조회로

발진 회로의 L, C를 음성 등으로 직접 변화시키지 않고, 리액턴스 등을 사용하여 회로의 주파수 변조를 하는 방식이다. 간접주파수 변조회로는 다음과 같은 특징을 갖는다.

① 위상변조에 의해 간접적으로 FM파를 만든다.

② 신호파에 의하여 먼저 진폭변조나 위상변조파를 만든 다음 주파수를 변조하는 방식이다.

③ 전치보상회로(pre-distorter : 일종의 적분회로) : 주파수에 반비례하는 출력을 얻을 때 사

용하는 회로이다.

④ 신호파 주파수 f_s에 반비례하고 위상이 90[°] 다르게 하는 전치보상회로(적분회로)를 통해 위상변조를 시켜 FM파를 만든다.

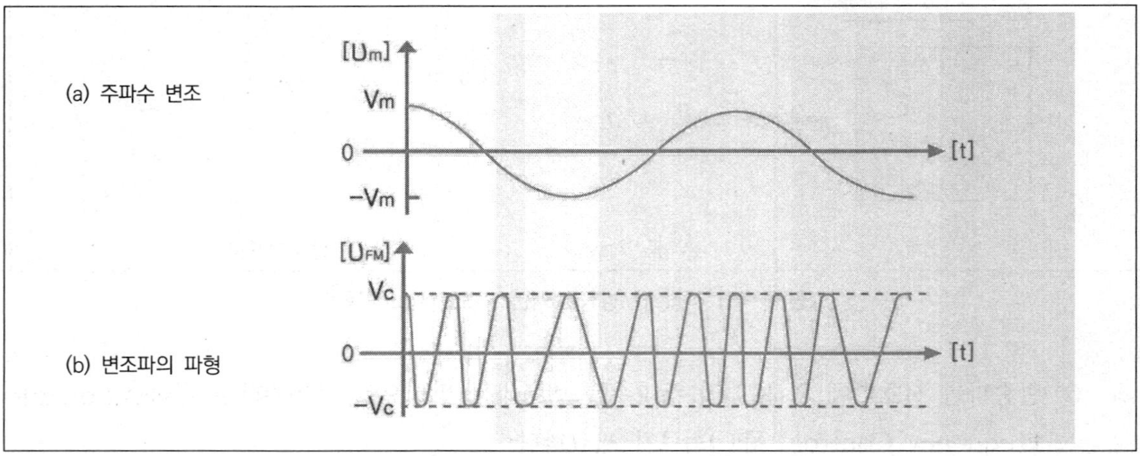

[그림 5-42] 주파수 변조파의 파형

⑤ 중심주파수는 충분히 정적이고 정확도가 높은 것을 얻을 수 있으며, 주파수편이가 작다. 주파수 변조파의 파형은 [그림 5-42]와 같다.

⑥ 암스트롱 변조회로 : 수정발진기의 발진주파수를 평형변조기에서 신호파로 위상 변조시킨다.

⑦ 간접 FM의 특징 : 주파수 변조 회로의 일종으로, 직접 주파수 변조 방식과 달리 위상 변조기에서 주파수 피변조파를 얻는 방식이다.

㉠ 회로가 복잡하고 안정된 수정발진기를 사용하므로 AFC가 불필요하며, 주파수 안정도와 중심 주파수의 안정도가 우수하다.

㉡ 대용량 무선송신기에 적합하다.

㉢ 큰 주파수편이를 얻지 못하므로 주파수 채배단에는 다단이 필요하다.

(2) 주파수 복조회로

주파수 판별기를 이용해 주파수 복조회로를 만든다.

1) 주파수 변조된 수신파

진폭이 일정하여 주파수가 변조신호의 진폭변화에 대응하여 변화하므로 직접적으로 검파(정류)하여 변조신호를 재현할 수 없다.

① 수신파의 변조는 FM파를 AM파로 변환하고 그 후에 검파하는 방법을 채용한다.
② FM파는 주파수변화를 진폭변화로 바꾸는 방법이므로 동조곡선의 기울기를 이용하는 것이다.

2) 주파수 복조의 종류

스태거 동조형 판별기(stagger-tuned frequency discriminator), 변별기(Foster-Seeley), 비검파기(ratio detector) 등이 있다.

① 스태거 동조 주파수 판별기 : 반송파를 중심으로 서로 떨어져서 동조된 2개의 동조 회로를 만든 다음 각기 검파 출력의 차를 취함으로써 직선성의 향상을 꾀하는 주파수 복조기이다.
② 판별기(Foster-Seeley) : 주파수 판별기의 일종으로, FM 피변조파의 복조에 사용된다.
③ 주파수 변별회로
  ㉠ 주파수 변조파의 진폭을 일정하게 하기 위해 진폭제한회로를 삽입한다.
  ㉡ 주파수 변조파를 진폭 변조파로 변환시킨 다음 이것을 다시 신호파로 복조한다.
④ 포스트실리 주파수 변별회로
  ㉠ 주파수편이가 작은 범위에서는 직선성이 우수하다.
  ㉡ Sweep 발진기가 필요하고, 출력전압은 비검파회로의 2배가 된다.
  ㉢ 입력 진폭에 의한 복조감도가 변화하고, 진폭제한작용이 없기 때문에 주파수 변조파의 진폭을 일정하게 하기 위해 진폭제한기(Lomitter)를 설치하여 진폭의 변화를 방지한다.
  ㉣ 주파수편이가 크면 S자형의 특성을 갖는다. 포스트실리 주파수 변별회로는 [그림 5-43]과 같다.

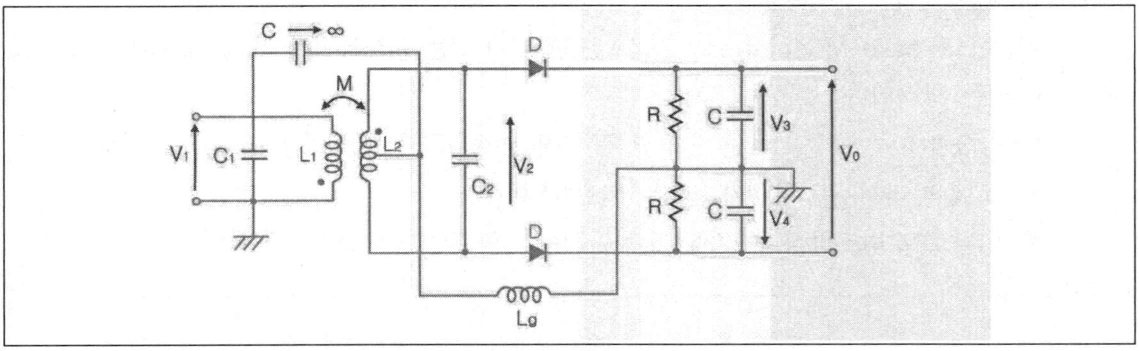

[그림 5-43] 포스트실리 주파수 변별회로

⑤ 비검파기 : 주파수 판별기의 하나로, 포스터 시리 판별기 회로에서 정류기의 한 방향이 반대 방향으로 된 것이다. 이 회로는 주파수 변조파 입력의 진폭 변화에는 비교적 감응하지 않는 이점이 있으며, 따라서 진폭 제한기는 필요하지 않다.

㉠ 진폭제한회로가 필요하지 않는 주파수 복조회로이다.

㉡ 진폭제한작용($R_1\ R_2\ C_S$)을 하기 때문에 별도의 진폭제한장치를 붙일 필요가 없다.

㉢ 포스트실리 주파수 변별회로와 달리 다이오드의 방향이 역방향이고, 대용량의 콘덴서 C_0 가 접속된다.

㉣ 포스터실리 회로의 일부를 개량한 것으로 감도는 1/2로 낮고, 출력도 1/2로 줄어든다. 비검파기(Ratio Detector) 회로는 [그림 5-44]와 같다.

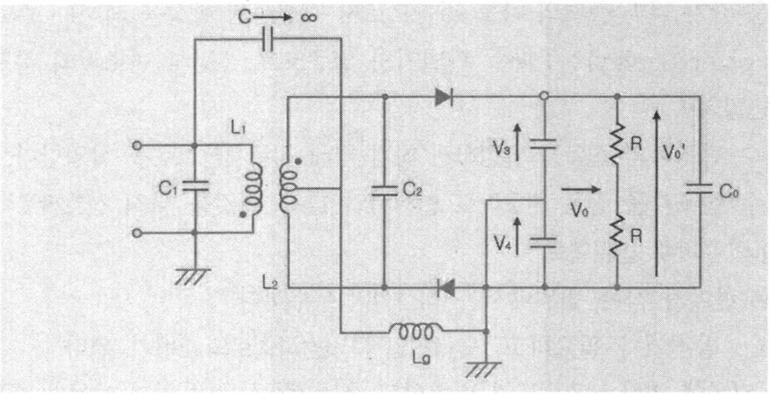

[그림 5-44] 비검파기 회로

⑥ 특성상 차이점(AM 복조회로와 비교)

㉠ 잡음, 간섭, 페이딩의 영향을 받지 않으므로 S/N비가 좋다.

㉡ 넓은 주파수 대역폭을 필요로 하고 선택도가 좋고 이득이 큰 장점이 있다.

⑦ 위상변조(Phase Modulation : PM) : 전송하고자 하는 신호에 따라 반송신호의 위상을 변조시키는 방식이다.

㉠ 반송파 $v_C = V_C \cos(\omega_c t + \theta)$라 하면 반송파의 진폭은 일정하게 하고, 신호파의 진폭에 따라서 위상각 θ가 변하는 변조방식이다.

㉡ 아날로그 변조방식 중 가장 고속도 전송을 할 수 있다(그림 5-45).

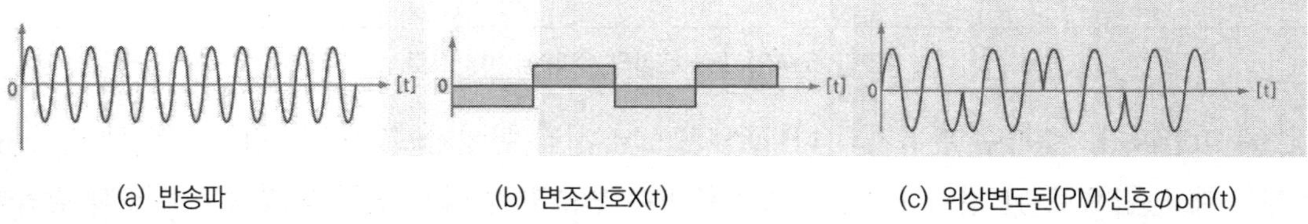

[그림 5-45] 위상변조회로

(3) PM과 AM과의 관계

① AM(Amplitude Modulation)은 구조가 간단하고 구현이 쉬워 여러 분야의 통신에 사용된다.

㉠ 변조신호를 미분한 다음 주파수변조하면 위상변조를 얻을 수 있다.

㉡ 변조신호를 적분한 다음 위상변조하면 주파수변조를 얻을 수 있다.

㉢ 변복조 시스템을 논할 때 기본이 되는 시스템이다.

㉣ 구조가 간단하고 구현이 쉬워 여러 분야의 통신에 광범위하게 사용되어 왔다.

② PM(Phase Modulation)

㉠ 반송파의 진폭을 일정하게 하고 반송파의 위상을 메시지 신호에 따라 변화시키는 방식이다.

㉡ 피변조파의 순시 위상이 메시지 신호에 비례한다.

(4) 기저대역 전송

기저대역 전송(baseline transmission)은 디지털화된 신호를 주파수 대역의 이동 없이 그대로 전송하거나 또는 전송로의 특성에 알맞은 부호(전송부호)로 변환시켜 전송하는 방식으로 (그림 5-46)과 같다.

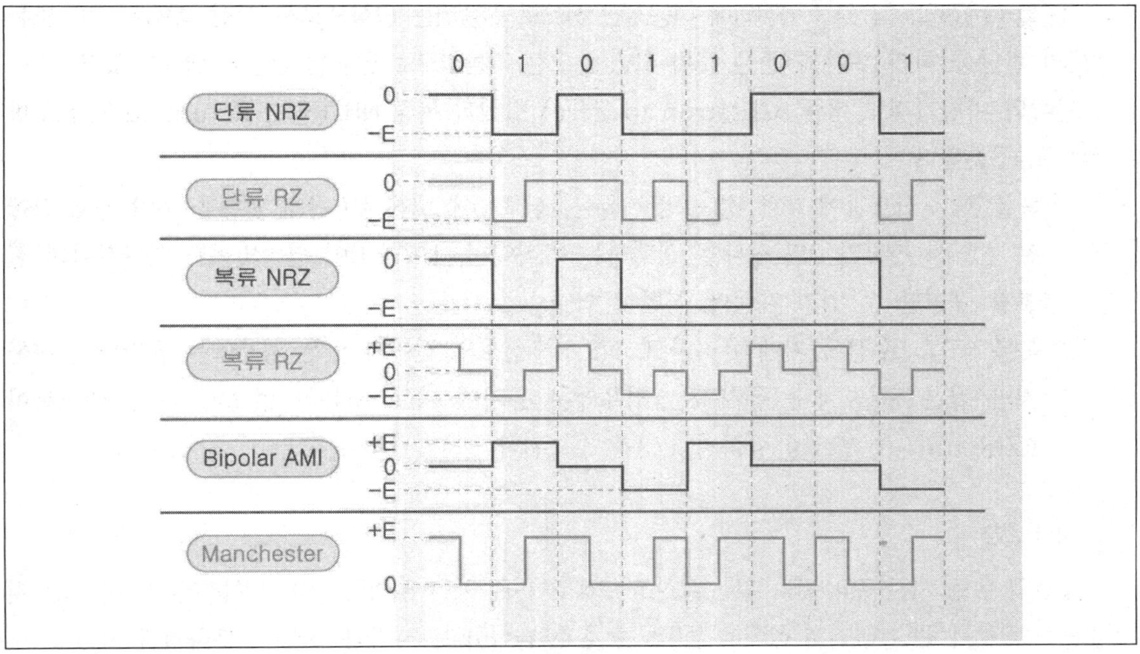

[그림 5-46] 전송부호

1) 단류방식

단류(single current) 방식은 가장 단순한 전송방식으로서 잡음에 약하기 때문에 근거리 데이터 전송에 주로 이용되는 전송 방식으로 0을 전압 0[V]에, 1을 (+)전압이나 (-)전압에 대응시키는데 수신 측에서 "0" 또는 "1"을 판단하기 위한 기준은 "1"에 대응하는 전압의 1/2이 최적이지만 전송로의 상태에 따라서 수신 전위가 변하므로 최적치를 유지하기가 쉽지만은 않다.

① 종류에는 단류 RZ(Retrun to Zero) 방식과 단류 NRZ(Non-Return to Zero) 방식으로 구분된다. 클럭 한 주기 내에서 0과 1을 어떻게 표시하느냐에 관한 것이다.

㉠ 단류 RZ : 신호 1에 양의 전압, 0에는 전압을 주지 않고 신호를 보낸 후 반드시 0으로 돌아온다.

㉡ 단류 NRZ : 데이터를 보낼 때 신호가 있고(1) 없음(0)으로 구분하여 전송하는 방식이다.

ⓐ 디지털 통신에서는 이를 흔히 OOK(On-Off Keying)이라고도 한다.

ⓑ Unipolar NRZ는 구현 구조가 매우 간단하게 할 수 있어 가장 널리 쓰이는 방식이다.

ⓒ 통신의 IM/DD(Intensity Modulation/Direct Detection) 전송의 대표적인 변조 방식이다.

2) 복류방식

"0"을 (+)전압, "1"을 (-)전압에 대응시킨 신호로 전송하는 방식으로서 수신 측에서 "0" 또는 "1"의 판단을 하기 위한 기준은 전위 0[V]에 고정 가능하므로 안정된 전송을 할 수 있다.

단류와 마찬가지로 복류 RZ(Retrun to Zero) 방식과 복류 NRZ(Non-Return to Zero) 방식으로 구분된다.

① 복류 RZ : 신호 1에 대해 정(+)의 전류를, 신호 0에 대해 부(-)의 전류를 주어 신호 간에는 반드시 전류가 0의 상태를 선택하는 방식이며, 1이나 0이 연속되어도 하나하나의 신호를 구별할 수 있기 때문에 식별이 쉽다.

② 복류 NRZ : 수신 동기에 유리하고, NRZ은 신호의 전이가 있는 경우에는 동기에 용이하지만 같은 값을 계속 유지되는 경우에는 동기에 아무 소용이 없으며, 전송 대역폭이 RZ(Return to Zero) 방식의 1/2만 소요된다.

3) RZ방식

부호의 비트 시간 길이보다 짧은 펄스를 보내고 비트 시간 길이의 나머지 시간은 펄스를 보내지 않는 것으로서 전압 0[V]의 상태로 돌아오는 신호 방식이고, 시작과 끝을 구분하기가 좋다.

① 디지털신호에 대한 선로부호화(인코딩) 방식의 한 형태이다.

② 신호 중 1(High) 신호가 들어왔을 경우, 1[Bit] 정도 후에 다시 0(Low) 신호로 복귀하는 선로부호방식이다.
③ 비트 펄스 사이에서 반드시 일정시간 동안 0 전위를 유지한 후 다음 신호를 전송한다.

4) NRZ방식*

비트 펄스 사이에 전위 0[V]로 유지하지 않고 계속해서 펄스를 전송하는 방식이며, 시작과 끝을 구분하기 어렵다(비트 동기화를 포함할 수 없다).

5) 바이폴러 방식

2원 입력신호의 0은 0레벨의 펄스로 1은 (+), (-) 2개의 레벨의 펄스로 서로 교대로 변환시키는 방식으로 AMI라고도 하며, 부호 에러의 검출이 가능하고 직류성분이 포함되지 않는다.

6) 맨체스터 펄스

1은 한 펄스폭을 2개로 나누어 반구간은 (+)펄스 나머지 반구간은 (-)펄스로 구성하며 0은 1과 반대로 구성한다.

① 맨체스터 신호의 극성 : 각 비트의 중앙에서 반전되며 천이되는 방향이 논리(Logic)상태를 결정하게 된다.
② 높은 레벨에서 낮은 레벨로의 천이 : 1을 나타낸다.
③ 낮은 레벨에서 높은 레벨로의 천이 : 0을 나타낸다.
④ 맨체스터 부호화 방식 : 주로 LAN 이더넷(10[Mbps]) 방식에서 사용
⑤ 수신 동기 용이하며 직류성분이 없다.
⑥ 항상 매 비트 마다 펄스의 변화가 있게 하여 수신측에서 동기 타이밍을 쉽게 찾는다.
⑦ 대역폭 : NRZ의 2배이다.

(5) 모 뎀

모뎀(MODEM=(변조 : MOdulation)+(복조 : DEModulation))은 디지털 정보(data)를 [그림 5-47]과 같이 전화망의 음성 주파수 대역의 아날로그 신호로 변환하고, 수신 측은 변조된 신호를 복조하여 원래의 디지털 데이터로 변환하는 장치이다. 아날로그 전송매체를 통해 데이터를 전송하는 반드시 필요한 변복조기로서 일종의 신호변환기라 하며 송신부와 수신부로 나눌 수 있다.

---

* NRZ방식 : 1 또는 0을 나타내는 하나의 펄스파형 시간간격을 하나의 주기와 같게 한 선로부호이다.

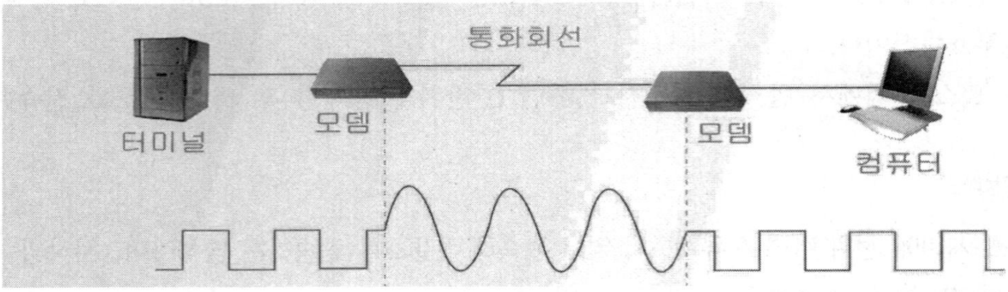

(a) 디지털 정보 (b) 아날로그 신호 (c) 디지털 정보

[그림 5-47] 모뎀의 기본기능

① 송신부 : 디지털 신호가 인코더에 입력되어 변조기로 변조하고 아날로그 형태로 변형된 다음 송신선으로 나가게 된다.

② 수신부 : 통신선으로부터 들어오는 아날로그 신호를 복조기를 통해 복조한 후 디지털 신호로 변환하고 다시 데이터 복호화기를 거쳐 본래의 데이터로 환원된다.

(6) 음성의 디지털화 장치(CODEC)

Coder*(부호화기)와 Decoder(복호화기)의 합쳐진 것이다. 코덱과 모뎀의 신호변환은 [그림 5-48]과 같다.

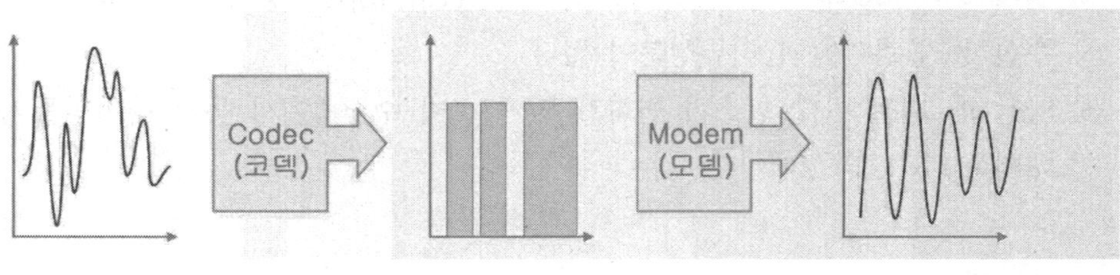

(a) 아날로그 정보(음성) (b) 디지털 신호 (c) 아날로그 신호

[그림 5-48] 코덱과 모뎀의 비교

① 부호기(Coder) : 아날로그 신호(PAM 신호)를 입력받아 이를 디지털 신호(PCM word, 8[bit])로 부호화하는 장치이다.

* CODEC : 음성 또는 영상의 신호를 디지털 신호로 변환하는 코더와 그 반대로 변환시켜 주는 디코더의 기능을 함께 갖춘 기술이다.

② 복호기(Decoder) : 전송받은 디지털 신호(PCM word, 8[bit])를 아날로그 정보(PAM 신호)로 복원하는 장치이다.

9. 디지털 변복조

(1) 아날로그 변조방식(아날로그 데이터 → 아날로그 신호)

아날로그(Analog) 변조기술은 전송하고자 하는 정보신호가 아날로그 신호이고 반송파로 cos, sin 함수와 같은 연속함수 형태의 반송파를 사용하는 변조방식이다. 아날로그 신호의 3가지 요소에는 진폭, 주파수, 위상이 있다. 아날로그 변조방식의 종류와 모양은 [그림 5-49]와 같다.

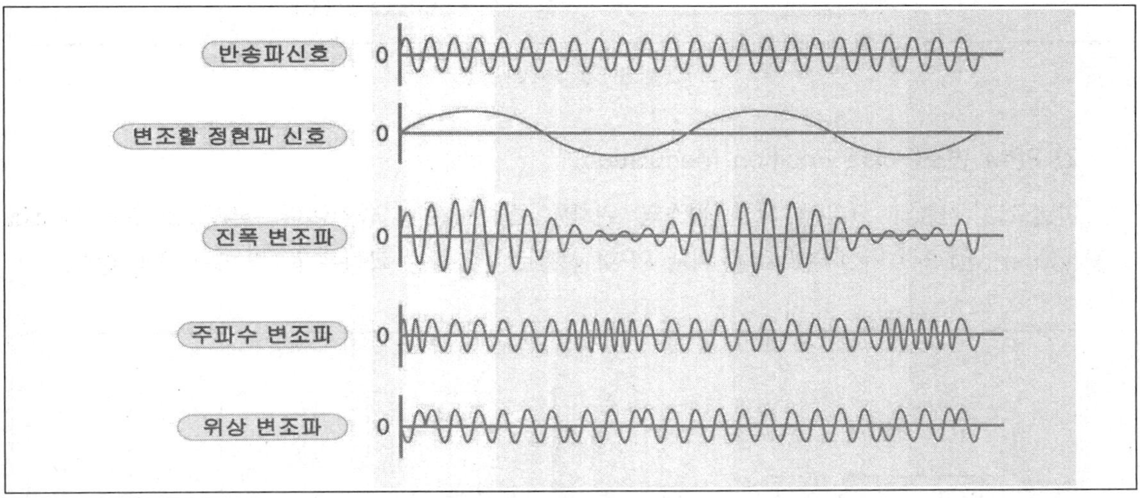

[그림 5-49] 정현 반송파의 변조

(2) 폭 변조

폭변조(Amplitude Modulation : AM)전송하고자 하는 신호에 따라 반송신호의 진폭을 변화하는 방식이다. AM 변조의 종류와 장점은 〈표 5-5〉와 같다.

〈표 5-5〉 AM 변조의 종류와 장점

종 류		장 점
DSB	Double Side Band	원신호 복원이 가능하다
SSB	Single Side Band	전송하기 쉽다.
VSB	Vestigial Side Band	원신호 복원이 가장 쉽다.

(3) 펄스 변조

펄스(pulse) 변조는 아날로그(analog) 신호를 고주파 펄스의 반송파를 이용하여 이산적으로 전송하는 방식이다.

1) PAM 변조(Pulse Amplitude Modulation)

아날로그 신호의 크기에 따라 펄스의 크기를 변화시키는 방법으로 [그림 5-50]과 같다.

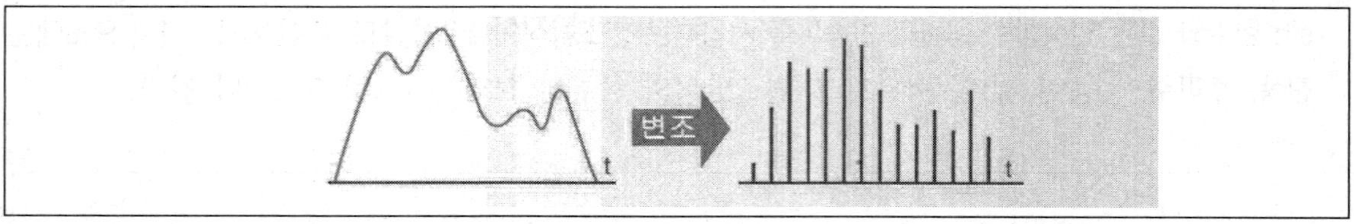

[그림 5-50] PAM 변조

2) PPM 변조(Pulse Position Modulation)

아날로그 신호의 크기에 따라 펄스의 위치를 변화시키는 방식이다. PWM(Pulse Width Modulation) 신호가 미분회로를 거쳐 PPM 신호로 변조되는 과정은 [그림 5-51]과 같다.

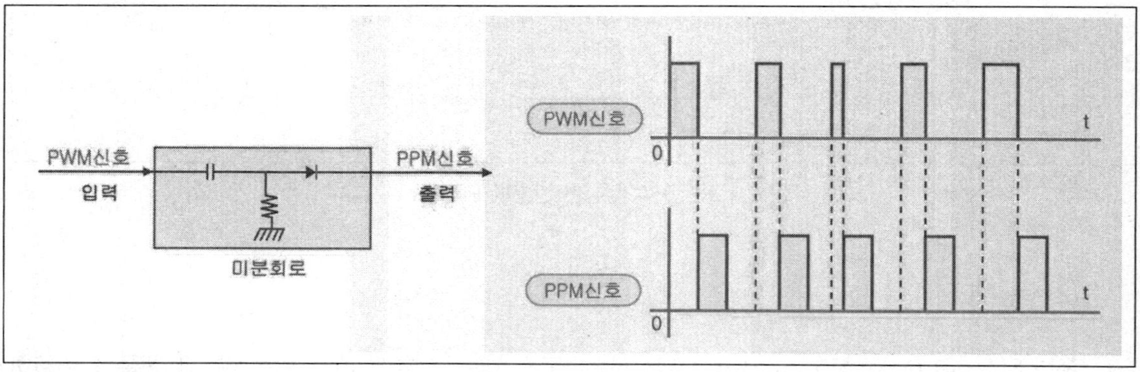

[그림 5-51] PPM 변조

3) PCM 변조(Pulse Code Modulation)

아날로그 신호의 크기에 따라 펄스의 크기를 변화시키는 PAM(Pulse Amplitude Modulation)을 만든 다음 양자화, 부호화의 과정을 거쳐 디지털(Digital) 신호로 만들어 전송하는 변조방식이다. PCM 변조는 [그림 5-52]와 같다.

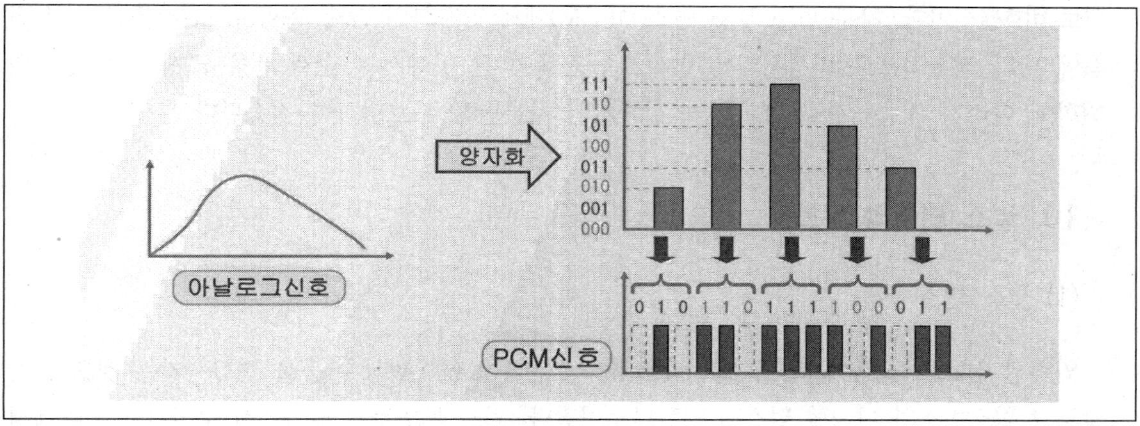

[그림 5-52] PCM 변조

4) 델타 변조(Delta Modulation)

아날로그 입력을 신호의 마지막 추정값과 비교, 비교기 출력을 통해 추정값이 큰지 작은지 알려준다. 정보량이 적고 회로구성이 간단하며, 신뢰성이 높다. 델타 변조는 [그림 5-53]과 같다.

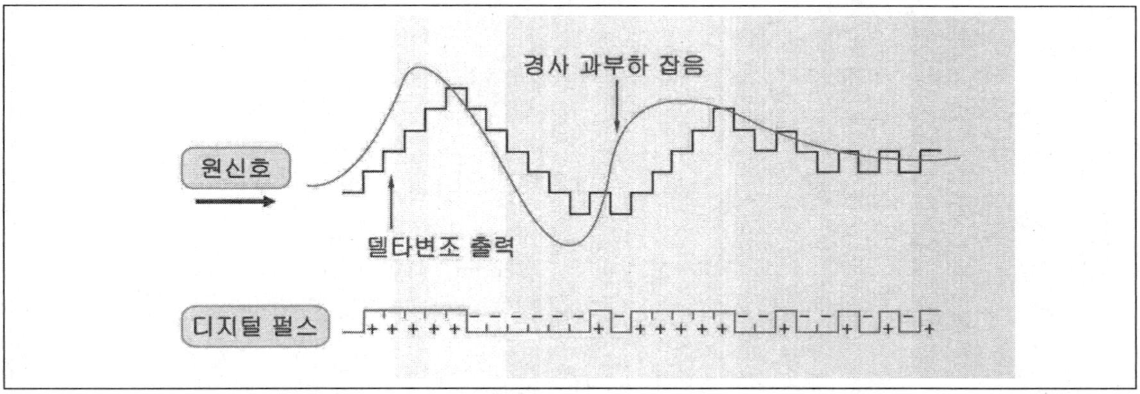

[그림 5-53] 델타 변조

① 경사 과부하 잡음(slope overload noise) : 아날로그 파형이 급격하게 변화하는 경우 그 변화를 추적할 수 없을 때 나타나는 잡음이다.

② 그래뉼러(granular) 잡음 : 아날로그 파형이 완만하게 변화할 경우 발생하는 잡음이다.

5) 차동 펄스 부호변조(DPCM : Differential PCM)

가장 우수한 S/N비를 가지며, PCM(Pulse Code Modulation)에 비해 과잉의 양자화를 생성하므로 비효율적이다. 차분 펄스 부호 변조(DPCM)에서 양자화의 단계 폭(step size)을 신호의 진폭에 따라 적응적으로 변경시키는 방식, 즉 진폭이 큰 곳에서는 단계 폭을 크게 하여 신호의 변화에 따라서 적응적으로 예측치와 실제치의 차분만을 부호화하여 전송한다.

10. 펄스 변조와 복조

(1) 펄스 변조

입력된 신호의 진폭에 따라 출력 펄스의 폭, 진폭(振幅), 위상수 등을 변화시키는 것으로 아날로그 펄스변조와 디지털 펄스변조로 나누어진다. 펄스 복조는 수신측에서 수신한 펄스파에서 신호분(정보)을 빼내는 회로로 펄스 진폭 변조파의 복조 회로, 펄스 폭 변조파의 복조 회로이다(그림 5-54).

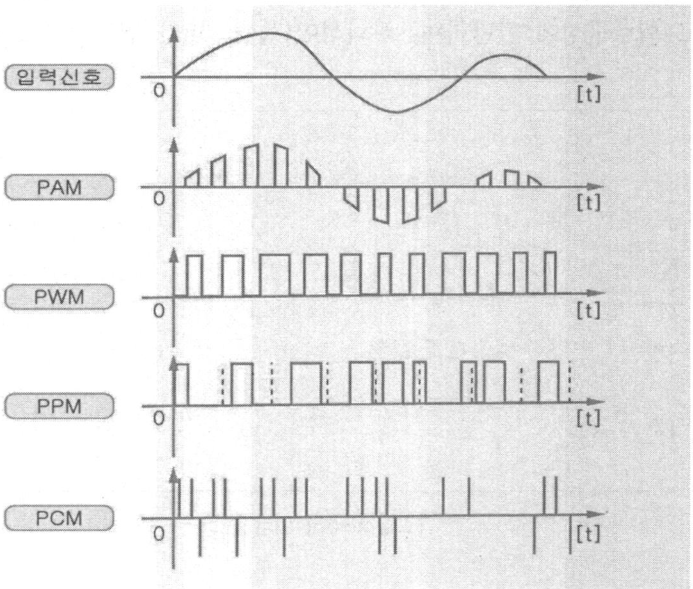

[그림 5-54] 여러 가지 펄스 변조방식

연속적인 아날로그 변조신호를 가지고 주기적인 펄스의 진폭, 주기(폭), 위치, 펄스수, 그리고 주파수 등을 변화시키는 변조방식으로 PAM(Pulse Amplitude Modulation), PPM(Pulse Position Modulation), PFM(Pulse Frequency Modulation) 등이 있으며, 이 중 PWM(Pulse Width Modulation), PPM, PFM을 하나로 묶어서 PTM(Pulse Time Modulation)이라 하며,

PAM(Pulse Amplitude Modulation), PTM은 연속레벨변조라 하고 PNM(Pulse-Number Modulation)과 PCM (Pulse Code Modulation)은 불연속 레벨변조라 한다. 여러 가지 펄스 변조방식은 [그림 5-54]와 같다.

1) 연속 레벨 변조

PAM과 PTM은 변조신호가 연속적으로 변화하고 변조하는 양도 연속적으로 변화한다. 펄스 진폭 변조(PAM) 스펙트럼은 [그림 5-55]와 같다.

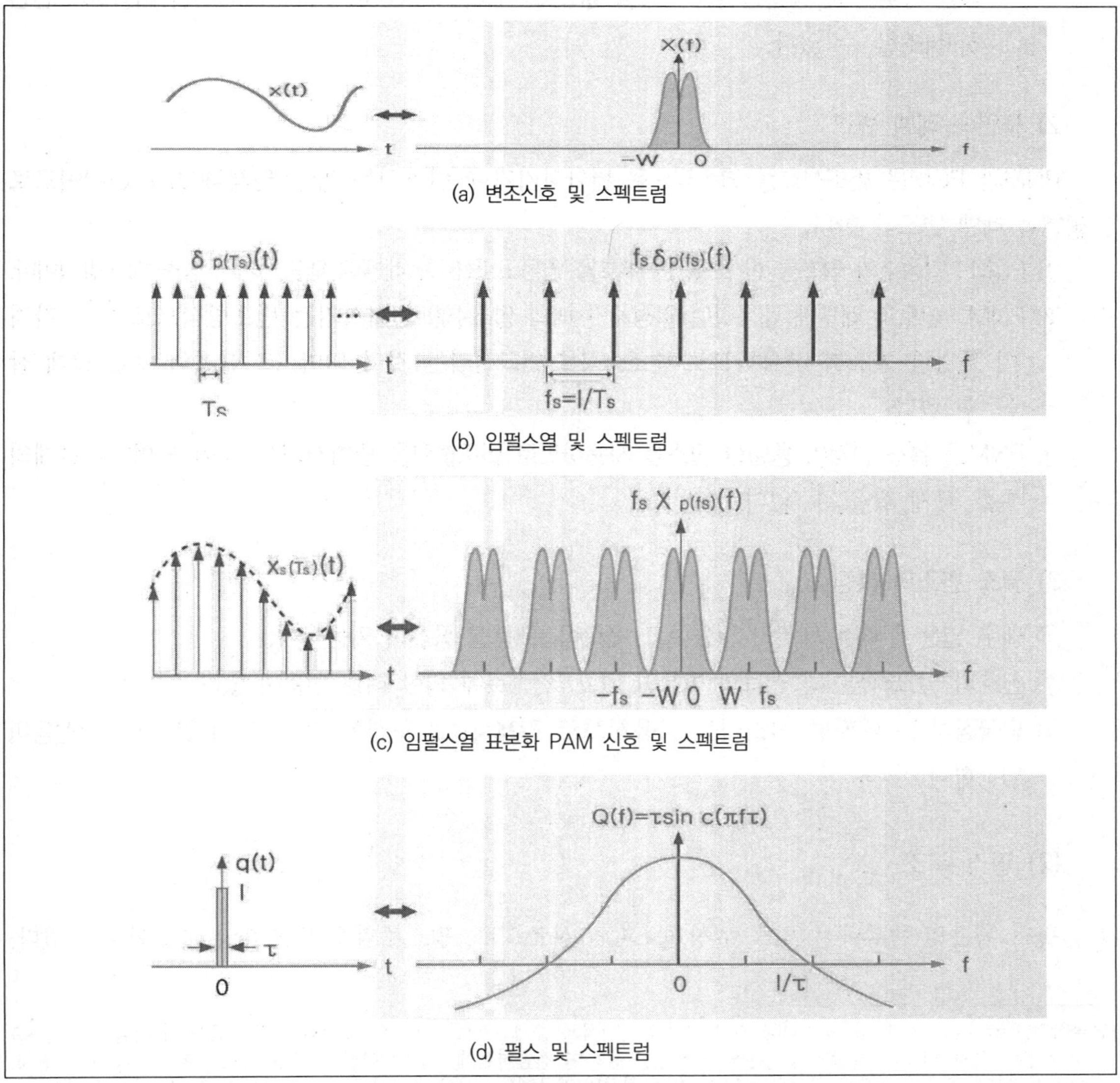

[그림 5-55] 펄스 진폭변조(PAM) 스펙트럼

① PAM
㉠ 변조 및 복조회로가 간단하고 점유 주파수 대역폭을 좁힐 수 있다.
㉡ 비직선 왜곡을 일으키기 쉽고 잡음이나 페이딩의 영향을 받기 쉽다.

② PTM
㉠ PPM : 변 · 복조장치가 가장 안전하고 PAM 및 PWM에 비해 S/N비가 크고, 입력 S/N비가 작으면 증폭기의 출력 S/N비가 급격히 저하한다.
㉡ PWM이 PAM보다 S/N비가 크며, PPM보다 전력부하의 변동이 크기 때문에 가장 큰 펄스폭을 다루는 데 충분한 출력용량을 필요로 하고, LPF(Low Pass Filter)를 이용하여 간단히 복조할 수 있다.

2) 불연속 레벨 변조

PNM과 PCM은 변조신호를 연속적으로 변화시키거나 변조되는 양은 단계적(Discrete)이므로 불연속 레벨 변조라 한다.

① PCM : 일정수의 펄스를 한 조로 한 부호를 만들고 표본화 레벨에 대응시켜서 송출하는 방식이다.
② PNM : 신호파 레벨에 대응하여 일정시간 내의 펄스수를 변화시키는 변조방식으로 펄스 간격이 동일한 펄스를 사용하므로 변조출력을 변화시키는 것이 되며, 그 단계의 수를 크게 잡을 수 없다.
③ PNM은 펄스 간격이 동일한 펄스를 사용하므로 변조출력을 변화시키는 것이 되며 그 단계의 수를 크게 잡을 수 없다.

3) 펄스 변조의 특징

① 매우 넓은 주파수 대역이 필요하고, 장거리 고품질 통신이 가능하다.
② 신호의 일그러짐이나 잡음의 발생이 없고, 전송로에 의한 레벨 변동이 없다.
③ 단국장치*는 디지털 시스템을 사용하므로 경제적으로 구성할 수 있고, PCM의 고유잡음이 발생한다.

(2) 펄스 복조

펄스 복조의 종류에는 펄스 위상변조파의 복조회로, 펄스주파수 변조파의 복조회로가 있다.

---

* 단국장치(Terminal Equipment) : 다중 전화 회선에는 단국과 중계선으로 구성되어 개개의 신호 내용을 양 단말에서 변 · 복조 작용에 의해 다수가 일괄되어 공통의 중계선을 통하여 전송하는데, 이 양 단말의 다수 신호 내용을 일괄하는 장치, 변조기, 필터, 증폭기 등으로 구성되어 있고, 음성 회선의 경우에는 4선식 장거리 회선의 단말에서 2선식 회선과 접속하는 혼성 코일을 가진 장치를 단국장치라 한다.

펄스 복조의 특징은 다음과 같다.

① 수신 측에서 수신한 펄스 파에서 신호분(정보)을 빼내는 회로를 펄스 복조회로라고 한다.
② PAM파는 저역필터(적분회로)로 복조할 수 있다.
③ 주파수 성분은 PAM파의 고주파 성분(펄스)이 콘덴서를 통해 접지로 흐르고 남은 신호을 출력 단자에서 빼낼 수 있도록 한다.
④ PPM과 같게 해서 신호파를 빼낸다.

(3) 디지털 변조방식

디지털 변조방식(디지털 데이터 → 아날로그 신호) : 반송파의 진폭과 주파수, 위상을 데이터 비트 (1, 0)에 따라 변화시키는 것이다. 펄스 변조된 신호를 이용하여 2진 부호화된 신호들을 디지털 변조시켜 전송하면 잡음의 영향을 적게 받고 다중화가 가능하게 된다. 정보(신호)를 원하는 곳까지 오류 없이 전달하기 위해 반송파를 이용하여 전송채널에 알맞은 신호의 형태로 변환하는 과정이다. 전송되는 신호의 특성에 따라 ASK(진폭변조), FSK(주파수변조), PSK(위상변조) 등으로 분류한다. 디지털 변조방식은 [그림 5-56]과 같다.

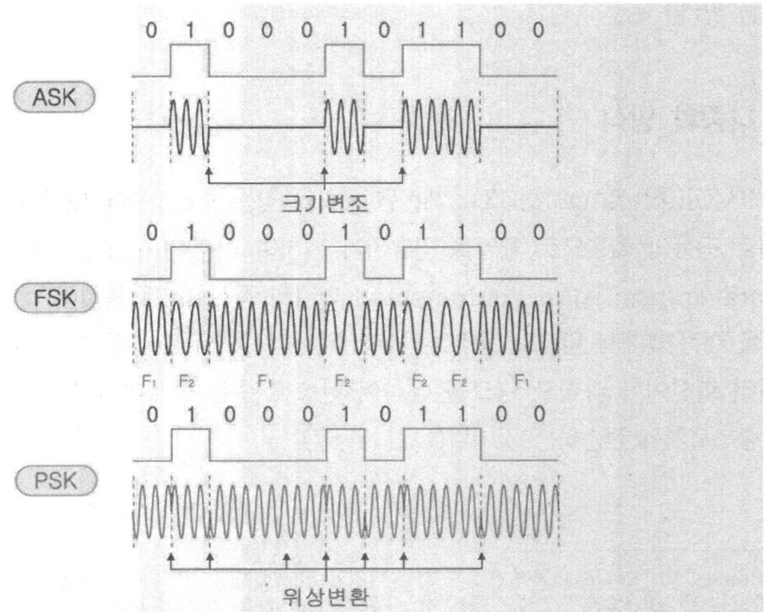

[그림 5-56] 디지털 변조

1) 진폭편이변조*(Amplitude Shift Keying : ASK)

디지털 신호 0과 1의 2진수 값을 각각 다른 진폭을 갖는 반송주파수로 표현하는 방식으로 단극 NRZ 형태의 2진 데이터에 대응하여 반송파를 on시켰다가 off시키는 방식이라 해서 OOK(On-Off-Keyin)이라고도 한다. 비교적 저속 데이터 전송에 이용되며, 매우 간단히 구성할 수 있으나 에러 성능이 다소 떨어진다. Base band 방식에 비해 2배의 전송대역폭을 필요로 하며 비동기 검파를 이용한다.

2) 주파수편이 변조**(Frequency Shift Keying : FSK)

디지털 신호 0과 1의 값이 서로 다른 주파수로 표현되는 방식(전이중 : Full duplex)으로 전송속도가 비교적 저속에 이용되며, 협대역이면서 잡음에 강한 모뎀의 전송방식에 이용되는 변조방식이다.

3) 위상편이변조(Phase Shift Keying : PSK)

디지털 신호를 반송신호의 위상을 다르게 할당하는 방식으로 PRK(Phase Reverse King)라고 한다. 전송하고자 하는 디지털 신호에 대응하여 반송파의 위상를 변화시켜 전송하는 방식으로 다음은 한 신호를 '0'(혹은 '-1')을, 다른 한 신호는 '1'의 값을 갖는 디지탈 신호 진송시 '0'의 값과 '1'의 값 전송시 두 신호가 π만큼 떨어진 두 가지 위상을 대응시키는 BPSK방식의 예를 보여주고 있다.

11. 다중화 방식

다중화(MUltipleXing : MUX) : 제한된 용량을 갖는 통신자원에 대하여 다수의 독립적인 사용자들이 서로 공동의 자원으로 채널을 공유하기 위하여 다중화(multiplexing)가 필요하다. 몇 개의 DTE(Data Transmission Equipment)가 하나의 통신회선을 통하여 결합된 형태로 신호를 전송하고 이를 수신 측에서 원래의 형태로 나누어주는 방식으로, 두 개 혹은 그 이상의 신호를 결합하여 물리적 회선이나 라디오 링크를 통하여 전송해 주는 방식이다. 1개의 전송로로 복수의 데이터 신호를 중복시켜서 전송하는 것이다(그림 5-57).

---

* ASK (Amplitude Shift Keying) : 전송하고자 하는 디지탈 신호에 대응하여 반송파의 진폭을 변화시켜 전송하는 방식으로 다음은 한 신호를 '0' (혹은 '-1')을, 다른 한 신호는 '1'의 값을 갖는 디지탈 신호 진송시 사용될 수 있는 On-Off Keying(OOK)의 예를 보여주고 있다.

** FSK(Frequency Shift Keying) : 전송하고자 하는 디지털 신호에 대응하여 반송파의 주파수를 변화시켜 전송하는 방식으로 다음은 한 신호를 '0'(혹은 '-1')을, 다른 한 신호는 '1'의 값을 갖는 디지탈 신호 진송시 '0'의 값 전송시 주파수 f0를 사용하고 '1'의 값 전송시 주파수 f1을 사용하는 BFSK 방식의 예를 보여주고 있다.

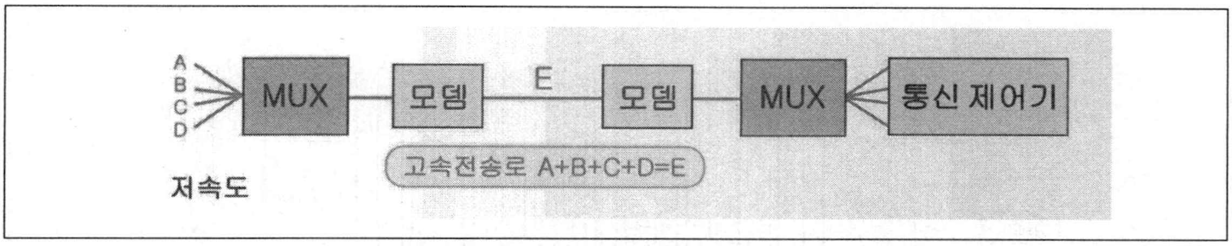

[그림 5-57] 다중화장치의 구성형태

(1) 주파수 분할다중화 방식(Frequency Division Multiflexing : FDM)

일정한 폭을 가진 통신선로의 주파수 대역폭을 몇 개의 작은 대역폭으로 나누어 여러 대의 저속도 장치를 동시에 이용한다. 전송하려는 신호의 대역폭보다 전송매체의 유효대역이 클 경우에 사용되며, 간섭파의 영향에 강하고, 누화가 많이 발생하며 광대역 전송이 가능하다(그림 5-58).

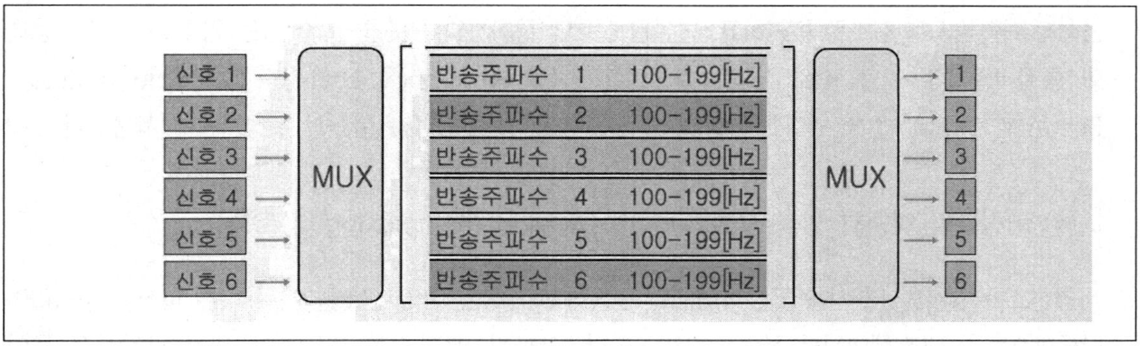

[그림 5-58] 주파수 분할다중화 방식

(2) 시간 분할다중화 방식(Time Division Multplexing : TDM)

한 전송로의 대역폭을 일정한 시간간격(time slot)으로 나누어 각 채널에 할당함으로써 몇 개의 채널들이 한 전송로를 나누어 사용하는 방식이며 아날로그 방식에 비해 약 2~3배 정도의 수용용량을 갖고 있다. 통신속도 가 높고, 통화회선이 적을 때 경제적이며, 지연 왜곡 및 누화가 적다. 또한 통화로의 구성단가가 싸다. 하지만 통화로망 점유주파수 대역폭이 넓으며, 기존 유선망과 간단히 전송할 수 없다(그림 5-59).

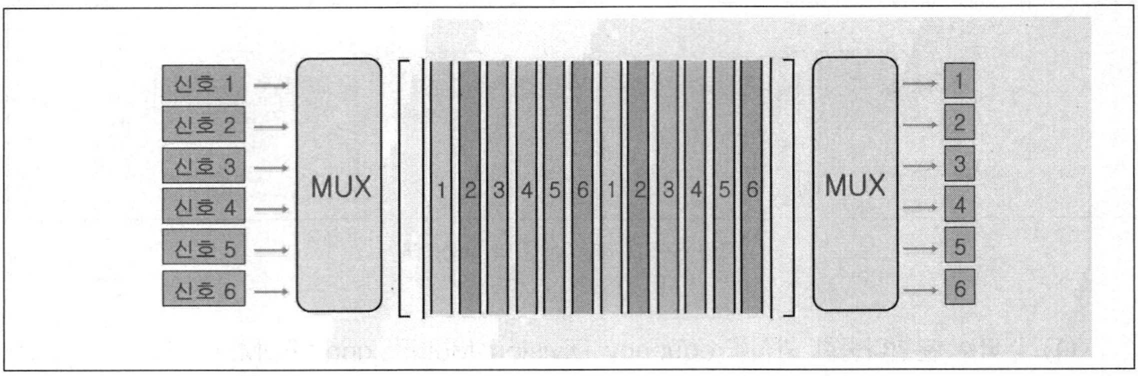

[그림 5-59] 시간 분할다중화 방식

(3) 코드 분할 다중화 방식(Code Division Multiple Access : CDMA)

할당된 주파수 대역을 채널로 분할하지 않고 통째로 채널 하나로 활용하는 방식으로 통화자 각각의 음성신호를 디지털 신호로 변환하고, 변환된 신호에 통화자의 신분을 알 수 있는 암호(코드)를 사용하여 통화비밀을 유지할 수도 있다. 아날로그 방식 (Frequency Division Multiple Access : FDMA)과 비교하여 약 10배 이상의 ~~수용용량을~~ 가지며, 이동통신과 위성통신에 사용된다.

(4) 파장분할 다중화 방식(Wavelength Division Multiplexing : WDM)

광신호를 전송할 때 사용되는 방식으로 전송하고자 하는 여러 신호를 서로 다른 파장을 할당하여 다중화하는 동시에 데이터를 전송하는 방식이다. 합파기, 분파기를 사용하며, 다른 파장들을 묶어 하나의 광섬유를 통해 전송하는 방식이다. 수신측에서는 각 채널을 파장별로 분해하여 각 채널을 활용하며 광전송에 이용된다.

(5) IMT-2000(Intemational Mobile Telecommunication 2000)

새로운 무선접속기술인 W-CDMA(Wideband Code Division Multiple Access : 광대역 부호 분할 다중 접속)를 이용, 하나의 단말기를 통해 여러 가지 서비스와 접속 가능하고 인터넷의 그래픽 접속, 멀티미디어 메일 교환, 대량의 데이터 파일 전송 등을 동시에 하면서 비디오 화상회의도 진행할 수 있다. 또한 국제적인 로밍 서비스와 무선 비디오 서비스 등의 안정된 부가 서비스도 가능하여 음성 위주의 서비스를 탈피하여 고속 데이터와 영상 서비스까지도 전송할 수 있는 무선 멀티미디어 통신기술이다.

04 정보통신망

학습목표

- 정보통신망(information and communication)의 구성요소를 알 수 있다.
- 통신망의 특징과 종류를 알 수 있다.
- 정보통신망의 교환방식을 알 수 있다.

1. 정보통신 네트워크의 개요

(1) 통신망의 구성요소

큰 시스템에서 주 처리기, 원격 시스템, 모든 구성 요소를 서로 연결해 주는 전송로나 채널이다.

① 가입자(station) : 공중통신망의 이용자이다.
② 노드(node) : 네트워크 내의 교환 센터로서 가입자에게 접속경로를 제공하는 장치이다.
③ 링크(link) : 공중통신망을 구성하는 요소 중 노드 간을 연결하는 전송로이다.
④ 인터페이스(interface) : 네트워크와 가입자 간의 상호접속이다.

(2) 통신망의 특징

데이터를 주고받기 위하여 컴퓨터나 전화 팩시밀리를 사용하여 정보를 주고받는 역할을 한다.

① 정보전달이 대량이며, 신속하고 정확하게 전달한다.
② 정보의 장거리 전송이 가능하고, 신뢰성이 높다.
③ 통신의 전송품질에 대해서는 전송품질의 동일성이 있다.

(3) 통신망의 기본조건

통신망의 대표적인 기본조건으로 다음 네 가지를 들 수 있다. 명료성, 신속성, 안정성, 경제성이 갖추어져야 한다.

(4) 통신망의 종류

전화망, 컴퓨터망, 데이터 통신망, 데이터 교환망, 근거리 통신망 등이 있다.

① 전화망(telephone network) : 전기 통신망에서 전화 서비스를 주체로 하여 만들어진 통신망. 단순히 가입 전화망을 가리킬 때도 있다.

② 컴퓨터망(computer network) : 컴퓨터 상호 간을 통신 선로로 연결함으로써 구성되는 통신망이다. 컴퓨터 자원의 상호 이용을 주목적으로 하고 있다.

③ 데이터 통신망(data communication network) : 여러 지역에 분산된 사용자들에게 정보를 전달해줄 수 있는 정보 전달용 통신망이다.

④ 근거리 통신망(LAN) : 한 건물 안에서나 제한된 지역 내에서 컴퓨터 및 주변장치 등을 연결하여 정보와 프로그램을 공유할 수 있도록 해주는 네트워크이다.

2. 교환방식

(1) 회선교환방식*

통신전에 발신측과 착신측 간에 데이터를 전송할 때마다 회선을 미리 연결하여 회선의 접속 경로를 설정한 다음 통신이 종료될 때까지 회선을 독점하게 되므로 한 번 설정된 회선은 통신이 완료되기 전에는 다른 이용자가 사용할 수 없게 된다. 실시간 대화용에 적합하다. 전화망의 구성은 [그림 5-60]과 같다.

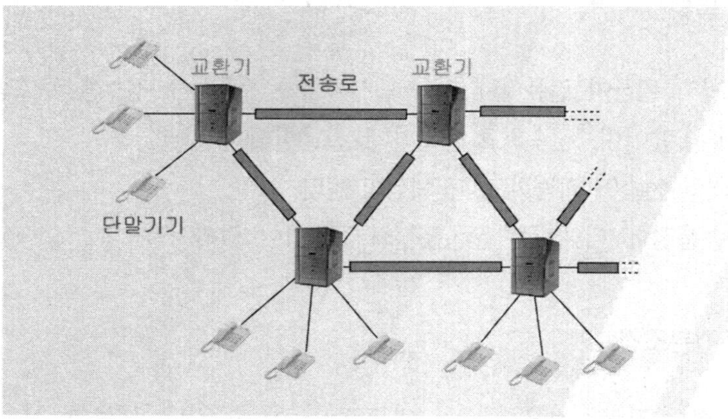

[그림 5-60] 전화망의 구성

* 회선교환 방식 : 2개의 컴퓨터 단말기 간에 정해진 통신로나 회선을 설정하여 정보를 교환하는 시스템이다.

1) 회선교환방식의 장점

전송 데이터가 길고 연속적인 정보교환에 적합하며, 데이터 전송과정에서 중간에 교환기를 필요로 하지 않고, 전송지연은 거의 없으며, 고정된 대역폭을 이용해서 데이터를 전송하는 동기전송이다.

2) 회선교환방식의 단점

전송 중 데이터가 전달되지 않는 시간낭비이고, 동일한 속도나 코드를 가진 단말기기 끼리만 통신할 수 있기 때문에 데이터의 전송속도나 코드 변환이 불가능하다. 또한 수신 측이 통신을 위한 준비상태에 있지 않으면 데이터 전송이 불가능하다.

(2) 메시지 교환방식

전송하고자 하는 메시지의 헤더*(header) 부분에 목적지의 주소를 부착하여 전송하면 교환기에서는 교환기 내의 입력되는 메시지들을 차례대로 교환기 내의 버퍼(Buffer)에 저장한 후 메시지의 헤더 정보에 따라 다른 교환기로 전송하는 방식이다. 전송속도나 코드 변환이 가능하며, 응답시간이 느려 실시간 대용으로는 부적합하다. 또한 회선교환방식에서는 전송하는 메시지량이 많은 경우에는 단절된 현상이 일어날 수 있지만 메시지 교환방식에서는 전달이 지연될 뿐 단절되는 현상은 일어나지 않는다(그림 5-61).

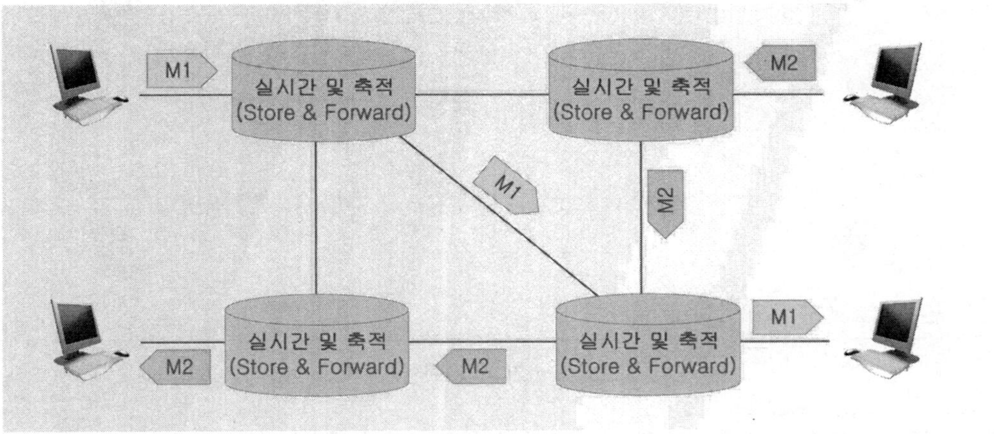

[그림 5-61] 메시지 교환방식

* 헤더(Header) : 데이터의 선두에 놓인 문자군. 머리부에 이어지는 데이터의 내용, 성격을 식별 또는 제어하기 위해 사용된다.

1) 메시지 교환방식의 장점

회선교환방식에 비해 적은 비용으로 네트워크 구성이 가능하고, 축적교환을 기본으로 정보전송이 이루어지므로 송신자와 수신자가 동시에 운용상태가 아니어도 교환이 이루어진다. 또한 하나의 통신회선이 여러 메시지를 공유할 수 있으므로 선로의 이용효율을 증가시킬 수 있다.

2) 메시지 교환방식의 단점

축적교환방식이기 때문에 송신정보가 교환기 내의 버퍼에 축적되는 동안 전송지연이 발생하게 되므로 실시간 통신에는 적합지 않다. 또한 전송 메시지마다 순서번호와 목적지 주소 등의 추가 데이터를 항상 필요로 하기 때문에 오버헤드*(overhead)가 존재한다.

(3) 패킷 교환방식

메시지 교환과 회선교환의 장점을 이용하고, 단점을 최소화한 교환방식으로 발신 측 회선에서 발생한 정보를 일단 교환기의 버퍼에 저장하여 일정한 크기의 패킷으로 만든 다음 패킷 헤더에 들어 있는 주소를 보고 착신 측 단말에 전송하는 방식이다. 송·수신측간에 직접적인 전기적 접속이 존재하지 않으며, 종류에는 가상회선**(virtual circuit)과 데이터그램***(datagram) 패킷 교환방식이 있다(그림 5-62).

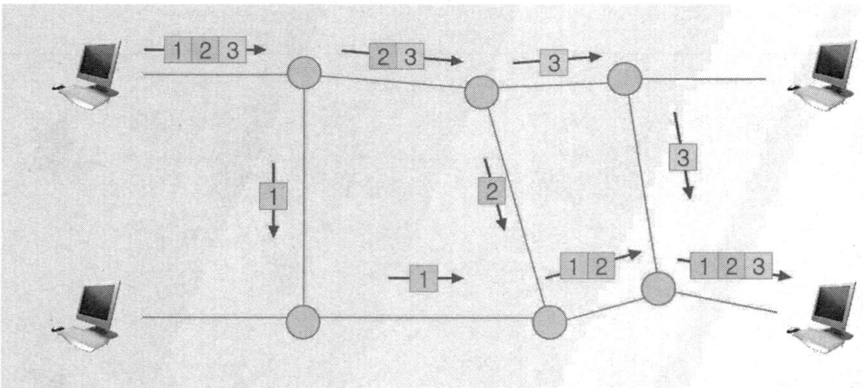

[그림 5-62] 패킷 교환방식

---

* 오버헤드 : 컴퓨터가 유저 프로그램을 실행할 때에 직접 유저 프로그램처리를 하지 않는 부분이다.

** 가상회선 : 패킷 교환망에서 통신하려는 두 접속점 사이의 전송 경로가 논리적으로 고정되어 통신하는 동안은 물리적으로 고정된 전송 경로상에서 통신하는 것과 같은 효과를 나타내도록 하는 연결 방식이다.

*** 데이터그램 : 패킷 교환망에서 취급되는 패킷의 일종이며 다른 패킷과는 독립적으로 취급한다. 발신 단말에서 수신 단말에 이르는 경로를 결정하기 위한 정보를 내부에 포함하는 패킷이다.
㉮ 동일 발신자, 수신자 사이에 통신로를 설정하는 것도 하지 않는다.

1) 장 점

패킷 단위로 축적 전송되므로 메시지 교환방식보다 빠른 응답시간이 요구되는 통신에 주로 이용되며, 전송품질과 신뢰도가 우수하다. 또한 이용자가 지정된 시간에 정보를 전송하거나 동시에 여러 곳의 단말에 정보의 전송이 가능하고, 전송과정에서 전송 에러 검사를 하여 에러가 발생되면 재전송을 하여 고 신뢰성이며, 경제적인 망구축이 가능하다.

2) 단 점

메시지 교환방식과 같이 전송 데이터의 패킷에는 목적지의 주소, 순서번호 등의 추가 데이터로 인한 오버헤드가 존재하게 된다.

05 통합배선 시스템

학습목표

- 통합배선 시스템의 개요에 대해 알 수 있다.
- 통합배선 시스템의 정의 및 특성을 알 수 있다.
- 통합배선 시스템의 구성을 알 수 있다.

오늘날 사무환경은 컴퓨터와 하이테크 산업의 발달과 더불어 다양한 정보기기 및 통신기기의 도입이 급증하고 있으며, 오피스 건물의 인텔리전트화가 발달될수록 Multi-Vendor/Multi-Media 화가 필연적이기 때문에 배선량과 종류가 방대하게 요구되고, 또한 서로 각기 다른 기기 배선의 관리가 곤란한 실정에 이르고 있다. 따라서 사무실의 Lay-Out 변경과 정보통신 시스템의 이동확장에 따른 중복 배선, 재배선으로 인한 경제적 손실과 인력낭비를 초래하고 있다.

통합배선 시스템은 건물 내부와 건물 구간에서 요구되는 각종 통신망을 일원화시킨 것으로 여러 문제들을 해결하고자 설치 운영하는 시스템이다. 음성, 데이터, 비디오, 정보처리, 통신장비, 건물관리에 필요한 다양한 정보관리 시스템뿐만 아니라 외부의 통신 시스템을 통합적으로 지원하므로, 어떠한 정보통신 기기에도 자유롭게 접속할 수 있도록 구성된 경제적인 배선망 시스템이다.

1. 통합배선 시스템의 정의 및 특성

통합배선 시스템은 정보, 음성, 영상, 제어 매체를 모두 수용하는 다기능이 집약된 정보전달 배선 시스템으로, 사용자의 수요와 위치를 예측하고 향후 변경이나 추가 등에 융통성 있게 대처할 수 있도록 경제성 · 확장성 · 편리성을 제공하는 선행 배선 시스템이다. 〈표 5-6〉은 통합배선 시스템의 특성을 나타내었다.

〈표 5-6〉 통합배선 시스템의 특성

구 분	주요 기능
확장성	• 기술발전에 따른 통신 표준화에 대비한 선행 배선이다. • 확장 시에는 블록 단위로 증설이 가능한 시스템이다.
유연성 호환성	• 다양한 매체의 인터페이스 기능을 제공한다. • 접속장비를 모두 수용하는 범용 배선이다. • 단위 구조(modular structure)에 입각한 분리/통합이다.
경제성	• 설치 및 유지보수가 용이한 배선체계이다. • 통합배선의 선행 배선구축을 통한 운영 관리비용을 절감한다.
표준성	• 각 부품이 TIA/EIA, UL, ISO/IEC 등 국제규격에 부합하는 표준 인터페이스를 제공한다.
공간성	• 집중된 배선반과 경량의 케이블로 공간을 활용화한다.

선행 배선은 일정 면적 또는 구역 내에 필요한 수량을 예상하여 미리 배선해 추후 이동 또는 확장 시 점퍼, 패치 코드만으로 간단히 연결함으로써 기기의 이동 또는 확장시 편리성을 제공하는 배선이다.

2. 통합배선 시스템의 구성도(1등급)

통합배선 시스템의 기본구성도는 일반 아파트, 주상복합 아파트와 같은 공동주택과 업무시설 및 오피스텔 등으로 나누어진다. [그림 5-63]과 [그림 5-64]는 각각 특등급 아파트와 1등급 아파트의 광케이블 배선도를 나타낸 것이다.

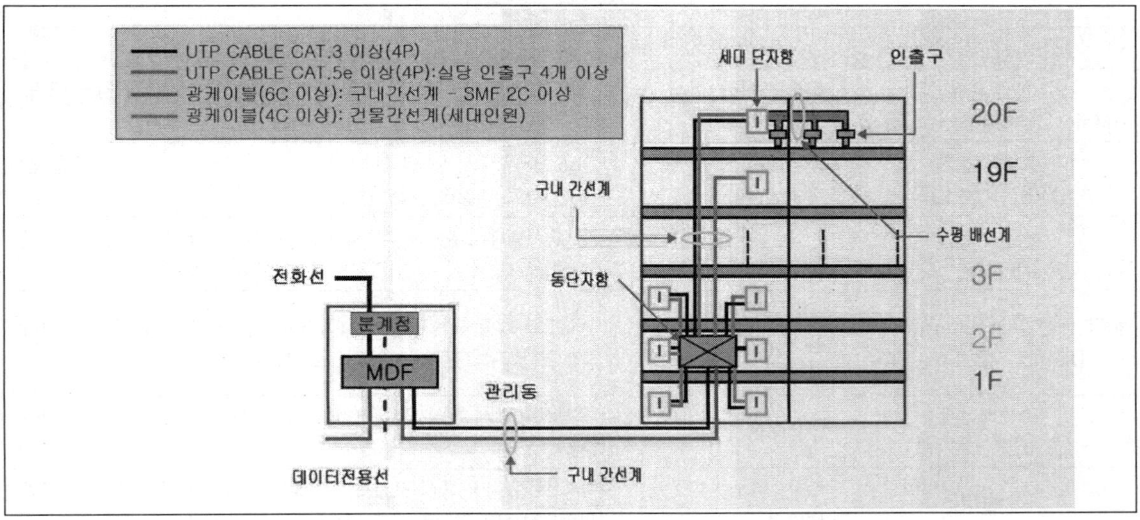

[그림 5-63] 특등급 아파트의 광케이블 배선도

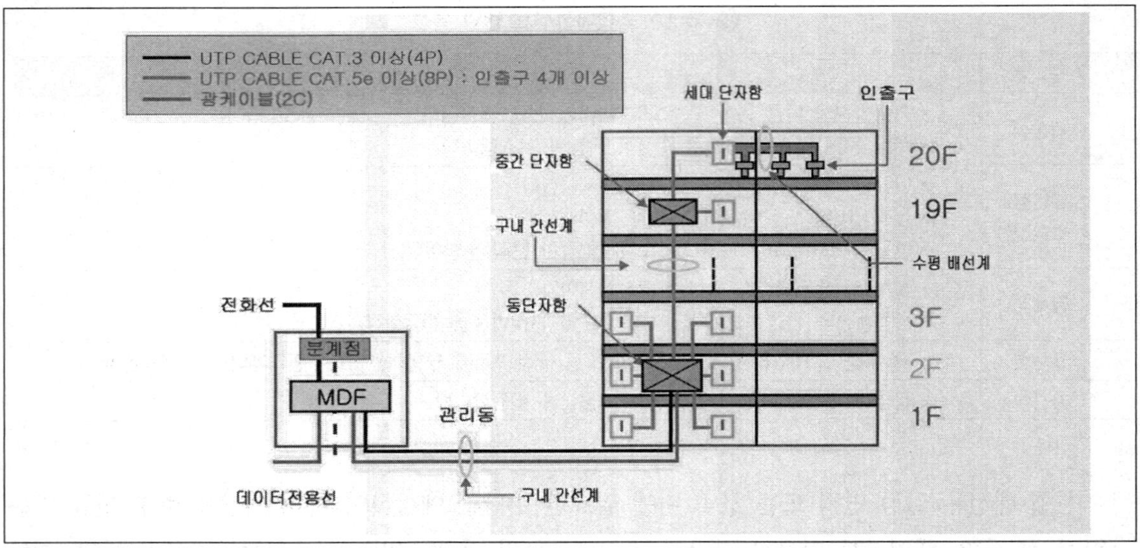

[그림 5-64] 1등급 아파트의 광케이블 배선도

3. 통합배선 시스템의 구성체계

통합배선 시스템은 케이블, 분배설비(distribution facility), 코드류 및 어댑터 등으로 구성되며 구성요소는 〈표 5-7〉과 같은 체계로 구성된다. 국내에서는 용어가 서로 혼동하여 쓰이므로 용어도 함께 정리한다.

〈표 5-7〉 통합배선 시스템의 용어

정보통신부 용어	일반용어	주요 기능
주 배선반 MDF (Main Distribution Frame)	집중구내통신실, 국선단자함	외부회선과 내부회선이 연결되는 유니트로, 시스템과 건물 내 모든 배선의 집합체이며 배선의 분배, 집결, 관리기능
구내 간선계 (MDF ↔ 동 IDF)	외부배선망 옥외배선망	국선단자함에서 동 단자함 또는 동 단자함에서 동 단자함(건물 간 구간)까지 연결하는 배선체계
건물 간선계 (동 IDF ↔ 층 IDF)	수직간선계	동 단자함에서 층단자함까지 또는 층단자함에서 다른 층의 층단자함(건물 내 수직 구간)까지를 연결하는 배선체계
중간 배선반IDF(Intermediate Distribution Frame)	IDE, 총구내 통신실, 동 통신실, 동 단자반, 층단자반	MDF와 최종 사용자 장치 사이의 배선을 서로 연결하거나 관리하기 위한 기능으로서 TPS라고도 함
수평배선계 (층 IDF ↔ 아웃렛)	수평배선계	층단자함에서 통신 인출구(건물 내 수평구간)까지 연결하는 배선체계
인출구	수구, 아웃렛, 인출구	유니트와 같이 통신 포트를 제공하며, 사용자의 단말기(PC 등)와 같이 접속이 가능한 코드 사용

4. 통합배선 시스템의 국제표준

설계를 할 때 표준으로부터 참고해야 할 것은 설계규칙, 규격 및 가이드라인 등이다. 배선 표준은 정부가 다른 방식으로 결정하지 않는 한 법률적으로 강제되는 것이 아니다. 이러한 표준은 많은 기구(organization)에 의하여 개발되어 오고 있으며, 지역 또는 소비자의 선호에 따른 서로 다른 표준들이 있다. 아시아/태평양 지역에서는 일반적으로 ISO/IEC 및 ANSI/TIA/EIA에서 공표한 통합배선 표준을 사용하고 있다(표 5-8).

〈표 5-8〉 국제표준기구와 표준의 종류

CENELEC	AS / NZS	ANSI		IEC	CSA
		TIA	EIA		
EN50173	AS / NZS3080	TIA / EIA-568B		ISO/IEC11801	CSA T529
	AS3084	TIA / EIA-569			CSA T530
	AS / NZS3085	TIA / EIA-606			CSA T527
		TIA / EIA-607			CSA T528

학 | 습 | 정 | 리

■ **통합배선 시스템의 정의 및 특성** : 정보, 음성, 영상, 제어 매체를 모두 수용하는 다기능의 집약된 정보 전달 배선 시스템으로, 사용자의 수요와 위치를 예측하고 향후 변경이나 추가 등에 융통성 있게 대처할 수 있도록 경제성, 확장성, 편리성을 제공하는 선행 배선 시스템이다. 선행 배선은 일정 면적 또는 구역 내에 필요한 수량을 예상하여 미리 배선해 추후 이동 또는 확장시 점퍼, 패치 코드만으로 간단히 연결함으로써 기기의 이동 또는 확장시 편리성을 제공하는 배선이다.

■ **특고압 배전 방식**

① 우리나라의 배전 방식 : Y 결선(중성점 다중 접지) 방식으로 사용한다.

② 단상 부하만 있는 경우 : 단상 2선식으로 회로를 구성하는 것이 간편할 수도 있으나 단상 선로의 구성률이 높아지면 부하 불평형이 발생할 수 있다

③ 중성선 접지 : 인가 밀집 지역의 경우 매 전주마다 접지하고, 인가가 없는 야외지역은 300[m]이하마다 접지한다.

■ **전압강하** : 저압 배전선 중의 전압강하는 간선과 분기회로에서 각각 표준전압의 2[%] 이하로 하 는 것을 원칙으로 한다. 그러나 전기 사용 장소 내에 있는 변압기로부터 공급받는 간선의 전압강하는 3[%]이하로 할 수도 있다.

■ **전력케이블의 종류** : 폴리에틸렌절연 비닐외장케이블(EV 케이블), 비닐절연 비닐외장 케이블(VV케이블), 부틸고무절연 클로로프렌외장 케이블(BN케이블), 고무절연 클로로프렌외장 케이블(RN케이블), 가교 폴리에틸렌절연 비닐 비닐외장 케이블(CV 케이블), CN-CV케이블이 등이 있다.

■ **배선의 구역**

① 가급적, 건조한 구역과 습기 또는 수분과 접촉하기 쉬운 구역(주방, 화장실, 외등 등)의 전등을 구분하여 별도의 회로로 배선한다.

② 건조한 구역도 누전 시를 대비하여 최소한 두 개 이상의 회로로 배선한다.

③ 전선은 배선에 따라 특성에 맞게 색깔을 정하여 사용한다.

■ **스위치공통선의 색깔의 사용범위** : 단상지역에서는 흑색이 우선 사용되고, 흑색이 없을 때는 적색, 청색 순으로 사용된다. 이는 표준 일반시방서에서 R, S, T, N상의 색깔이 흑, 적, 청, 백이고, 한전선로에서 단상수용가는 대부분 R상에서 공급한다.

■ **스위치 공통선에 특별한 표시를 하는 방법**

① 배선 피복을 물어 뜯는다.

② 피복을 까놓는다.

③ 선길이를 다른 선보다 조금 길게 한다.

■ **전등 배선시 색깔 정하는 법(스위치가 여러 개 설치될 때)**

① 스위치 공통 : 전압선(R)에서 스위치전원공통으로 연결되는 선이다.

② 등선 : 스위치에서 등으로 연결되는 선이다.

③ 등공통 : 중성(대지)선인 N상에서 등으로 연결되는 선이다.

단 | 원 | 평 | 가 | 문 | 제

1. 통합배선 시스템의 정의 및 특성에 관한 설명이 아닌 것은?

① 경제성　② 주관성　③ 확장성　④ 편리성

2. 특고압 배전 방식에서 우리나라의 배전 방식에 대한 결선방법은?

① X 결선　② Z 결선　③ B 결선　④ Y 결선

3. 전력케이블의 종류를 나열해 놓았다. 전력케이블의 종류가 아닌 것은?

① 폴리에틸렌절연 비닐외장케이블(EV 케이블)
② 고무절연 클로로프렌외장 케이블(RN케이블)
③ NN-VV케이블
④ 가교 폴리에틸렌절연 비닐 비닐외장 케이블(CV 케이블)

4. 배선의 구역에 어울리는 사용법 또는 회로배선을 설명한 것이 아닌 것은?

① 가급적, 건조한 구역과 습기 또는 수분과 접촉하기 쉬운 구역(주방, 화장실, 외등 등)의 전등을 구분하여 별도의 회로로 배선한다.
② 건조한 구역도 누전 시를 대비하여 최소한 두 개 이상의 회로로 배선한다.
③ 전선은 배선에 따라 특성에 맞게 색깔을 정하여 사용한다.
④ 전선은 가급적 복잡하고 누가 봐도 모를 수 있게 배선한다.

5. 스위치공통선의 색깔의 사용범위는 단상지역에서는 흑색이 우선 사용되고, 흑색이 없을 때는 적색, 청색 순으로 사용된다. 그렇다면 일반시방서에서 사용하는 알파벳과 색깔의 조합이 아닌 것은?

① R - 흑색　② S - 적색　③ T - 청색　④ Z - 노랑

| 정답 | 1.② 2.④ 3.③ 4.④ 5.④

제6장

자동화설비

산업화가 급성장함에 따라 인간의 수작업으로는 물량, 처리속도, 정밀도 등이 크게 뒤쳐지게 되었다. 이 단원에서는 전기공압제어에 의한 자동화설비의 기본이론과 산업설비에 어떠한 기계들이 쓰이고 있는지 알아보도록 하였으며, 산업설비를 제어하기 위한 제어회로를 구성하였다.

01 자동화소자

학습목표

- 자동화 설비의 용어를 이해한다.
- 자동화 설비를 분류 할 수 있다.
- 자동화 설비 관련 이론을 이해 할 수 있다.

공장자동화에서 PLC와 PC 성능이 비약적으로 발전되면서 각각의 적용영역에서의 크로스오버(cross over) 현상이 점차 확산되고 있다. 고성능의 PC는 사용환경의 안정성을 높여 PLC(Programmable Logic Controller)와 더불어 공장자동화 영역에서 많이 사용되고 있다. 반면, 공장자동화에서 많이 적용되어 있는 DCS(Distributed Control System)는 PC 기반을 중심으로 시스템이 구성되었지만, PLC의 다양한 네트워크 지원과 상위 시스템과의 호환성 향상으로 DCS 제어기로써 뿐만 아니라 소규모 DCS를 구성할 수 있을 단계까지 발전하였다.

공장자동화는 일정한 거리 사이에서 재료 또는 화물을 자동으로 연속 운반하는 기계장치로 공장 내에서 부품의 운반 및 반제품의 이동 등에 널리 사용되고 있다. 또한, 단순한 운반 장치만이 아닌 작업원의 제어에 따라 움직이는 작업대로도 사용되어 공장 내의 대량 생산방식의 기초를 형성하고 있다. 공정상 특수한 장치를 포함해서 반제품이 부착되도록 하여 가공 기계와 결합한 트랜스퍼머신 또는 운반 도중에 부품을 선별하거나 방향을 수정시키는 경우에 사용되는 특수한 시스템과 같이 설비의 목적에 따라 장치구성이 다양해진다.

1. 전기제어용 소자

자동화를 하기 위해서는 제어부, 구동부, 검출부가 필요하다. 공 · 유압기기는 구동부를 구성하고, 제어부는 전기, 검출부는 전기와 공기 또는 유압이 복합적으로 사용된다. 전기공압 · 유압 제어방식은 제어신호의 매체로서 공 · 유압을 사용한 것으로, 구동부까지 포함하여 모두 공 · 유압 에너지로 처리하는 것이다.

제어계에 사용되는 전기제어용 기기는 특별히 "공 · 유압 기기용"은 없으며 일반적으로 전기 제어회로용으로서 사용되고 있다. 전기제어용 소자로는 전부터 사용되고 있는 유접점식(전자 릴레이 등)과 최근에 사용되고 있는 무접점식으로 구분되며 전기기기의 용어는 다음과 같다.

① 여자 : 계전기 코일에 통전시켜 자화성질을 갖게 되는 것이다.

② 소자 : 계전기 코일에 전기를 차단시켜 자화성질을 잃게 되는 것이다.

③ 자기유지 : 계전기가 여자된 후에도 동작기능이 계속 유지되는 것이다.

④ 조깅 : 기기의 미소 시간동작을 위해 조작, 동작시키는 것이다.

⑤ 인터록 : 두 계전기의 동작을 연관시키는 것으로 한 계전기가 동작할 때에는 다른 계전기가 동작하지 않는 것이다.

⑥ a접점 : 외력이 작용하지 않으면 접점이 항상 열려 있는 것으로 [그림 6-1]과 같이 상시 열림, 정상상태 열림(Normally Open : NO형), Make contact라고도 한다.

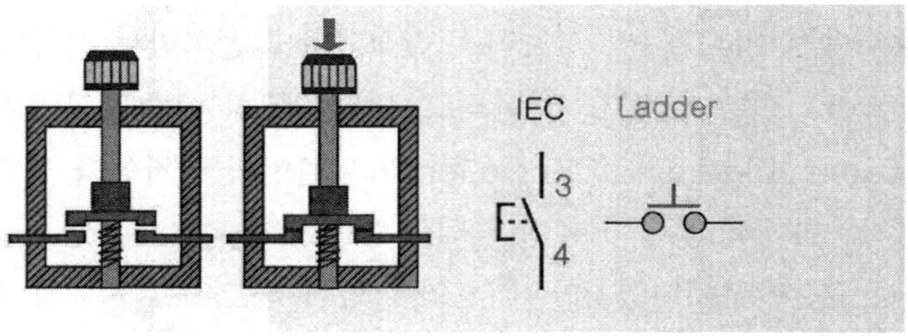

[그림 6-1] 푸시버튼 a접점 스위치

⑦ b접점 : 접점이 항상 닫혀 있어 통전되고 있다가 외력이 작용하면 열리는 것, 즉 통전이 차단되는 것을 [그림 6-2]와 같이 상시 닫힘형, 정상상태 닫힘형(Normally Closed : NC형), break 접점(b접점)이라고 한다.

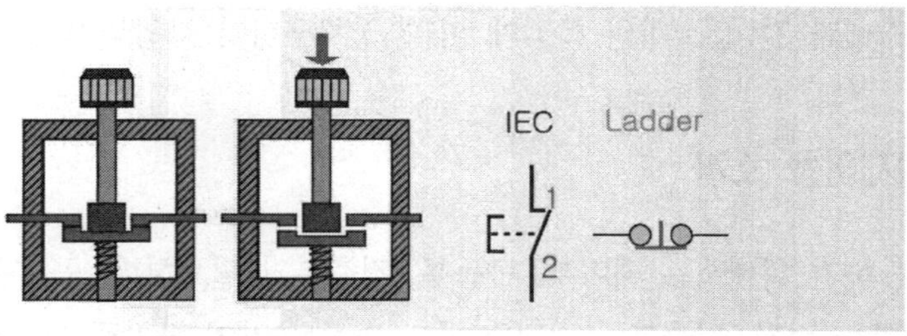

[그림 6-2] 푸시버튼 b접점 스위치

⑧ c접점 : 하나의 스위치에 a, b접점을 동시에 가지고 있는 접점을 c접점(change over contact) 또는 절환접점, 전환접점이라 한다. 이 접점은 전기적으로 독립되어 있지 않으므로, [그림 6-3]과 같이 a접점이나 b접점을 동시에 사용하지 못하고 두 접점 중 하나의 기능을 선택하여 사용한다.

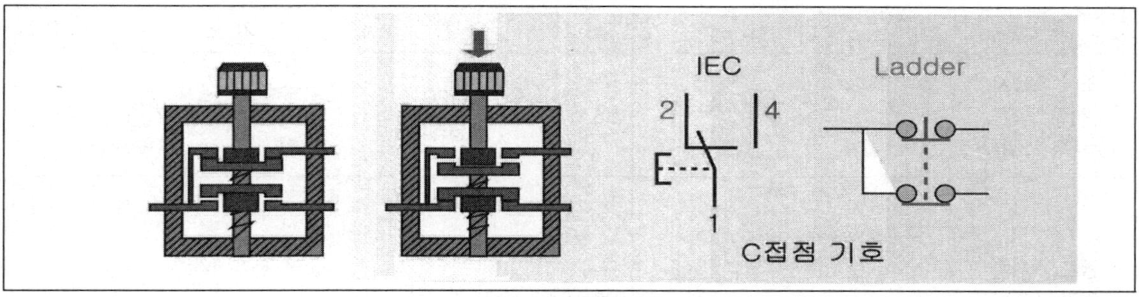

[그림 6-3] 푸시버튼 c접점 스위치

⑨ 접점 스위치 : 하나의 스위치에 여러 개의 독립된 접점을 갖고 있어 한 번 동작에 [그림 6-4]와 같이 여러 개의 접점을 ON/OFF시킨다.

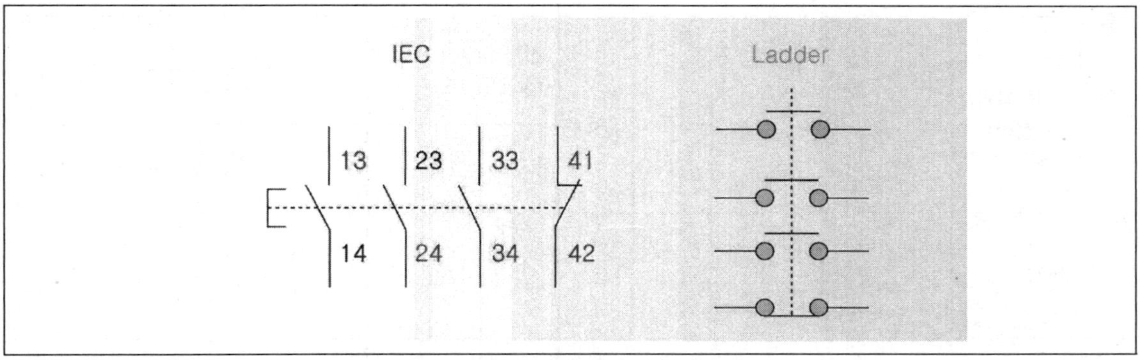

[그림 6-4] 3a-1b 다접점 스위치

⑩ 독립된 접점 : 기계적인 동작은 동시에 이루어지지만 〈표 6-1〉과 같이 전기적으로는 각각 독립된 통전을 한다.

〈표 6-1〉 전기회로용 기기의 기호

명 칭	기 호	부호	명 칭		기 호	부호
퓨즈	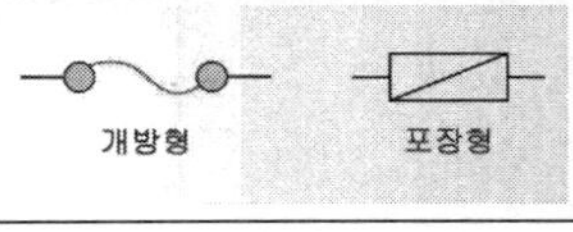	FU	타이머	코일	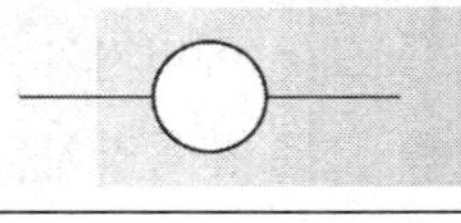	TR
수동조작 자동 복귀 접점 (푸시버튼 스위치)	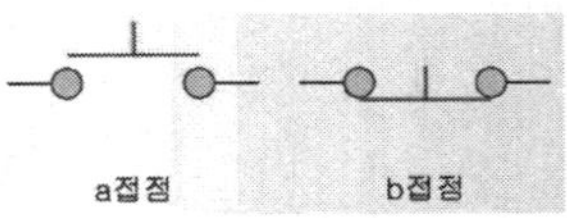	PB		ON 딜레이	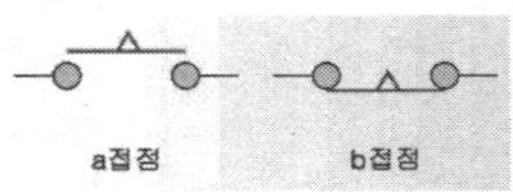	TR

명 칭	기 호	부호	명 칭	기 호	부호
조작 스위치 잔류 접점 (셀렉터 스위치)	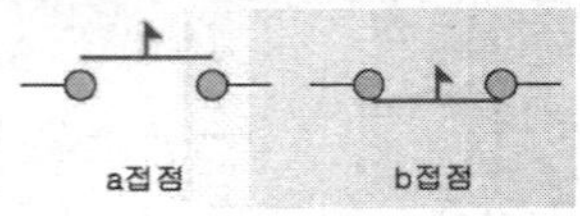 a접점 b접점	SS	OFF 딜레이	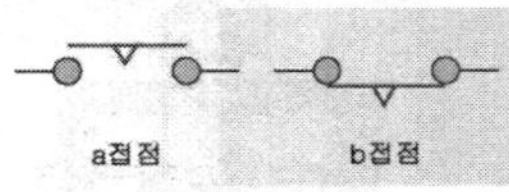 a접점 b접점	TR
플로 스위치 압력 스위치	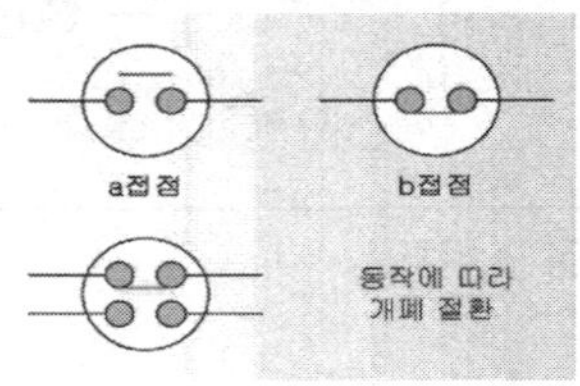 a접점 b접점 동작에 따라 개폐 절환	FLS PS	딜레이	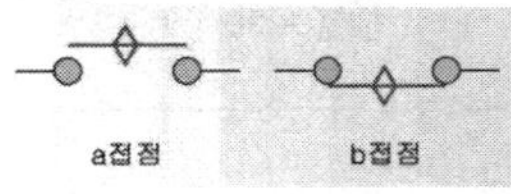 a접점 b접점	TR
릴레이 코일	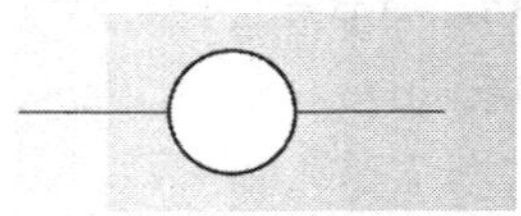	CR MS	전동기	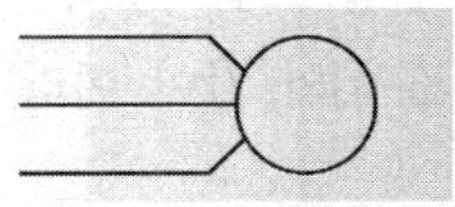	M
릴레이 자동복귀 접점	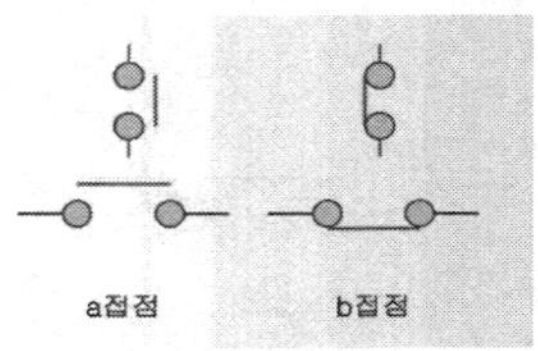 a접점 b접점	CR MS	전자 코일 (솔레노이드)	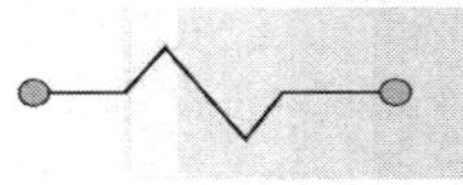	RES
			저항 고정		RES
버저	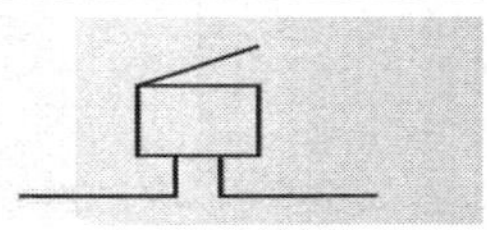	RZ	저항 가변	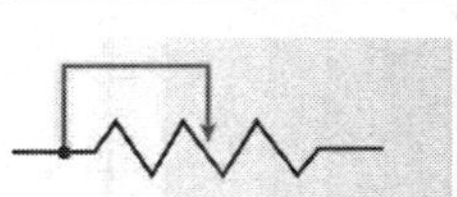	RH
표시등	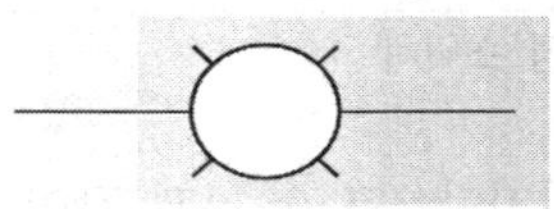	LT L	배선 교차	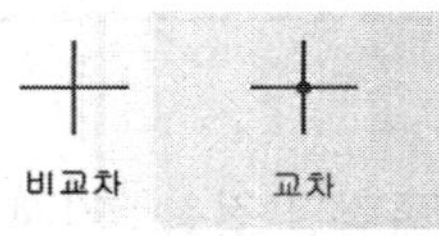 비교차 교차	

㉿ a접점 2개, b접점 2개로 구성되어 있으면 2a-2b형, a접점 3개와 b접점 1개로 구성되어 있는 것을 3a-1b형이라 한다.

⑪ 스위치의 초기 상태 : 제어회로도에서 〈표 6-2〉와 같이 모든 스위치는 초기상태이다.

㉠ 모든 에너지와 수동조작 스위치는 OFF되어 있다.

㉡ 모든 구동장치는 작업 전의 원래 위치를 유지하고 있다.

㉢ 작업대상물은 존재한다.

〈표 6-2〉 IEC 방식과 래더 방식의 기호

명 칭	IEC 기호		래더 기호	
	a접점	b접점	a접점	b접점
푸시버튼 스위치	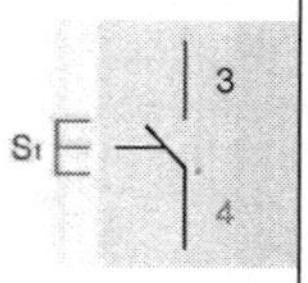	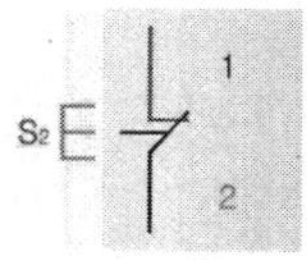	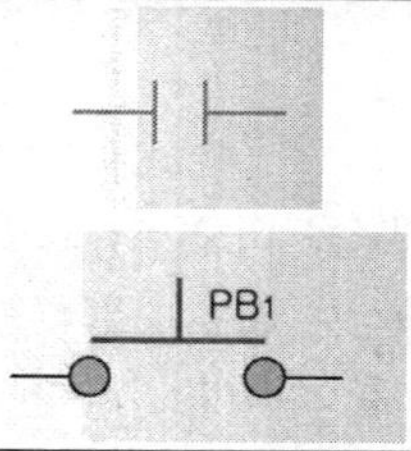	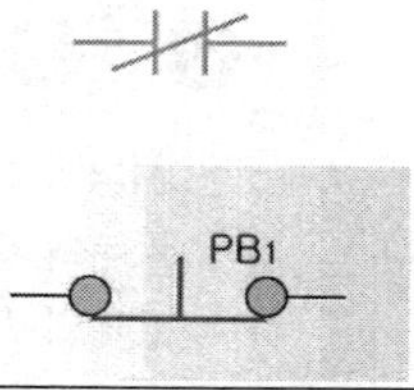
리밋 스위치	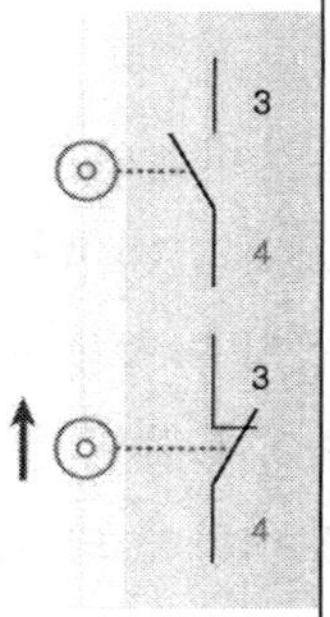	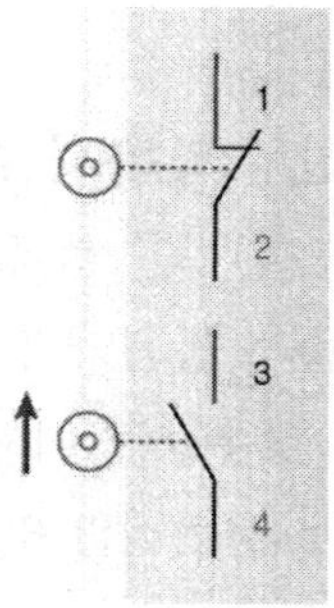	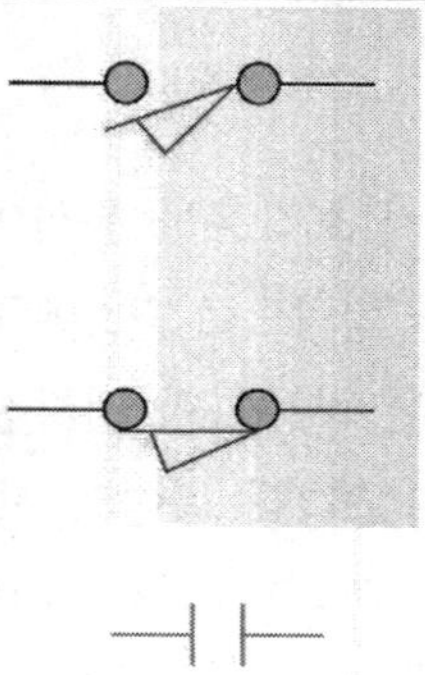	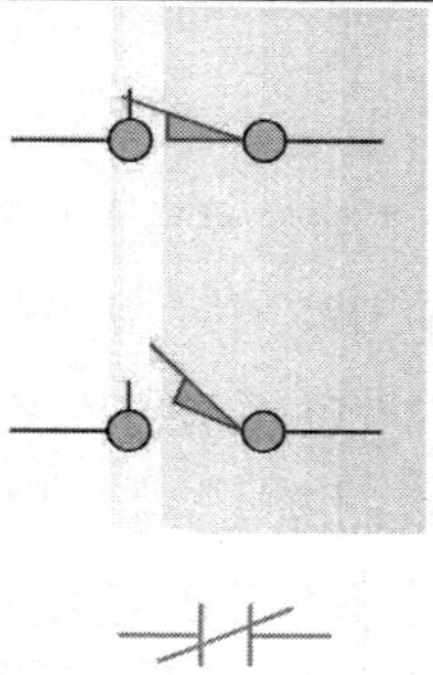
릴레이	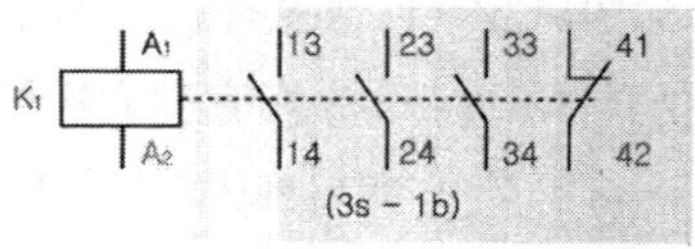		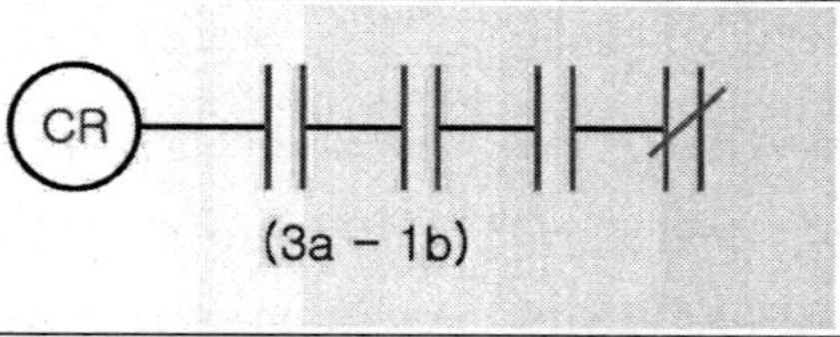	
솔레노이드 밸브	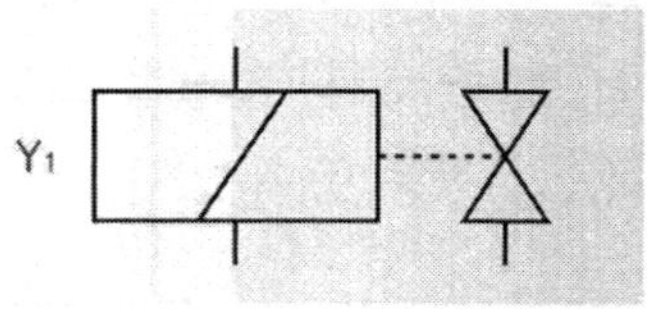		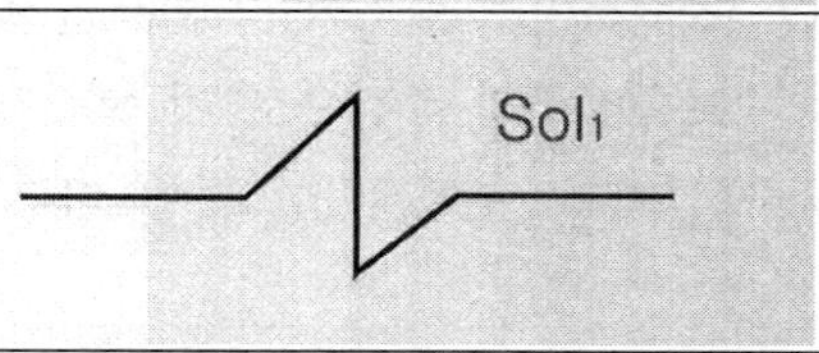	

02 지능형 로봇 제어

학습목표

- 지능형 로봇의 개념을 이해한다.
- 로봇의 종류와 특성을 알 수 있다.
- 로봇의 편리함을 알 수 있다.

지능형 로봇은 인간과의 상호작용을 통하여 인간의 명령 및 감정을 이해하고, 반응하며 [그림 6-5]와 같이 최첨단 기술을 바탕으로 인간에게 다양한 서비스를 제공하는 로봇이다. 1980년대부터 시작된 산업용 로봇 시장은 자동차와 전자산업 등 노동집약적 산업의 발달을 배경으로 급속도로 성장하였다. 그러나 1990년대 들어와 산업용 로봇 시장이 성숙기에 들어서면서, 로봇 시장이 정체되고 이로 인하여 새로운 분야의 산업형성과 기술발전을 모색하게 되는 계기로 작용하였다.

새로운 분야의 로봇은 최근에 들어와서 가사노동이나 기타 생활지원에 대한 사회적 요구가 확대되고 고령화 사회의 진전이 이루어지면서 기존의 고정된 환경에 단순반복 작업을 위주로 하는 산업용 로봇에서 탈피하여 변화하는 환경에 능동적으로 대처하며 인간과 밀착된 서비스를 제공하는 서비스 로봇의 형태로 발전되어 가고 있으며, 21세기 차세대 성장산업으로 지정되면서 정보통신부의 주관으로 지능형 서비스로봇으로 정의되었다. 지능형 로봇의 종류는 가사보조, 생활지원, 오락용, 교육 및 연구용, 공공복지용, 목적용 등이 있다.

[그림 6-5] 지능형 로봇

1. 가사보조

가사보조 로봇은 청소용과 집안관리용이 있다.

(1) 청소용

사람이 진공청소기를 이용하여 집을 청소하는 일을 대신하는 로봇이다. [그림 6-6]과 같이 로봇은 스스로 이동한 경로를 저장하고 저장한 경로에 따른 청소구역을 할당한다.

① 청소한 곳을 또다시 청소하지 않고 집안 전체를 단시간 내에 청소할 수 있다.
② 주변 환경 및 장애물을 인식하여 환경의 변화를 확인하고 이에 따라 청소구역 및 경로를 변경한다.
③ 경로 이동 중 배터리가 방전되면 충전장소로 알아서 이동하여 충전한다.
④ 사용자는 간단한 버튼 및 음성인식, 조이스틱을 이용하여 간편하게 동작시킬 수 있다.

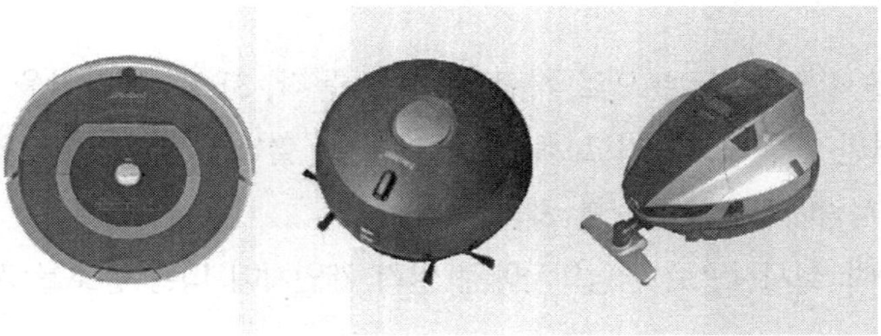

[그림 6-6] 청소용 로봇

(2) 집안관리용

집안 내에서 사람의 생활환경을 최적으로 만들기 위해 집안을 쾌적하고 안전하게 하는 로봇이다.

① 로봇은 연기, 독성 가스, 습도, 온도, 조도 레벨을 모니터링하여 연기가 많을 때 환풍기를 돌리고 날씨가 더울 때는 에어컨의 온도를 낮추는 등 가전기기를 제어한다.
② 언어인식 기능이 있어 인간의 명령을 정확하게 인식할 수 있으며 인터넷을 이용하여 기상예보, 물가정보 등 생활에 필요한 정보를 제공한다(그림 6-7).

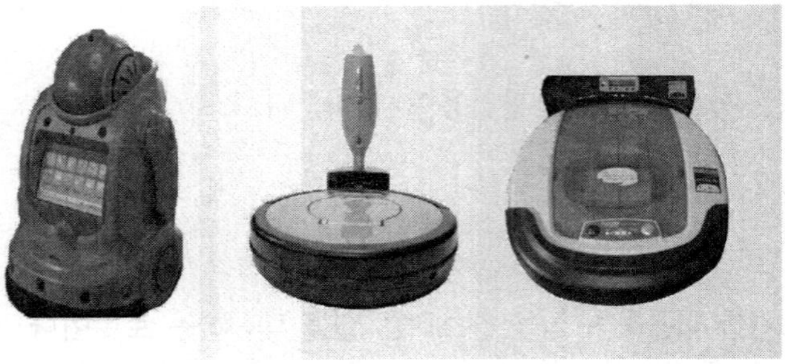

[그림 6-7] 집안관리 로봇

2. 생활지원

생활지원 로봇은 간호 보조용, 도우미용, 보안 및 경비용 등이 있다.

(1) 간호보조용

가정에서 사람을 간호하는 로봇으로 사람의 말투, 동작, 표정, 움직임을 인식하여 인간의 감정 상태에 따라 주변환경을 변화시키고 체온, 혈압, 호흡, 혈색을 확인하여 상태에 따라 로봇에 저장된 정보를 이용하여 사람에게 의료정보를 제공한다.

인터넷을 통하여 실시간으로 담당의사에게 알려 개인차에 따른 간호를 지원한다(그림 6-8).

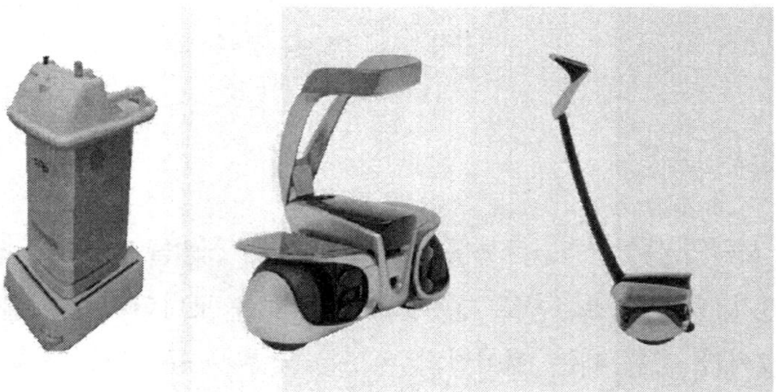

[그림 6-8] 간호보조 로봇

(2) 도우미용

움직임이 불편한 노약자, 장애인의 생활을 보조하는 로봇이다. 로봇에 팔이 장착되어 사람대신 물건을 운반하고, 재활을 돕기 위해 사람을 부축하면서 걸음걸이, 손의 힘 등을 체크하여 사람의 균형을 유지하도록 한다. 또한 휠체어 형태로 사람의 이동수단으로 사용되기도 한다. 시각장애인을 안내하기 위하여 장애인 시스템을 이용하여 길가의 장애물에 대한 정보를 알려주고 신호등과 각종 안내판의 정보를 사용자에게 알려준다(그림 6-9).

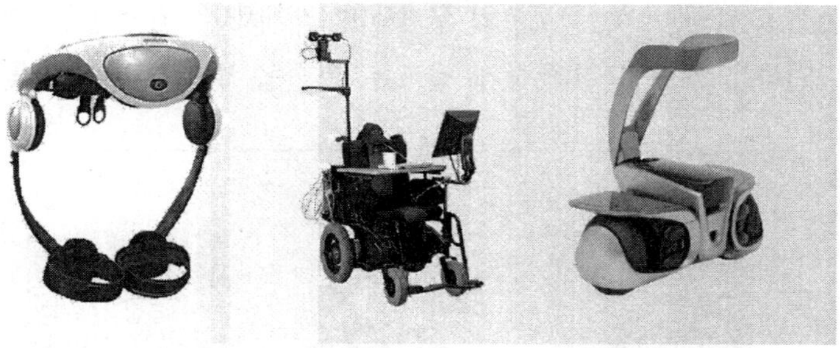

[그림 6-9] 장애인 로봇

(3) 보안 및 경비용

주인의 얼굴을 인식하고, 가전 내의 형태를 전자지도로 그려 로봇의 위치를 파악하면서 각 방의 이상여부를 확인하는 로봇이다. 가정 내 독성가스를 추적하고 침입자를 찾아내어 영상을 저장하였다가 주인 및 보안기관으로 연락하여 범인을 검거한다. 원격지에서 사람이 집안을 감시하도록 인터넷을 통한 화상전송과 로봇 제어를 지원하여 가정 내의 안전상태를 직접 확인할 수 있다(그림 6-10).

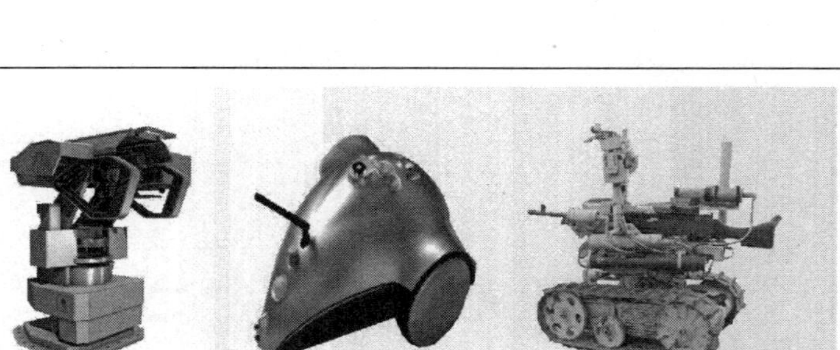

[그림 6-10] 보안 로봇

3. 오락용

오락용 로봇은 게임용, 완구용 등이 있다.

(1) 게임용

로봇 축구, 로봇 전투, 강아지 로봇경기 등 로봇을 이용한 게임들이 많이 생겨나고 있다. 각각 게임의 크기 및 경기방법도 다양하다. 학생들의 로봇에 대한 흥미유발과 로봇 기술을 발전시키기 위한 것으로 축구 로봇은 로봇의 무선제어, 객체제어, 영상인식을 발전시키는데 큰 역할을 하였으며 로봇 전투는 로봇을 튼튼하게 만드는 기술을 발전시켰다(그림 6-11).

[그림 6-11] 축구 로봇

(2) 완구용

완구는 일반적으로 어린이의 놀이도구를 목적으로 사람의 손으로 만들어진 것이다. 완구에 모터, 센서, 제어장치가 포함되면서 스스로 이동하고 동작하게 되었고 완구용 로봇이라는 말이 탄생되었다(그림 6-12).

[그림 6-12] 완구 로봇

4. 교육 및 연구용

로봇에 대한 연구나 교육을 목적으로 제작된 로봇이다.

① 일반적으로 학교에서 로봇 교육을 하거나 연구소에서 알고리즘을 연구하기 위해서는 로봇의 기구설계 제작이나 전자제어 보드가 필요하다.

② 로봇을 직접 만들게 되면 목적하였던 교육이나 연구에 대한 시간이 부족하게 된다.

③ 연구현장이나 학교에는 로봇의 구성이 완비되어 있는 플랫폼을 제공받아 플랫폼 제작에 대한 시간을 절약하고 로봇 알고리즘 연구 및 교육을 보다 집중할 수 있도록 만들어진 것이다(그림 6-13).

[그림 6-13] 교육용 로봇

5. 공공복지용

공공복지용 로봇은 거리청소 로봇, 안내 로봇 등이 있다.

(1) 거리청소 로봇

가정용 청소 로봇과 다르게 빌딩이나 거리를 청소하는 로봇이다.

① 로봇은 청소원을 기계적으로 돕는 역할을 수행하며 수동제어를 통하여 청소원이 지저분한 곳을 들어가지 않고도 청소할 수 있다.

② 로봇 안에 잔디를 깎거나 길을 닦는 등의 기능 모듈을 가지고 있어 환경에 따라 기능을 변경하면서 사용할 수 있다.

③ 해당 도시의 전자지도가 입력되고 위성항공 시스템에 따른 적응지도와 대비하여 이동하며 레이더센서를 이용하여 물체의 유무를 판단한다(그림 6-14).

[그림 6-14] 거리청소 로봇

(2) 안내 로봇

전시장, 대형 마트, 공항에서 사람이 원하는 장소까지 안내해 주는 로봇이다. 건물 내부지도를 미리 입력하여 음성, 터치스크린 등의 입력장치를 통하여 지정한 장소로 사람을 안내한다. 또한 서류나 물건을 운반하여 업무에 도움을 준다. 안내 로봇은 도로공사현장에서 차량을 유도하여 자동차를 안전하게 운행할 수 있도록 하는 역할도 수행한다(그림 6-15).

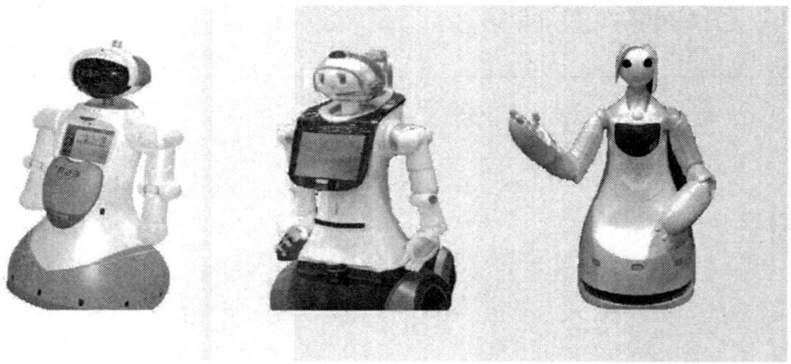

[그림 6-15] 안내 로봇

6. 다목적용 로봇

지능형 로봇을 분류할 때 어느 특별한 기능만 수행하는 것이 아니라 사용목적에 따라 다양한 기능과 역할을 갖는 로봇이다. 집을 지키면서 무단침입자를 추적, 사진을 촬영, 주인과 함께 놀아주는 기능 등을 가지고 있다. 특히 음성인식과 더불어 자율적인 행동을 하며 지능이 조금씩 향상되는 성장기능도 있다(그림 6-16).

[그림 6-16] 다목적용 로봇

7. 지능형 로봇 교육 시스템(Hanuri RD)

교육 시스템은 지능형 로봇을 교육할 수 있는 지능형 로봇, 실습장비와 RCS(Robot Composer Studio)로 나누어지며, 교육환경을 제공하기 위한 환경세트, 무선장비, 충전기로 구성되어 있다. 로봇의 이동부분을 제외하고 지능형 로봇과 실습장비의 구성은 동일하며 실습장비는 지능형 로봇을 구동하기 전에 로봇의 동작을 이해하기 위해 사용된다(그림 6-17).

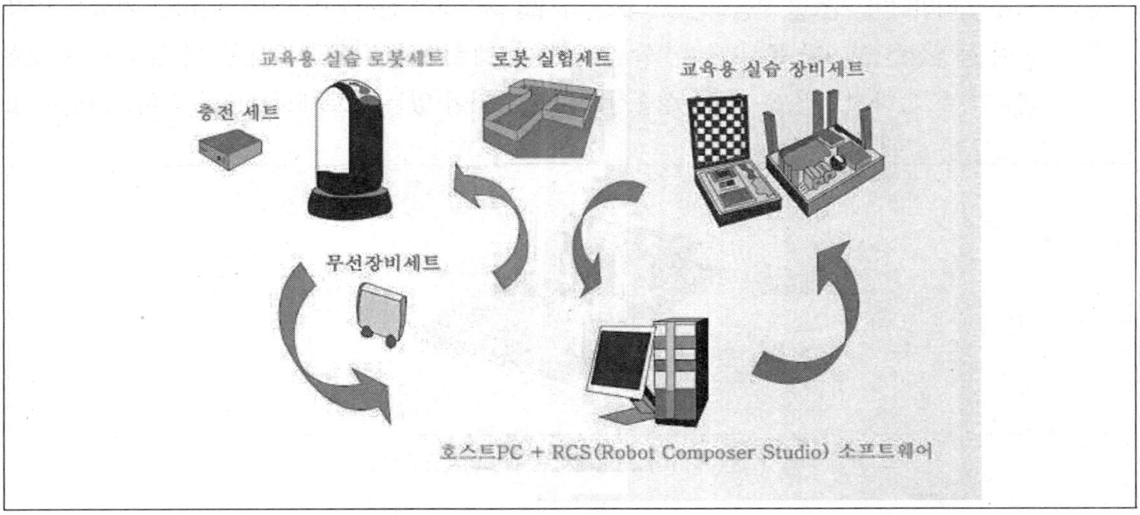

[그림 6-17] 지능형 로봇 시스템 구성도

(1) 제어부

로봇의 가장 중요한 부분으로 로봇의 모든 동작을 결정하고 실행한다. 센서를 이용하여 주변환경에 대한 변화를 수집하고 분석하여 가장 알맞은 명령을 구동부로 지시한다. 이러한 기능을 수행하기 위해서는 일반 PC와 같은 사양을 요구하며 또한 로봇 내에 장착되어야 하기 때문에 크기가 작고 전력소모가 적어야 하는 제약조건이 있다.

① 지능형 로봇 교육 시스템에는 이러한 조건을 만족시키는 프로세서를 제작하여 장착하였다. [그림 6-18]은 로봇 뒤쪽에 장착되어 있는 터치스크린이다.

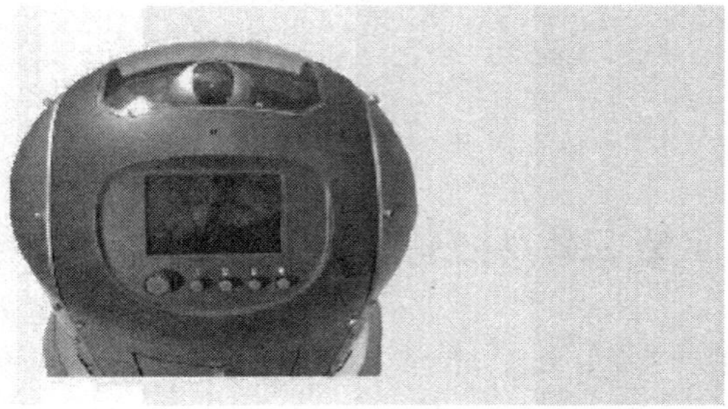

[그림 6-18] 로봇 제어부

② 제어부의 기능은 PDA나 핸드폰 등 정보화 가전기기에 많이 사용되고 있는 32[bit] 프로세서와 함께 멀티미디어 기능을 제공하는 오디오, 디지털 카메라가 장착되어 있다. 이러한 기능을 이용하여 동영상을 보거나 문서를 편집할 수 있으며, 네트워크를 이용하여 사용자와 로봇간의 정보를 공유할 수 있다. [그림 6-19]는 실습장비에 포함되어 있는 프로세서보드와 터치스크린이다.

[그림 6-19] 프로세서보드와 터치스크린

(2) 구동부

로봇에 장착되어 로봇을 구동하거나 구동에 도움을 주는 장치이다. 지능형 로봇은 산업용 로봇과 다르게 이동을 기본으로 다양한 기능을 수행해야 하기 때문에 이동에 필요한 모터, 사물을 인식할 수 있는 적절한 센서, 사용자와 인터페이스를 위한 통신수단이 필요하다.

(3) 모터부

로봇의 이동구조로는 바퀴구조와 보행구조가 있으며 바퀴구조에서는 무한궤도바퀴, 양(좌 · 우) 바퀴, 동기식 바퀴가 사용된다. [그림 6-20]은 모터제어보드이다.

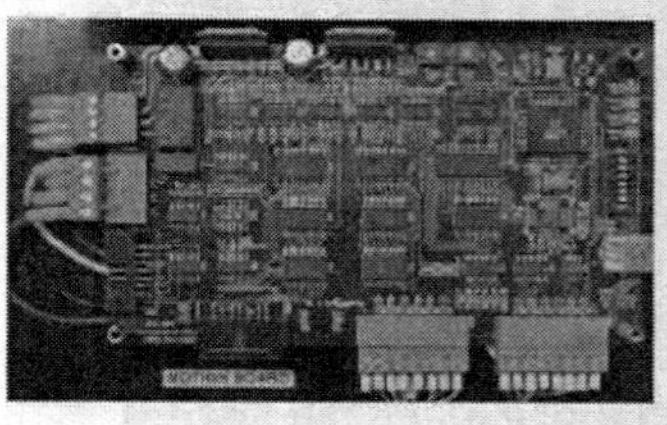

[그림 6-20] 모터 제어기

① 보행구조로는 인간, 동물, 곤충의 이동형태를 가진 구조가 사용된다. 또한 물건을 운반하기 위하여 로봇팔이 장착된다. 이러한 모든 구조를 구동하기 위해서는 필수적으로 모터가 필요하다. [그림 6-21]은 실습장비에 장착된 모터이다.

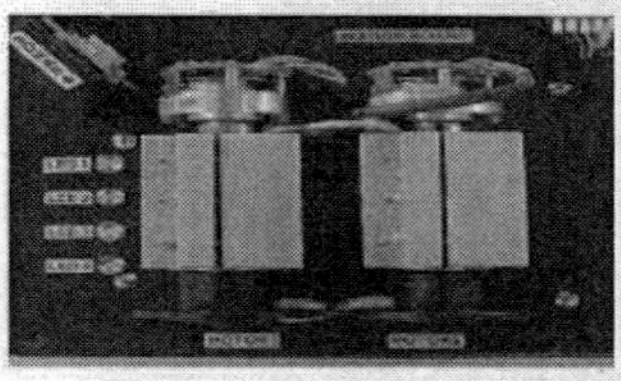

[그림 6-21] 장비 모터

(4) 센서부

로봇이 주변환경을 인식하기 위한 부분이다. [그림 6-22]는 로봇 외관에 장착된 초음파 센서이다.

[그림 6-22] 음파형 센서 외관

카메라는 사람의 눈과 같이 사물의 형태를 파악하는데 사용되며, 초음파 센서는 주변 환경의 거리를 확인하는데 사용된다. [그림 6-23]은 로봇 및 실습장비에 장착된 카메라를 나타낸 것이다.

[그림 6-23] 로봇의 카메라 외관

(5) 통신부

지능형 로봇 교육 시스템은 로봇이 음성을 이용하여 사람에게 정보를 전달하고 유무선 네트워크를 이용하여 로봇에게 역할 및 기능에 대한 프로그램을 업로드하도록 제작되었다. [그림 6-24]는 무선 환경제어기를 나타낸 것이다.

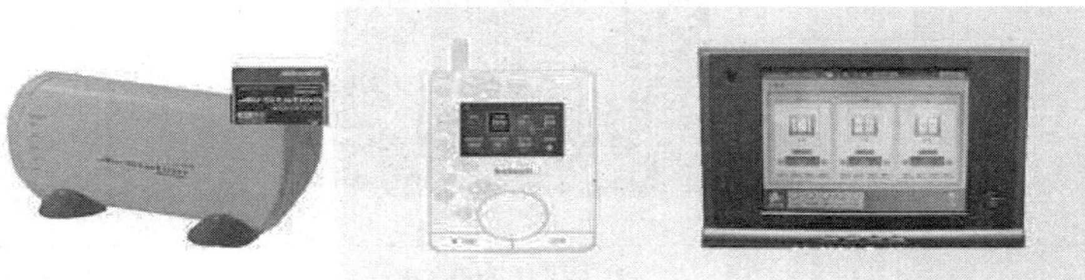

[그림 6-24] 무선 환경제어기

통신부분은 3가지 형태로 나눌 수 있다.

① 로봇이 수집한 데이터를 사용자에게 전달하는 것으로 로봇 음성이 이에 해당된다.

② 사용자가 로봇의 역할 및 기능을 프로그램하여 로봇으로 업로드하는 기능이다.

③ 로봇 내부에서 제어부분이 구동부분을 제어하기 위한 통신기능으로 나누어진다. 이러한 기능을 수행하는 장치로 유 · 무선 통신장치, 멀티플레이 장치 등 다양한 장치를 들 수 있다.

(6) 음향 입 · 출력부

음향기술의 발달로 로봇에서 정보전달에 필요한 사람과 유사한 목소리 또는 음악을 출력할 수 있게 되었다. [그림 6-25]는 장비에 포함된 헤드셋이다.

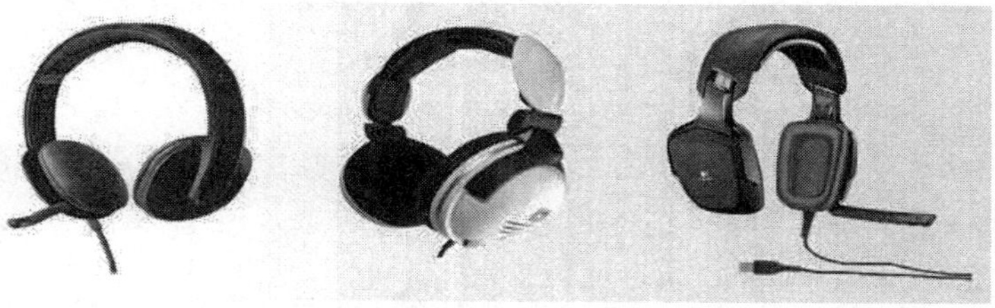

[그림 6-25] 헤드셋

소리를 출력하는 장치가 오디오 장치(스피커)이며 [그림 6-26]은 로봇 내부의 오디오 장치이다.

[그림 6-26] 오디오 장치

03 산업용 로봇 제어

학습목표

- 산업용 로봇제어의 정의를 이해한다.
- 통합배선 이론을 습득하고 구상할 수 있어야 한다.
- 통합배선의 용어를 이해한다.

로봇(robot)은 Robota(노동)와 Robotnik(노예)의 합성어로, 작업에 알맞도록 고안된 도구를 부착시킨 관절을 제어장치에 내장된 프로그램의 순서대로 수행하도록 한 기계이다. 따라서 로봇을 '자동제어에 의해 여러 가지 작업을 수행하거나 이동하도록 프로그램할 수 있는 다목적 기계'라고 정의할 수 있다. 로봇은 전기 · 전자공학, 기계공학, 전산공학 등의 복합기술을 총망라하여 적용된 첨단기술의 산물이다.

또한 미래의 로봇은 인공지능과 신경회로, 퍼지 이론을 도입한 기술과 음성 · 화상 인식기술 등이 복합되어 다양한 기술적 복합체가 될 것이다.

1. 산업용 로봇의 활용 분야

산업용 로봇이 사용되는 대표적인 분야로는 용접(welding), 도장(painting), 조립(assembly), 물류(material handling) 분야 등이 있으며, 공장자동화의 최종목표인 무인공장을 구성하기 위한 필수적인 요소이다.

2. 산업용 로봇의 구성

산업용 로봇은 기본적으로 기계장치와 제어장치로 구성되며, 지각 · 판단과 기억 · 행동의 기능을 수행한다. 센서를 통해 입력된 신호를 인식하고 판단하는 일을 제어장치가 담당하고, 판단결과의 조작신호를 기계장치로 보내 행동으로 옮겨 미리 정해진 작업을 수행한다. 산업용 로봇은 인간의 전체적인 기능과 모습을 가진 형태로 만들어진 것이 아니라, 특정한 생산작업에 맞도록 부분적인 기능을 확대시켜 만든 것이 대부분이다.

산업용 로봇의 구조 픽 앤 플레이스 로봇(pick & place robot), 직교좌표 로봇(cartesian coordinate robot), 원통좌표 로봇(cylindrical coordinate robot), 수평다관절 로봇(horizontal articulated robot), 수직다관절 로봇(vertical artivulated robot) 등이 있다.

3. 최초의 산업용 로봇

최초의 산업용 로봇은 [그림 6-27]의 유니메이션(Unimation)사(미국)가 개발한 유니메이트(Unimate 1961)라는 로봇으로 포드 자동차 공장에서 사용되었다.

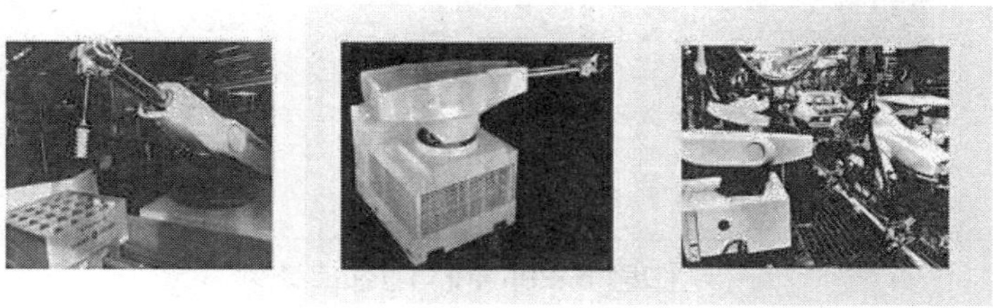

[그림 6-27] 최초의 산업용 로봇

4. 산업용 로봇의 형태에 의한 분류

산업용 로봇의 형태에 의한 분류는 수직다관절 로봇, 수평다관절 로봇, 직교좌표 로봇, 갠트리 로봇 등이 있다.

(1) 수직다관절 로봇

용접, 도장 등에 가장 많이 사용되는 로봇으로 [그림 6-28]과 같이 사람의 팔처럼 6개의 자유도를 지니고 있어 유연한 동작을 할 수 있다. 형태는 직렬형과 병렬형이 있으며 설치면적에 비해 작업영역이 큰 장점을 지니고 있다.

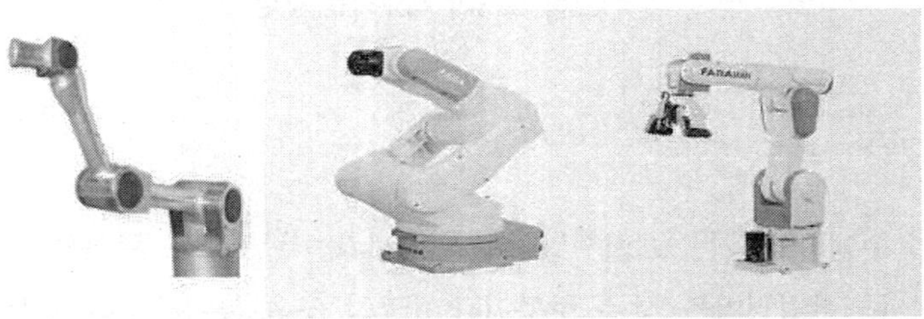

[그림 6-28] 수직다관절 로봇

(2) 수평다관절 로봇

스카라 로봇(SCARA robot)이라 하며, 전자조립에 가장 적당한 로봇이다. 설치면적에 비해 동작범위가 크고, 동작속도가 매우 빠르다. [그림 6-29]와 같이 3개의 회전축과 1개의 상 · 하향축으로 구성되어 있다.

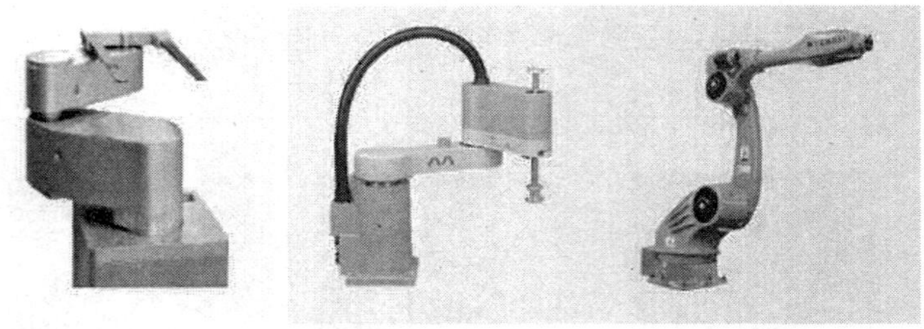

[그림 6-29] 수평다관절 로봇

(3) 직교좌표 로봇

X, Y 로봇이라 하며, 베이스 프레임, 액추에이터, 볼 스크류 등으로 구성되어 있어 구조가 간단하다. 각 축이 기구학적, 동력학적으로 완전히 독립되어 균일한 제어특성을 지닌다. 작업영역에 비해서 다른 로봇보다 상대적으로 몸체가 차지하는 공간이 크다. [그림 6-30]은 직교좌표 로봇이다.

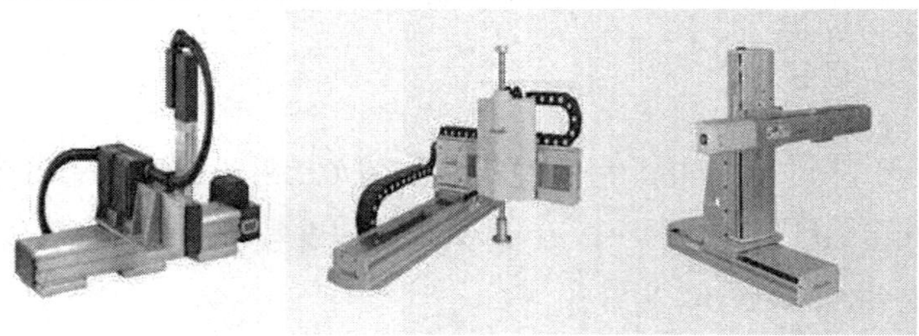

[그림 6-30] 직교좌표 로봇

(4) 갠트리 로봇

실질적 작업을 수행하는 작은 로봇을 달고서 이동시키는 로봇으로 로봇의 작업영역을 넓히는 역할을 하여 비교적 큰 작업영역을 갖는 로봇이다. [그림 6-31]은 갠트리 로봇이다.

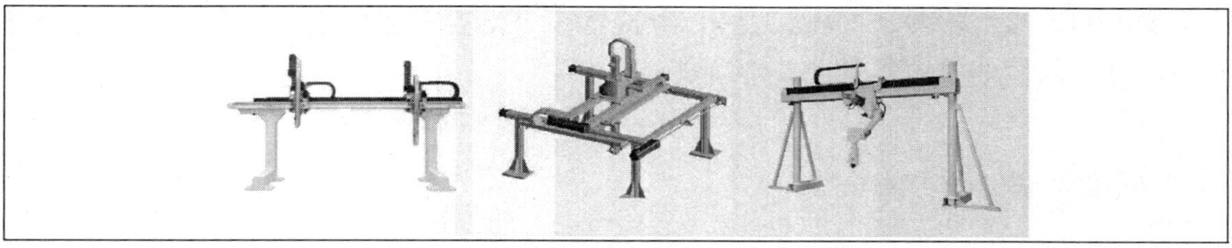

[그림 6-31] 갠트리 로봇

5. 수직다관절 로봇의 제어

(1) 수직다관절 로봇의 특징

수직다관절 로봇(RV-M1)의 특징은 다음과 같다.

① 모두 회전축으로만 구성되어 있어서 이동속도가 빠르다.
② 동작영역은 베이스를 중심으로 한 구형이다.
③ 현재 산업현장에서 가장 많이 사용되고 있다.
④ 보통 6개의 자유도로 구성되어 있어 동작영역 내의 어떤 위치로든 접근이 가능하다.
⑤ 회전축으로만 구성되어 있어 제어와 사용이 어렵다.
⑥ 바닥의 부피와 설치면적이 작다.
⑦ 수직다관절 로봇은 직렬형과 병렬형이 있는데, 직렬형은 소형, 병렬형은 대형에 주로 사용되며, 병렬형은 직렬형에 비해 강성이 크고 케이블의 연결에 유리하지만 링크의 충돌로 인하여 작업영역이 줄어드는 것이 단점이다.

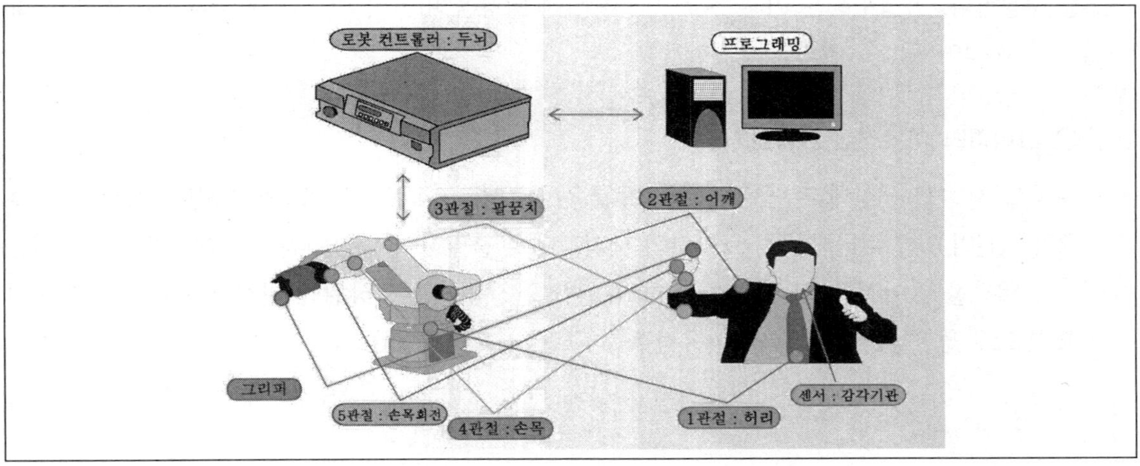

[그림 6-32] 수직다관절 로봇의 구성

⑧ 매터리얼 핸들링, 조립공정, 실링, 검사공정 등 다양한 공정에 적용되고 있다. [그림 6-32]는 수직다관절 로봇의 구성에 대한 설명이다.

(2) 수직다관절 로봇 구동의 순서

수직다관절 로봇은 [그림 6-33]과 같은 순서로 구동된다.

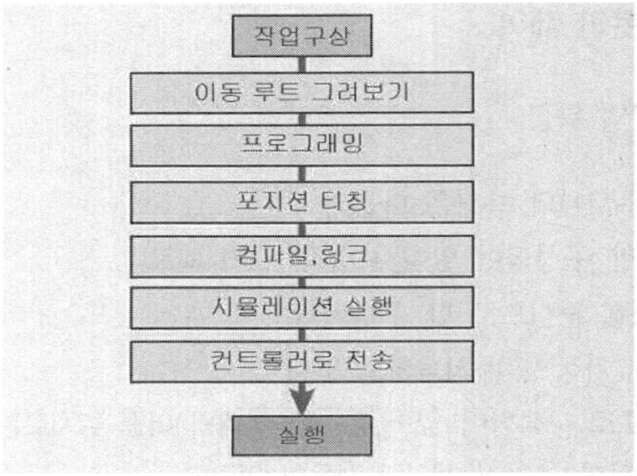

[그림 6-33] 수직다관절 로봇 구동의 순서도

1) 작업구상

먼저 로봇에게 어떤 일을 수행시키려고 하는지 구상하고, A지점의 일감을 B지점으로 옮겨놓는 작업을 구상한다. 작업구상은 이후 프로그램 작성에 영향을 미치며 명료한 구상을 하지 못하면 효율적인 작업이 될 수 없다.

2) 그리퍼의 이동경로 그려보기

수행할 작업을 구상하고 난 뒤, 이동경로를 직접 그려 놓고 프로그램을 작성하면 오류를 줄일 수 있으며 작업이 훨씬 수월해진다. 그리퍼의 대기점에서 출발하여 일감이 놓여 있는 지점으로 이동한 후, 일감을 잡아서 다시 충돌을 피하기 위한 안전높이만큼 상위한 지점과 차례로 경유하여 목표점으로 옮겨놓는 그리퍼의 이동경로를 그린다(그림 6-34).

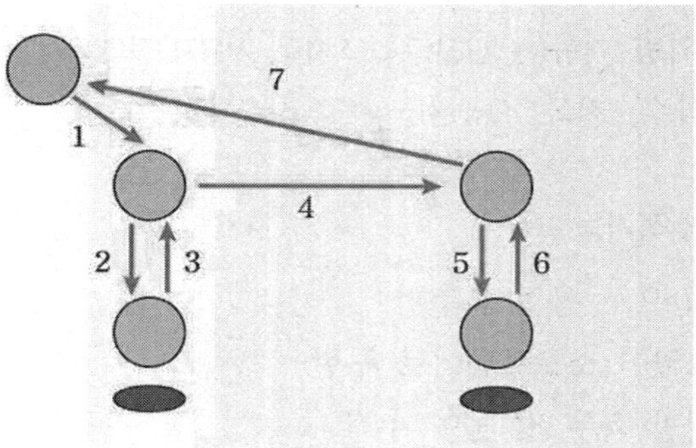

[그림 6-34] 그리퍼의 이동경로 그려보기

3) 프로그래밍

수직다관절 로봇은 〈표 6-3〉의 명령어를 통해 프로그래밍할 수 있다.

〈표 6-3〉 수직다관절 로봇의 명령어

명령어	프로그램 예
NT : 로봇 원점(Nest) 수행	10 NT
SP : 로봇 이동속도 지정 (0~9)	2O SP 5
RC : 구간 반복(Repeat Cycle)	30 RC 2
MO : 이동(Move)	40 MO 1
GC : 그리퍼 잠김(Gripper Close)	50 GC
GO : 그리퍼 열림(Gripper Open)	60 GO
TI : 지연 시간 설정(Time)	70 TI 10
PX : 포지션 치환(Point Exchange)	80 PX 2,4
NX : 구간 반복의 끝	90 NX
ED : 프로그램 끝(End)	100 ED

6. 수직다관절 아크 용접 로봇의 기본기능 및 장 · 단점

(1) 용접 로봇의 주요 기본기능

1) 용접 전류 · 전압 제어기능

① 용접 전압 · 전류설정 및 모니터링

② 용접 파라미터 설정

③ 자동 용착제거

2) 위빙 기능

① 여러 형태의 위빙 기능(예 단진동형, 진자형, 사용자 정의형 등)
② 위빙패턴, 주파수, 진폭, Dwelling Time 설정

3) Arc Sensor 추적기능

① 용접 시 실시간으로 용접선 추적
② 부가설비 필요없이 소프트웨어로 구현
③ 실시간으로 위빙 좌우 및 높이 추적

4) Touch Sensor 기능

① 용접모재와 접촉으로 용접시작점 자동 검출
② 기존의 용접 와이어(wire) 사용
③ 각종 용접형상에 따른 터치 패턴 설정

5) 충격 센서

로봇 동작 중 터치 충돌 시 비상정지

(2) 용접 로봇의 장 · 단점

1) 장 점

① 작업자가 작업 시 열악한 환경으로의 탈피가 가능(PLC 제어 등으로 공장자동화)
② 위치반복정도가 ±0.1[mm]로 균일한 용접품질을 일관성 있게 유지할 수 있다.
③ 정확하게 배열된 용접물에는 높은 생산성을 유지한다.

2) 단 점

① 장비가 비싸다.
② 용접물의 공차, 비틀림, 간섭물이 있는 협소한 공간 등에는 적용하기 힘들다.
③ 용접선에 공작물의 방해를 받아 로봇이 접근하기 어렵다.

학 | 습 | 정 | 리

■ 전기기기의 용어

① 여자 : 계전기 코일에 통전시켜 자화성질을 갖게 되는 것이다.

② 소자 : 계전기 코일에 전기를 차단시켜 자화성질을 잃게 되는 것이다.

③ 자기유지 : 계전기가 여자된 후에도 동작기능이 계속 유지되는 것이다.

④ 조깅 : 기기의 미소 시간동작을 위해 조작, 동작시키는 것이다.

⑤ 인터록 : 두 계전기의 동작을 연관시키는 것으로 한 계전기가 동작할 때에는 다른 계전기가 동작하지 않는 것이다.

⑥ a접점 : 외력이 작용하지 않으면 접점이 항상 열려 있는 것으로 상시 열림, 정상상태 열림(Normally Open : NO형), Make contact라고도 한다.

⑦ b접점 : 접점이 항상 닫혀 있어 통전되고 있다가 외력이 작용하면 열리는 것, 즉 통전이 차단되는 것을 상시 닫힘형, 정상상태 닫힘형(Normally Closed : NC형), break 접점(b접점)이라고 한다.

⑧ c접점 : 하나의 스위치에 a, b접점을 동시에 가지고 있는 접점을 c접점(change over contact) 또는 절환접점, 전환접점이라 한다. 이 접점은 전기적으로 독립되어 있지 않으므로, a접점이나 b접점을 동시에 사용하지 못하고 두 접점 중 하나의 기능을 선택하여 사용한다.

⑨ 접점 스위치 : 하나의 스위치에 여러 개의 독립된 접점을 갖고 있어 한 번 동작에 여러 개의 접점을 ON/OFF시킨다.

⑩ 독립된 접점 : 기계적인 동작은 동시에 이루어지지만 전기적으로는 각각 독립된 통전을 한다.

예) a접점 2개, b접점 2개로 구성되어 있으면 2a-2b형, a접점 3개와 b접점 1개로 구성되어 있는 것을 3a-1b형이라 한다.

⑪ 스위치의 초기 상태 : 제어회로도에서 모든 스위치는 초기상태이다.

㉠ 모든 에너지와 수동조작 스위치는 OFF되어 있다.

㉡ 모든 구동장치는 작업 전의 원래 위치를 유지하고 있다.

㉢ 작업대상물은 존재한다.

■ 지능형 로봇의 종류는 가사보조, 생활지원, 오락용, 교육 및 연구용, 공공복지용, 목적용 등이 있다.

■ 산업용 로봇은 기본적으로 기계장치와 제어장치로 구성되며, 지각 · 판단과 기억 · 행동의 기능을 수행한다. 센서를 통해 입력된 신호를 인식하고 판단하는 일을 제어장치가 담당하고, 판단결과의 조작신호를 기계장치로 보내 행동으로 옮겨 미리 정해진 작업을 수행한다. 인간의 전체적인 기능과 모습을 가진 형태로 만들어진 것이 아니라, 특정한 생산작업에 맞도록 부분적인 기능을 확대시켜 만든 것이 대부분이다.

산업용 로봇의 구조 픽 앤 플레이스 로봇(pick & place robot), 직교좌표 로봇(cartesian coordinate robot), 원통좌표 로봇(cylindrical coordinate robot), 수평다관절 로봇(horizontal articulated robot), 수직다관절 로봇(vertical artivulated robot) 등이 있다.

단 | 원 | 평 | 가 | 문 | 제

1. 전기기기의 용어의 설명이 아닌 것은?

   ① 여자 : 계전기 코일에 통전시켜 자화성질을 갖게 되는 것이다.
   ② 소자 : 계전기 코일에 전기를 차단시켜 자화성질을 잃게 되는 것이다.
   ③ 자기유지 : 계전기가 여자된 후에도 동작기능이 계속 유지되는 것이다.
   ④ 인터록 : 기기의 미소 시간동작을 위해 조작, 동작시키는 것이다.

2. 지능형 로봇제어에서 생활지원 로봇가 아닌 것은?

   ① 청소용 ② 간호 보조용 ③ 도우미용 ④ 보안 및 경비용

3. 다음 설명 중 옳지 않은 것은?

   ① 목적용 : 로봇에 대한 연구나 교육을 목적을 제작된 로봇이다.
   ② 거리청소 로봇 : 빌딩이나 거리를 청소하는 로봇이다.
   ③ 안내로봇 : 전시장, 대형 마트, 공항에서 사람이 원하는 장소까지 안내해 주는 로봇이다.
   ④ 교육 및 연구용 : 로봇에 대한 연구나 교육을 목적을 제작된 로봇이다.

4. 수직다관절 로봇 구동의 순서로 옳은 것은?

   ① 작업구상 → 프로그래밍 → 컴파일, 링크 → 포지션 티칭 → 이동 루트 그려보기 → 시뮬레이션 실행 → 컨트롤러로 전송 → 실행
   ② 작업구상 → 컴파일, 링크 → 프로그래밍 → 포지션 티칭 → 이동 루트 그려보기 → 시뮬레이션 실행 → 컨트롤러로 전송 → 실행
   ③ 작업구상 → 이동 루트 그려보기 → 컴파일, 링크 → 포지션 티칭 → 프로그래밍 → 시뮬레이션 실행 → 컨트롤러로 전송 → 실행
   ④ 작업구상 → 이동 루트 그려보기 → 프로그래밍 → 포지션 티칭 → 컴파일, 링크 → 시뮬레이션 실행 → 컨트롤러로 전송 → 실행

5. 용접 로봇의 장점이 아닌 것은?

   ① 작업자가 작업 시 열악한 환경으로의 탈피가 가능(PLC 제어 등으로 공장자동화)
   ② 용접물의 공차, 비틀림, 간섭물이 있는 협소한 공간 등에는 적용하기 힘들다.
   ③ 위치반복정도가 ±0.1[mm]로 균일한 용접품질을 일관성 있게 유지할 수 있다.
   ④ 정확하게 배열된 용접물에는 높은 생산성을 유지한다.

| **정답** | 1.④ 2.① 3.① 4.④ 5.②

단원평가문제 정답 및 해설

제1장 전기 전원회로

번호	정답	해 설
1	4	대용량 공급이 불가능한 방식은 단상 2선식이다. 〈저압 배전선로에서 3상 4선식의 특징〉 ㉠ 공급능력이 최대이고 배전 방식이 경제적이며 배전 설비가 단순하다. ㉡ 부하 불평형이 발생하고 동력 부하 가동 시 플리커가 발생할 우려가 있으며, 중성선 단선 시 이상 전압이 유입된다.
2	2	㉠ 단상 2선식 : 단상 교류 전력을 전선 2선으로 배전하는 방식이다. ㉡ 3상 3선식 : 3상 교류를 3선의 전선을 사용해서 배전하는 방식이다. ㉢ 3상 4선식 : 변압기의 2차측을 Y접속하고 그 중성점으로부터 중성선을 인출해서 3선식의 전선 3선과 조화시킴으로써 2가지 전압을 공급할 수 있게 한 방식이다.
3	4	㉠ 단상 2선식 : 단상 교류 전력을 전선 2선으로 배전하는 방식이다. ㉡ 3상 3선식 : 3상 교류를 3선의 전선을 사용해서 배전하는 방식이다. ㉢ 3상 4선식 : 변압기의 2차측을 Y접속하고 그 중성점으로부터 중성선을 인출해서 3선식의 전선 3선과 조화시킴으로써 2가지 전압을 공급할 수 있게 한 방식이다.
4	2	전력을 사용하는 장소와 연결하는 전력선의 길이가 길면 전력선의 손실이 커진다. 따라서 장점으로 볼 수 없다.
5	4	분산 전원방식은 아직 충분한 기술력이 확보되어 있지 않다.

제2장 조명설비

번호	정답	해 설
1	4	• 각종 일반 조명용 전등의 특성 비교

종류	백열등	할로겐등	형광등	수은등	나트륨등	메탈 헬라이드등
용량	2~100[W]	500~1500[W]	6~110[W]	40~1000[W]	20~400[W]	250~400[W]
효율	7~22[lm/W]	20~22[lm/W]	48~80[lm/W]	30~55[lm/W]	80~150[lm/W]	75~105[lm/W]
수명	1000~1500[h]	2000~3000[h]	7500[h]	10,000[h]	6000[h]	6000[h]
점등부속장치	불필요	불필요	안정기등 부속 장치가 필요	안정기등 부속 장치가 필요	안정기등 부속 장치가 필요	안정기등 부속 장치가 필요
광질 및 특색	• 일반적으로 휘도가 높고 열방사가 많다. • 광색에는 적색 부분이 많고 배광제어가 용이하다.	• 고휘도이고 광색 은 적색부분이 비교적 많은 편이다. • 배광제어는 용이하다. • 흑화는 거의 일	• 저휘도이고 광색의 조절은 비교적 용이하다. 열방사가 적다. • 점등까지 시간이 걸린다(래피드 스타트식 제외).	• 고휘도이고 배광제어는 용이하다. • 광색은 청백색인 특성이 있으나 형광 수은 램프, 전구병용 등	• 저압은 전광속의 60[%] 이상이 5890~5896[Å]인 D선이다. • 등황색의 단일 광원이고 고압은 2200[°K]의 황백색이다. • 수평점등이 원칙이	• 고휘도의 배광제어는 용이하다. • 연속 스펙트럼을 방사하기 때문에 자연색과 거의 같은 광이다. • 연색성이 좋다.

번호	정답	해설

종류	백열등	할로겐등	형광등	수은등	나트륨등	메탈 헬라이드등
	• 스위치를 넣고 점등에 이르는 속응성이 크다.	어나지 않는다.		으로 해결이 가능하다.	고, 일반 실내조명은 연색성 불량으로 부적합하다.	
용도	• 비교적 좁은 장소의 전반조명, 악센트 조명, 기분을 주로 한 효과를 얻기가 쉽다. • 대형인 것은 높은 천장, 각종 투광조명에 적합하다.	장관형은 높은 천장이나 경기장, 광장 등의 투광조명에 적합하다.	• 옥내외, 전반조명, 부조명에 적합하다. • 명시를 주로 한 양질 조명을 경제적으로 얻을 수 있다. • 간접조명에 의해 무드 조명에도 효과적이다.	1등당 큰 광속을 얻을 수 있고, 또한 수명이 길어 높은 천장, 투광조명, 공원조명에 적합하다.	광질의 특성 때문에 도로조명이나 터널 조명에 적합하다.	1등당의 광속이 많고 수명이 긴 점과 연색성이 양호하여 연색성을 중요시하는 높은 천장, 옥외조명에 적합하다.

번호	정답	해설
2	1	■ 조명설계의 보수율 : 조명시설 후의 방 및 기구의 오염, 램프 광속의 저하 등에 의하여 평균 조도(mean illumination)는 저하된다. 소요 평균조도를 유지하기 위한 조도 저하에 대응하는 계수를 보수율(maintenance factor)이라 하며, 기구의 모양이나 사용 장소에 따라 다르게 된다. 또, 보수율의 역수를 감광 보상률(depreciation factor)이라 하며, 기구의 모양이나 사용 장소에 따라 다르게 된다. ■ 총광속 계산 : 소요 평균조도나 조명률(effisiency of illummination), 감광보상률이 결정되면 아래 식에 의하여 총광속 F_O를 구한다. $$F_O = \frac{EAD}{U}\,[\mathrm{lm}]$$ E : 평균조도[lm], A : 실내의 면적[m^2], U : 조명률, D : 감광보상률
3	1	■ 조명설비의 광속발산도(Luminous Emittance) : 물체가 보이는 것은 그 물체로부터 방사한 광속이 눈에 들어오기 때문이며, 물체의 밝음은 눈의 방향으로 방사되는 광속밀도에 따라 다르다. 어느 면의 단위면적으로부터 발산되는 광속, 즉 발산광속의 밀도를 광속 발산도라 한다. 단위는 래드럭스(radlux : [rlx]) 또는 아포스틸브(apostilb : [asb])가 쓰이고 물체는 분광분포가 다른 광원을 쪼이면 각각 다른 색으로 보인다. 이와 같이 조명에 의한 물체의 색깔을 결정하는 광원의 성질을 연색성이라 한다. 연색성의 평가 방법에는 CIE(국제조명위원회) 등의 방법이 있다.
4	4	전력소비 P에 대한 전발산 광속 F의 비율을 전등효율 n $$n = \frac{F}{P}\,[\mathrm{lm/W}]$$
5	2	[풀이] $FUN = EAD$에서 $F = 4\pi I = 4\pi \times 100[\mathrm{lm}], N = 5, U = 0.5, D = 1.5, A = \pi \times 5^2$이므로 $$\therefore E = \frac{FUN}{AD} = \frac{400\pi \times 5 \times 0.5}{25\pi \times 1.5} \fallingdotseq 26.7\,[\mathrm{lx}]$$

제3장 동력설비

<table>
<tr><th>번호</th><th>정답</th><th>해 설</th></tr>
<tr><td>1</td><td>4</td><td>
전동기의 종류
<table>
<tr><th>구 분</th><th colspan="3">종 류</th></tr>
<tr><td rowspan="4">직류용</td><td colspan="3">타 여자</td></tr>
<tr><td rowspan="3">자 여자</td><td colspan="2">직권</td></tr>
<tr><td colspan="2">분권</td></tr>
<tr><td>복권</td><td>가동복권, 차동복권</td></tr>
<tr><td rowspan="5">교류용</td><td colspan="3">동기</td></tr>
<tr><td colspan="3">정류자</td></tr>
<tr><td rowspan="3">유도</td><td rowspan="2">3상</td><td>농형 유도, 일반 농형, 권선형</td></tr>
<tr><td>특수농형(1, 2종) | 심구농형, 이중농형</td></tr>
<tr><td>단상</td><td>분상 기동형, 콘덴서 기동형
반발 기동형, 세이딩코일형
모노사이클형</td></tr>
</table>
</td></tr>
<tr><td>2</td><td>2</td><td>
동력용 전동기의 특성 및 용도
<table>
<tr><th>구 분</th><th>특 성</th><th>용 도</th></tr>
<tr><td>유도
전동기</td><td>• 구조가 간단하고 견고하다.
• 가격이 저렴하다.
• 취급이 간단하다.</td><td>• 농사용, 가정 전기기구 등의 소동력
• 보통 엘리베이터형 : 3.7[kW] 이하
특수 엘리베이터형 : 5.5[kW] 이하
• 50, 60[Hz] 겸용</td></tr>
<tr><td>동기
전동기</td><td>• 역률이 양호하다.
• 역률조정을 임의로 한다.
• 대용량 저속도용에 적합하다.</td><td>큰 기동회전력을 필요로 하는 부하에는 크러치부착 동기전동기나 초동기(반동) 전동기가 적합</td></tr>
<tr><td>정류자
전동기</td><td>• 광범위하게 속도제한이 가능하다.
• 속도조정으로 전력손실이 없다.
• 저속도로 높은 역률을 유지한다.</td><td>대출력 터보 송풍기, 재료시험기 등</td></tr>
<tr><td>직류
전동기</td><td>• 직권전동기 : 기동회전력이 크다.
• 분권전동기 : 정속도 운전용에 적합하다.</td><td>• 직권전동기 : 초중기, 윈치, 전기철도용 등
• 분권전동기 : 일반 공장용, 펌프용, 송풍기용 등</td></tr>
</table>
</td></tr>
<tr><td>3</td><td>4</td><td>■ 권선형 유도전동기의 특성과 장 · 단점
회전자 권선(2차권선)의 저항 r, 토크 T로 운전하고 그때의 slip이 S라고 하면 2차 권선저항을 K배하여 Kr이 되었을 때 토크 T에 대하여 슬립은 Ks가 된다. 이 모양을 나타낸 것을 비례추이(Proportional Shifting)라고 하고 이것이 권선형 유도전동기의 큰 특성이다.
① 장점 : 2차 저항기를 사용하므로 2차 저항으로 임의의 최대, 최소 토크를 선택할 수 있다.
② 단점 : 운전시 손실이 크고 효율이 나쁘다. 특히 감속시 효율이 매우 떨어지며 외부 2차 저항에서 큰 손실이 발생한다. 슬립링, 브러시 등에서 고장이 잦으므로 유지관리에 유의하고 사용 환경을 고려하여야 한다.</td></tr>
<tr><td>4</td><td>3</td><td>전동기 : 전기 에너지를 기계 에너지로 변환하기 위한 회전기이다.</td></tr>
</table>

번호	정답	해 설
5	2	■ 직류전동기 : 자기장 속에 놓인 도체에 직류전류를 흘리면 플레밍의 왼손법칙에 따라 도체에 전자력이 발생하며 회전하고, 속도제어가 용이하여 전철, 엘리베이터, 압연기 등과 같이 속도조정이 필요한 경우에 널리 사용된다. ■ 계자 : 고정자라고도 하며 자력을 발생시킨다. ■ 전기자 : 회전력을 발생하며 축, 철심, 전기자 코일, 정류자로 구성된다. ■ 정류자 : 사각형의 코일이 한쪽 방향으로 돌 수 있게 하는 역할을 하며 브러시에서 나오는 전류를 한 방향으로 흐르게 한다.

제4장 소방방범 방재설비

번호	정답	해 설
1	2	■ 자동화재탐지설비의 구성 요소 ① 감지기 : 빛, 온도, 자기, 압력, 변위 등과 같은 정보 입력을 계측, 제어 등 그 목적에 알맞은 전기 신호로 변환하는 소자 또는 장치이다. ② 수신기 : 외부로부터 신호를 받아 필요한 정보를 얻는 장치로써 일반적으로 무선 통신기를 이르며, 텔레비전 수상기 · 팩시밀리가 있다. ③ 발신기 : 신호를 보내는 기계 장치이다. ④ 중계기 : 약해진 신호를 받아 증폭, 재송신하거나, 찌그러진 신호의 파형을 정형하고 타이밍을 조정, 또는 재구성하여 송신하는 장치이다. ⑤ 음향장치 : 전기신호를 음파로 바꾸어 주는 장치로서 음향전자장치는 지연선을 구축하나 컴퓨터에서 나온 디지털 신호를 전화선으로 전송하기 위해서 전환시키는데 이용된다. ⑥ 표시등 : 여러 가지 색깔이나 표지 기호, 글자 따위를 어둠 속에서도 쉽게 알아볼 수 있게 만든 등. 비상구나 비상계단, 횡단보도 같은 곳에 설치한다. ⑦ 전원 : 구성부품에 연결되는 단자 및 회로를 포함하는 전기작동 동력원으로서 종속설비 구성부품에 연결되는 단자 및 회로를 포함하는 전기작동 동력원이다. ⑧ 배선 : 전력을 쓰기 위하여 전선을 끌어 장치하거나 여러 가지 전기 장치를 전선으로 연결하는 작업이다.
2	4	■ 감지기 종별에 따른 분류 ① 차동식분포형 감지기 : 넓은 범위에서의 열효과에 의하여 작동한다. ② 차동식스포트형 감지기 : 일국소에서의 열효과에 의하여 작동한다. ③ 이온화식연기감지기 : 이온전류가 변화하여 작동한다. ④ 광전식 연기감지기 : 광량의 변화로 작동한다. ⑤ 보상식스포트형 감지기 : 차동식+정온식을 겸용한 것으로 한 가지 기능이 작동되면 신호를 발한다. ⑥ 열복합형 감지기 : 차동식+정온식을 겸용한 것으로 두 가지 기능이 동시에 작동되면 신호를 발한다. ⑦ 정온식 감지선형 감지기 : 외관이 전선으로 되어 있는 것이다.

번호	정답	해 설
3	1	■ 유도등의 전원의 분류와 정의 ① 상용전원 : 평상시에 사용하기 위한 전원으로 교류전압 옥내간선 등이 있다. ② 비상전원 : 상용전원 정전시에 사용되는 축전지가 있다. ③ 유도등의 인입선과 옥내배선은 직접 연결해야한다. ④ 유도등은 전기회로에 점멸기를 설치하지 아니하고 항상 점등상태를 유지해야 한다. ⑤ 바닥으로부터 0.8 ~ 1.5[m] 이하의 높이에 설치해야 한다. ⑥ 어둠속에서 위치를 확인할 수 있도록 해야 한다. ⑦ 사용시 자동으로 점등되는 구조이어야 한다. ⑧ 외함은 난연성능이 있어야 한다.
4	4	5층(지하층 제외) 이상으로서 연면적이 3,000[m^2]를 초과하는 소방대상물 또는 그 부분에 있어서는 2층 이상의 층에서 발화한 때에는 발화층 및 그 직상층에 한하여, 1층에서 발화한 때에는 발화층 · 그 직상층 및 지하층에 한하여, 지하층에서 발화한 때에는 발화층 · 그 직상층 및 기타의 지하층에 한하여 경보를 발할 수 있도록 해야 한다.

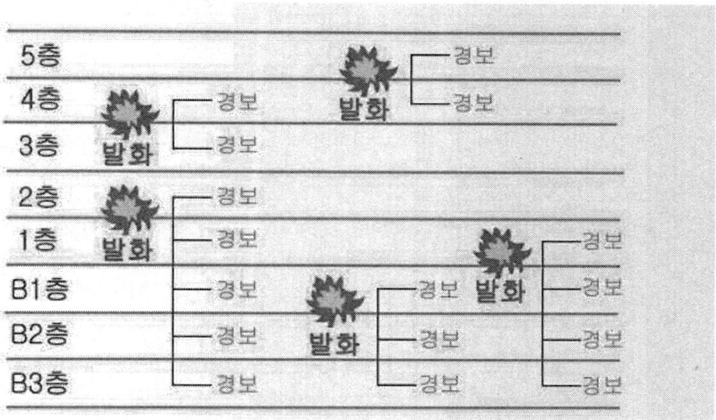

[우선경보(구분명동)방식 음향장치의 경보]

번호	정답	해 설
5	2	비상 콘센트 설치 개수

설치하는 비상 콘센트 수량	전선의 용량산정 시 적용하는 비상 콘센트 수량	전선의 용량[kVA]	
		단상	3상
1	1개 이상	1.5 이상	3.0 이상
2	2개 이상	3.0 이상	6.0 이상
3~10	3개 이상	4.5 이상	9.0 이상

제5장 정보통신설비

번호	정답	해 설
1	2	■ 통합배선 시스템의 정의 및 특성 : 정보, 음성, 영상, 제어 매체를 모두 수용하는 다기능의 집약된 정보 전달 배선 시스템으로, 사용자의 수요와 위치를 예측하고 향후 변경이나 추가 등에 융통성 있게 대처할 수 있도록 경제성, 확장성, 편리성을 제공하는 선행 배선 시스템이다. 선행 배선은 일정 면적 또는 구역 내에 필요한 수량을 예상하여 미리 배선해 추후 이동 또는 확장시 점퍼, 패치 코드만으로 간단히 연결함으로써 기기의 이동 또는 확장시 편리성을 제공하는 배선이다.
2	4	■ 특고압 배전 방식 ① 우리나라의 배전 방식 : Y 결선(중성점 다중 접지) 방식으로 사용한다. ② 단상 부하만 있는 경우 : 단상 2선식으로 회로를 구성하는 것이 간편할 수도 있으나 단상 선로의 구성률이 높아지면 부하 불평형이 발생할 수 있다 ③ 중성선 접지 : 인가 밀집 지역의 경우 매 전주마다 접지하고, 인가가 없는 야외지역은 300[m]이하마다 접지한다.
3	3	전력케이블의 종류 : 폴리에틸렌절연 비닐외장케이블(EV 케이블), 비닐절연 비닐외장 케이블(VV케이블), 부틸고무절연 클로로프렌외장 케이블(BN케이블), 고무절연 클로로프렌외장 케이블(RN케이블), 가교 폴리에틸렌절연 비닐 비닐외장 케이블(CV 케이블), CN-CV케이블이 등이 있다.
4	4	■ 배선의 구역 ① 가급적, 건조한 구역과 습기 또는 수분과 접촉하기 쉬운 구역(주방, 화장실, 외등 등)의 전등을 구분하여 별도의 회로로 배선한다. ② 건조한 구역도 누전 시를 대비하여 최소한 두 개 이상의 회로로 배선한다. ③ 전선은 배선에 따라 특성에 맞게 색깔을 정하여 사용한다.
5	4	■ 스위치공통선의 색깔의 사용범위 : 단상지역에서는 흑색이 우선 사용되고, 흑색이 없을 때는 적색, 청색 순으로 사용된다. 이는 표준 일반시방서에서 R, S, T, N상의 색깔이 흑, 적, 청, 백이고, 한전선로에서 단상수용가는 대부분 R상에서 공급한다.

제6장 자동화설비

번호	정답	해 설
1	4	■ 인터록 : 두 계전기의 동작을 연관시키는 것으로 한 계전기가 동작할 때에는 다른 계전기가 동작하지 않는 것이다.
2	1	■ 생활지원 로봇 ① 간호보조용 : 가정에서 사람을 간호하는 로봇으로 사람의 언어, 동작, 표정, 움직임을 인식하여 인간의 감정상태에 따라 주변환경을 변화시키고 체온, 혈압, 호흡, 혈색을 확인하여 상태에 따라 로봇에 저장된 정보를 이용하여 사람에게 의료정보를 제공한다. 또한 인터넷을 통하여 실시간으로 담당의사에게 알려 개인차에 따른 간호를 지원한다. ② 도우미용 : 움직임이 불편한 노약자, 장애인의 생활을 보조하는 로봇이다. 로봇에 팔이 장착되어 사람대신 물건을 운반하고, 재활을 돕기 위해 사람을 부축하면서 걸음걸이, 손의 힘 등을 체크하여 사람의 균형을 유지하도록 한다. 또한 휠체어 형태로 사람의 이동수단으로 사용되기도 한다. 시각장애인을 안내하기 위하여 장애인 시스템을 이용하여 길가의 장애물에 대한 정보를 알려주고 신호등과 각종 안내판의 정보를 사용자에게 알려준다.

번호	정답	해 설
		③ 보안 및 경비용 : 주인의 얼굴을 인식하고, 가정 내의 형태를 전자지도로 그려 로봇의 위치를 파악하면서 각 방의 이상여부를 확인하는 로봇이다. 가정 내 독성가스를 추적하고 침입자를 찾아내어 영상을 저장하였다가 주인 및 보안기관으로 연락하여 범인을 검거한다. 원격지에서 사람이 집안을 감시하도록 인터넷을 통한 화상전송과 로봇 제어를 지원하여 가정 내의 안전상태를 직접 확인할 수 있다. ■ 가사보조 로봇 ① 청소용 : 사람이 진공청소기를 이용하여 집을 청소하는 일을 대신하는 로봇이다. 로봇은 스스로 이동한 경로를 저장하고 저장한 경로에 따른 청소구역을 할당한다. 청소한 곳을 또다시 청소하지 않고 집안 전체를 단시간 내에 청소할 있다. 주변 환경 및 장애물을 인식하여 환경의 변화를 확인하고 청소구역 및 경로를 변경한다. 또한 경로 이동 중 배터리가 방전되면 충전장소로 알아서 이동하여 충전한다. 사용자는 간단한 버튼 및 음성인식, 조이스틱을 이용하여 간편하게 동작시킬 수 있다. ② 집안관리용 : 집안 내에서 사람의 생활환경을 최적으로 만들기 위해 집안을 쾌적하고 안전하게 하는 로봇이다. 로봇은 연기, 독성 가스, 습도, 온도, 조도 레벨을 모니터링하여 연기가 많을 때 환풍기를 돌리고 날씨가 더울 때는 에어컨의 온도를 낮추는 등 가전기기를 제어한다. 언어인식 기능이 있어 인간의 명령을 정확하게 인식할 수 있으며 인터넷을 이용하여 기상예보, 물가정보 등 생활에 필요한 정보를 제공한다.
3	1	■ 목적용 : 지능형 로봇을 분류할 때 어느 특별한 기능만 수행하는 것이 아니라 사용목적에 따라 다양한 기능과 역할을 갖는 로봇이다. 집을 지키면서 무단침입자를 추적, 사진을 촬영, 주인과 함께 놀아주는 기능 등을 가지고 있다. 특히 음성인식과 더불어 자율적인 행동을 하며 지능이 조금씩 향상되는 성장기능도 있다.
4	4	작업구상 → 이동 루트 그려보기 → 프로그래밍 → 포지션 티칭 → 컴파일,링크 → 시뮬레이션 실행 → 컨트롤러로 전송 → 실행
5	2	■ 용접 로봇의 장 · 단점 ① 장 점 ㉠ 작업자가 작업 시 열악한 환경으로의 탈피가 가능(PLC 제어 등으로 공장자동화) ㉡ 위치반복정도가 ±0.1[mm]로 균일한 용접품질을 일관성 있게 유지할 수 있다. ㉢ 정확하게 배열된 용접물에는 높은 생산성을 유지한다. ② 단 점 ㉠ 장비가 비싸다. ㉡ 용접물의 공차, 비틀림, 간섭물이 있는 협소한 공간 등에는 적용하기 힘들다. ㉢ 용접선에 공작물의 방해를 받아 로봇이 접근하기 어렵다.

■ 참고 및 인용문헌 ■

1. 《전기기기》황락훈 · 나승권 · 조문택, 동일출판사
2. 《승강기기능사필기》나승권, 세진사
3. 《자동화를 위한 센서의 기초와 활용》 김상진 · 왕종배, 연학사
4. 《전기 · 전자 측정》 김선태 외 5인, 한국직업능력개발원
5. 《알기쉬운 자동제어》 김원배 · 나승권 · 문명룡 · 이재규 · 조명현 · 차익수, 동일출판사
6. 《전자회로의 이해》 김평호 · 나승권 · 이동원 · 최성재, 남두도서
7. 《소방설비기사필기》 공하성, 성안당
8. 《전기 · 전자 · 통신공학》 나승권, 상학당
9. 《자동제어 및 PLC 설계》 나승권, 상학당
10. 《현대 기초의학 및 의공학》 나승권, 도서출판 상학당
11. 《현대 의용기계공학》 나승권, 도서출판 상학당
12. 《현대 의용전자공학》 나승권, 도서출판 상학당
13. 《현대 의료기기》 나승권, 도서출판 상학당
14. 《현대 의료안전 · 법규 및 정보》 나승권, 도서출판 상학당
15. 《의료전기설비》 나승권, 씨마스
16. 《의공실무》 나승권, 상학당
17. 《의료기기 응용회로》 나승권, 상학당
18. 《의료전기회로(병원전기설비)》 나승권, 상학당
19. 《동력배선실기》 박원규, 한국산업인력공단
20. 《PSPICE와 PSIM 시뮬레이션 중심의 전력 전자 공학》 서영수 · 황락훈 · 조문택 · 심광영 · 곽동걸 · 채수형 · 나승권, 동일출판사
21. 《센서 공학(Sensor & Transducer)》 이덕출 · 공용혁 · 김성남 · 나승권 · 장창현, 엔트미디어
22. 《전기설비설계 및 시공》 이원교, 동일출판사
23. 《전자기초실험》 임승하 · 황호웅 · 나승권 · 이종성, 남두도서
24. 《전기기능장》 최기호 · 나승권, 대광서림
25. 《초급자를 위한 PSPICE 활용》 황락훈 · 조문택 · 이충식 · 나승권, 동일출판사
26. 《알기쉬운 릴레이와 시퀀서》 岡本裕生 저, 이영실 역, 성안당
27. Michael Jacob. Analog Integrated Circuit Application. Prentice hall
28. David Irwin. Basic Engineering Circuit Analysis. Wiley
29. Webster. Design of Pulse Oxieter. Institute of Physics publishing
30. Floyd 원저, 김종수 외 공역. 기초 전기 전자 공학(Electronics Fundamentals). 청문각
31. Floyd. Fundamentals of Analog Circuit. Prentice Hall
32. Nihat Ozkaya. Fundamentals of biomechanics. Springer
33. Morris Mano. Logic and Computer Design Fundamentals. Prentice Hall
34. Lower-limb prosthesis : including prosthetist's supplement. New York. University Medical Center

찾아보기

ㅊ

ㅋ

ㅌ

ㅍ

‖‖‖ 저자약력 ‖‖‖

■ 나 승 권

- 한국폴리텍대학 원주캠퍼스 전기제어과 교수(현)
- 서울청량초등, 경희중, 한양공업고등학교 전기과 졸업
- 한국폴리텍대학 동부산캠퍼스 전기, 전자과 2년 수료
- 한국폴리텍대학 인천캠퍼스 전기과 기능장과정 졸업
- 세명대학교 대학원 전기전자학과 졸업(의공학 및 전력전자응용전공, 공학박사)
- 삼육의료원 부산(한방)병원 전기 및 의공기사 7년 근무
- 한국수자원공사 전기기사 7년 근무
- 의공기사, 의공산업기사, 병원코디네이터(Hospital Coordinator)사, 의료정보관리사, 의료기기상품기획사, 전기·전자기술지도사, 전기기기기능장, 전기공사기능장, 산업안전기사, 전기공사특급기술자, 한국전력기술인특급기술자, 한국전력기술인특급감리사, 한국전력기술인설계사면허, 전자산업기사 외 20여개의 자격증과 면허취득
- 한국산업인력공단 의공(산업)기사, 의료전자기능사 이론, 실기(출제, 검토, 채점)위원(현)
- 강원도교육청 인정도서심의회 심의위원(현)
- 한국보훈복지의료공단 감사자문위원 및 평가위원(현)
- 식품의약품안전처 의료기기자문위원 및 평가위원(현)
- (재)원주의료기기테크노밸리 의료기기 자문위원 및 평가위원(현)
- 한국산업단지공단 원주단지혁신클러스터추진단 기술과제 평가위원(현)
- 국가직무능력표준(NCS) 기반의 훈련과정편성 주강사(현)
- 직업능력개발훈련 사업심사평가위원(현)
- 강원도산업경제진흥원 강원지식재산 전문위원 및 평가위원(현)
- 강원테크노파크 기술개발사업선정(의료기기) 평가위원(현)
- 한국방송통신전파진흥원 강원본부 ICT산학동반성장협의회 자문위원(현)
- 강원일보, 메디저널, 월간의약정보(전) 매월 의료기기기술 및 포럼 기고(현)
- ㈜메디아나, ㈜씨유메디칼시스템, ㈜리스템, ㈜태연메디칼 ㈜대화기기, ㈜ED, ㈜메디칼써프라이, ㈜바이오프로테크, ㈜조양디엠, ㈜메디코넷 의료기술 자문위원(현)
- TUV Korea Ltd. TUV Suddeutschland Group(Medical-Health-Service부서) 의료기기자문(현)
- ISO9001:2008 국제심사원, (사)키캄연구소 한국서비스품질 우수기업인증 전문위원 및 평가위원
- 대한의용생체공학회 교육이사, 한국모바일학회 총무부회장, 한국컴퓨터정보학회 이사, 한국통신학회 학술이사, 대한의공협회, 한국의료정보교육협회, 대한전기학회, 한국산업기술재단, 대한전력전자학회, 한국산학기술학회, 한국항행학회 회원

전기 · 소방 · 정보통신설비

2020년 6월 10일 1판 1쇄 발행

저 자 나 승 권
발행인 남 승 우

발행처 도서출판 상尙 학學 당堂

서울특별시 동작구 사당로9가길 6
TEL : 02) 595-1692~4
FAX : 02) 595-1394
E-mail : namdoo6@unitel.co.kr
신고 : 2-155호 (1968. 11. 29)

정가 30,000원

ISBN 978-89-6587-197-2 93560

〈디자인〉 편집 엄해숙 / 표지 토틀컴